# SCHRIFTEN ZUR HANDELSFORSCHUNG

SCHRIFTEN ZUR HANDELSFORSCHUNG

Herausgegeben von
Dr. Dr. h. c. RUDOLF SEŸFFERT
o. Professor an der Universität zu Köln

in Gemeinschaft mit

| Dr. Edmund Sundhoff | Dr. Hans Buddeberg | Dr. Robert Nieschlag |
|---|---|---|
| o. Professor an der Universität Göttingen | o. Professor an der Universität Saarbrücken | o. Professor an der Universität München |

Nr. 24

## UMSATZ, KOSTEN SPANNEN UND GEWINN DES EINZELHANDELS

IN DER BUNDESREPUBLIK DEUTSCHLAND
IN DEN JAHREN 1958, 1959 UND 1960

WESTDEUTSCHER VERLAG · KÖLN UND OPLADEN

1963

# UMSATZ, KOSTEN
# SPANNEN UND GEWINN DES EINZELHANDELS

IN DER BUNDESREPUBLIK DEUTSCHLAND

IN DEN JAHREN 1958, 1959 UND 1960

WESTDEUTSCHER VERLAG · KÖLN UND OPLADEN

1963

ISBN 978-3-322-98276-6     ISBN 978-3-322-98979-6 (eBook)
DOI 10.1007/978-3-322-98979-6

In die Schriftenreihe aufgenommen von Prof. Dr. Dr. h. c. Rudolf Seyffert

Copyright 1963 by Westdeutscher Verlag · Köln und Opladen ·

# VORWORT

Unter dem Titel „Beschaffung, Lagerung, Absatz und Kosten des Einzelhandels" erschienen 1953, 1956 und 1959 in den Schriften zur Handelsforschung (Band 1, 7 und 11) Dreijahresberichte (1949/51, 1952/54, 1955/57) über die Ergebnisse des vom Institut für Handelsforschung durchgeführten Betriebsvergleichs des Einzelhandels in der Bundesrepublik Deutschland. 1962 wurden in Band 22 die Ergebnisse der Jahre 1949 bis 1958 in erweiterter Form in einem Zehnjahresbericht zusammengefaßt und dabei in den Titel der Hinweis auf die hinzugekommenen Handelsspannen und auf den Gewinn aufgenommen. Für Beschaffung, Lagerung und Absatz wurde als Oberbegriff der des Umsatzes eingesetzt. Unter dieser Titelfassung

Umsatz, Kosten, Spannen und Gewinn des Einzelhandels

erscheint auch der vorliegende Dreijahresbericht über die Jahre 1958, 1959 und 1960, mit dem die Reihe der Berichte Band 1, 7 und 11 fortgesetzt wird. Die Zahlen des Jahres 1958 sind auch im Zehnjahresbericht enthalten, jedoch ohne die Ergebnisse der Personen- und Absatzgrößenklassen, ohne die Tabellen zur Struktur der erfaßten Betriebe, ohne die Ergebnisse von Sonderauswertungen und ohne Monats- und Quartalszahlen (Tabellen 1 bis 13, 41 bis 66 und 67 bis 85 im vorliegenden Dreijahresbericht).

Alle Zahlen beziehen sich auf den Grundbetriebsvergleich des Instituts, der auch die Jahreszahlen zum westdeutschen Elementarvergleich und zum europäischen Elementarvergleich mitenthält. Spezialbetriebsvergleichszahlen sind nicht mit aufgenommen worden. Es ist beabsichtigt, die des Spezialbetriebsvergleichs der Selbstbedienungsläden in dem nächsten Dreijahresband mit einzubeziehen. Bezüglich der hier genannten Arten des Betriebsvergleichs verweise ich auf meinen Beitrag „Der betriebswirtschaftliche Vergleich im europäischen Binnenhandel" in der Festschrift für Alfred Müller-Armack „Wirtschaft und Kultur", Berlin 1961.

Die Bearbeitung des vorliegenden Berichtes und der Tabellen lag bei dem Leiter der Betriebsvergleichsabteilung Dipl.-Kfm. Dr. Hans Philippi sowie bei den Diplom-Kaufleuten Dr. Robert Menge, Dr. Horst Liedgens, Dr. Karl Steinbüchel, Hans Zopp und Werner Schwaderlap.

Köln, den 12. Dezember 1962

SEŸFFERT

# INHALTSVERZEICHNIS

## TEXTTEIL

| | Seite |
|---|---|
| A. Die Methode des Betriebsvergleichs | 3 |
|    1. Erhebungsteilnehmer | 3 |
|    2. Erhebungsgrundlagen | 3 |
|    3. Erhebungsdurchführung | 4 |
|    4. Auswertungsverfahren | 5 |
|    5. Auswertungsberechnungen | 6 |
|    6. Auswertungsbekanntgabe | 8 |
|    7. Erläuterungen der bei der Erhebung und der Auswertung verwandten Begriffe in alphabetischer Anordnung | 8 |
| B. Charakterisierung der am Betriebsvergleich teilnehmenden Firmen | 14 |
|    1. Branchengliederung | 14 |
|    2. Größenklassengliederung | 14 |
|    3. Örtliche Verteilung nach Ländern, Ortsgrößen und Geschäftslagen | 15 |
|    4. Größe des Geschäftsraumes | 16 |
|    5. Personenzahl und Personengliederung | 16 |
|    6. Zusammensetzung der Warensortimente | 17 |
|    7. Repräsentationsgrad der am Betriebsvergleich beteiligten Betriebe | 18 |
| C. Umsatz, Kosten, Spannen und Gewinn in Jahreszahlen | 19 |
|    1. Beschaffung, Lagerung, Absatz und Handlungskosten im Gesamtvergleich | 19 |
|    2. Beschaffung | 20 |
|    3. Lager | 20 |
|    4. Absatz | 21 |
|       a) Absatzleistungszahlen | 21 |
|       b) Absatzarten | 22 |
|       c) Kreditverkäufe und Außenstände | 23 |
|    5. Handlungskosten | 24 |
|    6. Betriebshandelsspanne und Betriebsergebnis | 26 |
|    7. Absatz-, Lager-, Kosten- und Ertragszahlen nach Personenabsatzklassen | 27 |
|    8. Beschaffungs-, Lager-, Absatz- und Kostenzahlen nach den Standortmerkmalen Land und Ortsgröße | 27 |

| | Seite |
|---|---|
| D. Umsatz und Kosten in Monats- und Quartalszahlen | 29 |
|    1. Beschaffungs-, Lager- und Absatzindex für die vier Hauptgruppen des Einzelhandels und den gesamten Einzelhandel | 29 |
|    2. Vierteljährliche Branchen- und Teilbranchenzahlen der Beschaffung, des Absatzes und der Handlungskosten | 29 |
| E. Veröffentlichungen des Instituts für Handelsforschung über den Betriebsvergleich in den Jahren 1958, 1959 und 1960 | 30 |

## TABELLENTEIL

| | | |
|---|---|---|
| Tabelle 1: | Gliederung der in den Jahresauswertungen 1958, 1959 und 1960 erfaßten Teilnehmer am Betriebsvergleich des Einzelhandels nach Branchen und Teilbranchen | 33 |
| Tabelle 2: | Gliederung der in den Jahresauswertungen 1958, 1959 und 1960 erfaßten Teilnehmer am Betriebsvergleich des Einzelhandels nach Branchen und Personengrößenklassen | 34 |
| Tabelle 3: | Gliederung der in den Jahresauswertungen 1958, 1959 und 1960 erfaßten Teilnehmer am Betriebsvergleich des Einzelhandels nach Branchen und Absatzgrößenklassen | 36 |
| Tabelle 4: | Gliederung der in den Jahresauswertungen 1958, 1959 und 1960 erfaßten Teilnehmer am Betriebsvergleich des Einzelhandels nach Branchen und Ländern | 38 |
| Tabelle 5: | Gliederung der in den Jahresauswertungen 1958, 1959 und 1960 erfaßten Teilnehmer am Betriebsvergleich des Einzelhandels nach Branchen und Ortsgrößen | 40 |
| Tabelle 6: | Gliederung der in den Jahresauswertungen 1958, 1959 und 1960 erfaßten Teilnehmer am Betriebsvergleich des Einzelhandels nach Branchen und Geschäftslagen | 42 |
| Tabelle 7: | Die Größe des Geschäftsraumes je Einzelhandelsbetrieb in Quadratmetern im Durchschnitt der Branchen und Personengrößenklassen in den Jahren 1958, 1959 und 1960 | 44 |
| Tabelle 8: | Die Größe des Geschäftsraumes je Einzelhandelsbetrieb in Quadratmetern im Durchschnitt der Branchen und Absatzgrößenklassen in den Jahren 1958, 1959 und 1960 | 45 |
| Tabelle 9: | Die Zahl der beschäftigten Personen je Einzelhandelsbetrieb im Durchschnitt der Branchen und Personengrößenklassen in den Jahren 1958, 1959 und 1960 | 46 |
| Tabelle 10: | Die Zahl der beschäftigten Personen je Einzelhandelsbetrieb im Durchschnitt der Branchen und Absatzgrößenklassen in den Jahren 1958, 1959 und 1960 | 47 |
| Tabelle 11: | Der Anteil der Inhaber oder Leiter, der mithelfenden Familienangehörigen, der Lehrlinge und der Werkstattpersonen in Prozenten der Gesamtzahl der Betriebspersonen im Durchschnitt der Branchen im Jahre 1960 | 48 |
| Tabelle 12: | Die Zusammensetzung der Warensortimente nach den Hauptwarengruppen in Prozenten des Absatzes im Durchschnitt der Branchen in den Jahren 1958, 1959 und 1960 | 49 |
| Tabelle 13: | Vergleich der im Jahre 1960 am Betriebsvergleich beteiligten Betriebe und des von ihnen erzielten Absatzes mit den entsprechenden Zahlen der Umsatzsteuerstatistik 1960 in der Bundesrepublik Deutschland | 53 |
| Tabelle 14: | Die Entwicklung von Beschaffung, Lager, Absatz und Handlungskosten im Durchschnitt der Branchen in den Jahren 1958, 1959 und 1960 (1949 = 100) | 54 |
| Tabelle 15: | Die Entwicklung von Beschaffung, Absatz und Handlungskosten im Durchschnitt der Branchen sowie der Personen- und Absatzgrößenklassen in den Jahren 1958, 1959 und 1960 (1958 = 100) | 55 |

|  |  | Seite |
|---|---|---|
| Tabelle 16: | Die Beschaffungswege in Prozenten der gesamten Warenbeschaffung im Durchschnitt der Personengrößenklassen in den Jahren 1958, 1959 und 1960 | 60 |
| Tabelle 17: | Die Beschaffungswege in Prozenten der gesamten Warenbeschaffung im Durchschnitt der Absatzgrößenklassen in den Jahren 1958, 1959 und 1960 | 61 |
| Tabelle 18: | Entwicklung des Lagerbestandes, Umschlagsgeschwindigkeit und Lagerbestand je beschäftigte Person in DM im Durchschnitt der Branchen in den Jahren 1958, 1959 und 1960 | 62 |
| Tabelle 19: | Die Umschlagsgeschwindigkeit des Warenlagers im Durchschnitt der Branchen und Personengrößenklassen in den Jahren 1958, 1959 und 1960 | 63 |
| Tabelle 19a: | Die Umschlagsgeschwindigkeit des Warenlagers im Durchschnitt der Branchen und Absatzgrößenklassen in den Jahren 1958, 1959 und 1960 | 64 |
| Tabelle 20: | Der Lagerbestand je beschäftigte Person in DM im Durchschnitt der Branchen und Personengrößenklassen in den Jahren 1958, 1959 und 1960 | 65 |
| Tabelle 20a: | Der Lagerbestand je beschäftigte Person in DM im Durchschnitt der Branchen und Absatzgrößenklassen in den Jahren 1958, 1959 und 1960 | 66 |
| Tabelle 21: | Gesamtsumme des Absatzes, Absatz je Betrieb, Absatz je beschäftigte Person, Absatz je Kunde, Absatz je Quadratmeter Geschäftsraum und Absatz je Quadratmeter Verkaufsraum in DM im Durchschnitt der Branchen in den Jahren 1958, 1959 und 1960 | 67 |
| Tabelle 22: | Der Absatz je Betrieb in DM im Durchschnitt der Branchen und Personengrößenklassen in den Jahren 1958, 1959 und 1960 | 69 |
| Tabelle 23: | Der Absatz je Betrieb in DM im Durchschnitt der Branchen und Absatzgrößenklassen in den Jahren 1958, 1959 und 1960 | 70 |
| Tabelle 24: | Der Absatz je beschäftigte Person in DM im Durchschnitt der Branchen und Personengrößenklassen in den Jahren 1958, 1959 und 1960 | 71 |
| Tabelle 25: | Der Absatz je beschäftigte Person in DM im Durchschnitt der Branchen und Absatzgrößenklassen in den Jahren 1958, 1959 und 1960 | 72 |
| Tabelle 26: | Der Absatz je Quadratmeter Geschäftsraum in DM im Durchschnitt der Branchen und Personengrößenklassen in den Jahren 1958, 1959 und 1960 | 73 |
| Tabelle 26a: | Der Absatz je Quadratmeter Geschäftsraum in DM im Durchschnitt der Branchen und Absatzgrößenklassen in den Jahren 1958, 1959 und 1960 | 74 |
| Tabelle 27: | Der Absatz je Quadratmeter Verkaufsraum in DM im Durchschnitt der Branchen und Personengrößenklassen in den Jahren 1958, 1959 und 1960 | 75 |
| Tabelle 27a: | Der Absatz je Quadratmeter Verkaufsraum in DM im Durchschnitt der Branchen und Absatzgrößenklassen in den Jahren 1958, 1959 und 1960 | 76 |
| Tabelle 28: | Der Anteil des Einzelhandelsabsatzes, des Großhandelsabsatzes und des Werkstattabsatzes in Prozenten des Gesamtabsatzes im Durchschnitt der Branchen in den Jahren 1958, 1959 und 1960 | 77 |
| Tabelle 29: | Der Anteil des Großhandelsabsatzes in Prozenten des Gesamtabsatzes im Durchschnitt der Branchen und Personengrößenklassen im Jahre 1960 | 79 |
| Tabelle 30: | Der Anteil des Großhandelsabsatzes in Prozenten des Gesamtabsatzes im Durchschnitt der Branchen und Absatzgrößenklassen im Jahre 1960 | 79 |
| Tabelle 31: | Der Anteil des Werkstattabsatzes in Prozenten des Gesamtabsatzes im Durchschnitt der Branchen und Personengrößenklassen im Jahre 1960 | 80 |
| Tabelle 32: | Der Anteil des Werkstattabsatzes in Prozenten des Gesamtabsatzes im Durchschnitt der Branchen und Absatzgrößenklassen im Jahre 1960 | 80 |

| | | Seite |
|---|---|---|
| Tabelle 33: | Der Anteil der Kreditverkäufe und die Höhe der Außenstände in Prozenten des Absatzes sowie die Aufgliederung der Kreditverkäufe nach Kreditarten in Prozenten im Durchschnitt der Branchen in den Jahren 1958, 1959 und 1960 | 81 |
| Tabelle 34: | Der Anteil der Kreditverkäufe und die Höhe der Außenstände in Prozenten des Absatzes im Durchschnitt der Branchen und Personengrößenklassen im Jahre 1960 | 83 |
| Tabelle 35: | Der Anteil der Kreditverkäufe und die Höhe der Außenstände in Prozenten des Absatzes im Durchschnitt der Branchen und Absatzgrößenklassen im Jahre 1960 | 84 |
| Tabelle 36: | Die Handlungskosten in Prozenten des Absatzes im Durchschnitt der Branchen in den Jahren 1958, 1959 und 1960 | 85 |
| Tabelle 37: | Die Handlungskosten in Prozenten der Gesamtkosten im Durchschnitt der Branchen in den Jahren 1958, 1959 und 1960 | 87 |
| Tabelle 38: | Die Handlungskosten in Prozenten des Absatzes im Durchschnitt der Branchen und Personengrößenklassen im Jahre 1960 | 89 |
| Tabelle 39: | Die Handlungskosten in Prozenten des Absatzes im Durchschnitt der Branchen und Absatzgrößenklassen im Jahre 1960 | 93 |
| Tabelle 40: | Betriebshandelsspanne, Betriebsergebnis und Lieferantenskonti in Prozenten des Absatzes im Durchschnitt der Branchen in den Jahren 1958, 1959 und 1960 | 97 |
| Tabelle 41: | Absatz-, Lager-, Kosten- und Ertragszahlen des Lebensmitteleinzelhandels im Jahre 1960, geordnet nach Betriebsgruppen mit gleicher Höhe des Absatzes je beschäftigte Person | 99 |
| Tabelle 42: | Absatz-, Lager-, Kosten- und Ertragszahlen der Drogerien im Jahre 1960, geordnet nach Betriebsgruppen mit gleicher Höhe des Absatzes je beschäftigte Person | 99 |
| Tabelle 43: | Absatz-, Lager-, Kosten- und Ertragszahlen des Tabakwareneinzelhandels im Jahre 1960, geordnet nach Betriebsgruppen mit gleicher Höhe des Absatzes je beschäftigte Person | 100 |
| Tabelle 44: | Absatz-, Lager-, Kosten- und Ertragszahlen des Schuheinzelhandels im Jahre 1960, geordnet nach Betriebsgruppen mit gleicher Höhe des Absatzes je beschäftigte Person | 100 |
| Tabelle 45: | Absatz-, Lager-, Kosten- und Ertragszahlen des Möbeleinzelhandels im Jahre 1960, geordnet nach Betriebsgruppen mit gleicher Höhe des Absatzes je beschäftigte Person | 101 |
| Tabelle 46: | Absatz-, Lager-, Kosten- und Ertragszahlen des Glas-, Porzellan- und Keramikeinzelhandels im Jahre 1960, geordnet nach Betriebsgruppen mit gleicher Höhe des Absatzes je beschäftigte Person | 101 |
| Tabelle 47: | Absatz-, Lager-, Kosten- und Ertragszahlen des Tapeten- und Linoleumhandels im Jahre 1960, geordnet nach Betriebsgruppen mit gleicher Höhe des Absatzes je beschäftigte Person | 102 |
| Tabelle 48: | Absatz-, Lager-, Kosten- und Ertragszahlen des Papier-, Bürobedarf- und Schreibwareneinzelhandels im Jahre 1960, geordnet nach Betriebsgruppen mit gleicher Höhe des Absatzes je beschäftigte Person | 102 |
| Tabelle 49: | Absatz-, Lager-, Kosten- und Ertragszahlen des Büromaschinen-, -möbel- und Organisationsmittelhandels im Jahre 1960, geordnet nach Betriebsgruppen mit gleicher Höhe des Absatzes je beschäftigte Person | 103 |
| Tabelle 50: | Absatz-, Lager-, Kosten- und Ertragszahlen des Radio- und Fernseheinzelhandels im Jahre 1960, geordnet nach Betriebsgruppen mit gleicher Höhe des Absatzes je beschäftigte Person | 103 |
| Tabelle 51: | Absatz-, Lager-, Kosten- und Ertragszahlen des Photoeinzelhandels im Jahre 1960, geordnet nach Betriebsgruppen mit gleicher Höhe des Absatzes je beschäftigte Person | 104 |
| Tabelle 52: | Absatz-, Lager-, Kosten- und Ertragszahlen des Uhren-, Juwelen-, Gold- und Silberwareneinzelhandels im Jahre 1960, geordnet nach Betriebsgruppen mit gleicher Höhe des Absatzes je beschäftigte Person | 104 |

|  |  | Seite |
|---|---|---|
| Tabelle 53: | Absatz-, Lager-, Kosten- und Ertragszahlen des Leder- und Galanteriewareneinzelhandels im Jahre 1960, geordnet nach Betriebsgruppen mit gleicher Höhe des Absatzes je beschäftigte Person | 105 |
| Tabelle 54: | Absatz-, Lager-, Kosten- und Ertragszahlen des Sortimentsbuchhandels im Jahre 1960, geordnet nach Betriebsgruppen mit gleicher Höhe des Absatzes je beschäftigte Person | 105 |
| Tabelle 55: | Absatz-, Lager-, Kosten- und Ertragszahlen der Gemischtwarengeschäfte im Jahre 1960, geordnet nach Betriebsgruppen mit gleicher Höhe des Absatzes je beschäftigte Person | 106 |
| Tabelle 56: | Absatz-, Lager-, Kosten- und Ertragszahlen des Textileinzelhandels mit vorwiegend Herren- und Knabenoberbekleidung im Jahre 1960, geordnet nach Betriebsgruppen mit gleicher Höhe des Absatzes je beschäftigte Person | 106 |
| Tabelle 57: | Absatz-, Lager-, Kosten- und Ertragszahlen des Textileinzelhandels mit vorwiegend Damen-, Mädchen- und Kinderoberbekleidung im Jahre 1960, geordnet nach Betriebsgruppen mit gleicher Höhe des Absatzes je beschäftigte Person | 107 |
| Tabelle 58: | Absatz-, Lager-, Kosten- und Ertragszahlen des Textileinzelhandels mit vorwiegend Wäsche, Wirk- und Strickwaren im Jahre 1960, geordnet nach Betriebsgruppen mit gleicher Höhe des Absatzes je beschäftigte Person | 107 |
| Tabelle 59: | Absatz-, Lager-, Kosten- und Ertragszahlen des Textileinzelhandels mit gemischtem Sortiment im Jahre 1960, geordnet nach Betriebsgruppen mit gleicher Höhe des Absatzes je beschäftigte Person | 108 |
| Tabelle 60: | Absatz-, Lager-, Kosten- und Ertragszahlen des Eisenwaren- und Hausrathandels mit vorwiegend Haus- und Küchengeräten im Jahre 1960, geordnet nach Betriebsgruppen mit gleicher Höhe des Absatzes je beschäftigte Person | 108 |
| Tabelle 61: | Absatz-, Lager-, Kosten- und Ertragszahlen des Eisenwaren- und Hausrathandels mit vorwiegend Kleineisenwaren, Werkzeugen im Jahre 1960, geordnet nach Betriebsgruppen mit gleicher Höhe des Absatzes je beschäftigte Person | 109 |
| Tabelle 62: | Absatz-, Lager-, Kosten- und Ertragszahlen des Eisenwaren- und Hausrathandels mit gemischtem Sortiment im Jahre 1960, geordnet nach Betriebsgruppen mit gleicher Höhe des Absatzes je beschäftigte Person | 109 |
| Tabelle 63: | Die Entwicklung von Beschaffung, Absatz und Handlungskosten bei 20 Einzelhandelsbranchen im Durchschnitt der Länder in den Jahren 1958, 1959 und 1960 (1958 = 100) | 110 |
| Tabelle 64: | Die Handlungskosten in Prozenten des Absatzes bei 20 Einzelhandelsbranchen im Durchschnitt der Länder im Jahre 1960 | 112 |
| Tabelle 65: | Personalkosten, Miete, Reklamekosten und Gesamtkosten in Prozenten des Absatzes bei 20 Einzelhandelsbranchen im Durchschnitt der Ortsgrößenklassen im Jahre 1960 | 113 |
| Tabelle 66: | Absatz je beschäftigte Person, je Quadratmeter Geschäftsraum und Umschlagsgeschwindigkeit des Warenlagers im Durchschnitt der Ortsgrößenklassen im Jahre 1960 | 113 |
| Tabelle 67: | Einzelhandelsindex für Beschaffung, Lager und Absatz von Januar 1958 bis Dezember 1960 (Monatsdurchschnitt 1958 = 100) | 114 |
| Tabellen 68—85: | Die Quartalsergebnisse der wichtigsten Betriebsvergleichszahlen bei 18 Einzelhandelsbranchen vom I. Quartal 1958 bis zum IV. Quartal 1960 | 115 |
| Tabelle 68: | Lebensmitteleinzelhandel | 115 |
| Tabelle 69: | Tabakwareneinzelhandel | 115 |
| Tabelle 70: | Drogerien | 115 |
| Tabelle 71: | Textileinzelhandel | 115 |
| Tabelle 72: | Textileinzelhandel mit vorwiegend Herren- und Knabenoberbekleidung | 115 |
| Tabelle 73: | Textileinzelhandel mit vorwiegend Damen-, Mädchen- und Kinderoberbekleidung | 115 |
| Tabelle 74: | Textileinzelhandel mit vorwiegend Wäsche, Wirk- und Strickwaren | 116 |
| Tabelle 75: | Textileinzelhandel mit gemischtem Sortiment | 116 |

|  |  | Seite |
|---|---|---|
| Tabelle 76: | Möbeleinzelhandel | 116 |
| Tabelle 77: | Schuheinzelhandel | 116 |
| Tabelle 78: | Glas-, Porzellan- und Keramikeinzelhandel | 116 |
| Tabelle 79: | Eisenwaren- und Hausrathandel | 116 |
| Tabelle 80: | Eisenwaren- und Hausrathandel mit gemischtem Sortiment | 117 |
| Tabelle 81: | Papier-, Bürobedarf- und Schreibwareneinzelhandel | 117 |
| Tabelle 82: | Büromaschinen-, -möbel- und Organisationsmittelhandel | 117 |
| Tabelle 83: | Uhren-, Juwelen-, Gold- und Silberwareneinzelhandel | 117 |
| Tabelle 84: | Leder- und Galanteriewareneinzelhandel | 117 |
| Tabelle 85: | Sortimentsbuchhandel | 117 |
| Tabelle 86: | Index der Einzelhandelspreise in den Jahren 1958, 1959 und 1960 | 118 |

TEXTTEIL

# A. Die Methode des Betriebsvergleichs

## 1. Erhebungsteilnehmer

An den Betriebsvergleichserhebungen des Instituts für Handelsforschung sind Einzelhandelsbetriebe aus dem gesamten Bundesgebiet beteiligt. Die Teilnahme an den Untersuchungen erfolgt auf freiwilliger Basis. Hierdurch ist eine weitgehende Gewähr für die Zuverlässigkeit des gemeldeten Zahlenmaterials gegeben. Die Teilnahme am Betriebsvergleich ist gebunden an die Mitgliedschaft bei den Fachverbänden des Einzelhandels, die einen Teil seiner Finanzierung tragen, und an die Mitgliedschaft in der Gesellschaft zur Förderung des Instituts. Ferner müssen die Einzelhandelsfirmen über ein Rechnungswesen verfügen, das ihnen das Ausfüllen der Berichtsbogen ermöglicht. Die Anforderungen des Betriebsvergleichs sind in dieser Hinsicht nur gering, da sich das Erhebungsschema eng an den im Einzelhandel üblichen Kontenrahmen anlehnt. Trotzdem entspricht ein großer Teil vor allem der kleineren Einzelhandelsfirmen den Mindestanforderungen nicht, so daß der Teilnehmerkreis beschränkt ist und sich vorwiegend auf mittlere und größere Betriebe erstreckt.

Die seit 1949, dem ersten Jahr der Erhebung, laufende Erweiterung des Teilnehmerkreises hat sich auch in den Jahren 1958, 1959 und 1960 weiter fortgesetzt. Im Jahre 1958 wurden 3 444, im Jahre 1959 3 578 und im Jahre 1960 schließlich 3 863 Einzelhandelsbetriebe erfaßt. Gegenüber der ersten Erhebung im Jahre 1949 (1 772 Betriebe) hat sich der Teilnehmerkreis bis zum Jahre 1960 um 118 % vergrößert, ein Beweis des wachsenden Interesses des Einzelhandels für betriebswirtschaftliche Fragen.

## 2. Erhebungsgrundlagen

Die Betriebsvergleichserhebungen des Instituts werden in monatlichen, vierteljährlichen und jährlichen Abständen durchgeführt. Die Kurzfristigkeit der Erhebungszeiträume und die Verteilung der Betriebsvergleichsteilnehmer über das gesamte Bundesgebiet erfordern bei der Ermittlung des Zahlenmaterials die Verwendung von Fragebogen. Um Falschmeldungen soweit wie möglich auszuschalten, erhält jeder Betriebsvergleichsteilnehmer bei Beginn der Arbeiten eine besondere Druckschrift (Sonderheft 1 der Mitteilungen des Instituts für Handelsforschung, 8. Auflage 1962), die im einzelnen das Ausfüllen der Fragebogen erläutert. Außerdem sind auf den Berichtsbogen selbst wichtige Hinweise gegeben, die von Zeit zu Zeit durch besondere Erläuterungsschreiben ergänzt werden. Vom Institut in den letzten Jahren durchgeführte Betriebsbesuche haben gezeigt, daß, von wenigen Ausnahmen abgesehen, die von den Firmen gemeldeten Zahlen richtig sind. Durch die Betriebsbesuche konnten noch bestehende Unklarheiten ausgeräumt und eine weitere Verbesserung der Erhebungsgrundlage erreicht werden.

Zu Beginn der Betriebsvergleichsarbeiten wird mit Hilfe eines Firmengrundberichtes die Betriebsstruktur der teilnehmenden Firmen erfragt. Im Firmenmonatsbericht sind von den Betrieben Absatz und Warenbeschaffung des Berichtsmonats und des entsprechenden Vorjahrsmonats zu melden. Hierdurch kann den Firmen kurzfristig ein Überblick über die Umsatzentwicklung gegeben werden. Zur Berechnung des Absatzes je beschäftigte Person ist im Firmenmonatsbericht auch die Zahl der beschäftigten Personen anzugeben. Der Firmenquartalsbericht erfaßt neben den Absatz- und Beschaffungswerten sowie den beschäftigten Personen auch die Kosten insgesamt und deren Aufgliederung nach einigen wichtigen Kostenarten. Die Betriebe haben außerdem vierteljährlich einen Sonderbericht auszufüllen, der einen Überblick geben soll über den Anteil der Kreditverkäufe und die Höhe der Außenstände des Einzelhandels. Im Firmenjahresbericht wird zusätzlich zu den Positionen des Firmenmonats- und Firmenquartalsberichtes noch eine Reihe von betrieblichen Zahlen erhoben, die kurzfristig nicht oder nur mit großen Schwierigkeiten ermittelt werden können. Hierbei handelt es sich vor allem um die Lagerzahlen, die Kostenarten, die erst auf Grund des Jahresabschlusses zu erfassen sind (Abschreibungen und Zinsen für Eigenkapital) und schließlich um die Betriebshandelsspanne und das Betriebsergebnis. Außerdem werden im Rahmen des Firmenjahresberichtes aus auswertungstechnischen Gründen die wichtigsten Strukturdaten des Firmengrundberichtes noch einmal gesondert erfragt.

Zu den Fragebogen des Grundbetriebsvergleichs sind inzwischen auch Fragebogen für einen Spezialbetriebsvergleich hinzugetreten. Der Spezialbetriebsvergleich wird für solche Firmen durchgeführt, die an einem intensiveren Vergleich interessiert sind und deren Rechnungswesen so entwickelt ist, daß die notwendigen zusätzlichen Feststellungen möglich sind. Ergebnisse des Spezialbetriebsvergleichs liegen zur Zeit nur in vorläufig ausgewerteter Form vor, so daß sie im Rahmen dieses Berichtes noch nicht wiedergegeben werden können.

Eine eingehende Erläuterung der einzelnen Positionen der Firmenmonats-, Firmenquartals- und Firmenjahresberichte des Grundbetriebsvergleichs soll an dieser Stelle nicht erfolgen, da alle in dem vorliegenden Drei-Jahres-Bericht enthaltenen Auswertungspositionen am Ende dieses Abschnitts über die Methode des Betriebsvergleichs in einem alphabetisch angeordneten Begriffskatalog zusammengestellt worden sind, der auch Inhalt und Abgrenzung der Fragebogenpositionen erkennen läßt. Nur drei grundsätzliche Feststellungen werden vorweggenommen:

1. Alle mit Beschaffung und Absatz zusammenhängenden Positionen mit Ausnahme der Kreditverkäufe und Außenstände beziehen sich auf die Waren- und nicht auf die Geldbewegungen. Warenbeschaffung ist demnach der Wareneingang ohne Rücksicht auf den Zahlungstermin für die eingekaufte Ware und der Absatz der Warenausgang und nicht der Zahlungseingang. Allerdings läßt es sich in den einzelnen Fällen nicht vermeiden, daß in Branchen, bei denen die Kreditverkäufe nur eine geringe Rolle spielen, mangels einer buchmäßigen Erfassung des Warenausgangs der Zahlungseingang als Maßgröße für den Absatz dient. Hierdurch wird jedoch die Vergleichbarkeit nur unwesentlich beeinträchtigt, da Warenausgang und Zahlungseingang kaum voneinander abweichen.

2. Die Handlungskosten werden im Sinne einer betriebswirtschaftlichen Erfassung einschließlich der kalkulatorischen Kostenarten erhoben. Dazu zählen das Entgelt für die nicht entlöhnte Tätigkeit des Inhabers und seiner Familienangehörigen (Unternehmerlohn), der Mietwert für eigene Räume (die mit der Gebäudehaltung verbundenen Kosten sind durch den Mietwert abgegolten und bleiben daher unberücksichtigt) sowie die Zinsen für das im Betrieb arbeitende Eigenkapital. Die Erfassung der kalkulatorischen Kostenarten ist trotz mancher Schwierigkeiten bei der Erhebung notwendig, um die Vergleichbarkeit zwischen Firmen unterschiedlicher Struktur zu gewährleisten. Der Ansatz des kalkulatorischen Unternehmerlohnes ermöglicht einen Vergleich zwischen Einzelunternehmungen und Personengesellschaften einerseits und Kapitalgesellschaften andererseits. Er trägt außerdem dem Tatbestand Rechnung, daß die Zahl der unentgeltlich mitarbeitenden Inhaber und Familienangehörigen zwischen den Betrieben unterschiedlich ist. Die hierdurch in erster Linie zwischen den einzelnen Betriebsgrößen bedingten Differenzierungen werden durch den kalkulatorischen Unternehmerlohn ausgeglichen. Durch den Ansatz des kalkulatorischen Mietwertes wird ein Vergleich zwischen Firmen, die in eigenen bzw. in fremden Räumen arbeiten, und durch die Erfassung der Zinsen für Eigenkapital ein Vergleich zwischen Firmen mit abweichender Eigen- und Fremdkapitalausstattung gewährleistet.

3. Die Erhebungen des Betriebsvergleichs beziehen sich nur auf das Handelsgeschäft, d. h. auf den Einzelhandel, und in einigen Branchen in gewissem Umfange auch auf den Großhandel. Soweit dem Einzelhandel üblicherweise Werkstattbetriebe angeschlossen sind (Reparatur- und Änderungswerkstätte), sind diese mit berücksichtigt. Die Eigenherstellung ist jedoch abgegrenzt worden. Selbsthergestellte Waren werden wie fremdbezogene Waren behandelt und zum Selbstkostenpreis in der Warenbeschaffung in Ansatz gebracht. Allerdings dürfte die Abgrenzung von den beteiligten Firmen nicht in jedem Falle ganz exakt durchgeführt worden sein.

## 3. Erhebungsdurchführung

Die Betriebsvergleichserhebungen werden im Bereich des Einzelhandels nach einheitlichen Richtlinien durchgeführt. Das ermöglicht einmal den Vergleich der Auswertungsergebnisse aller beteiligten Branchen untereinander und zum anderen arbeitstechnisch die Anwendung des Lochkartenverfahrens. Nur wenn sich auf Grund besonderer Verhältnisse in einzelnen Branchen Abweichungen als notwendig erwiesen, wurden diese berücksichtigt. Dies trifft vor allem für die sogenannten technischen Branchen zu, bei denen in Quartals- und Jahresfragebogen der Bedeutung des Werkstattgeschäftes durch diesbezügliche Zusatzfragen Rechnung getragen wird. Die einzige Position, die grundsätzlich in allen Branchen verschieden ist, ist die Frage nach der Zusammensetzung des Warensortimentes, das in maximal 12 Gruppen eingeteilt wird.

Zwischen den teilnehmenden Betrieben und dem Institut für Handelsforschung besteht eine unmittelbare Verbindung, d. h. die Fragebogen werden nicht über Verbände oder sonstige Stellen geleitet, bevor sie in die Hände des Instituts gelangen. Die Diskretion der einzelbetrieblichen Angaben ist durch ein Kennummernsystem voll gewährleistet. Der Kennummernschlüssel wird vom Institutsdirektor verwaltet. Den Sachbearbeitern des Instituts sind die hinter den Kennummern stehenden Betriebe nicht bekannt. Vom Institut aus wird im Interesse der Teilnehmer auf die Wahrung der Geheimhaltung besonderer Wert gelegt. Deshalb erhält auch keine außenstehende Stelle Einblick in die Fragebogen der einzelnen Betriebe.

Da die Erhebung mittels Fragebogen erfolgt, hat das Institut keine direkte Einwirkung auf die Erfassung der betrieblichen Zahlen. Die meisten Angaben können seitens der Teilnehmer aus der Buchhaltung übernommen werden, wobei der Stand des Rechnungswesens die Exaktheit der Zahlen bestimmt. Um zu einer möglichst weitgehenden Richtigkeit der Meldung zu gelangen, wird im Institut jeder Fragebogen durch wissenschaftliche Assistenten überprüft. Bei Unklarheiten werden Rückfragen bei den betreffenden Betrieben gehalten, wobei sich auffällige Abweichungen von der allgemeinen Entwicklung meist aus der besonderen Situation der betreffenden Betriebe erklären. Die Betriebe haben ein großes Interesse an der Zuverlässigkeit der Meldungen, denn letztlich dienen von den Betrieben aus gesehen die Vergleichsarbeiten ihren eigenen Belangen. Die Zuverlässigkeit des Zahlenmaterials konnte — wie bereits erwähnt — durch eine Reihe vom Institut inzwischen durchgeführter Betriebsbesuche bestätigt werden. Die Betriebsbesuche, die bisher rund 1 000 Betriebsvergleichsteilnehmer erfaßt haben, sollen in den kommenden Jahren auf alle Berichtsfirmen ausgedehnt werden.

## 4. Auswertungsverfahren

Die Auswertung der betrieblichen Zahlenangaben erstreckt sich nach einer sorgfältigen Kontrolle der Fragebogen auf das Berechnen der einzelbetrieblichen Vergleichszahlen, die Ermittlung der Durchschnittswerte und das Zusammenstellen der Ergebnisse für die Bekanntgabe. Die Zusammenfassung der Betriebe zu Auswertungsgruppen geschieht nach Branchen. Im Textileinzelhandel sowie im Eisenwaren- und Hausrathandel wird auf Grund der unterschiedlichen Zusammensetzung des Warensortimentes zusätzlich eine Auswertung nach Teilbranchen vorgenommen. Innerhalb der einzelnen Branchen bzw. Teilbranchen erfolgt bei ausreichender Teilnehmerzahl auch eine Ermittlung von Durchschnittswerten nach Größenklassen sowie nach Bundesländern. Darüber hinaus wird — von Sonderauswertungen abgesehen — keine weitere Gruppierung der erfaßten Betriebe nach strukturellen Merkmalen vorgenommen. Eine tiefergehende Aufgliederung der Vergleichsteilnehmer nach bestimmten Strukturmerkmalen, die einen erkennbaren Einfluß auf die betriebliche Situation im Einzelhandel ausüben, wäre zwar im Interesse der Vergleichbarkeit der einzelbetrieblichen Ergebniszahlen wünschenswert, würde jedoch bei der jetzigen Teilnehmerzahl innerhalb der einzelnen Branchen zu einer Vielzahl von wenig aussagefähigen Durchschnittswerten führen. Aus diesem Grunde hat es das Institut vorgezogen, in den für die Teilnehmer bestimmten Auswertungstabellen mit den einzelbetrieblichen Ergebniszahlen eine Reihe von strukturellen Merkmalen (so z. B. Ortsgröße, Geschäftslage, Zusammensetzung des Warensortimentes) zusätzlich auszuweisen, um damit die Möglichkeit zu bieten, beim Vergleich strukturell ähnlich gelagerte Firmen herauszusuchen. In dem vorliegenden Bericht sind die wichtigsten strukturellen Merkmale der beteiligten Firmen in einer Reihe von Tabellen gekennzeichnet.

Die Größenklassengliederung erfolgt bei den monatlichen und vierteljährlichen Erhebungen nach der Zahl der beschäftigten Personen. Die Beschäftigtenzahl dürfte ein besserer Maßstab für die Betriebsgröße sein als der Absatz, da sie im Gegensatz zu diesem nicht ein Ausdruck der Leistungserfüllung, sondern der Leistungsbereitschaft ist. Im Rahmen der Jahresauswertung wird jedoch neben der Gliederung nach beschäftigten Personen auch regelmäßig eine Gruppierung nach der Absatzgröße vorgenommen, insbesondere, um einen Vergleich mit Auswertungen der Vorkriegs- und Kriegsjahre zu ermöglichen. Sowohl die Personen- als auch die Absatzgrößenklassen des Betriebsvergleichs sind nach den vom früheren Statistischen Reichsamt benutzten Staffelungen gebildet worden. Allerdings hat sich das jetzige Statistische Bundesamt der Größenklasseneinteilung des früheren Reichsamtes nicht angeschlossen, so daß ein Vergleich der Größenklassenergebnisse des Betriebsvergleichs mit den Gesamterhebungen des Statistischen Bundesamtes (Arbeitsstättenzählung, Umsatzsteuerstatistik usw.) in der Nachkriegszeit nur bedingt möglich ist.

Bei der Jahresauswertung werden neben den beiden Gruppierungsmerkmalen der Betriebsgröße auch noch andere herangezogen, die jedoch mehr experimentellen Charakter haben. So werden beispielsweise die beteiligten Firmen innerhalb der Branchen nach der Höhe des Absatzes je beschäftigte Person und ferner nach Standortmerkmalen gegliedert, um deren Einfluß auf die betriebliche Leistungs- und Kostensituation zu untersuchen. Der Auswertung derartiger Gruppierungen sind jedoch Grenzen gesetzt. Um den Einfluß, der von einem bestimmten Merkmal der Betriebsstruktur oder der Betriebsleistung, z. B. des Standortes oder des Absatzes je beschäftigte Person, auf die betrieblichen Ergebnisse ausgeht, in vollem Umfange beurteilen zu können, wäre es notwendig, die von anderen Merkmalen gleichzeitig erfolgenden Einwirkungen auszuschalten. Zwar sind theoretisch durch eine mehrstufige Gliederung nach verschiedenen Merkmalen die Nebeneinflüsse weitgehend eliminierbar, jedoch ist infolge der relativ geringen Zahl der am Betriebsvergleich beteiligten Betriebe praktisch nur eine zweistufige Gliederung, nämlich nach der Branche bzw. der Teilbranche und nach dem jeweiligen Gruppierungsmerkmal, möglich. Obwohl hierdurch der Erkenntniswert der vorgenommenen Sonderauswertungen in gewissem Maße beeinträchtigt wird, so sind andererseits durch die im Einzelfalle festzustellenden Besonderheiten und die graduellen Abweichungen der sich ergebenden Tendenzen die speziellen Einflüsse des jeweiligen Untersuchungsmerkmals in der Regel deutlich zu erkennen.

Das Lochkartenverfahren ist für die Durchführung der Auswertung dem Institut ein wichtiges Hilfsmittel. Die leichte Sortierbarkeit der Karten ermöglicht insbesondere die Gruppierung der in die Auswertung einbezogenen Betriebe nach den verschiedenen Merkmalen. Für die Monats- und Quartalsauswertung dient außerdem der Schreibstreifen der Tabelliermaschine als Manuskript für die Auswertungstabellen. Die von der Tabelliermaschine gedruckten Schreibstreifen werden mit den entsprechenden Texten und Strichen versehen und dann im Rotaprintverfahren vervielfältigt. Hierdurch werden dem Institut wesentliche Schreib-, Druck- und Kollationierarbeiten erspart und eine kurzfristige Übermittlung der Ergebnisse an die Betriebsvergleichsteilnehmer ermöglicht.

## 5. Auswertungsberechnungen

Die Berechnung der Auswertungszahlen erfolgt mit den üblichen statistischen Verfahren. Es werden Gliederungszahlen (beispielsweise der Anteil der Kostenarten an den Gesamtkosten), Beziehungszahlen (beispielsweise Kosten in Prozenten des Absatzes, Absatz je beschäftigte Person) und Indexzahlen (beispielsweise Entwicklungszahlen für Warenbeschaffung und Warenabsatz) ermittelt. Für die Berechnung der Durchschnittswerte der Größenklassen und der Branchen bzw. Teilbranchen findet grundsätzlich das arithmetische Mittel Verwendung. Extremwerte werden nur in solchen Fällen ausgeschaltet, in denen sie durch außerhalb der normalen Entwicklungsbedingungen liegende Gründe verursacht worden sind, also beispielsweise durch ungewöhnliche Betriebsveränderungen (etwa Beeinflussung der Umsatz- oder Kostenentwicklung durch Umzug in neue Geschäftsgebäude, Betriebsferien innerhalb eines Berichtsmonats u. dgl.). Bei als Verhältniszahlen ausgedrückten Ergebnissen werden die Durchschnittswerte als arithmetisches Mittel aus den einzelbetrieblich berechneten Verhältniszahlen berechnet und nicht aus der Summe der absoluten Beträge aller erfaßten Betriebe. Dadurch erhält jeder einbezogene Betrieb das gleiche Gewicht. Diese Handhabung mag zunächst problematisch erscheinen, weil die kleineren und mittleren Betriebe bei der Berechnung der Durchschnittswerte stärker hervortreten als es ihrem umsatzmäßigen Gewicht entspricht, während die Großbetriebe keine ihrer höheren Umsatzbedeutung entsprechende Berücksichtigung finden. Bei der Beurteilung dieser Berechnungsmethode muß jedoch die Zusammensetzung der Betriebsvergleichsteilnehmer im Hinblick auf die Betriebsgröße berücksichtigt werden. Die mittleren und insbesondere die größeren Betriebe sind im Verhältnis wesentlich stärker beteiligt, als es der Größengruppierung des gesamten Einzelhandels in der Bundesrepublik entspricht. Durch die vom Institut verwendete Berechnungsweise der Durchschnittswerte wird das Gewicht der zahlenmäßig zu stark vertretenen Großbetriebe in gewissem Umfang kompensiert.

Die Streuung der einzelbetrieblichen Zahlen ist nicht unerheblich. Trotzdem dürften die Durchschnittswerte als charakteristisch für die Gesamtsituation der einzelnen Branchen angesehen werden. Das gilt insbesondere für diejenigen Branchen, die eine Teilnehmerzahl von über 100 Betrieben erreichen. Da die im vorliegenden Bericht verwendeten Tabellen nur Durchschnittswerte enthalten, ist aus ihnen die Streuungsbreite der einzelbetrieblichen Werte um den errechneten Durchschnitt nicht ersichtlich. Bei den monatlichen, vierteljährlichen und jährlichen Ergebnistabellen, die wegen der darin enthaltenen Einzelzahlen sämtlicher Vergleichsteilnehmer vertraulich sind, kann die Streuung für jede Ergebniszahl festgestellt werden.

Um die Gesamtsituation des Einzelhandels besser beurteilen zu können, werden bei vielen Ergebniszahlen auch Durchschnittswerte für den gesamten Einzelhandel ermittelt. Die Gesamtdurchschnittswerte werden mit Hilfe des gewogenen arithmetischen Mittels aus den einzelnen Branchenwerten berechnet. Als Gewicht wird der Absatzanteil der einzelnen Branchen am Gesamtabsatz des Einzelhandels verwendet, wobei die Ergebnisse der Umsatzsteuerstatistik des Statistischen Bundesamtes als Grundlage dienen. Infolge des unterschiedlichen Gewichtes von Absatz- und Lageranteil ist für die Berechnung der Lagerzahlen ein besonderes Lagerwägungsschema ermittelt worden. Die Berechnung der Lagergewichte erfolgt durch Division des Absatzgewichtes durch die Lagerumschlagsgeschwindigkeit. In der nachfolgenden Tabelle ist das in den Jahren 1958, 1959 und 1960 verwendete Wägungsschema für den Absatz und das Lager wiedergegeben. Es hat sich in den drei Vergleichsjahren nicht verändert.

**Wägungsschema der Jahre 1958—1960**

| Branche | Anteil am gesamten Einzelhandelsabsatz in % | | | Anteil am gesamten Einzelhandelslager in % | | |
|---|---|---|---|---|---|---|
| | 1958 | 1959 | 1960 | 1958 | 1959 | 1960 |
| Lebensmittel .............. | 37 | 37 | 37 | 14 | 14 | 14 |
| Tabakwaren .............. | 4 | 4 | 4 | 2 | 2 | 2 |
| Lebens- u. Genußmittelbedarf .. | 41 | 41 | 41 | 16 | 16 | 16 |
| Textilien ................ | 26 | 26 | 26 | 40 | 40 | 40 |
| Schuhe .................. | 5 | 5 | 5 | 10 | 10 | 10 |
| Bekleidungs- u. Textilbedarf .. | 31 | 31 | 31 | 50 | 50 | 50 |
| Möbel ................... | 4 | 4 | 4 | 4 | 4 | 4 |
| Eisenwaren und Hausrat .... | 3 | 3 | 3 | 4 | 4 | 4 |
| Glas, Porzellan und Keramik | 2 | 2 | 2 | 3 | 3 | 3 |
| Beleuchtung und Elektro.... | 1 | 1 | 1 | 1 | 1 | 1 |
| Tapeten und Linoleum ..... | 1 | 1 | 1 | 1 | 1 | 1 |
| Wohnungs- und Hausratbedarf | 11 | 11 | 11 | 13 | 13 | 13 |
| Drogerien................. | 4 | 4 | 4 | 5 | 5 | 5 |
| Reformhäuser ............ | 1 | 1 | 1 | 1 | 1 | 1 |
| Leder- und Galanteriewaren.. | 1 | 1 | 1 | 1 | 1 | 1 |
| Papier, Bürobedarf und Schreibwaren ........ | 3 | 3 | 3 | 3 | 3 | 3 |
| Büromaschinen, Büromöbel und Organisationsmittel ... | 1 | 1 | 1 | 1 | 1 | 1 |
| Fahrräder ............... | 1 | 1 | 1 | 1 | 1 | 1 |
| Radio und Fernsehen .... | 1 | 1 | 1 | 1 | 1 | 1 |
| Sortimentsbuchhandel ...... | 2 | 2 | 2 | 2 | 2 | 2 |
| Uhren, Juwelen, Gold- und Silberwaren .... | 1 | 1 | 1 | 3 | 3 | 3 |
| Photo ................... | 1 | 1 | 1 | 1 | 1 | 1 |
| Sportartikel .............. | 1 | 1 | 1 | 2 | 2 | 2 |
| Sonstiger Bedarf............ | 17 | 17 | 17 | 21 | 21 | 21 |
| Einzelhandel insgesamt........ | 100 | 100 | 100 | 100 | 100 | 100 |

## 6. Auswertungsbekanntgabe

Da der Betriebsvergleich in erster Linie den teilnehmenden Firmen Unterlagen für ihre betrieblichen Dispositionen vermitteln soll, wird von seiten des Instituts auf eine kurzfristige und möglichst detaillierte Bekanntgabe der Ergebnisse an die Teilnehmer besonderer Wert gelegt. Die berichtenden Betriebe erhalten monatlich, vierteljährlich und jährlich eine synoptische Tabelle, die sämtliche Auswertungszahlen aller beteiligten Firmen unter Kennummern enthält. Die Firmen sind hierbei nach Branchen und Personengrößenklassen geordnet. Durch die Angabe der wichtigsten Strukturmerkmale in den synoptischen Tabellen ist dem Einzelbetrieb die Möglichkeit gegeben, strukturell ähnlich gelagerte Firmen herauszufinden und sich mit diesen zu vergleichen. Ein solcher einzelbetrieblicher Vergleich ist wegen der beachtlichen strukturellen Unterschiede zwischen den einzelnen Firmen wesentlich aufschlußreicher als lediglich ein Vergleich mit den Durchschnittswerten der Größenklassen und der Branche. In der synoptischen Monatstabelle werden insgesamt 8, in der synoptischen Quartalstabelle 22 und in der synoptischen Jahrestabelle schließlich 41—50 Vergleichszahlen ausgewiesen. Die Zustellung der synoptischen Tabellen erfolgt so kurzfristig wie möglich. Die synoptischen Monatstabellen werden den Firmen etwa vier Wochen nach Monatsende und die synoptischen Quartalstabellen etwa fünf Wochen nach Quartalsende zur Verfügung gestellt. Die Übermittlung der synoptischen Jahrestabellen nimmt längere Zeit in Anspruch, da die Rücksendung der Fragebogen durch die Betriebsvergleichsteilnehmer vielfach erst nach Fertigstellung ihres Jahresabschlusses erfolgt und im Institut umfangreiche Rechen- und Tabellierarbeiten anfallen. Erfahrungsgemäß erfolgt die Zustellung der synoptischen Jahrestabellen im August bzw. September des dem Berichtsjahr folgenden Jahres.

Alle synoptischen Tabellen mit den einzelbetrieblichen Zahlen sind streng vertraulich und stehen nur den aktiv am Vergleich beteiligten Firmen zur Verfügung. Eine der Allgemeinheit zugängliche Veröffentlichung der Branchendurchschnittszahlen des Betriebsvergleichs findet monatlich in den Mitteilungen des Instituts für Handelsforschung statt. Darüber hinaus erfolgt in dreijährigem Turnus in den Schriften zur Handelsforschung eine Zusammenfassung sämtlicher Betriebsvergleichsergebnisse. Als Fortsetzung der umfassenden Zusammenstellung für die Jahre 1949—1951, die Jahre 1952—1954 und die Jahre 1955—1957 (Nummer 1, 7 und 11 der Schriften zur Handelsforschung) sind in der vorliegenden Nummer der Schriftenreihe die Ergebniszahlen der Jahre 1958, 1959 und 1960 wiedergegeben. Die Ausführungen über die Methode des Betriebsvergleichs wurden unter Berücksichtigung einiger notwendiger Ergänzungen aus den drei bereits vorliegenden Drei-Jahres-Berichten im wesentlichen übernommen. Der Tabellenteil ist in Anordnung und Umfang aus Gründen der fortlaufenden Vergleichbarkeit soweit wie möglich der Systematik der Nummern 1, 7 und 11 der Schriften angepaßt worden. Nummern und Inhalt der Tabellen 1—39 stimmen mit den bisherigen drei Drei-Jahres-Berichten überein. Neu ist die Tabelle 40, die einen Überblick über die Betriebshandelsspannen und Betriebsergebnisse der untersuchten Einzelhandelsbranchen gibt, nachdem die Veröffentlichung dieser Zahlen nunmehr möglich ist. Die Tabellen 41 ff. sind gegliedert wie die Tabellen 40 ff. der früheren Drei-Jahres-Berichte, jedoch in ihrem Umfange erweitert worden. Diese Tabellen enthalten eine Reihe von Sondergruppierungen nach der Absatzleistung je beschäftigte Person und nach Standortmerkmalen sowie eine Darstellung der wichtigsten Quartalsauswertungen im Laufe der drei Berichtsjahre. Hierbei sind nicht die Ergebnisse sämtlicher Branchen und Teilbranchen herangezogen worden, sondern nur die derjenigen, für die sich eine ausreichende Repräsentation ergab. Gegenüber den Jahren 1949 bis 1957 ist in den Jahren 1958 bis 1960 in zahlreichen Branchen eine erhebliche Vergrößerung der Teilnehmerzahl eingetreten, so daß in dem vorliegenden Bericht der Kreis der für die Sonderauswertungen ausgewählten Branchen und Teilbranchen erneut erweitert werden konnte.

## 7. Erläuterung der bei der Erhebung und der Auswertung verwandten Begriffe in alphabetischer Anordnung

**Absatz**

Warenausgang (Bar- und Kreditverkäufe) zu Verkaufspreisen, abzüglich gegebenenfalls gewährter Nachlässe. In Branchen, in denen die Kreditverkäufe keine besondere Rolle spielen, sind notfalls anstelle des Warenausgangs die Zahlungseingänge, die den Umsatzsteuermeldungen entsprechen, eingesetzt worden.

**Absatzentwicklung**

Die Absatzentwicklungszahlen werden für jeden Betriebsvergleichsteilnehmer einzeln berechnet, wobei der Absatz des Berichtszeitraums in Prozenten des Absatzes des Basiszeitraumes ausgedrückt wird (Absatz des Basiszeitraumes gleich 100). Die veröffentlichten Durchschnittszahlen sind das arithmetische Mittel der einzelbetrieblich berechneten Prozentzahlen.

### Absatz je beschäftigte Person

Gesamtabsatz des Berichtszeitraumes dividiert durch die Zahl der im Berichtszeitraum im Durchschnitt beschäftigten Personen (Personenbewertung siehe „Beschäftigte Personen"). Die Durchschnittswerte sind das arithmetische Mittel der einzelbetrieblichen Berechnungen.

### Absatz je Kunde (Absatz je Einzelverkauf)

Gesamtabsatz des Berichtszeitraumes dividiert durch die Kundenzahl des Berichtszeitraumes (Zahl der Kassenzettel und Zahl der Kreditverkäufe). Bei einigen Branchen, in denen der Großhandels- und steuerbegünstigte Absatzanteil und somit die Kreditgewährung in Form der Lieferantenkredite von Bedeutung sind, wurden der Barabsatz je Barkunde und der Kreditabsatz je Kreditkunde getrennt berechnet. Beim Sortimentsbuchhandel wurde der Absatz je Kunde nur für den Barabsatz ermittelt. In dieser Branche sind also der Kreditabsatz und die Zahl der Kreditverkäufe nicht berücksichtigt. Die Durchschnittswerte sind das arithmetische Mittel der einzelbetrieblichen Berechnungen.

### Absatz je Quadratmeter Geschäftsraum

Gesamtabsatz des Berichtszeitraumes dividiert durch die Quadratmeterzahl der im Berichtszeitraum benutzten Geschäftsräume. Zu den Geschäftsräumen werden Verkaufs-, Ausstellungs-, Lager- und Büroräume sowohl in eigenen als auch in fremden Gebäuden gezählt, nicht jedoch ausgesprochene Nebenräume, wie Abstellräume. Die Durchschnittswerte sind das arithmetische Mittel der einzelbetrieblichen Berechnungen.

### Absatz je Quadratmeter Verkaufsraum

Gesamtabsatz des Berichtszeitraumes dividiert durch die Quadratmeterzahl der unmittelbar dem Verkauf dienenden Räume. Hierzu zählen die Verkaufs- und Ausstellungsräume (einschl. Schaufenster) sowohl in eigenen als auch in fremden Gebäuden, nicht dagegen die Lager- und Büroräume sowie ausgesprochene Nebenräume, wie Abstellräume. Die Durchschnittswerte sind das arithmetische Mittel der einzelbetrieblichen Berechnungen.

### Abschreibungen

siehe Handlungskosten

### Außenstände aus Kreditverkäufen

Die Außenstände aus Kreditverkäufen werden jeweils am letzten Tage des Berichtszeitraumes erfaßt. Sie beziehen sich auf außenstehende Raten aus Teilzahlungsverkäufen, Buchkredite und das sogenannte Anschreiben. Sie sind in Prozenten des Absatzes des Berichtszeitraumes berechnet. Die Durchschnittswerte sind das arithmetische Mittel der einzelbetrieblichen Berechnungen.

### Betriebsergebnis

Im Rahmen des Betriebsvergleichs wird das Betriebsergebnis nach steuerlichen und nach betriebswirtschaftlichen Gesichtspunkten ermittelt.

### Betriebswirtschaftliches Betriebsergebnis

Das betriebswirtschaftliche Betriebsergebnis ist die Differenz zwischen der Betriebshandelsspanne und den Gesamtkosten einschließlich Unternehmerlohn und einschließlich Zinsen für Eigenkapital. Es wird nicht einzelbetrieblich errechnet, sondern aus der Betriebshandelsspanne und den Gesamtkosten im Durchschnitt der Branche.

### Steuerliches Betriebsergebnis

Das steuerliche Betriebsergebnis ist die Differenz zwischen der Betriebshandelsspanne und den Gesamtkosten ohne Unternehmerlohn und ohne Zinsen für Eigenkapital. Es wird nicht einzelbetrieblich errechnet, sondern aus der Betriebshandelsspanne und den Gesamtkosten (ohne Unternehmerlohn und ohne Zinsen für Eigenkapital) im Durchschnitt der Branche.

### Betriebshandelsspanne

Die Betriebshandelsspanne ist die Differenz zwischen dem Verkaufswert und dem Einstandswert des Warenabsatzes. Zur Berechnung der Betriebshandelsspanne wird folgende Formel angewandt: Absatz des Berichtsjahres minus (Lageranfangsbestand plus Warenbeschaffung minus Lagerendbestand des Berichtsjahres).

### Beschaffung

Summe der Einkaufsrechnungen laut Wareneingangsbuch bzw. Eingangsseite (Soll) des Wareneinkaufskontos einschließlich der Bezugskosten (wie Frachten, Rollgelder), jedoch abzüglich der Retouren, Preisnachlässe und Skonti.

### Beschaffungsentwicklung

Die Beschaffungsentwicklungszahlen werden für jeden Betriebsvergleichsteilnehmer einzeln berechnet, wobei die Beschaffung des Berichtszeitraumes in Prozenten der Beschaffung des Basiszeitraumes ausgedrückt wird (Beschaffung des Basiszeitraumes gleich 100). Die veröffentlichten Durchschnittszahlen sind das arithmetische Mittel der einzelbetrieblich berechneten Prozentzahlen.

### Beschaffungswege

Anteil der einzelnen Beschaffungswege an der Gesamtwarenbeschaffung des Berichtszeitraumes in Prozenten. Bei der Veröffentlichung wird der Direktbezug (Bezug von Herstellern) und der von Grossierern (Großhändler und Einkaufsgemeinschaften) unterschieden. Soweit die Summe der beiden ausgewiesenen Positionen 100 % nicht erreicht, sind sonstige Beschaffungswege vorhanden (z. B. eigene Importe). In vielen Fällen mußten die Werte mangels buchungsmäßiger Unterlagen von den Betrieben geschätzt werden. Die Durchschnittswerte sind das arithmetische Mittel der einzelbetrieblich gemeldeten Prozentsätze.

### Beschäftigte Personen

Hierunter ist die im Berichtszeitraum durchschnittlich beschäftigte Personenzahl einschließlich des oder der Inhaber und der mithelfenden Familienangehörigen zu verstehen. Bei der Ermittlung dieser Zahl sind Lehrlinge im 1. und 2. Lehrjahr sowie Anlernlinge im 1. Jahr mit 0,5 bewertet. Die Bewertung der teilbeschäftigten Personen erfolgte mit einem ihrer Arbeitszeit entsprechenden Bruchteil.

### Eigenherstellung

Unter Eigenherstellung sind die in gewerblichen Nebenbetrieben der Einzelhandlung selbsterzeugten Waren zu verstehen. Die im eigenen Handelsbetrieb verkauften selbsthergestellten Waren werden der Warenbeschaffung zum Selbstkostenpreis zugerechnet. Die mit der Eigenherstellung beschäftigten Personen sind in der Position „Beschäftigte Personen" nicht erfaßt. Ferner sind die Kosten der Eigenherstellung den Handlungskosten nicht zugerechnet.

### Einzelhandelsabsatz

Absatz an private Letztverbraucher.

### Gesamtkosten

siehe Handlungskosten

### Größe der Geschäftsräume

Hierunter ist die gesamte Fläche der betrieblich genutzten Geschäftsräume zu verstehen, zu der Verkaufs-, Ausstellungs-, Lager- und Büroräume sowohl in eigenen als auch in fremden Gebäuden zählen, nicht jedoch ausgesprochene Nebenräume, wie Abstellräume. Die Durchschnittswerte sind das arithmetische Mittel der einzelbetrieblichen Berechnungen.

### Großhandelsabsatz

Absatz an Wiederverkäufer, gewerbliche Verwender und Großverbraucher.

### Handlungskosten

Die Handlungskosten beziehen sich auf die im Berichtszeitraum bezahlten Beträge. Dazu treten im Sinne einer betriebswirtschaftlich zutreffenden Kostenerfassung als kalkulatorische Kostenarten das Entgelt für die nicht entlöhnte Tätigkeit des Inhabers und seiner Familie (Unternehmerlohn), der Mietwert und die Zinsen für Eigenkapital. Im einzelnen werden die folgenden Kostenarten getrennt erfaßt.

### Personalkosten

Bruttogehälter und -löhne aller vom Betrieb angestellten Personen einschließlich des Arbeitgeberanteils an sozialen Lasten sowie Tantiemen, Gratifikationen, Prämien, Provisionen und Sachleistungen.

### Entgelt für die nicht entlöhnte Tätigkeit des Inhabers und seiner Familie (Unternehmerlohn)

Da bei Einzelunternehmungen, offenen Handelsgesellschaften und Kommanditgesellschaften unter Personalkosten kein Unternehmerlohn verbucht wird, wird dafür ein kalkulatorischer Betrag angesetzt. Das kalkulatorische Entgelt entspricht dem an gleichwertige leitende oder ausführende Kräfte nach den Sätzen der örtlichen Tarifordnung bzw. nach freier Vereinbarung zu zahlenden Gehalt. Als Anhalt für die Höhe des Unternehmerlohnes gelten die in der nachfolgenden Tabelle enthaltenen Beträge, die nach der Höhe des Jahresabsatzes gestaffelt sind:

| Jahresabsatz | bis | 20 000 DM | jährlicher kalkulatorischer Unternehmerlohn | 3 000 DM |
|---|---|---|---|---|
| „ | 20 — | 50 000 „ | „ „ „ | 4 500 „ |
| „ | 50 — | 100 000 „ | „ „ „ | 6 000 „ |
| „ | 100 — | 200 000 „ | „ „ „ | 9 000 „ |
| „ | 200 — | 500 000 „ | „ „ „ | 12 000 „ |
| „ | 500 — | 1 000 000 „ | „ „ „ | 15 000 „ |
| „ | über | 1 000 000 „ | „ „ „ | 22 500 „ |

Sind in einer Firma mehrere Inhaber tätig, so wird der Jahresabsatz durch ihre Anzahl dividiert und der auf jeden Inhaber entfallende Unternehmerlohn für den entsprechenden Jahresabsatzanteil getrennt ermittelt.

Für den Tabakwareneinzelhandel gilt wegen der Erhöhung der Absatzwerte durch die Verbrauchssteuer die Regelung, daß die Unternehmerlohnsätze gegenüber den in der Tabelle enthaltenen Werten um $1/3$ herabgesetzt werden.

Für die mithelfenden Familienangehörigen, die kein Gehalt beziehen und somit nicht Angestellte sind, wird ein ihrer Tätigkeit entsprechendes kalkulatorisches Entgelt angesetzt.

## Miete

Miete ist der für ausschließlich dem Betriebszweck dienende fremde Räume gezahlte Betrag und der Mietwert für Räume in eigenen Gebäuden. Als Mietwert bei eigenen Räumen ist die Summe eingesetzt, die gezahlt werden müßte, wenn Räume in gleichem Umfange und in der gleichen Lage gemietet worden wären. Kosten für Heizung, Reparaturen, Licht usw. sind nicht in der Miete, sondern in der Position „Sonstige Kosten" enthalten.

## Steuern

Zu den Steuern zählen nur die betrieblichen Steuern, also Umsatzsteuer und Gewerbesteuer. Nicht als Steuern gelten Beiträge, auch wenn sie steuerlich abzugsfähig sind. Nicht zu dieser Position zählen ferner die Einkommensteuer, Vermögensteuer usw. des Unternehmers sowie die Körperschaftsteuer, Grundsteuer und Lastenausgleichsabgabe. Die Kraftfahrzeugsteuer für Betriebsfahrzeuge ist bei den „Kosten des Fuhr- und Wagenparks" berücksichtigt.

## Reklamekosten

Als Reklamekosten gelten alle Sachausgaben für Werbung, wie Dekorationskosten, Inserate, Prospekte, Plakate, ferner die Beiträge für Werbegemeinschaften, Honorare für gelegentliche Werbehelfer usw. Die Gehälter für festangestelltes Personal (z. B. Dekorateure) sind nicht den Reklamekosten, sondern den Personalkosten zugerechnet.

## Zinsen für Eigenkapital

Bei Einzelunternehmungen und Personengesellschaften sind 4 % des Eigenkapitals des Inhabers oder der Gesellschafter nach dem Stande des Kapitalkontos am Anfang des Berichtsjahres gerechnet.

Bei Kapitalgesellschaften sind 4 % des Grundkapitals einschließlich der gesetzlichen und freiwilligen Rücklagen angesetzt.

## Zinsen für Fremdkapital

Hierzu rechnen alle Zinsen für Fremdkapital einschließlich Diskont und Bankprovisionen sowie die mit dem Geld- und Überweisungsverkehr zusammenhängenden Spesen und Gebühren.

## Abschreibungen

Hierunter fallen Abschreibungen auf Inventar, Fahrzeuge und Forderungen gemäß dem Abschluß des entsprechenden Jahres. Abschreibungen auf das Warenlager sind nicht hier, sondern in der Lagerbewertung berücksichtigt. Abschreibungen auf Grundstücke und Gebäude sind durch den Mietwert abgegolten.

## Kosten des Fuhr- und Wagenparks

Hierzu gehören sämtliche Sachkosten des betriebseigenen Fuhr- und Wagenparks einschließlich Reparaturen, Kraftfahrzeugsteuer und Kraftfahrzeugversicherungen, jedoch keine Abschreibungen auf Fahrzeuge und keine Löhne für das Fahrpersonal.

## Sonstige Kosten

Hier sind alle in den übrigen Kostenpositionen nicht enthaltenen Handlungskosten erfaßt. Nicht enthalten sind die Grundstücks- und Gebäudekosten sowie Wiederaufbaukosten, da sie durch den Mietwert abgegolten sind, Ausgaben für Neuanschaffungen, die durch die Abschreibungen berücksichtigt sind, und die Warenbezugskosten, die der Beschaffung zugerechnet sind.

**Gesamtkosten**

Die Gesamtkosten ergeben sich aus der Addition aller Kostenarten.

**Handlungskostenentwicklung**

Die Kostenentwicklungszahlen werden aus der Kostenbelastung in Prozenten des Absatzes und der Absatzentwicklung berechnet. Die Durchschnittswerte werden hier nicht aus den einzelbetrieblichen, sondern auf Grund der vorliegenden Branchen- und Teilbranchendurchschnittswerte der relativen Kostenbelastung und der Absatzentwicklung ermittelt.

**Kosten**

siehe Handlungskosten

**Kreditverkäufe**

Hierunter fällt der gesamte Kreditabsatz, der sich folgendermaßen zusammensetzt:

1. Teilzahlungsverkäufe, die in Verbindung mit Bankinstituten (Teilzahlungsfinanzierungsinstituten, Sparkassen, Geschäftsbanken) getätigt werden.
2. Alle übrigen Teilzahlungsverkäufe, die der Einzelhandel auf Grund von besonderen Teilzahlungsverträgen in eigener Regie abwickelt.
3. Alle sonstigen Kreditverkäufe (offene Buchkredite, Anschreiben usw.).

**Lagerbestand je beschäftigte Person**

Berechnungsformel: Durchschnittlicher Lagerbestand des Berichtsjahres zu Inventurwerten (Anfangsbestand plus Endbestand geteilt durch 2) dividiert durch die Zahl der im Berichtsjahr im Durchschnitt beschäftigten Personen (Personenbewertung siehe „Beschäftigte Personen"). Die Durchschnittswerte sind das arithmetische Mittel der einzelbetrieblichen Berechnungen.

**Lagerentwicklung**

Für die Kennzeichnung der Lagerentwicklung werden zwei Auswertungen vorgenommen. Die erste zeigt die Entwicklung der Lagerbestände innerhalb eines Jahres, die zweite die Entwicklung im Vergleich mehrerer Jahre. Im ersten Falle wird der Endbestand des Lagers zu Inventurwerten am 31. Dezember in Prozenten des Anfangsbestandes am 1. Januar des gleichen Jahres berechnet (Anfangsbestand gleich 100). Die Durchschnittswerte sind das arithmetische Mittel der einzelbetrieblichen Berechnungen. Im zweiten Falle wird der durchschnittliche Lagerbestand des Berichtsjahres in Prozenten des durchschnittlichen Lagerbestandes des Basisjahres ausgerechnet (durchschnittlicher Lagerbestand des Basisjahres gleich 100). Die Durchschnittswerte werden hier nicht einzelbetrieblich berechnet, sondern auf Grund der Branchen- und Teilbranchendurchschnittswerte der Lagerentwicklung innerhalb der einzelnen Jahre.

**Lagerumschlag**

siehe Umschlagsgeschwindigkeit des Warenlagers.

**Lieferantenskonti**

Die von den Lieferanten erhaltenen Skonti werden seit dem Jahre 1958 erfaßt und getrennt von den Lieferantenboni und sonstigen Preisnachlässen der Lieferanten ermittelt. Die Durchschnittswerte sind das arithmetische Mittel der einzelbetrieblichen Ergebnisse. Sie sind in Prozenten des Absatzes ausgedrückt.

**Miete**

siehe Handlungskosten

**Personalkosten**

siehe Handlungskosten

**Personen**

siehe Beschäftigte Personen

**Reklamekosten**

siehe Handlungskosten

**Sortiment**

Die Hauptwarengruppen werden in Prozenten des gesamten Warensortiments angegeben. Grundlage ist der Warenabsatz des Berichtsjahres. In vielen Fällen werden diese Werte mangels buchmäßiger Unterlagen von den Betrieben geschätzt. Die Durchschnittswerte sind das arithmetische Mittel der einzelbetrieblich berechneten Prozentzahlen.

**Steuern**

siehe Handlungskosten

**Umsatz**

Oberbegriff für Beschaffung, Lager und Absatz

**Umschlagsgeschwindigkeit des Warenlagers**

Berechnungsformel: Gesamtabsatz des Berichtsjahres zu Einstandspreisen (Wareneinsatz) dividiert durch den durchschnittlichen Lagerbestand (Anfangsbestand plus Endbestand geteilt durch 2) des Berichtsjahres zu Einstandspreisen. Die Durchschnittswerte sind das arithmetische Mittel der einzelbetrieblichen Berechnungen.

**Unternehmerlohn**

siehe Handlungskosten

**Werkstattabsatz**

Zum Werkstattabsatz rechnen Änderungen, Zurichtungsarbeiten und Montagen von verkauften Waren sowie nicht aus dem Handelsbetrieb erwachsene Reparaturen, Laborarbeiten usw. Nicht als Werkstattabsatz zählt die Neuanfertigung von Waren (siehe Eigenherstellung).

**Werkstattpersonen**

Hierzu rechnen alle mit handwerklichen Arbeiten beschäftigten Personen, jedoch ohne die für die Eigenherstellung tätigen Personen (siehe Werkstattabsatz).

**Zinsen für Eigenkapital**

siehe Handlungskosten

**Zinsen für Fremdkapital**

siehe Handlungskosten

# B. Charakterisierung der am Betriebsvergleich teilnehmenden Firmen

Die betriebswirtschaftliche Situation des Einzelhandelsgeschäftes wird in starkem Maße durch die strukturellen Gegebenheiten bestimmt. Besonders erhebliche Einflüsse gehen von der Betriebsgröße, dem Standort und dem Warensortiment aus. Eine richtige Beurteilung der Betriebsvergleichsergebnisse ist daher nur möglich, wenn die Struktur der berichtenden Firmen bekannt ist. Die Tabellen 1–13 geben zunächst einen Überblick über den Kreis der am Betriebsvergleich beteiligten Einzelhandelsfirmen und deren strukturelle Situation.

## 1. Branchengliederung

*Tabelle 1*   In den Jahren 1958 bis 1960 wurde der Betriebsvergleich für insgesamt 22 Branchen und 13 Teilbranchen durchgeführt. Gegenüber dem Vergleichszeitraum 1954–1957 sind die Gemischtwarengeschäfte als neue Auswertungsgruppe hinzugekommen. Der Kreis der in die Erhebung einbezogenen Branchen umfaßt alle maßgeblichen Bereiche des Einzelhandels, die insgesamt etwa 85 % des Gesamtabsatzes des westdeutschen Einzelhandels (ohne den Einzelhandel mit Brennstoffen und Kraftfahrzeugen) tätigen. Der Textileinzelhandel wies in den Jahren 1958–1960 die stärkste Beteiligung am Betriebsvergleich auf. 1958 waren von 3 444 erfaßten Einzelhandelsbetrieben 903 und 1960 von 3 863 Einzelhandelsgeschäften 1 041 Textilgeschäfte. Es folgte mit weitem Abstand der Lebensmitteleinzelhandel, für den 1958 347 und 1960 399 Betriebe berichteten. Im Schuheinzelhandel waren 1958 297 und 1960 367 Fachgeschäfte am Betriebsvergleich beteiligt. Im Eisenwaren- und Hausrathandel betrug die Zahl der Berichtsfirmen 1958 270 und 1960 288. Trotz der insgesamt beachtlichen Beteiligung konnte auch in den Jahren 1958 bis 1960 bei einigen Branchen noch keine ausreichende Repräsentation erreicht werden. Dies gilt vor allem für den Fahrradeinzelhandel (1960 21 Betriebe), den Beleuchtungs- und Elektroeinzelhandel (27 Betriebe), die Teilbranchen des Textileinzelhandels mit vorwiegend Meterwaren (25 Betriebe), mit vorwiegend Teppichen, Möbelstoffen und Gardinen (27 Betriebe) und die Teilbranche des Eisenwaren- und Hausrathandels mit vorwiegend Öfen und Herden (15 Betriebe). Bei der Beurteilung der Betriebsvergleichsergebnisse dieser Branchen muß ihre beschränkte Aussagekraft berücksichtigt werden.

## 2. Größenklassengliederung

Die Jahresergebnisse des Betriebsvergleichs werden sowohl nach Personengrößenklassen als auch nach Absatzgrößenklassen ermittelt. Die betriebswirtschaftlich exaktere Gliederung ist hierbei die nach der Personenzahl, da die Zahl der Beschäftigten ein Maßstab für die Leistungsbereitschaft der Betriebe ist, während in der Absatzhöhe bereits Momente der Leistungserfüllung zum Ausdruck kommen.

*Tabellen 2 und 3*   Bei dem überwiegenden Teil der in der vorliegenden Schrift abgedruckten Tabellen über Umsatz-, Leistungs- und Kostenzahlen sind neben den Branchendurchschnittswerten auch die Ergebnisse für die Personen- und Absatzgrößenklassen wiedergegeben. Hierbei läßt sich der unterschiedliche Einfluß der beiden Größenmerkmale auf die Ergebniszahlen deutlich erkennen. Aus den Tabellen 2 und 3 ist ersichtlich, auf wie vielen Firmen die ausgewiesenen Größenklassenergebnisse basieren. In ihnen ist ferner auch die Größenklassenverteilung für die Branchen und Teilbranchen wiedergegeben, bei denen wegen zu geringer Beteiligung die Ergebniszahlen nur als Branchen- bzw. Teilbranchendurchschnittswerte veröffentlicht werden. Hierdurch ist die Möglichkeit gegeben, bei der Beurteilung der Durchschnittsergebnisse die größenmäßige Zusammensetzung der Berichtsfirmen zu berücksichtigen.

Das Schwergewicht der Beteiligung am Betriebsvergleich liegt bei den mittleren Größenklassen. Aus Tabelle 2 ist ersichtlich, daß im Jahre 1960 25,1 % aller Berichtsfirmen der Größenklasse 6 bis 10 beschäftigte Personen angehörten. Es folgten mit einem Anteil von 18,6 % die Größenklasse 4 bis 5 beschäftigte Personen und mit einem Anteil von 18,4 % die Größenklasse 11 bis 20 beschäftigte Personen. 15,7 % der Berichtsfirmen entfielen auf die Größenklasse 2 bis 3 beschäftigte Personen und 15,6 % auf die Größenklasse 21 bis 50 beschäftigte Personen. 5,6 % der am Betriebsvergleich teilnehmenden Einzelhandelsfirmen verfügten über 51 und mehr beschäftigte Personen und nur 1,0 % über 1 beschäftigte Person. Insgesamt sind im Vergleich zur Betriebsgrößensituation des Einzelhandels im Bundesgebiet allgemein am Betriebsvergleich in relativ starkem Umfange mittlere und größere Betriebe beteiligt. Allerdings ist für die Vergleichsjahre von 1958 bis 1960 festzustellen, daß sich der prozentuale Anteil der kleineren Firmen an der Gesamtzahl der Betriebsvergleichsteilnehmer vergrößert hat, der Anteil der größeren Firmen dagegen kleiner geworden ist.

Die starke Konzentration der Betriebsvergleichsteilnehmer auf die mittleren Betriebsgrößen ist auch aus der Gliederung nach Absatzgrößenklassen ersichtlich. Im Jahre 1960 entfielen 71,1 % aller untersuchten Betriebe auf die Größenklasse 100 000 — 1 000 000 DM Jahresumsatz. Nach der Umsatzsteuerstatistik des Statistischen Bundesamtes erreichte dagegen diese Betriebsgrößenklasse im gleichen Jahre nur 35,9 % aller Einzelhandelsfirmen. Umgekehrt betrug der Anteil der Firmen mit einem Jahresabsatz bis 100 000 DM bei den Betriebsvergleichserhebungen 1960 nur 7,6 %, während sich nach der Umsatzsteuerstatistik ein Anteil von 62,6 % ergab.

Insgesamt weisen die Zahlen der Tabellen 2 und 3 darauf hin, daß die Betriebsvergleichsergebnisse des Instituts in erster Linie ein Bild der mittleren und größeren Einzelhandelsfachgeschäfte vermitteln.

## 3. Örtliche Verteilung nach Ländern, Ortsgrößen und Geschäftslagen

Die Standortverhältnisse sind von erheblichem Einfluß auf die Umsatz-, Leistungs-, Kosten- und Ertragssituation des Einzelhandelsbetriebes. Neben dem regionalen Standort, der sich infolge der unterschiedlichen wirtschaftlichen Struktur in den einzelnen Ländern der Bundesrepublik bemerkbar macht, wirken sich auch die unterschiedliche Ortsgröße sowie die Geschäftslage innerhalb des Ortes auf die betrieblichen Ergebnisse aus. Aus diesem Grunde werden im Rahmen des Betriebsvergleichs sowohl das Land als auch die Ortsgröße und die Geschäftslage der Betriebe erfaßt und in den Auswertungstabellen gekennzeichnet.

Aus Tabelle 4 ist die Verteilung der Berichtsfirmen auf die einzelnen Länder der Bundesrepublik für den Einzelhandel insgesamt und die einzelnen Branchen und Teilbranchen ersichtlich. Die Zahlen für den gesamten Einzelhandel sind sowohl in absoluten als auch in prozentualen Werten ausgewiesen. Der prozentualen Aufgliederung der Berichtsfirmen ist zum Vergleich die Verteilung der Gesamtbevölkerung des Bundesgebietes auf die einzelnen Länder gegenübergestellt. Der Vergleich zeigt deutlich, daß in der Gesamttendenz die Aufgliederung der Betriebsvergleichsteilnehmer auf die Bundesländer den Bevölkerungszahlen weitgehend entspricht. In den norddeutschen Ländern Niedersachsen, Schleswig-Holstein und Bremen/Hamburg liegt die Zahl der Betriebsvergleichsteilnehmer etwas über dem Bevölkerungsanteil. Dies gilt auch für das Land Baden-Württemberg. Im Gegensatz hierzu sind die Länder Bayern und Hessen/Rheinland-Pfalz vergleichsweise etwas schwach vertreten. *Tabelle 4*

Tabelle 5 gibt einen Überblick über die Aufgliederung der am Betriebsvergleich beteiligten Firmen nach Ortsgrößenklassen. Zum Vergleich wurde auch hier dem prozentualen Anteil der Betriebsvergleichsteilnehmer an den einzelnen Ortsgrößenklassen der entsprechende Bevölkerungsanteil gegenübergestellt. Im Gegensatz zu der weitgehenden Übereinstimmung in regionaler Hinsicht ist bei der Ortsgrößengliederung die Zusammensetzung der Betriebsvergleichsteilnehmer stark abweichend von der Bevölkerungsverteilung. Während 1960 35,8 % der Bevölkerung in Orten bis zu 5 000 Einwohnern lebten, betrug der Anteil der Betriebsvergleichsteilnehmer in diesen Ortsgrößenklassen im gleichen Jahr nur 10,5 %. Zum Teil dürften diese Unterschiede auf die Tatsache der vergleichsweise starken Beteiligung von mittleren und größeren Betrieben, die zwangsläufig zur Groß- und Mittelstadt tendieren, zurückzuführen sein. Zum anderen kommt jedoch auch ein besonderes Merkmal der Standortbildung im Einzelhandel zum Ausdruck. Die kleineren Orte bieten in der Regel dem Einzelhandelsgeschäft nicht die zur Existenzgrundlage notwendigen Absatzmöglichkeiten. Besonders zeigt sich dies mit zunehmender Spezialisierung. Aus der Tabelle ist ersichtlich, daß die Branchen mit relativ breitem Sortiment bzw. Gütern kurzfristiger Bedarfsdeckung, wie der Lebensmitteleinzelhandel, die Drogerien sowie die Sortimenter in Textilien und Eisenwaren und Hausrat, in den kleineren Ortsgrößen vergleichsweise stark vertreten sind, während die ausgesprochenen Spezialgeschäfte fast ausschließlich in den mittleren und größeren Orten ihren Stand- *Tabelle 5* ort haben. Beim Vergleich der Aufgliederung der Betriebsvergleichsteilnehmer nach Ortsgrößenklassen im Jahre 1960 mit dem Jahre 1958 zeigt sich deutlich, daß der Anteil der Firmen in den kleineren Ortsgrößenklassen angestiegen ist, während er sich in den größeren allgemein vermindert hat. Es dürfte sich hierin die bereits bei der Erläuterung der Betriebsgrößen festgestellte Tatsache widerspiegeln, daß das Gewicht der kleineren Firmen im Rahmen des Betriebsvergleichs relativ zugenommen, das der größeren dagegen etwas zurückgegangen ist.

*Tabelle 6*   Die Kennzeichnung der Betriebsvergleichsteilnehmer nach dem lokalen Standort erfolgt auf Grund von 10 verschiedenen Verkehrslagen. Die im einzelnen berücksichtigten Verkehrslagen sind aus Tabelle 6 zu entnehmen. Insgesamt 66,0 % aller Betriebsvergleichsteilnehmer hatten im Jahre 1960 ihren Standort in Städten mit ausgebildeten Vororten. Nur 34,0 % lagen in Orten ohne Vorortbildung. 25,0 % der Betriebsvergleichsteilnehmer hatten ihren Geschäftssitz in einer Hauptverkehrslage der Innenstadt. Es folgten mit 20,2 % die mittleren Verkehrslagen der Innenstadt. Faßt man die City-Lagen in Städten mit ausgebildeten Vororten zusammen, so ergibt sich ein Anteil von 49,1 %. Auch diese Zahlen dürften infolge der relativ starken Beteiligung der mittleren und größeren Betriebe von der wirklichen Verteilung der Einzelhandelsbetriebe im Bundesgebiet erheblich abweichen.

Obwohl die in Tabelle 6 ausgewiesenen Zahlen nur bedingte Erkenntnisse im Hinblick auf die Verteilung der Einzelhandelsbetriebe auf die einzelnen Geschäftslagen in der Bundesrepublik Deutschland zulassen, so ergeben sich doch aus der Gegenüberstellung der Zahlen der einzelnen Branchen eine Reihe wichtiger Rückschlüsse. Ähnlich wie bei der Ortsgrößenverteilung, so zeigen sich auch bei der Aufgliederung des Standortes nach Geschäftslagen zwischen diesen und der Sortimentsstruktur der Betriebe unmittelbare Zusammenhänge. Während die Spezialgeschäfte eindeutig zur Hauptverkehrslage in der City von Städten mit ausgebildeten Vororten tendieren, ergibt sich bei den Sortimentern und den Branchen mit kurzfristig lebensnotwendigem Bedarf eine offensichtliche Verschiebung in die Außenbezirke der Großstädte und in die Orte ohne Vorortbildung. Aber auch innerhalb der City-Lage der Großstädte sind bemerkenswerte Abweichungen zwischen den einzelnen Branchen festzustellen. Die Geschäfte mit vorwiegend Kultur- und Luxusbedarf, die nur einen relativ geringen Raum beanspruchen, beispielsweise der Fotoeinzelhandel, der Uhren-, Juwelen-, Gold- und Silberwareneinzelhandel und der Leder- und Galanteriewareneinzelhandel, tendieren eindeutig zur Hauptverkehrslage in der City, während die Branchen mit relativ großem Raumbedarf, z. B. der Möbeleinzelhandel, der Büromaschinen-, Büromöbel- und Organisationsmittelhandel, sich stärker auf die mittleren Verkehrslagen der Innenstadt konzentrieren.

## 4. Größe des Geschäftsraumes

*Tabellen 7 und 8*   Neben der Zahl der beschäftigten Personen und der Absatzhöhe wird zur Beurteilung der Betriebsgröße im Einzelhandelsbetrieb auch die Größe des Geschäftsraumes herangezogen. Im Rahmen des Betriebsvergleichs erfolgt daher auch eine Erfassung der Quadratmeterzahl des eingesetzten Geschäftraumes. Als Geschäftsraum werden alle Verkaufs-, Ausstellungs-, Lager- und Büroräume berücksichtigt, nicht jedoch ausgesprochene Nebenräume, wie Abstellkeller usw. Wegen der Abhängigkeit der Geschäftsraumfläche von der Betriebsgröße kann dieses Strukturmerkmal nur innerhalb der Betriebsgrößenklassen zutreffend beurteilt werden. Aus diesem Grunde ist die durchschnittliche Größe des Geschäftsraumes in den Tabellen 7 und 8 nur für diejenigen Branchen angegeben, für die infolge ausreichender Beteiligung eine Auswertung der Größenklassenergebnisse möglich war. Die Tabellen zeigen deutlich den unterschiedlichen Raumbedarf der einzelnen Branchen. Er ist infolge der Sperrigkeit der geführten Artikel im Möbeleinzelhandel und im Eisenwaren- und Hausrathandel mit gemischtem Sortiment am größten. Die durchschnittliche Quadratmeterzahl je Betrieb betrug im Jahre 1960 im Möbeleinzelhandel 2 045 und im Eisenwaren- und Hausrathandel mit gemischtem Sortiment 1 128. Den geringsten Raumbedarf haben der Tabakwareneinzelhandel (1960: 48 qm), der Uhren-, Juwelen-, Gold- und Silberwareneinzelhandel (110 qm), die Reformhäuser (116 qm), der Lebensmitteleinzelhandel (138 qm), die Blumenbindereien (150 qm), die Gemischtwarengeschäfte (179 qm), die Drogerien (188 qm) und der Sortimentsbuchhandel (192 qm).

## 5. Personenzahl und Personengliederung

Das betriebliche Ergebnis wird im Einzelhandel mehr als in anderen Wirtschaftsbereichen durch die persönliche Arbeitsleistung bestimmt. Dies wird deutlich, wenn man berücksichtigt, daß fast die Hälfte der gesamten Kosten des Einzelhandelsbetriebes auf Personalkosten entfällt. Eine zutreffende Beurteilung der betriebswirtschaftlichen Situation des Einzelhandelsbetriebes ist daher nur unter Berücksichtigung der

Personalleistung und der Personalstruktur möglich. Auf die Personalleistung, die im Absatz je beschäftigte Person ihren Ausdruck findet, wird an späterer Stelle noch eingegangen. Hier soll zunächst ein Überblick über die Personalstruktur der Betriebsvergleichsteilnehmer gegeben werden.

Aus den Tabellen 9 und 10 ist die durchschnittliche Beschäftigtenzahl in den einzelen Branchen und Teilbranchen, aufgegliedert nach Personen- und Absatzgrößenklassen, ersichtlich. In Anbetracht der besonderen Größenschichtung der Betriebsvergleichsteilnehmer lassen auch hier die Branchendurchschnittswerte keine Rückschlüsse auf die Situation des gesamten Einzelhandels in der Bundesrepublik Deutschland zu. Andererseits ermöglicht jedoch der Vergleich der Branchenwerte miteinander eine Beurteilung der unterschiedlichen Betriebskapazität in personeller Hinsicht. Die höchsten Beschäftigtenzahlen weisen von den untersuchten Einzelhandelsbranchen die Textilgeschäfte mit gemischtem Sortiment, mit vorwiegend Oberbekleidung und der Büromaschinen-, Büromöbel- und Organisationsmittelhandel auf. Im Jahre 1960 verfügten die am Betriebsvergleich beteiligten Textilgeschäfte mit gemischtem Sortiment durchschnittlich über 38,2 beschäftigte Personen. Bei den Textilgeschäften mit vorwiegend Herren-, Damen- und Kinderoberbekleidung betrug 1960 die durchschnittliche Beschäftigtenzahl 35,9 und im Büromaschinen-, Büromöbel- und Organisationsmittelhandel 28,7. Den geringsten Personalbestand weisen der Tabakwareneinzelhandel (1960: 3,0 beschäftigte Personen), die Reformhäuser (5,4), die Gemischtwarengeschäfte (5,4), der Lebensmitteleinzelhandel (5,9) und die Drogerien (6,3) auf.

*Tabellen 9 und 10*

Zur Kennzeichnung der Personalstruktur ist in Tabelle 11 ein Überblick gegeben über die Anteile von vier Beschäftigtengruppen an der Gesamtzahl der beschäftigten Personen. Die Aufgliederung erfolgte in Inhaber oder Leiter, mithelfende Familienangehörige, Lehrlinge und Werkstattpersonen. Abweichend von dem Verfahren bei der Ermittlung der Personengrößenklassen und im Gegensatz zu allen übrigen Angaben über die beschäftigten Personen sind in Tabelle 11 die Lehrlinge im 1. und 2. Jahr sowie die Anlernlinge im 1. Jahr nicht mit 0,5 bewertet, sondern als ganze Personen in Ansatz gebracht. Lediglich die Teilbeschäftigten wurden mit dem ihrer Arbeitszeit entsprechenden Bruchteil berücksichtigt. Hierdurch ist die Möglichkeit gegeben, ohne Berücksichtigung einer leistungsabhängigen Differenzierung eine Beurteilung der Personalstruktur durchzuführen. Die zum Teil starken Abweichungen des Anteiles der Inhaber oder Leiter an der Gesamtbeschäftigtenzahl zwischen den einzelnen Branchen sind durch die unterschiedliche Betriebsgröße bedingt. Da die Zahl der Inhaber in allen Betrieben eine relativ starre Größe ist, ergibt sich zwangsläufig mit wachsender Betriebsgröße ein Rückgang des relativen Anteils dieses Personenkreises. Ähnliche Gesichtspunkte sind auch bei der Beurteilung des Anteils der mithelfenden Familienangehörigen zu berücksichtigen. Während der Anteil der Lehrlinge, von einigen Abweichungen abgesehen, relativ einheitlich ist, zeigt der Anteil der Werkstattpersonen, bedingt durch den unterschiedlichen Umfang des Werkstattgeschäftes, in den einzelnen Branchen bemerkenswerte Differenzierungen.

*Tabelle 11*

## 6. Zusammensetzung der Warensortimente

Neben der Betriebsgröße und der Geschäftslage ist die Sortimentszusammensetzung ein Strukturmerkmal, von dem im Einzelhandel die betriebswirtschaftlichen Zahlen wesentlich abhängig sind. Von der Wertigkeit, dem Volumen, der Beschaffenheit und der Lagerdauer der einzelnen Waren gehen starke Einflüsse besonders auf die Kostensituation der Betriebe aus. In Tabelle 12 ist die Sortimentszusammensetzung nach Hauptwarengruppen für die einzelnen Branchen wiedergegeben. Während in den früheren Drei-Jahres-Berichten die Sortimentsstruktur jeweils nur für das letzte Jahr des Berichtszeitraumes dargestellt wurde, sind im vorliegenden Band die Ergebnisse aller drei Vergleichsjahre ausgewiesen. Hierdurch ist die Möglichkeit gegeben, gegebenenfalls aufgetretene Entwicklungstendenzen zu erkennen.

Die Gegenüberstellung der Ergebnisse der Jahre 1958, 1959 und 1960 läßt bei einer Reihe von Branchen gewisse Veränderungen in der Sortimentsstruktur erkennen. Im Möbeleinzelhandel ist eine Verminderung des Anteils an Polstermöbeln von 26 auf 23 % und eine Vergrößerung des Anteils der Textilien von 2 auf 4 % eingetreten. Die Zahlen des Büromaschinen-, Büromöbel- und Organisationsmittelhandels zeigen eine Erhöhung des Anteils an Büromaschinen von 44 auf 50 % und eine Verminderung bei Bürobedarfsartikeln von 17 auf 14 % und bei Papier- und Schreibwaren von 7 auf 5 %. Die Veränderung in der Nachfragestruktur hat im Radio- und Fernseheinzelhandel zu einer weiteren Umsatzverlagerung von Rundfunkgeräten auf Fernsehgeräte geführt. Der Absatzanteil an Rundfunkgeräten ist von 19 % im Jahre 1958 auf 15 % im Jahre 1960 zurückgegangen. Gleichzeitig ist der Anteil der Fernsehgeräte von 36 auf 41 % angestiegen. Im Uhren-, Juwelen-, Gold- und Silberwareneinzelhandel ist eine Zunahme des echten Schmucks von 29 auf 35 % zu erkennen. Eine interessante Veränderung hat sich auch im Leder- und Galanteriewareneinzelhandel ergeben, wo der Anteil der Damenhandtaschen und Einkaufstaschen aus Leder von 35 auf 31 % zurückgegangen ist, während der Anteil der nicht aus Leder gefertigten Damenhandtaschen und Einkaufstaschen von 10 auf 16 % angestiegen ist.

*Tabelle 12*

## 7. Repräsentationsgrad der am Betriebsvergleich beteiligten Betriebe

*Tabelle 13*

Rückschlüsse auf die Repräsentation der Betriebsvergleichsteilnehmer lassen sich durch Vergleich mit den Ergebnissen der Umsatzsteuerstatistik ziehen. Das Statistische Bundesamt ermittelt im Rahmen der Umsatzsteuerstatistik jährlich die Gesamtzahlen aller steuerpflichtigen Betriebe im Bundesgebiet und deren Umsätze. In Tabelle 13 ist die Zahl der am Betriebsvergleich beteiligten Branchen und deren Absatz im Jahre 1960 den entsprechenden Zahlen der Umsatzsteuerstatistik gegenübergestellt. Es wurden hierbei nur diejenigen Branchen ausgewiesen, für die vergleichbare Ergebnisse vorlagen. Die Zahlen einiger Branchen mit stärkerem steuerbegünstigtem Absatz bzw. Großhandelsabsatz konnten nicht gegenübergestellt werden, da die Firmen, die einen bestimmten Anteil an steuerbegünstigtem Absatz bzw. Großhandelsabsatz überschreiten, zwar im Rahmen des Betriebsvergleichs mit erfaßt werden, bei der Umsatzsteuerstatistik jedoch nicht dem Bereich des Einzelhandels, sondern dem des Großhandels zugerechnet werden. Eine Abgrenzung dieser im Großhandel erfaßten Betriebe ist nicht möglich, da in der Umsatzsteuerstatistik die Zahlen für den Großhandel nach anderen branchenmäßigen Gesichtspunkten zusammengefaßt werden als für den Einzelhandel.

Aus Tabelle 13 ist ersichtlich, daß der Repräsentationsgrad der Zahl der Betriebsvergleichsteilnehmer im Jahre 1960 zwischen 0,3 % im Lebensmitteleinzelhandel und 5,9 % im Glas-, Porzellan- und Keramikeinzelhandel schwankte. Beachtlich war auch der prozentuale Anteil der Zahl der Betriebsvergleichsteilnehmer an der gesamten Branche im Sportartikeleinzelhandel (5,5 %), im Sortimentsbuchhandel (4,4 %) und bei den Reformhäusern (4,2 %). Im Schuheinzelhandel waren 3,3 % und im Textileinzelhandel 1,9 % aller Betriebe beteiligt. Eine geringe Repräsentation ergab sich neben dem Lebensmitteleinzelhandel mit jeweils 0,4 % im Tabakwareneinzelhandel, im Beleuchtungs- und Elektroeinzelhandel, im Fahrradeinzelhandel, bei den Blumenbindereien und den Gemischtwarengeschäften. Da an den Betriebsvergleichsarbeiten vorwiegend mittlere und größere Betriebe beteiligt sind, ist der Absatz am Gesamtabsatz der Bundesrepublik in den einzelnen Branchen wesentlich höher als die Zahl der Betriebe. Die Extremwerte lagen im Jahre 1960 mit 0,8 % beim Lebensmitteleinzelhandel und mit 19,7 % im Sportartikeleinzelhandel. Einen beachtlichen Absatzanteil weisen auch der Glas-, Porzellan- und Keramikeinzelhandel (19,2 %), der Sortimentsbuchhandel (12,4 %), der Möbeleinzelhandel (11,7 %), der Schuheinzelhandel (11,6 %) und der Textileinzelhandel (10,5 %) auf. Vergleichsweise gering war der Anteil des erfaßten Absatzes neben dem Lebensmitteleinzelhandel im Tabakwareneinzelhandel (0,9 %), bei den Gemischtwarengeschäften (1,0 %), im Fahrradeinzelhandel (1,1 %), im Beleuchtungs- und Elektroeinzelhandel (1,2 %) und bei den Blumenbindereien (1,7 %). Zusammen erreichten die am Betriebsvergleich beteiligten Firmen im Jahre 1960 etwa 4 % des gesamten Einzelhandelsabsatzes der Bundesrepublik. Hiermit dürfte ein Repräsentationsgrad erreicht sein, der es ermöglicht, auf Grund der Betriebsvergleichsergebnisse zu allgemein gültigen Aussagen über die Situation der westdeutschen Einzelhandelsfirmen, vor allem der mittleren Fachgeschäfte, zu kommen. Dieser Tatbestand wird auch bestätigt durch die weitgehende Übereinstimmung der vom Institut für Handelsforschung errechneten Absatzentwicklungszahlen mit den für einen wesentlich größeren Teilnehmerkreis ermittelten entsprechenden Ergebnissen des Statistischen Bundesamtes.

## C. Umsatz, Kosten, Spannen und Gewinn in Jahreszahlen

### 1. Beschaffung, Lagerung, Absatz und Handlungskosten im Gesamtvergleich

Die betriebswirtschaftliche Situation des Einzelhandels ist in den Jahren nach der Währungsreform durch zwei auffallende Entwicklungstendenzen gekennzeichnet. Auf der einen Seite hat sich im Zusammenhang mit der ständigen Erhöhung der Kaufkraft der Absatz von Jahr zu Jahr vergrößert. Trotz der Absatzverbesserung ist jedoch andererseits keine Verminderung, sondern eine Vergrößerung in der prozentualen Belastung des Absatzes mit Kosten eingetreten. Die absoluten Kosten sind relativ in stärkerem Umfange angestiegen als der Absatz. Die Ursache dieser Entwicklung liegt nicht in einem unwirtschaftlicheren Arbeiten der Betriebe, sondern in einer Reihe von Außeneinflüssen. So hat einerseits der Preisanstieg einer Reihe von Kostengütern (Löhne und Gehälter, Mieten) sich ungünstig auf die Kostensituation ausgewirkt. Darüber hinaus haben die ständig gestiegenen Ansprüche der Kunden die Firmen zu einem größeren Einsatz von sachlichen Betriebsmitteln gezwungen. Vor allem der durch die Nachfrage bedingte beträchtliche Anbau der Lagerbestände hat die Betriebe mit erheblichen Kosten belastet.

Tabelle 14 gibt einen Überblick, wie sich Beschaffung, Lagerung, Absatz und Handlungskosten in den Jahren 1958, 1959 und 1960 im Vergleich zum Jahre 1949 entwickelt haben. Die in der Tabelle ausgewiesenen Indexwerte für den Einzelhandel insgesamt zeigen, daß der Absatz im Jahre 1960 111 % höher war als im Jahre 1949. Im gleichen Zeitraum sind die Gesamtkosten um 155 % angestiegen. Die relativ stärkste Erhöhung ist bei den Lagerbeständen eingetreten, die im Jahre 1960 im Durchschnitt des gesamten Einzelhandels rund 280 % höher waren als im Jahre 1949. Bemerkenswert ist, daß die Zahlen für die Beschaffungsentwicklung trotz des beachtlichen Lageranbaus hinter der Absatzentwicklung zurückgeblieben sind. Bei einer Absatzsteigerung von 111 % ergab sich für die Beschaffung im Jahre 1960 gegenüber 1949 eine Zunahme von 87 %. Bei der Beurteilung dieses Ergebnisses ist zu berücksichtigen, daß infolge des notwendigen Lageranbaus unmittelbar nach der Währungsreform die Beschaffung im Basisjahr 1949 vergleichsweise wesentlich höher war als der Absatz des betreffenden Jahres.

*Tabelle 14*

Die starken Abweichungen zwischen Beschaffungs-, Lager-, Absatz- und Kostenentwicklung sind vor allem in den ersten Jahren nach der Währungsreform aufgetreten. Ab 1952 zeigte sich eine gewisse Anpassung der Beschaffungs- und Lagerentwicklung an die Absatzentwicklung. Das gilt seit dem Jahre 1955 auch für die Kostenentwicklung. Wie die Zahlen der Tabelle 14 erkennen lassen, hat sich im Durchschnitt des gesamten Einzelhandels auch in den Jahren 1958 bis 1960 eine weitgehende Übereinstimmung in der Entwicklung ergeben. Vergleicht man das Jahr 1960 mit dem Jahre 1958, so sind Beschaffung und Lagerung um jeweils 10 % und Absatz sowie Handlungskosten um jeweils 12 % angestiegen. Diese Tatsache weist darauf hin, daß sowohl die Lagerumschlagsgeschwindigkeit als auch die prozentuale Kostenbelastung in den drei Vergleichsjahren keine wesentlichen Veränderungen erfahren haben. Im einzelnen wird hierauf an späterer Stelle noch eingegangen.

Bei den in Tabelle 14 ausgewiesenen Absatzentwicklungszahlen handelt es sich um die wertmäßigen Ergebnisse. Um die preisbereinigte Absatzentwicklung, die, von etwa eingetretenen Qualitätsverschiebungen abgesehen, der mengenmäßigen entspricht, beurteilen zu können, ist es erforderlich, die von 1958 bis 1960 eingetretenen Preisveränderungen zu berücksichtigen. Im Durchschnitt des gesamten Einzelhandels lag das Preisniveau im Jahre 1960 etwa 2 % höher als 1958. Die für den wertmäßigen Absatz festgestellte Steigerung von 12 % im Jahre 1960 gegenüber 1958 vermindert sich somit nach

Preisbereinigung auf 10 %. Eine entsprechende Bereinigung der Absatzentwicklungszahl ist auch bei den einzelnen Branchen vorzunehmen. Zu diesem Zweck sind in Tabelle 86 die vom Statistischen Bundesamt für den Einzelhandelsdurchschnitt und die Branchen ermittelten Preisveränderungen wiedergegeben.

*Tabelle 15*

Zur Vervollständigung des Bildes über die Umsatzsituation des Einzelhandels in den drei Berichtsjahren sind in Tabelle 15 die Entwicklungszahlen für Beschaffung, Absatz und Kosten, aufgegliedert nach Personen- und Absatzgrößenklassen, ausgewiesen. Hierbei wurde allerdings nicht, wie in Tabelle 14, das Jahr 1949 als Basis = 100 zugrunde gelegt, sondern das Jahr 1958. Dies erschien zweckmäßig, da sich die größenmäßige Zusammensetzung der Betriebsvergleichsteilnehmer zum Teil verändert hat und infolgedessen vor allem in den nur schwach besetzten Größenklassen ein kontinuierlicher Vergleich über 12 Jahre nicht mehr möglich ist. Der Vergleich der Absatzentwicklung zwischen den einzelnen Größenklassen läßt erkennen, daß bei dem überwiegenden Teil der Branchen die größeren Firmen stärkere Erhöhungen erzielt haben als die kleineren. Es setzte sich hiermit eine Tendenz fort, die auch bereits in den Vorjahren zu erkennen war. Allerdings zeichnete sich schon in den Jahren 1955 bis 1957 ein Zusammenrücken zwischen den kleineren und größeren Firmen ab. In den Jahren 1958 bis 1960 haben sich die Extremwerte weiter genähert. In einigen Branchen war bereits eine weitgehende Übereinstimmung in der Absatzentwicklung der einzelnen Betriebsgrößenklassen festzustellen. Dies gilt u. a. auch für den Lebensmitteleinzelhandel, bei dem bis zum Jahre 1957 deutlich eine günstigere Absatzentwicklung mit wachsender Betriebsgröße zu erkennen war.

## 2. Beschaffung

*Tabellen 16 und 17*

Zur Beurteilung der Beschaffungssituation erfaßt der Betriebsvergleich neben den Entwicklungszahlen auch die Beschaffungswege. Aus den Tabellen 16 und 17 ist ersichtlich, in welchem Umfange in den einzelnen Personen- und Absatzgrößenklassen die Beschaffung der Waren direkt vom Erzeuger bzw. durch den Großhandel und Einkaufsgemeinschaften erfolgt. Großhandel und Einkaufsgemeinschaften sind hierbei, da sie funktionell der gleichen Handelsstufe angehören, zusammengefaßt.

Beide Tabellen lassen deutlich erkennen, daß in allen Branchen mit wachsender Betriebsgröße der Anteil des Bezugs von Herstellern größer wird. Der Grund hierfür dürfte in den unterschiedlichen Beschaffungsmengen liegen, die bei den kleineren Firmen infolge ihrer geringen Einzeldispositionen vielfach einen unmittelbaren Bezug vom Erzeuger ausschließen. Neben den Abweichungen in den Betriebsgrößenklassen zeigen sich auch deutliche Unterschiede bei den Beschaffungswegen zwischen den einzelnen Branchen. In den Branchenabweichungen kommt die allgemein festzustellende Tendenz eines größer werdenden Bezugs von Erzeugern mit zunehmender Spezialisierung zum Ausdruck. Auf eine Wiedergabe der Branchendurchschnittswerte für die Beschaffungswege wurde verzichtet, da infolge der vergleichsweise starken Beteiligung der mittleren und größeren Firmen am Betriebsvergleich ein der wirklichen Situation nicht entsprechendes Bild entstanden wäre. Im Gesamtdurchschnitt des Einzelhandels der Bundesrepublik dürfte der Anteil des Bezugs über den Großhandel wesentlich höher sein, als es die Betriebsvergleichsergebnisse zum Ausdruck bringen.

## 3. Lager

*Tabelle 18*

In den Jahren nach der Währungsreform sind die Lagerbestände in beachtlichem Umfange angebaut worden. Dies hat vor allem in den Jahren 1949 bis 1952 zu einer deutlichen Verminderung in der Lagerumschlagsgeschwindigkeit geführt. Im Durchschnitt des gesamten Einzelhandels wurde im Jahre 1949 das Lager 10,0mal, im Jahre 1952 nur noch 6,2mal umgeschlagen. Nach 1952 zeigte sich eine Normalisierung in der Entwicklung. Die Vergrößerung der Warenvorräte ist von diesem Zeitpunkt an in enger Anlehnung an die Absatzsteigerungen erfolgt. Insgesamt ist von 1952 bis 1957 die Lagerumschlagsgeschwindigkeit nur leicht von 6,2 auf 5,2mal zurückgegangen. Auch in den Jahren 1958 bis 1960 sind keine wesentlichen Veränderungen eingetreten. 1958 und 1959 wurde das Warenlager durchschnittlich 5,1mal und 1960 5,0mal umgeschlagen. Die Beruhigung in der Lagerentwicklung kommt auch in den Veränderungen der Lagerbestände am Jahresende gegenüber dem Jahresanfang zum Ausdruck. Während 1949 am 31. Dezember die Lagervorräte im Durchschnitt des gesamten Einzelhandels 90 % höher waren als am 1. Januar und im Jahre 1957 sich eine Erhöhung von 11 % ergab, waren im Jahre 1958 die Lagerendbestände am Jahresende nur 3 % und im Jahre 1959 und 1960 jeweils nur 5 % höher als am Jahresanfang. Die Lagerbestände je beschäftigte Person sind von 4 250 DM im Jahre 1949 auf 7 830 DM im Jahre 1957 angestiegen. 1958 betrug der Lagerbestand je beschäftigte

Person im Durchschnitt des gesamten Einzelhandels 8 230 DM, 1959 8 530 DM und 1960 8 900 DM. Die stagnierende bzw. leicht rückläufige Entwicklung in der Lagerumschlagsgeschwindigkeit ist auch für den überwiegenden Teil der Einzelhandelsbranchen festzustellen. Lediglich im Lebensmitteleinzelhandel und bei den Branchen mit Bürobedarf hat sich von 1958 bis 1960 eine Beschleunigung in der Lagerumschlagsgeschwindigkeit ergeben. Im Lebensmitteleinzelhandel dürfte hierfür der Übergang zur Selbstbedienung und bei Büromaschinen, Büromöbeln und Organisationsmitteln eine besonders starke Absatzsteigerung die Ursache gewesen sein. Die zwischen den einzelnen Branchen festzustellenden erheblichen Unterschiede in der Höhe der Umschlagsgeschwindigkeit des Warenlagers beruhen in erster Linie auf dem Bedarfscharakter und der Beschaffenheit der einzelnen Waren. Güter des täglichen Bedarfs, die in der Regel nur kurzfristig haltbar sind, werden schneller umgeschlagen als langfristige Bedarfsgüter. So ist beispielsweise die Umschlagsgeschwindigkeit des Lebensmitteleinzelhandels und vor allem auch der Blumenbindereien wesentlich höher als bei den Branchen mit Hausrat- und Wohnbedarf. Maßgebend für den Lagerumschlag ist ferner auch die Breite und die Wertigkeit des Sortiments. Ein Beispiel hierfür ist der Uhren-, Juwelen-, Gold- und Silberwareneinzelhandel, der eine große Auswahl von hochwertigen Artikeln führen muß, um den differenzierten Kundenwünschen entsprechen zu können und der infolgedessen nur sehr niedrige Lagerumschlagszahlen aufweist.

Zur Abrundung des Bildes über die Lagersituation des Einzelhandels in den Jahren 1958 bis 1960 sind in den Tabellen 19 und 19 a die Lagerumschlagszahlen der einzelnen Branchen, aufgegliedert nach Personen- und Absatzgrößenklassen, ausgewiesen. Bei dem überwiegenden Teil der Branchen zeigt sich mit wachsender Betriebsgröße eine zunehmende Umschlagsgeschwindigkeit des Warenlagers. Zweifellos sind bei den größeren Betrieben die Voraussetzungen für eine rationellere Lagerhaltung besser als bei den kleineren. Hierauf weisen auch die in den Tabellen 20 und 20 a für die einzelnen Größenklassen wiedergegebenen Werte für den Lagerbestand je beschäftigte Person hin, die mit zunehmender Betriebsgröße eine rückläufige Tendenz erkennen lassen. Die kleineren Firmen benötigen offensichtlich zur Erfüllung ihrer Absatzaufgabe einen vergleichsweise höheren Lagerbestand als die größeren, da die ständige Leistungsbereitschaft unabhängig von der Betriebsgröße ein bestimmtes Mindestsortiment erforderlich macht.

*Tabellen 19 und 19a*

*Tabellen 20 und 20a*

## 4. Absatz

### a) Absatzleistungszahlen

Der Absatz der am Betriebsvergleich beteiligten Einzelhandelsfachgeschäfte erreichte im Jahre 1960 eine Höhe von 3,32 Milliarden DM. Das sind — wie an früheren Stellen bereits festgestellt — rund 4 % des Gesamtabsatzes des Einzelhandels in der Bundesrepublik Deutschland. 1958 erzielten die Berichtsfirmen einen Absatz von 2,74 und 1959 von 2,86 Milliarden DM. Die relative Absatzzunahme betrug von 1958 bis 1960 21 % und war damit erheblich stärker als die auf Grund der einzelbetrieblichen Entwicklungszahlen ermittelte Steigerung (+ 12 %). Das Abweichen beider Ergebnisse ist auf die Tatsache zurückzuführen, daß in der Gesamtsumme des Absatzes auch die Erweiterung des Teilnehmerkreises ihren Ausdruck findet. Neben dem Gesamtabsatz ist in Tabelle 21 auch der in den einzelnen Branchen erzielte durchschnittliche Absatz je Betrieb enthalten. Da — wie einleitend bereits erwähnt — an den Betriebsvergleichserhebungen vorwiegend mittlere und größere Firmen beteiligt sind, ermöglicht diese Position keine unmittelbaren Rückschlüsse auf die Betriebsgrößensituation des Einzelhandels in der Bundesrepublik Deutschland. Aus diesem Grunde wurde auch auf eine Berechnung der Werte des Einzelhandels insgesamt verzichtet. Die Relationen zwischen den einzelnen Branchen lassen jedoch einige interessante Erkenntnisse zu. Die Branchen mit kurzfristigem Bedarf tendieren eindeutig zum Kleinbetrieb. Die geringste Betriebsgröße wiesen im Jahre 1960 mit einem Jahresabsatz von etwa 250 000 DM die Drogerien, die Reformhäuser, der Tabakwareneinzelhandel und die Blumenbindereien auf. Die am Betriebsvergleich beteiligten Lebensmittelfachgeschäfte erzielten im Durchschnitt 1960 ein Verkaufsergebnis von etwa 350 000 DM. Die größten Betriebe waren im Textileinzelhandel mit vorwiegend Herren-, Damen- und Kinderoberbekleidung beteiligt. Ihr Durchschnittsabsatz lag im Jahre 1960 bei 1,9 Millionen DM. Es folgten der Büromaschinen-, Büromöbel- und Organisationsmittelhandel (1,8 Millionen DM), die Textilgeschäfte mit vorwiegend Herren- und Knabenoberbekleidung (1,7 Millionen DM) und die Textilgeschäfte mit gemischtem Sortiment (1,6 Millionen DM).

Zur Kennzeichnung der Absatzleistung des Einzelhandels ist der Absatz je beschäftigte Person wesentlich besser geeignet als der Absatz je Betrieb, da er unabhängig von der Betriebsgröße beurteilt werden kann. Die in Tabelle 21 ausgewiesenen Werte für den Absatz je beschäftigte Person zeigen im Durchschnitt des gesamten Einzelhandels von 1958—1960 eine deutliche Verbesserung. Während 1958 die Personalleistung im Durchschnitt 48 300 DM betrug, ist sie 1959 auf 50 500 und 1960 auf 53 800 DM

*Tabelle 21*

angestiegen. Relativ betrug die Zunahme im Jahre 1960 gegenüber 1958 11 %. Die Steigerung entsprach hiermit fast genau der Erhöhung des Absatzes (+ 12 %). Diese Übereinstimmung weist darauf hin, daß der Absatzanstieg von 1958 bis 1960 ohne eine wesentliche Erweiterung der Beschäftigtenzahl erzielt wurde. Das Ergebnis der Jahre 1958 bis 1960 ist insofern bemerkenswert, als in den Vorjahren die Entwicklung des Absatzes je beschäftigte Person ständig hinter der Entwicklung des Gesamtabsatzes zurückgeblieben ist. Offensichtlich haben die beträchtlichen Gehaltserhöhungen in den Jahren 1958 bis 1960 und der immer deutlicher gewordene Personalmangel die Einzelhandelsbetriebe zu verstärkten Rationalisierungsbemühungen veranlaßt. Die für den Durchschnitt des gesamten Einzelhandels festgestellte Erhöhung der Personalleistung im Jahre 1960 gegenüber 1958 ist auch in allen Branchen eingetreten.

Im Gegensatz zur Zahl der beschäftigten Personen hat sich die betriebliche Kapazität in räumlicher Hinsicht in den Jahren 1958–1960 erneut erweitert. Zwar wurde in den Berichtsjahren eine Vergrößerung des Absatzes je qm Geschäftsraum und auch je qm Verkaufsraum erreicht, jedoch ist dieser hinter der Absatzsteigerung zurückgeblieben. 1958 ergab sich im Durchschnitt des gesamten Einzelhandels ein Absatz je qm Geschäftsraum von 2 350 DM. Er ist 1959 auf 2 410 und 1960 auf 2 520 DM angestiegen. Der Absatz je qm Verkaufsraum hat sich von 4 130 DM im Jahre 1958 auf 4 240 DM im Jahre 1959 und 4 440 DM im Jahre 1960 vergrößert. Relativ konnte sowohl die Ausnutzung der Geschäftsräume insgesamt als auch der Verkaufsräume im Jahre 1960 gegenüber 1958 um etwa 7 % verbessert werden. Die Steigerung ist damit um 5 Punkte hinter der Zunahme des Gesamtabsatzes (+ 12 %) zurückgeblieben.

*Tabellen 22 und 23*  Zur Abrundung des Bildes über die Absatzleistung des Einzelhandels in den Jahren 1958–1960 sind die wichtigsten Ergebnisse der Tabelle 21 in den Tabellen 22–27 noch einmal nach Personen- und Absatzgrößenklassen aufgegliedert wiedergegeben. Die Tabellen 22 und 23 enthalten eine Aufgliederung des Absatzes je Betrieb. Hierdurch ist die Möglichkeit gegeben, bei der Beurteilung der in den folgenden Tabellen ausgewiesenen Leistungs- und Kostenzahlen der einzelnen Betriebsgrößenklassen die hinter den Werten stehende durchschnittliche Absatzhöhe je Betrieb zu berücksichtigen.

*Tabellen 24 und 25*  Einen Überblick über den Absatz je beschäftigte Person in den einzelnen Personen- und Absatzgrößenklassen geben die Tabellen 24 und 25. Beim überwiegenden Teil der Branchen ist keine unmittelbare Abhängigkeit der Höhe des Absatzes je Person von der Betriebsgröße festzustellen. Lediglich im Eisenwaren- und Hausrathandel, im Papier-, Bürobedarf- und Schreibwareneinzelhandel, im Büromaschinen-, Büromöbel- und Organisationsmittelhandel, im Uhren-, Juwelen-, Gold- und Silberwareneinzelhandel sowie bei den Blumenbindereien zeigt sich eine stark zunehmende Personalleistung mit wachsender Beschäftigtenzahl. Aber auch hier können die Unterschiede nicht unmittelbar auf echte Leistungsdifferenzierungen zurückgeführt werden. Sie dürften vielmehr in erster Linie strukturell bedingt sein. Die drei ersteren Branchen tätigen infolge ihres zum Teil gewerblichen Abnehmerkreises in größerem Umfange steuerbegünstigte bzw. Großhandelsumsätze, die mit wachsender Betriebsgröße beträchtlich zunehmen und zwangsläufig zu höheren Leistungszahlen führen. Im Uhren-, Juwelen-, Gold- und Silberwareneinzelhandel sowie bei den Blumenbindereien spielt die handwerkliche Nebentätigkeit eine maßgebliche Rolle. Diese Nebentätigkeit, die sich vermindernd auf den Absatz je beschäftigte Person auswirkt, ist bei den kleineren Firmen von relativ stärkerem Gewicht als bei den größeren.

Im Gegensatz zu der Gliederung nach Personengrößenklassen weist die nach Absatzgrößenklassen eine eindeutige Abhängigkeit der Personalleistung von der Absatzhöhe auf. Bei allen Branchen zeigt sich eine Erhöhung des Absatzes je beschäftigte Person mit steigender Betriebsgröße. Diese Tendenz dürfte darauf zurückzuführen sein, daß das Größenmerkmal „Absatzhöhe" bereits Momente der Leistungserfüllung zum Ausdruck bringt, während die Zahl der beschäftigten Personen lediglich die Leistungsbereitschaft kennzeichnet.

*Tabellen 26, 26a, 27, 27a*  Aus den Tabellen 26, 26 a und 27, 27 a ist die Höhe des Absatzes je qm Geschäftsraum und je qm Verkaufsraum in den einzelnen Personen- und Absatzgrößenklassen ersichtlich. Die Raumleistung wird in wesentlich stärkerem Umfange durch die Betriebsgröße beeinflußt als die Personalleistung. Die Tabellen lassen erkennen, daß sowohl bei der Gruppierung nach der Zahl der beschäftigten Personen als auch nach der Absatzhöhe der Ausnutzungsgrad der Raumkapazität mit wachsender Betriebsgröße besser wird. Dies gilt sowohl für den Verkaufsraum als auch für den Geschäftsraum. Zweifellos sind die kleineren Firmen einmal auf Grund der bereits erwähnten vergleichsweise hohen Lagerhaltung und zum anderen infolge der geringen Elastizität in den Raumdispositionen den größeren Firmen gegenüber im Nachteil.

### b) Absatzarten

Die Leistungs- und Kostenzahlen werden im Einzelhandelsbetrieb wesentlich durch die Absatzstruktur und die handwerkliche Nebentätigkeit beeinflußt. Der steuerbegünstigte bzw. Großhandelsabsatz bringt tendenziell hohe Leistungszahlen und eine vergleichsweise niedrige Kostenbelastung mit sich. Im Gegensatz hierzu führt ein angegliederter Werkstattbetrieb zu einem Sinken der Leistungszahlen und zu einer entsprechend stärkeren Kostenbelastung. Eine richtige Beurteilung der Betriebsvergleichsergebnisse, vor allem zwischen den einzelnen Branchen, ist infolgedessen nur unter Berücksichtigung der Absatzstruktur und der Werkstattätigkeit möglich.

Tabelle 28 gibt einen Überblick über die Aufgliederung des Gesamtabsatzes in Einzelhandelsabsatz und Großhandelsabsatz. Außerdem ist der Anteil des Werkstattabsatzes am Gesamtabsatz ausgewiesen. Der Umfang des Großhandelsabsatzes (Absatz an Wiederverkäufer und steuerbegünstigter Absatz an Großverbraucher und gewerbliche Verwender) weist zwischen den einzelnen Branchen ganz beträchtliche Unterschiede auf. Bei den Branchen mit einem überwiegend gewerblichen Abnehmerkreis ist der Großhandelsanteil am höchsten. Im Büromaschinen-, Büromöbel- und Organisationsmittelhandel entfielen im Jahre 1960 84,4 % des Gesamtabsatzes auf steuerbegünstigte bzw. Großhandelsverkäufe. Es folgte der Eisenwaren- und Hausrathandel mit vorwiegend Kleineisenwaren und Werkzeugen (71,5 %) und der Papier-, Bürobedarf- und Schreibwareneinzelhandel (50,0 %). Im Durchschnitt des gesamten Eisenwaren- und Hausrathandels ergab sich 1960 ein Großhandelsanteil von 42,4 %. Beachtlich war auch der Anteil im Tapeten- und Linoleumhandel (39,0 %), im Sortimentsbuchhandel (32,0 %) und im Photoeinzelhandel (20,2 %). Nur eine unwesentliche Rolle spielt der steuerbegünstigte und Großhandelsabsatz bei den Einzelhandelsbranchen mit Nahrungs- und Genußmitteln, mit Textilien und Bekleidung sowie mit vorwiegend Kultur- und Luxusbedarf. Im Lebensmitteleinzelhandel war sein Anteil 1960 1,9 %, im Textileinzelhandel 1,4 %, im Schuheinzelhandel 0,5 %, im Uhren-, Juwelen-, Gold- und Silberwareneinzelhandel 1,3 % und im Leder- und Galanteriewareneinzelhandel 0,9 %. Der Durchschnitt des gesamten am Betriebsvergleich beteiligten Einzelhandels wies im Jahre 1960 steuerbegünstigte bzw. Großhandelsverkäufe in Höhe von 6,7 % des Gesamtabsatzes auf. Gegenüber den Jahren 1958 (6,0 %) und 1959 (6,4 %) hat sich eine leichte Vergrößerung des Anteils ergeben. Wie die Aufgliederung des Anteils des Großhandelsabsatzes nach Größenklassen in den Tabellen 29 und 30 zeigt, sind es vor allem die mittleren und größeren Firmen, die neben dem Einzelhandelsabsatz in stärkerem Umfange auch steuerbegünstigte oder Großhandelslieferungen abwickeln.

*Tabelle 82*

*Tabellen 29 und 30*

Der Anteil der Werkstattätigkeit schwankt zwischen den einzelnen Branchen in wesentlich geringerem Umfange als der Anteil des Großhandelsabsatzes. Er ist vor allem bei den sog. technischen Branchen von Bedeutung. Der größte Anteil des Werkstattabsatzes am Gesamtabsatz ergab sich im Jahre 1960 im Beleuchtungs- und Elektroeinzelhandel. Er betrug in dieser Branche, die in stärkerem Umfange Installationsarbeiten durchführt, 20,3 %. Es folgte mit 19,7 % der Photoeinzelhandel, bei dem das Laborgeschäft eine bedeutende Rolle spielt. Bemerkenswerte Anteile des Werkstattabsatzes am Gesamtabsatz sind auch im Tapeten- und Linoleumhandel (16,6 %), im Radio- und Fernseheinzelhandel (10,7 %), im Uhren-, Juwelen-, Gold- und Silberwareneinzelhandel (10,2 %) und im Fahrradeinzelhandel (9,0 %) festzustellen. Bei allen anderen Branchen erreichte der Werkstattabsatz nur einen vergleichsweise geringen Anteil am Gesamtabsatz. Im Durchschnitt des gesamten Einzelhandels entfielen sowohl im Jahre 1958 als auch 1959 und 1960 1,6 % des Gesamtabsatzes auf die Werkstattätigkeit.

Zur Abrundung des Bildes sind in den Tabellen 31 und 32 die Anteile des Werkstattabsatzes aufgegliedert nach Personen- und Absatzgrößenklassen wiedergegeben. Im Gegensatz zum Großhandelsabsatz zeigt der Anteil des Werkstattabsatzes mit wachsender Betriebsgröße eine unterschiedliche Entwicklung. Bei einigen Branchen, beispielsweise den Drogerien, dem Textileinzelhandel und dem Tapeten- und Linoleumhandel, nimmt die Werkstattätigkeit bei den größeren Betrieben zu. Bei anderen dagegen, beispielsweise im Schuheinzelhandel, im Photoeinzelhandel und im Uhren-, Juwelen-, Gold- und Silberwareneinzelhandel, verliert die Werkstattätigkeit mit wachsender Betriebsgröße relativ an Bedeutung.

*Tabellen 31 und 32*

### c) Kreditverkäufe und Außenstände

Zur Beurteilung der Kreditsituation des Einzelhandels ist in Tabelle 33 ein Überblick gegeben über den Anteil der Kreditverkäufe am Gesamtabsatz, die Aufgliederung der Kreditverkäufe nach Kreditarten und die Höhe der Außenstände am Jahresende in Prozenten des Jahresabsatzes. Der Umfang der Kreditgewährung ist zwischen den einzelnen Branchen stark unterschiedlich. Der Anteil des Kreditabsatzes wird einmal durch die Wertigkeit und den Bedarfscharakter der Waren und zum anderen durch die Art des Abnehmerkreises bestimmt. Hochwertige Waren des langfristigen Bedarfs, wie Möbel, Öfen und Herde, Oberbekleidung, Photoapparate, Radio- und Fernsehgeräte, werden in wesentlich stärkerem Maße auf Kredit gekauft als die gering- und mittelwertigen Güter des kurzfristigen Bedarfs. Andererseits spielt das Kreditgeschäft in Branchen mit einem stark gewerblichen Abnehmerkreis eine größere Rolle als in Branchen, die vorwiegend an Letztverbraucher verkaufen. Aus der Abhängigkeit der Kredit-

*Tabelle 33*

funktion von diesen beiden Komponenten ergeben sich die beiden Hauptformen der Kreditgewährung im Einzelhandel, nämlich der Teilzahlungskredit, der typisch für Branchen mit hochwertigen Waren langfristigen Bedarfs ist, und der offene Buchkredit, der vor allem bei Branchen mit starkem Großhandelsabsatz in Anspruch genommen wird.

Den größten Anteil an Kreditverkäufen weist — bedingt durch den überwiegend gewerblichen Abnehmerkreis — der Büromaschinen-, Büromöbel- und Organisationsmittelhandel auf. Im Jahre 1960 betrug der Anteil der Kreditverkäufe am Gesamtabsatz in dieser Branche 89,5 %. Im Eisenwaren- und Hausrathandel mit vorwiegend Kleineisenwaren und Werkzeugen betrug der Anteil der Kreditverkäufe im gleichen Jahr 68,9 %. Im Radio- und Fernseheinzelhandel wurden 1960 53,9 %, im Textileinzelhandel mit vorwiegend Teppichen, Möbelstoffen und Gardinen 53,6 %, im Eisenwaren- und Hausrathandel mit gemischtem Sortiment 53,3 %, im Sortimentsbuchhandel 46,4 % und im Möbeleinzelhandel 46,1 % Kreditverkäufe getätigt. Dem Bedarfscharakter und der Wertigkeit der Waren entsprechend verzeichneten die Branchen mit Nahrungs- und Genußmitteln das geringste Kreditgeschäft. Bei den Reformhäusern ergab sich im Jahre 1960 lediglich ein Anteil von 0,4 %, im Tabakwareneinzelhandel von 2,2 % und im Lebensmitteleinzelhandel von 4,9 %. Im Textileinzelhandel wurden 1960 10,9 % des Absatzes und im Schuheinzelhandel 4,9 % als Kreditverkäufe abgewickelt. Im Durchschnitt des gesamten Einzelhandels betrug der Kreditanteil 1960 14,4 %. 1958 machten die Kreditverkäufe 14,2 % und 1959 14,9 % des Gesamtabsatzes aus.

Die Aufgliederung der Kreditverkäufe nach der Form der Kreditgewährung zeigt, daß das Schwergewicht bei den unorganisierten Kreditverkäufen liegt. Im Jahre 1960 wurden im Durchschnitt des gesamten Einzelhandels 73,9 % des Kreditabsatzes als offene Buchkredite, Anschreiben usw. getätigt; 8,5 % der Kreditverkäufe wurden in Verbindung mit Teilzahlungsfinanzierungsinstituten abgewickelt und 17,6 % auf Grund von besonderen Teilzahlungsverträgen in eigener Regie der Betriebe.

In den einzelnen Branchen zeigt die Aufgliederung der Kreditverkäufe beachtliche Abweichungen. In der Gesamttendenz ist zu erkennen, daß in den Fachzweigen mit vorwiegend gewerblichem Abnehmerkreis fast ausschließlich der offene Buchkredit Verwendung findet, während in den Branchen mit hochwertigen Konsumgütern der organisierte Kreditverkauf (Teilzahlungsverkauf) stärker im Vordergrund steht.

Die sich aus den Kreditverkäufen ergebenden Außenstände machten im Durchschnitt des gesamten Einzelhandels am 31. Dezember 1960 2,6 % des Jahresabsatzes aus. Gegenüber den Jahren 1958 und 1959 (jeweils 2,7 %) hat sich eine leichte Verminderung der Außenstände um 0,1 % des Absatzes ergeben. Zwischen den einzelnen Branchen läßt die Höhe der Außenstände in Prozenten vom Absatz ähnliche Relationen erkennen wie der Anteil der Kreditverkäufe. Allerdings zeigen sich bei den Branchen mit einem starken Kreditanteil gewisse Abweichungen. So weist beispielsweise nicht etwa der Büromaschinen-, Büromöbel- und Organisationsmittelhandel dem Kreditanteil entsprechend auch die höchsten Außenstände aus, sondern der Radio- und Fernseheinzelhandel. Im Büromaschinen-, Büromöbel- und Organisationsmittelhandel betrugen die Außenstände am 31. Dezember 1960 9,2 %, im Radio- und Fernseheinzelhandel dagegen 15,9 %. Der Grund liegt in der unterschiedlichen Form der Kreditgebung. Während der Büromaschinenhandel in erster Linie seinem gewerblichen Abnehmerkreis offene Buchkredite gewährt, die vergleichsweise kurzfristig sind, ist der Radio- und Fernseheinzelhandel eine typische Branche mit langfristigen Teilzahlungsverkäufen.

*Tabellen 34 und 35*
Das Bild über die Kreditsituation des Einzelhandels wird abgerundet durch die in den Tabellen 34 und 35 vorgenommene Aufgliederung der Kreditverkäufe und Außenstände nach Personen- und Absatzgrößenklassen. Bei der Mehrzahl der Branchen ist die Tendenz eines zunehmenden Kreditanteils mit wachsender Betriebsgröße zu erkennen. Es kann hieraus der Schluß gezogen werden, daß die Kreditfunktion von den größeren Firmen in stärkerem Umfange wahrgenommen wird als von den kleineren. Ein Grund dürfte hierfür zweifellos auch in der unterschiedlichen Kapitalausstattung der Betriebe liegen. Bei den Branchen mit vorwiegend gewerblichem Abnehmerkreis, wo der Anteil der Kreditverkäufe am Gesamtabsatz mit wachsender Betriebsgröße besonders stark zunimmt, wirkt sich auch der gleichzeitig zunehmende Anteile des Großhandelsabsatzes am Gesamtabsatz aus.

## 5. Handlungskosten

*Tabelle 36*
Tabelle 36 gibt einen Überblick über die Kostensituation des Einzelhandels in den Jahren 1958 bis 1960. Neben den Gesamtkosten sind auch die einzelnen Kostenarten in Prozenten vom Absatz ausgewiesen. Die bereits seit der Währungsreform festzustellende Zunahme in der prozentualen Kostenbelastung hat sich auch in den beiden ersten Jahren des Berichtszeitraumes weiter fortgesetzt. Nachdem von 1949 bis 1957 die Gesamtkosten im Durchschnitt des Einzelhandels sich von 19,9 % auf 23,4 %

des Absatzes erhöht haben, ist im Jahre 1958 eine Steigerung auf 23,9 % und 1959 auf 24,1 % eingetreten. Mit 24,1 % wies das Jahr 1959 die bisher höchste prozentuale Kostenbelastung seit der Währungsreform auf. 1960 hat sich eine leichte Verminderung auf 24,0 % ergeben. Beim Vergleich des Jahres 1960 mit dem Jahre 1958 zeigen die Fremdpersonalkosten eine leichte Erhöhung von 6,3 auf 6,4 %. Der kalkulatorische Unternehmerlohn ist in gleichem Umfange, nämlich von 4,5 % auf 4,4 %, zurückgegangen. Erhöht haben sich von 1958 bis 1960 die Gewerbesteuer von 0,7 auf 0,8 % und die Abschreibungen von 1,0 auf 1,1 %. Die sonstigen Kosten (einschließlich Kosten des Fuhr- und Wagenparks) haben sich von 4,0 % im Jahre 1958 auf 3,9 % im Jahre 1960 leicht vermindert. Die Prozentsätze aller übrigen Kostenarten sind im Jahre 1960 gegenüber 1958 unverändert geblieben.

Die für den Durchschnitt des gesamten Einzelhandels in den Jahren 1958 bis 1960 festgestellte Erhöhung der Gesamtkostenbelastung ist auch bei dem überwiegenden Teil der Branchen eingetreten. Dies gilt u. a. auch für den Lebensmittel-, den Textil- und den Schuheinzelhandel, die zusammen umsatzmäßig mehr als die Hälfte des gesamten Einzelhandels repräsentieren. Kostensteigerungen haben sich auch im Möbeleinzelhandel, im Beleuchtungs- und Elektroeinzelhandel, im Glas-, Porzellan- und Keramikeinzelhandel und im Tapeten- und Linoleumhandel ergeben. Bemerkenswerterweise sind bei einigen Branchen mit Kultur- und Luxusbedarf, und zwar dem Radio- und Fernseheinzelhandel, dem Photoeinzelhandel und dem Uhren-, Juwelen-, Gold- und Silberwareneinzelhandel, die in den Jahren 1955 bis 1957 Kostenminderungen erkennen ließen, von 1958 bis 1960 erneute Kostensteigerungen eingetreten. Ein Rückgang in der prozentualen Kostenbelastung konnten im Jahre 1960 gegenüber 1958 der Eisenwaren- und Hausrathandel, der Fahrradeinzelhandel, der Leder- und Galanteriewareneinzelhandel, die Gemischtwarengeschäfte und die Branchen mit Bürobedarf verzeichnen.

Zur Kennzeichnung der Kostenstruktur ist in Tabelle 37 der Anteil der einzelnen Kostenarten an den Gesamtkosten wiedergegeben. Infolge des personalintensiven Charakters des Einzelhandels machen die Personalkosten den weitaus größten Teil der Gesamtkosten aus. Ihr Anteil betrug einschließlich des kalkulatorischen Unternehmerlohnes im Durchschnitt des gesamten Einzelhandels 1960 45 %. Es folgt als nächststärkste Kostenart die Umsatzsteuer, die 1960 15 % der Gesamtkosten betrug. Beachtlich ist auch der Anteil der Mietkosten (8 %). Die Abschreibungen machten im Jahre 1960 5 %, die Reklamekosten 4 % und die Gewerbesteuer 3 % der Gesamtkosten aus. Auf Zinsen für Eigenkapital, Zinsen für Fremdkapital und Fuhrparkkosten entfielen im Jahre 1960 jeweils 2 % der Gesamtkosten. Der Vergleich zwischen den einzelnen Branchen läßt in der Tendenz eine weitgehende Übereinstimmung in der Kostenstruktur erkennen. Gewisse Abweichungen in der Höhe der einzelnen Anteile sind bedingt durch unterschiedliche Funktionserfüllung und differenzierte Standortansprüche. Im Laufe der drei Berichtsjahre hat sich die Kostenstruktur nur unwesentlich verändert. Der Entwicklung der einzelnen Kostenarten in Prozenten vom Absatz entsprechend ist bei den Fremdpersonalkosten und den Abschreibungen eine geringe Vergrößerung, bei dem Unternehmerlohn und der Sammelposition Sonstige Kosten (einschl. Fuhrparkkosten) eine entsprechende Verminderung des Anteils an den Gesamtkosten eingetreten.

*Tabelle 37*

Zur Abrundung des Bildes über die Kostensituation des Einzelhandels sind in den Tabellen 38 und 39 für das Jahr 1960 die Gesamtkosten und die einzelnen Kostenarten in Prozenten vom Absatz — aufgegliedert nach Personen- und Absatzgrößenklassen — wiedergegeben. Die Ergebnisse lassen generell keine unmittelbare Abhängigkeit der prozentualen Gesamtkostenbelastung von der Betriebsgröße erkennen. Bei dem überwiegenden Teil der Branchen schwanken die Größenklassenergebnisse in gewissem Umfange um die Branchendurchschnittswerte, ohne eine einheitliche Tendenz aufzuweisen. Lediglich bei den Branchen mit gewerblichem Abnehmerkreis und mit handwerklicher Nebentätigkeit nimmt die prozentuale Kostenbelastung mit zunehmender Betriebsgröße ab. Diese Tendenz ist darauf zurückzuführen, daß mit der Betriebsgröße der Anteil des Großhandelsabsatzes ansteigt und das Gewicht der handwerklichen Nebentätigkeit relativ abnimmt.

*Tabellen 38 und 39*

Im Gegensatz zu den Gesamtkosten ist für einzelne Kostenarten eine unmittelbare Abhängigkeit von der Betriebsgröße festzustellen. Der prozentuale Anteil der Personalkosten für das fremde Personal steigt mit wachsender Betriebsgröße an, während umgekehrt der Anteil des Unternehmerlohnes absinkt. Der Grund liegt darin, daß in den kleineren Betrieben die Tätigkeit des Inhabers und der mithelfenden Familienangehörigen im Verhältnis zur Gesamtzahl der Beschäftigten wesentlich stärker ins Gewicht fällt als bei den größeren Firmen. Während sich der Zusammenhang zwischen Fremdpersonalkosten, Unternehmerlohn und Betriebsgröße zwangsläufig ergibt, ist die aus den Tabellen 38 und 39 ersichtliche Abhängigkeit der Miete und Reklamekosten die Folge unterschiedlicher Dispositionen. Bei fast allen Branchen ist in der Gesamttendenz mit wachsender Betriebsgröße eine Verminderung der Mietkostenbelastung und ein Anstieg der Reklamekosten festzustellen. Im Rückgang der Mietkosten spiegelt sich die bereits bei der Erläuterung der Tabellen 26 und 27 gekennzeichnete Verbesserung der Ausnutzung der Raumkapazität mit wachsender Betriebsgröße wider. Der Anstieg der Reklamekosten in Prozenten vom Absatz weist auf erhöhte Wettbewerbsbemühungen der größeren Firmen hin.

## 6. Betriebshandelsspanne und Betriebsergebnis

*Tabelle 40*

In dem vorliegenden Dreijahresbericht sind erstmalig auch die Betriebshandelsspannen und die Betriebsergebnisse der am Betriebsvergleich beteiligten Einzelhandelsbranchen aufgenommen worden. Zwar wurden diese Zahlen auch in den Jahren 1949 bis 1957 erhoben, jedoch zunächst nur den beteiligten Firmen zur vertraulichen Information zur Verfügung gestellt. Die Aufgeschlossenheit der Einzelhandelsbetriebe und ihrer Verbände hat dem Institut inzwischen die Möglichkeit gegeben, dieses Material bekanntzugeben. In der Nummer 83 der Institutsmitteilungen vom November 1960 ist erstmalig ein Bericht über die Betriebshandelsspannen und Betriebsergebnisse von 33 Einzelhandelsbranchen erfolgt. Dieser Bericht erstreckte sich auf die Jahre 1950 bis 1959. In Tabelle 40 sind die Ergebnisse der Jahre 1958 bis 1960 zusammengestellt. Die Tabelle enthält im einzelnen die Betriebshandelsspannen der untersuchten Branchen, die Gesamtkosten (einschließlich Unternehmerlohn und Zinsen für Eigenkapital) und als Differenz aus beiden das betriebswirtschaftliche Betriebsergebnis. Außerdem sind ausgewiesen die Gesamtkosten (ohne Unternehmerlohn und Zinsen für Eigenkapital), die nach Abzug von der Betriebshandelsspanne das ebenfalls in der Tabelle enthaltene steuerliche Betriebsergebnis wiedergeben. Weiterhin gibt die Tabelle einen Überblick über die Lieferantenskonti und die Betriebshandelsspanne nach Abzug der Lieferantenskonti. Die Darstellung dieser Werte erschien zweckmäßig, da vielfach auch die Betriebshandelsspanne im Einzelhandel ohne Berücksichtigung der Lieferantenskonti berechnet wird. Dementsprechend verfährt beispielsweise das Statistische Bundesamt bei der Berechnung der Bruttoerträge des Einzelhandels.

Die in Tabelle 40 ausgewiesenen Zahlen zeigen, daß sich im Durchschnitt des gesamten Einzelhandels die Betriebshandelsspanne von 25,2 % im Jahre 1958 auf 26,4 % im Jahre 1960 erhöht hat. Die Steigerung war hiermit etwas stärker als die der Gesamtkosten, so daß sich das betriebswirtschaftliche Betriebsergebnis von + 1,3 % auf + 2,4 % und das steuerliche Betriebsergebnis von + 6,3 % auf + 7,3 % erhöht hat. In dieser Verbesserung der Ertragssituation spiegelt sich die allgemeine wirtschaftliche Entwicklung in der Bundesrepublik in den letzten Jahren wider. Zwischen den einzelnen Branchen ist die Höhe der Betriebshandelsspanne in Prozenten vom Absatz stark unterschiedlich. Die Extremwerte ergaben sich im Jahre 1960 — abgesehen von den Blumenbindereien — mit 43,1 % im Uhren-, Juwelen-, Gold- und Silberwareneinzelhandel und mit 17,4 % im Tabakwareneinzelhandel. Die beachtlichen Abweichungen in der Betriebshandelsspanne ermöglichen jedoch noch keine Rückschlüsse auf die Ertragsverhältnisse in den einzelnen Branchen. Im Umfang der Betriebshandelsspanne spiegelt sich vielmehr im Durchschnitt der Betriebe der unterschiedliche Grad der Funktionserfüllung wider. Bei den Branchen mit einem hohen Anteil der Betriebshandelsspanne am Absatz handelt es sich ausschließlich um Fachzweige, die neben dem Handel auch handwerkliche Leistungen erstellen. Die Handelsspanne umschließt hier nicht nur die Vergütung für die händlerische, sondern auch für die handwerkliche Tätigkeit. Ihren Ausdruck findet die Intensität der Funktionserfüllung in der Höhe der durch sie bedingten Kosten. Die Betriebshandelsspanne kann daher nur im Zusammenhang mit der Kostenbelastung beurteilt werden.

Die Gegenüberstellung der Kosten in Prozenten vom Absatz läßt zwischen den einzelnen Branchen ähnliche Relationen wie die der Betriebshandelsspanne erkennen. Infolgedessen zeigt das Betriebsergebnis nicht die gleich starken Abweichungen wie die Betriebshandelsspanne. Immerhin ist jedoch auch hier die Abweichung zwischen dem niedrigsten steuerlichen Betriebsergebnis (1960: + 5,1 % im Lebensmitteleinzelhandel) und dem höchsten (1960: + 15,4 % im Uhren-, Juwelen-, Gold- und Silberwareneinzelhandel) beachtlich. Die Differenzen sind allerdings in erster Linie auf die verschiedenen Anforderungen zurückzuführen, die an die Betriebe bei der Erfüllung ihrer Absatzfunktionen gestellt werden. Der Uhren-, Juwelen-, Gold- und Silberwareneinzelhandel, der das höchste steuerliche Betriebsergebnis aufweist, erzielte beispielsweise im Jahre 1960 einen Absatz je beschäftigte Person von 42 100 DM und eine Lagerumschlagsgeschwindigkeit von 1,6mal. Der Lebensmitteleinzelhandel dagegen, dessen steuerliches Betriebsergebnis relativ gering ist, wies 1960 eine Absatzleistung je beschäftigte Person von 60 200 DM und eine Lagerumschlagsgeschwindigkeit von 13,7mal auf. Betrachtet man diese Unterschiede von der Leistungsbereitschaft der Betriebe her, so ist festzustellen, daß im Uhren-, Juwelen-, Gold- und Silberwareneinzelhandel mit einem gleichen Einsatz an beschäftigten Personen und einem gleichen Einsatz an Lagerkapital ein wesentlich geringerer Absatz erzielt wird als etwa im Lebensmitteleinzelhandel. Unabhängig von der Gunst oder Ungunst der Marktverhältnisse ergibt sich somit eine Erklärung zumindest für die tendenziellen Unterschiede des Betriebsergebnisses in Prozenten vom Absatz zwischen den einzelnen Branchen.

## 7. Absatz-, Lager-, Kosten- und Ertragszahlen nach Personenabsatzklassen

Mehr als in anderen Wirtschaftsbereichen wird das Ergebnis der betrieblichen Tätigkeit im Einzelhandel von der Leistung des Personals bestimmt. Die Bedeutung der menschlichen Arbeitskraft für den Einzelhandel wird deutlich, wenn man berücksichtigt, daß fast die Hälfte der Gesamtkosten Personalkosten sind (siehe Tabelle 37). Ihren Ausdruck findet die Personalleistung in der Absatzquote, die auf die einzelne im Betrieb beschäftigte Person entfällt. Neben der Leistungskontrolle des Personals ermöglicht der Absatz je beschäftigte Person auch eine Beurteilung der Gesamtleistung des Betriebes, da er nicht nur durch die persönliche Arbeit der einzelnen Personen, sondern auch durch den Einsatz des Personals und damit letztlich durch die gesamte betriebliche Organisation bestimmt wird. Da die Leistungsbereitschaft eines Handelsbetriebes am treffendsten durch die Personalkapazität gekennzeichnet wird, kommt in der Absatzquote je beschäftigte Person der Ausnutzungsgrad der gesamten Betriebskapazität am deutlichsten zum Ausdruck.

In welchem Umfange die Personalleistung im einzelnen die betrieblichen Leistungs-, Kosten- und Ertragszahlen beeinflußt, kann den Tabellen 41 bis 62 entnommen werden. In den Tabellen ist eine Sonderauswertung der Betriebsvergleichsergebnisse des Jahres 1960 nach Personenabsatzklassen vorgenommen worden. Die Betriebe sind hierbei entsprechend dem erzielten Absatz je beschäftigte Person in Gruppen eingeteilt worden. Es wurden allerdings nur die Branchen und Teilbranchen einbezogen, bei denen sich auf Grund einer ausreichenden Besetzung der einzelnen Klassen aussagefähige Ergebnisse ermitteln ließen. Die Gegenüberstellung der in den Nummern 1, 7 und 11 der Schriften zur Handelsforschung vorgenommenen entsprechenden Untersuchungen für die Jahre 1951, 1954 und 1957 ergibt eine vollkommene Übereinstimmung der Tendenzen. Es kann hieraus der Schluß gezogen werden, daß die festgestellten Einflüsse nicht etwa zeitabhängig oder zufallsbedingt, sondern allgemeingültiger Art sind.

*Tabellen 41 bis 62*

Aus den Tabellen ist die starke Abhängigkeit der betrieblichen Leistungs- und Kostenzahlen von der Höhe des Absatzes je beschäftigte Person klar ersichtlich. Im Zusammenhang mit der steigenden Personalleistung ergibt sich tendenziell auch eine Verbesserung des Absatzes je qm Geschäftsraum und der Lagerumschlagsgeschwindigkeit. Die ausgewiesenen Kosten- und Ertragszahlen sind ein Spiegelbild der Leistungszahlen. Die bessere Ausnutzung der Personal-, Raum- und Lagerkapazität führt infolge des relativ fixen Charakters der Handlungskosten allgemein zu einer beträchtlichen Senkung der prozentualen Belastung des Absatzes mit Gesamtkosten. Zwar geht auch die Betriebshandelsspanne in Prozenten vom Absatz bei dem überwiegenden Teil der Branchen mit zunehmender Personalleistung zurück, jedoch ist in keinem Falle die Verminderung so stark wie die der Gesamtkosten. Infolgedessen ist für alle Branchen eine deutliche Vergrößerung des prozentualen Betriebsergebnisses mit steigendem Absatz je beschäftigte Person festzustellen.

Die Ergebnisse der Tabellen 41 bis 62 zeigen nicht nur, in welchem Umfange sich der Absatz je beschäftigte Person auf die Leistungs-, Kosten- und Ertragssituation der Betriebe auswirkt, sie ermöglichen vielmehr auch einige interessante Rückschlüsse auf die die Personalleistung beeinflussenden Faktoren. Die Abhängigkeit der Personalleistung von den betrieblichen Dispositionen kommt deutlich in der Position „Personalkosten je beschäftigte Person in DM" und „Lagerbestand je beschäftigte Person in DM" zum Ausdruck. Für diese Betriebsvergleichszahlen ergibt sich im Zusammenhang mit dem steigenden Absatz je beschäftigte Person eine bemerkenswerte Erhöhung. Ganz offensichtlich liegt bei den Betrieben mit hoher Absatzleistung je beschäftigte Person ein stärkerer Einsatz qualifizierter Kräfte und eine auf die beschäftigte Person bezogene größere Lagerbereitschaft vor. Zwar wirkt sich dieser erhöhte betriebliche Einsatz in einem vergleichsweise höheren Anfall an absoluten Kosten aus, jedoch sind die infolge der größeren Leistungsfähigkeit erzielten Absatzsteigerungen relativ noch stärker, so daß die prozentuale Kostenbelastung des Absatzes sich günstiger gestaltet. Dies spiegelt sich besonders klar in den ausgewiesenen Personalkostenprozentsätzen wider, die trotz des Anstiegs der Durchschnittsvergütung je beschäftigte Person mit steigender Personenabsatzklasse in erheblichem Umfange zurückgehen.

## 8. Beschaffungs-, Lager-, Absatz- und Kostenzahlen nach den Standortmerkmalen Land und Ortsgröße

Die betriebswirtschaftliche Situation des Einzelhandelsbetriebes wird in starkem Maße durch die Standortverhältnisse beeinflußt. Hierbei wirkt sich neben dem regionalen Standort vor allem die Ortsgröße aus. In den Tabellen 63 bis 66 sind einige wichtige Betriebsvergleichsergebnisse nach den Standortmerkmalen Land und Ortsgröße aufgegliedert worden. Bei diesen Auswertungen wurden ebenso wie bei der Gliederung nach Personenabsatzklassen nur die Branchen bzw. Teilbranchen herangezogen, für die sich ein ausreichender Teilnehmerkreis ergab.

*Tabelle 63*     Tabelle 63 gibt einen Überblick über die Entwicklung von Beschaffung, Absatz und Handlungskosten in den Jahren 1958 bis 1960, aufgegliedert nach Branchen und Bundesländern. In Anlehnung an Tabelle 15, die die entsprechenden Ergebnisse aufgegliedert nach Personen- und Absatzgrößenklassen enthält, wurde auch bei Tabelle 63 als Basis das Jahr 1958 zugrunde gelegt. Auch hier war eine Zurückbasierung auf das Jahr 1949 nicht zweckmäßig, da sich der Teilnehmerkreis in den einzelnen Bundesländern von 1949 bis 1960 zum Teil verschoben hat.

*Tabelle 64*     Eine weitere Sonderauswertung nach Bundesländern enthält Tabelle 64. In dieser Tabelle sind die Gesamtkosten in Prozenten vom Absatz ausgewiesen. Die Streuung der Kostenbelastung für den Durchschnitt der erfaßten Branchen zwischen den einzelnen Bundesländern ist nur unbedeutend. Die Extremwerte weisen im Jahre 1960 mit 23,2 % das Land Bayern und mit 24,2 % die Länder Bremen und Hamburg aus. Diese beiden Extremwerte charakterisieren auch gleichzeitig einen Einfluß, der sich aus der Wirtschafts- und Bevölkerungsstruktur auf die Kostenbelastung ergibt. Die Geschäfte der Großstadtländer Bremen und Hamburg haben in Anbetracht der größeren und differenzierteren Ansprüche der Kundschaft auch eine höhere Kostenbelastung zu tragen, während in den stark agrarisch orientierten Gebieten eine entgegengesetzte Tendenz zu erkennen ist.

In welchem Umfange neben dem Standortmerkmal „Land" auch die Ortsgröße auf die Betriebsleistung Einfluß hat, zeigen anhand einiger wichtiger Auswertungspositionen die Tabellen 65 und 66. Um die sich ergebenden Tendenzen klarer erkennen zu können, wurden die insgesamt bei den Betriebsvergleichserhebungen berücksichtigten acht Größenklassen wie folgt zusammengefaßt:

     Betriebe in kleinen Orten mit bis zu 20 000 Einwohnern,
     Betriebe in mittleren Orten mit 20 000–100 000 Einwohnern,
     Betriebe in Großstädten mit 100 000 und mehr Einwohnern.

*Tabelle 65*     In Tabelle 65 sind die Gesamtkosten sowie die Personalkosten (einschließlich Unternehmerlohn), die Miete und die Reklamekosten in Prozenten vom Absatz wiedergegeben. Die Gesamtkostenbelastung läßt mit wachsender Ortsgröße eine ansteigende Tendenz erkennen. Während in den Orten mit bis zu 20 000 Einwohnern im Durchschnitt der erfaßten Branchen die Gesamtkosten im Jahre 1960 23,4 % vom Absatz ausmachten, lagen sie in den Orten mit 20 000 bis 100 000 Einwohnern bei 23,8 % und in den Städten mit über 100 000 Einwohnern bei 24,1 %. Auch die einzelnen Kostenarten zeigen eine mit wachsender Ortsgröße steigende Tendenz. Die Personalkosten erhöhen sich von 10,2 auf 10,9 %, die Mietkosten von 1,6 auf 2,0 % und die Reklamekosten von 0,8 auf 1,0 %. Die hohen Personalkosten in den größeren Orten sind einmal durch die Lohn- und Gehaltstarife, zum andern durch den infolge der höheren Kundenanforderungen notwendigen Einsatz von qualifizierterem Personal bedingt. Höhere Mietkosten je qm sowie größere Ansprüche an die Raumkapazität sind die Ursache für die steigende Tendenz der Mietkostenbelastung. In der Zunahme der Reklamekosten spiegelt sich die Tatsache wider, daß die Konkurrenzverhältnisse die Betriebe in den größeren Städten zu intensiverer Werbetätigkeit veranlassen. Bemerkenswert ist, daß der für den Durchschnitt der erfaßten Branchen ermittelte Anstieg der Personal-, Miet- und Reklamekosten stärker ist als die Erhöhung der Gesamtkostenbelastung. Es ergibt sich hieraus der Rückschluß, daß andere hier nicht untersuchte Kostenarten mit wachsender Ortsgröße eine rückläufige Tendenz aufweisen.

*Tabelle 66*     In Anbetracht der zunehmenden Kostenbelastung mit wachsender Ortsgröße wäre bei den Leistungszahlen ein entsprechender Rückgang zu erwarten. Die Ergebnisse der Tabelle 66 zeigen jedoch, daß sowohl der Absatz je beschäftigte Person und der Absatz je qm Geschäftsraum als auch die Umschlagsgeschwindigkeit des Warenlagers im Durchschnitt der erfaßten Einzelhandelsbranchen eine Erhöhung mit zunehmender Ortsgröße aufweisen. Es ergibt sich hieraus der Rückschluß, daß die absoluten Kosten auf die Absatzeinheit bezogen in noch stärkerem Maße anwachsen als die Leistungszahlen. Es wäre allerdings verfehlt, auf Grund der negativen Kostenentwicklung auf ein ungünstigeres Ergebnis der Betriebe in den mittleren und größeren Städten zu schließen. Die hohen Kosten sind letztlich die Folge größerer Ansprüche der Kundschaft an die Leistungsbereitschaft der Betriebe der Mittel- und Großstädte. Ein angemessener Ausgleich für die mit einer größeren Funktionstiefe verbundenen höheren Kosten dürfte sich zweifellos in einem entsprechenden Anstieg der Betriebshandelsspannen ergeben.

# D. Umsatz und Kosten in Monats- und Quartalszahlen

## 1. Beschaffungs-, Lager- und Absatzindex für die vier Hauptgruppen des Einzelhandels und den gesamten Einzelhandel

Das Institut berechnet seit dem Jahre 1949 einen monatlichen Umsatzindex, aufgegliedert nach Beschaffung, Lager und Absatz. Die Ergebnisse werden sowohl für den Einzelhandel insgesamt als auch für die vier Hauptbedarfsgruppen Lebens- und Genußmittelbedarf, Bekleidungs- und Textilbedarf, Wohnungs- und Hausratbedarf und sonstiger Bedarf ermittelt. Die Berechnungsmethode für den Absatz- und Beschaffungsindex ist in der Nummer 3 der Institutsmitteilungen vom 1. 4. 1950 und für den Lagerindex in der Nummer 17 der Institutsmitteilungen vom 30. 3. 1954 erläutert worden. Als Basiswert für den monatlichen Umsatzindex ist zunächst der Monatsdurchschnitt des Jahres 1949 und später der Monatsdurchschnitt 1952 zugrunde gelegt worden. Nachdem auf dieser Grundlage die Ergebnisse für insgesamt 10 Jahre vorlagen, erfolgte im Januar 1959 die Berechnung des monatlichen Umsatzindexes auf der Basis des Monatsdurchschnitts 1958.

In der Tabelle 67 ist für die Jahre 1958 bis 1960 der monatliche Index für Beschaffung, Lagerung und Absatz auf der Basis Monatsdurchschnitt 1958 = 100 wiedergegeben. Bei der Beurteilung der ermittelten Durchschnittswerte und bei einem etwaigen Vergleich mit den Ergebnissen des Statistischen Bundesamtes ist zu berücksichtigen, daß die Betriebsvergleichserhebungen des Instituts nur Einzelhandelsfachgeschäfte erfassen. Nicht einbezogen sind die sonstigen Betriebsformen, wie z. B. Warenhäuser, Massenfilialbetriebe, Konsumgenossenschaften usw. In den Indexzahlen des Instituts kommt weiterhin nicht die durch eine Vergrößerung der Betriebszahl bedingte Expansion der Umsätze zum Ausdruck. Rückschlüsse auf die volkswirtschaftliche Gesamtentwicklung der Einzelhandelsumsätze sind somit nur bedingt möglich. Andererseits sind die Indexzahlen des Instituts für einen betriebswirtschaftlichen Einzelvergleich der Fachzweige besonders gut geeignet.

*Tabelle 67*

## 2. Vierteljährliche Branchen- und Teilbranchenzahlen der Beschaffung, des Absatzes und der Handlungskosten

Die am Betriebsvergleich des Instituts für Handelsforschung beteiligten Firmen erhalten neben den Jahresauswertungen auch Monats- und Quartalstabellen. Die Monatstabellen geben einen Überblick über die Absatz- und Beschaffungsentwicklung sowie den Absatz je beschäftigte Person. Die Quartalstabelle enthält darüber hinaus den Absatz je Kunde, die Kosten in Prozenten vom Absatz und die Kostenentwicklung im Berichtsquartal gegenüber dem entsprechenden Vorjahrsquartal. Die Branchendurchschnittswerte der Quartalsergebnisse in den Jahren 1958 bis 1960 sind in den Tabellen 68 bis 85 zusammengefaßt wiedergegeben. Die in diesen Tabellen ausgewiesenen Zahlen können nur bedingt mit den in den Tabellen 14 bis 39 dargestellten Jahresergebnissen verglichen werden, da Quartals- und Jahresauswertungen auf einem unterschiedlichen Teilnehmerkreis basieren. Außerdem müßte bei einer Zusammenfassung der vier Quartalsergebnisse zu Jahreszahlen eine Gewichtung entsprechend dem Absatzanteil der einzelnen Quartale am Jahresabsatz erfolgen. Bei den wiedergegebenen Gesamtkostenprozentsätzen ist schließlich in Betracht zu ziehen, daß in ihnen zwar der kalkulatorische Unternehmerlohn, nicht jedoch die sich erst auf Grund des Jahresabschlusses ergebenden Abschreibungen und Zinsen für Eigenkapital enthalten sind.

# E. Veröffentlichungen des Instituts für Handelsforschung über den Betriebsvergleich in den Jahren 1958, 1959 und 1960

Die Veröffentlichungen des Instituts über den Betriebsvergleich erfolgen in den „Mitteilungen des Instituts für Handelsforschung an der Universität zu Köln", in den „Sonderheften der Mitteilungen des Instituts für Handelsforschung" und in den „Schriften zur Handelsforschung", herausgegeben von Professor Dr. Dr. h. c. Rudolf Seÿffert in Gemeinschaft mit Prof. Dr. Edmund Sundhoff, Prof. Dr. Hans Buddeberg und Prof. Dr. Robert Nieschlag. Ein vollständiges Verzeichnis der Institutspublikationen ist unter Angabe der Bezugsmöglichkeiten auf den Seiten 119 und 120 abgedruckt.

In den Mitteilungen des Instituts erschienen 1958/60 folgende Veröffentlichungen über den Betriebsvergleich:

monatlich:
  Die Absatzentwicklung der am Betriebsvergleich beteiligten Einzelhandelsfachgeschäfte im abgelaufenen Monat
  Durchschnittsergebnisse des Betriebsvergleichs der Einzelhandelsbranchen im abgelaufenen Monat (Tabelle)
  Monatlicher Beschaffungs-, Lager- und Absatzindex des Einzelhandels (Tabelle)

vierteljährlich:
  Die Kreditverkäufe und Außenstände im Einzelhandel im abgelaufenen Quartal
  Die Absatz- und Kostensituation der Einzelhandelsfachgeschäfte im abgelaufenen Quartal

halbjährlich:
  Internationaler Vergleich der Absatzentwicklung des Einzelhandels in den Niederlanden, Österreich, der Schweiz und der Bundesrepublik Deutschland

jährlich:
  Bericht über die Ergebnisse des Betriebsvergleichs des Einzelhandels im abgelaufenen Jahr (jeweils in der Mitteilungsnummer von August)
  Die Absatzentwicklung der am Betriebsvergleich beteiligten Einzelhandelsfachgeschäfte im abgelaufenen Jahr (jeweils in der Mitteilungsnummer von Januar)

als Einzelveröffentlichungen ohne feste Folge:
  Betriebshandelsspannen, Kosten und Betriebsergebnis des Einzelhandels in den Jahren 1950 bis 1956, April 1958, Nr. 52
  Betriebshandelsspannen, Kosten und Betriebsergebnis des Einzelhandels in den Jahren 1950 bis 1957, November 1958, Nr. 59
  Neue Form der Veröffentlichung des Einzelhandelsindex, März 1959, Nr. 63
  Betriebshandelsspannen, Kosten und Betriebsergebnis des Einzelhandels in den Jahren 1950 bis 1958, Oktober 1959, Nr. 70
  Fritz Klein, Über die Kombination der Faktoren, Personen, Raum und Ware im Ladeneinzelhandel, November 1959, Nr. 71
  Betriebshandelsspannen, Kosten und Betriebsergebnis von 33 Einzelhandelsbranchen in den Jahren 1950 bis 1959, November 1960, Nr. 83

In den Schriften zur Handelsforschung erschienen 1958/60 folgende Veröffentlichungen:
  Beschaffung, Lagerung, Absatz und Kosten des Einzelhandels in der Bunderepublik Deutschland in den Jahren 1955, 1956 und 1957 (Band 11, 1959)
  Johannes Bernskötter, Struktur und Leistungen des westdeutschen Möbeleinzelhandels in den Jahren 1949 bis 1957 (Band 18, 1960)

TABELLENTEIL

**Zeichenerklärung**

Ein — bedeutet: Es sind keine Betriebe beteiligt oder nichts vorhanden bzw. weniger als die Hälfte der kleinsten Einheit, die für die betreffende Auswertungsposition zur Darstellung gebracht werden kann.

Ein . bedeutet: Kein Nachweis vorhanden oder wegen zu geringer Betriebszahl nicht oder nur im Gesamtwert erfaßt.

Tabelle 1

Gliederung der in den Jahresauswertungen 1958, 1959 und 1960 erfaßten Teilnehmer am Betriebsvergleich des Einzelhandels nach Branchen und Teilbranchen

| Lf. Nr. | Branche | 1958 | 1959 | 1960 |
|---|---|---|---|---|
| 1 | Lebensmitteleinzelhandel | 347 | 361 | 399 |
| 2 | Drogerien | 207 | 205 | 223 |
| 3 | Reformhäuser | 29 | 32 | 40 |
| 4 | Tabakwareneinzelhandel | 69 | 73 | 68 |
| 5 | Textileinzelhandel | 903 | 953 | 1041 |
|  | davon mit vorwiegend |  |  |  |
| 6 | Herren- und Knabenoberbekleidung | 92 | 100 | 122 |
| 7 | Damen-,Mädchen-u.Kinderoberbekleidung | 93 | 89 | 97 |
| 8 | Herren-,Damen-u.Kinderoberbekleidung | 81 | 88 | 93 |
| 9 | Meterwaren | 26 | 22 | 25 |
| 10 | Wäsche, Wirk- und Strickwaren | 142 | 148 | 176 |
| 11 | Haus- und Bettwäsche, Bettwaren | 42 | 47 | 43 |
| 12 | Herrenausstattung | 34 | 35 | 40 |
| 13 | Teppichen, Möbelstoffen und Gardinen | 20 | 29 | 27 |
| 14 | gemischtem Sortiment | 355 | 380 | 399 |
| 15 | Schuheinzelhandel | 297 | 297 | 367 |
| 16 | Möbeleinzelhandel | 205 | 206 | 225 |
| 17 | Beleuchtungs- und Elektroeinzelhandel | 25 | 23 | 27 |
| 18 | Glas-, Porzellan- und Keramikeinzelhandel | 105 | 96 | 99 |
| 19 | Eisenwaren- und Hausrathandel | 270 | 287 | 288 |
|  | davon mit vorwiegend |  |  |  |
| 20 | Haus- und Küchengeräten | 48 | 50 | 52 |
| 21 | Kleineisenwaren, Werkzeugen | 51 | 49 | 50 |
| 22 | Öfen und Herden | 18 | 14 | 15 |
| 23 | gemischtem Sortiment | 153 | 174 | 171 |
| 24 | Tapeten- und Linoleumhandel | 94 | 90 | 95 |
| 25 | Papier-,Bürobedarf-u.Schreibwareneinzelhandel | 116 | 109 | 116 |
| 26 | Büromaschinen-,-möbel-u.Org.mittelhandel | 69 | 74 | 91 |
| 27 | Fahrradeinzelhandel | 16 | 21 | 21 |
| 28 | Radio- und Fernseheinzelhandel | 107 | 122 | 112 |
| 29 | Photoeinzelhandel | 63 | 63 | 62 |
| 30 | Uhren-,Juwelen-,Gold-u.Silberwareneinzelh. | 150 | 152 | 163 |
| 31 | Leder- und Galanteriewareneinzelhandel | 78 | 92 | 86 |
| 32 | Sportartikeleinzelhandel | 48 | 44 | 48 |
| 33 | Sortimentsbuchhandel | 162 | 171 | 165 |
| 34 | Blumenbindereien | 42 | 42 | 37 |
| 35 | Gemischtwarengeschäfte | 42 | 65 | 90 |
|  | Einzelhandel insgesamt | 3444 | 3578 | 3863 |

Tabelle 2

Gliederung der in den Jahresauswertungen 1958, 1959 und 1960 erfaßten Teilnehmer
am Betriebsvergleich des Einzelhandels nach Branchen und Personengrößenklassen

| Lf. Nr. | Branche | Jahr | Größenklasse nach Zahl der beschäftigten Personen | | | | | | | insgesamt |
|---|---|---|---|---|---|---|---|---|---|---|
| | | | 1 | 2-3 | 4-5 | 6-10 | 11-20 | 21-50 | 51 und mehr | |
| 1 | Lebensmitteleinzelhandel | 1958 | 5 | 100 | 120 | 79 | 24 | 18 | 1 | 347 |
| | | 1959 | 7 | 108 | 128 | 77 | 25 | 16 | - | 361 |
| | | 1960 | 5 | 130 | 135 | 85 | 31 | 12 | 1 | 399 |
| 2 | Drogerien | 1958 | 4 | 65 | 60 | 53 | 16 | 9 | - | 207 |
| | | 1959 | 5 | 61 | 56 | 61 | 12 | 10 | - | 205 |
| | | 1960 | 3 | 62 | 70 | 63 | 16 | 9 | - | 223 |
| 3 | Reformhäuser | 1958 | 1 | 10 | 5 | 13 | - | - | - | 29 |
| | | 1959 | 1 | 12 | 6 | 12 | 1 | - | - | 32 |
| | | 1960 | 1 | 15 | 11 | 11 | 1 | 1 | - | 40 |
| 4 | Tabakwareneinzelhandel | 1958 | 5 | 50 | 7 | 6 | - | 1 | - | 69 |
| | | 1959 | 9 | 43 | 13 | 7 | 1 | - | - | 73 |
| | | 1960 | 9 | 39 | 9 | 11 | - | - | - | 68 |
| 5 | Textileinzelhandel | 1958 | 4 | 64 | 108 | 215 | 212 | 170 | 130 | 903 |
| | | 1959 | 2 | 71 | 126 | 222 | 206 | 195 | 131 | 953 |
| | | 1960 | 3 | 84 | 144 | 266 | 220 | 197 | 127 | 1 041 |
| 6 | davon mit vorwiegend Herren- und Knabenoberbekleidung | 1958 | 1 | 5 | 5 | 25 | 28 | 18 | 10 | 92 |
| | | 1959 | 1 | 6 | 15 | 26 | 25 | 15 | 12 | 100 |
| | | 1960 | 1 | 9 | 18 | 29 | 34 | 18 | 13 | 122 |
| 7 | Damen-, Mädchen- und Kinderoberbekleidung | 1958 | - | 9 | 7 | 11 | 29 | 24 | 13 | 93 |
| | | 1959 | - | 9 | 8 | 7 | 26 | 26 | 13 | 89 |
| | | 1960 | - | 10 | 7 | 14 | 31 | 27 | 8 | 97 |
| 8 | Herren-, Damen- und Kinderoberbekleidung | 1958 | - | 2 | 3 | 10 | 28 | 18 | 20 | 81 |
| | | 1959 | - | 1 | 3 | 14 | 28 | 22 | 20 | 88 |
| | | 1960 | - | 2 | 8 | 15 | 21 | 26 | 21 | 93 |
| 9 | Meterwaren | 1958 | - | 1 | 3 | 6 | 3 | 7 | 6 | 26 |
| | | 1959 | - | 1 | - | 4 | 5 | 6 | 6 | 22 |
| | | 1960 | - | 1 | 3 | 6 | 5 | 5 | 5 | 25 |
| 10 | Wäsche, Wirk- und Strickwaren | 1958 | 1 | 14 | 39 | 51 | 25 | 9 | 3 | 142 |
| | | 1959 | - | 18 | 36 | 58 | 23 | 10 | 3 | 148 |
| | | 1960 | - | 25 | 43 | 65 | 28 | 9 | 6 | 176 |
| 11 | Haus- und Bettwäsche, Bettwaren | 1958 | - | 1 | 4 | 13 | 13 | 8 | 3 | 42 |
| | | 1959 | - | 2 | 6 | 12 | 17 | 8 | 2 | 47 |
| | | 1960 | - | 2 | 6 | 13 | 13 | 7 | 2 | 43 |
| 12 | Herrenausstattung | 1958 | - | 4 | 10 | 12 | 7 | 1 | - | 34 |
| | | 1959 | - | 5 | 8 | 15 | 4 | 1 | - | 33 |
| | | 1960 | - | 5 | 12 | 17 | 5 | 1 | - | 40 |
| 13 | Teppichen, Möbelstoffen und Gardinen | 1958 | - | - | - | 4 | 3 | 10 | 3 | 20 |
| | | 1959 | - | - | 1 | 6 | 1 | 16 | 5 | 29 |
| | | 1960 | - | - | 1 | 8 | 2 | 13 | 3 | 27 |
| 14 | gemischtem Sortiment | 1958 | 2 | 26 | 33 | 76 | 72 | 74 | 72 | 355 |
| | | 1959 | 1 | 24 | 46 | 75 | 74 | 90 | 70 | 380 |
| | | 1960 | 2 | 28 | 44 | 90 | 77 | 89 | 69 | 399 |
| 15 | Schuheinzelhandel | 1958 | 6 | 61 | 58 | 71 | 49 | 40 | 12 | 297 |
| | | 1959 | 4 | 68 | 57 | 63 | 48 | 45 | 12 | 297 |
| | | 1960 | 4 | 93 | 83 | 78 | 47 | 47 | 15 | 367 |
| 16 | Möbeleinzelhandel | 1958 | - | 5 | 18 | 61 | 58 | 51 | 12 | 205 |
| | | 1959 | - | 7 | 25 | 57 | 57 | 48 | 12 | 206 |
| | | 1960 | 1 | 8 | 23 | 63 | 58 | 57 | 15 | 225 |
| 17 | Beleuchtungs- und Elektroeinzelhandel | 1958 | - | - | 2 | 9 | 2 | 11 | 1 | 25 |
| | | 1959 | - | 1 | 1 | 8 | 4 | 9 | - | 23 |
| | | 1960 | - | 2 | 1 | 12 | 4 | 7 | 1 | 27 |
| 18 | Glas-, Porzellan- und Keramikeinzelhandel | 1958 | 1 | 8 | 19 | 23 | 32 | 18 | 4 | 105 |
| | | 1959 | - | 7 | 15 | 23 | 29 | 16 | 6 | 96 |
| | | 1960 | - | 10 | 17 | 23 | 27 | 18 | 4 | 99 |

Tabelle 2 (Fortsetzung)

Gliederung der in den Jahresauswertungen 1958, 1959 und 1960 erfaßten Teilnehmer
am Betriebsvergleich des Einzelhandels nach Branchen und Personengrößenklassen

| Lf. Nr. | Branche | Jahr | Größenklasse nach Zahl der beschäftigten Personen | | | | | | | ins- gesamt |
|---|---|---|---|---|---|---|---|---|---|---|
| | | | 1 | 2-3 | 4-5 | 6-10 | 11-20 | 21-50 | 51 und mehr | |
| 19 | Eisenwaren- und Haus- rathandel | 1958 | - | 14 | 27 | 68 | 72 | 67 | 22 | 270 |
| | | 1959 | 1 | 14 | 28 | 78 | 71 | 73 | 22 | 287 |
| | | 1960 | - | 16 | 33 | 65 | 83 | 69 | 22 | 288 |
| | davon mit vorwiegend | | | | | | | | | |
| 20 | Haus- und Küchengeräten | 1958 | - | 8 | 11 | 12 | 7 | 8 | 2 | 48 |
| | | 1959 | 1 | 8 | 8 | 13 | 8 | 10 | 2 | 50 |
| | | 1960 | - | 7 | 11 | 13 | 9 | 8 | 4 | 52 |
| 21 | Kleineisenwaren, Werkzeugen | 1958 | - | 4 | 4 | 10 | 16 | 15 | 2 | 51 |
| | | 1959 | - | 2 | 4 | 17 | 11 | 13 | 2 | 49 |
| | | 1960 | - | 3 | 3 | 12 | 17 | 13 | 2 | 50 |
| 22 | Öfen und Herden | 1958 | - | - | - | 5 | 9 | 2 | 2 | 18 |
| | | 1959 | - | - | - | 5 | 7 | 2 | - | 14 |
| | | 1960 | - | - | 2 | 3 | 9 | 1 | - | 15 |
| 23 | gemischtem Sortiment | 1958 | - | 2 | 12 | 41 | 40 | 42 | 16 | 153 |
| | | 1959 | - | 4 | 16 | 43 | 45 | 48 | 18 | 174 |
| | | 1960 | - | 6 | 17 | 37 | 48 | 47 | 16 | 171 |
| 24 | Tapeten- und Linoleumhandel | 1958 | - | 1 | 4 | 25 | 28 | 31 | 5 | 94 |
| | | 1959 | - | 3 | 3 | 20 | 29 | 28 | 7 | 90 |
| | | 1960 | - | 4 | 9 | 22 | 20 | 32 | 8 | 95 |
| 25 | Papier-, Bürobedarf- und Schreibwareneinzelhandel | 1958 | 1 | 15 | 14 | 33 | 33 | 17 | 3 | 116 |
| | | 1959 | 1 | 17 | 13 | 30 | 26 | 19 | 3 | 109 |
| | | 1960 | 1 | 20 | 22 | 25 | 25 | 20 | 3 | 116 |
| 26 | Büromaschinen-, -möbel- und Organisationsmittelhandel | 1958 | - | 1 | 2 | 11 | 13 | 36 | 6 | 69 |
| | | 1959 | - | 2 | 3 | 11 | 13 | 39 | 6 | 74 |
| | | 1960 | - | 1 | 3 | 15 | 23 | 41 | 8 | 91 |
| 27 | Fahrradeinzelhandel | 1958 | - | 5 | 4 | 4 | 2 | 1 | - | 16 |
| | | 1959 | 2 | 4 | 4 | 8 | 3 | - | - | 21 |
| | | 1960 | 2 | 8 | 2 | 6 | 3 | - | - | 21 |
| 28 | Radio- und Fernseh- einzelhandel | 1958 | - | 9 | 13 | 31 | 32 | 19 | 3 | 107 |
| | | 1959 | - | 15 | 14 | 31 | 41 | 18 | 3 | 122 |
| | | 1960 | 2 | 9 | 11 | 26 | 38 | 22 | 4 | 112 |
| 29 | Photoeinzelhandel | 1958 | - | 4 | 4 | 15 | 14 | 14 | 12 | 63 |
| | | 1959 | - | 3 | 8 | 11 | 16 | 17 | 8 | 63 |
| | | 1960 | - | 3 | 4 | 16 | 16 | 15 | 8 | 62 |
| 30 | Uhren-, Juwelen-, Gold- und Silberwareneinzelhandel | 1958 | 2 | 30 | 25 | 64 | 27 | 2 | - | 150 |
| | | 1959 | 2 | 28 | 36 | 49 | 33 | 3 | 1 | 152 |
| | | 1960 | 2 | 29 | 37 | 57 | 32 | 5 | 1 | 163 |
| 31 | Leder- und Galanterie- wareneinzelhandel | 1958 | 2 | 12 | 16 | 26 | 17 | 5 | - | 78 |
| | | 1959 | 3 | 8 | 25 | 29 | 20 | 7 | - | 92 |
| | | 1960 | 2 | 7 | 19 | 32 | 17 | 9 | - | 86 |
| 32 | Sportartikeleinzelhandel | 1958 | - | 10 | 4 | 16 | 6 | 11 | 1 | 48 |
| | | 1959 | - | 8 | 5 | 13 | 7 | 10 | 1 | 44 |
| | | 1960 | - | 9 | 6 | 9 | 10 | 13 | 1 | 48 |
| 33 | Sortimentsbuchhandel | 1958 | - | 15 | 39 | 59 | 35 | 12 | 2 | 162 |
| | | 1959 | - | 8 | 38 | 63 | 40 | 19 | 3 | 171 |
| | | 1960 | 1 | 11 | 36 | 63 | 30 | 21 | 3 | 165 |
| 34 | Blumenbindereien | 1958 | - | 6 | 16 | 12 | 6 | 2 | - | 42 |
| | | 1959 | - | 6 | 14 | 12 | 7 | 3 | - | 42 |
| | | 1960 | - | 8 | 8 | 10 | 8 | 3 | - | 37 |
| 35 | Gemischtwarengeschäfte | 1958 | 1 | 12 | 14 | 9 | 5 | 1 | - | 42 |
| | | 1959 | 2 | 20 | 25 | 9 | 5 | 4 | - | 65 |
| | | 1960 | 4 | 37 | 28 | 13 | 3 | 5 | - | 90 |
| | Einzelhandel insgesamt | 1958 | 32 | 497 | 579 | 903 | 683 | 536 | 214 | 3444 |
| | | 1959 | 39 | 514 | 643 | 894 | 694 | 579 | 215 | 3578 |
| | | 1960 | 40 | 605 | 718 | 971 | 712 | 603 | 221 | 3863 |
| | In % der Gesamtzahl | 1958 | 0,9 | 14,4 | 16,8 | 26,2 | 19,9 | 15,6 | 6,2 | 100,0 |
| | | 1959 | 1,1 | 14,4 | 17,9 | 25,0 | 19,4 | 16,2 | 6,0 | 100,0 |
| | | 1960 | 1,0 | 15,7 | 18,6 | 25,1 | 18,4 | 15,6 | 5,6 | 100,0 |

Tabelle 3

Gliederung der in den Jahresauswertungen 1958, 1959 und 1960 erfaßten Teilnehmer
am Betriebsvergleich des Einzelhandels nach Branchen und Absatzgrößenklassen

| Lf. Nr. | Branche | Jahr | Größenklasse nach Jahresabsatz in DM | | | | | | | | insgesamt |
|---|---|---|---|---|---|---|---|---|---|---|---|
| | | | bis 20000 | 20000-50000 | 50000-100000 | 100000-200000 | 200000-500000 | 500000-1 Mill. | 1Mill.-5Mill. | über 5 Mill. | |
| 1 | Lebensmitteleinzelhandel | 1958 | - | 4 | 19 | 131 | 137 | 38 | 17 | 1 | 347 |
| | | 1959 | - | 4 | 20 | 118 | 161 | 39 | 19 | - | 361 |
| | | 1960 | - | 3 | 20 | 122 | 182 | 51 | 21 | - | 399 |
| 2 | Drogerien | 1958 | - | 4 | 59 | 70 | 57 | 14 | 3 | - | 207 |
| | | 1959 | - | 3 | 43 | 87 | 56 | 12 | 4 | - | 205 |
| | | 1960 | - | - | 39 | 91 | 71 | 18 | 4 | - | 223 |
| 3 | Reformhäuser | 1958 | - | - | 4 | 13 | 10 | 2 | - | - | 29 |
| | | 1959 | - | - | 6 | 11 | 14 | 1 | - | - | 32 |
| | | 1960 | - | 2 | 7 | 13 | 14 | 3 | 1 | - | 40 |
| 4 | Tabakwareneinzelhandel | 1958 | - | 1 | 12 | 28 | 23 | 4 | 1 | - | 69 |
| | | 1959 | - | - | 9 | 29 | 29 | 6 | - | - | 73 |
| | | 1960 | - | - | 10 | 23 | 28 | 7 | - | - | 68 |
| 5 | Textileinzelhandel | 1958 | 2 | 9 | 34 | 107 | 285 | 193 | 229 | 44 | 903 |
| | | 1959 | - | 4 | 36 | 130 | 290 | 209 | 238 | 46 | 953 |
| | | 1960 | 1 | 3 | 33 | 149 | 327 | 230 | 250 | 48 | 1041 |
| | davon mit vorwiegend | | | | | | | | | | |
| 6 | Herren- und Knabenoberbekleidung | 1958 | - | 1 | 1 | 4 | 25 | 22 | 34 | 5 | 92 |
| | | 1959 | - | - | 1 | 11 | 29 | 21 | 33 | 5 | 100 |
| | | 1960 | - | - | 2 | 11 | 31 | 34 | 36 | 8 | 122 |
| 7 | Damen-, Mädchen- und Kinderoberbekleidung | 1958 | - | - | 4 | 9 | 27 | 26 | 23 | 4 | 93 |
| | | 1959 | - | - | 5 | 9 | 22 | 25 | 23 | 5 | 89 |
| | | 1960 | - | - | 2 | 14 | 25 | 30 | 24 | 2 | 97 |
| 8 | Herren-, Damen- und Kinderoberbekleidung | 1958 | - | - | 1 | 2 | 17 | 21 | 31 | 9 | 81 |
| | | 1959 | - | - | 1 | 3 | 15 | 28 | 33 | 8 | 88 |
| | | 1960 | - | - | - | 6 | 16 | 22 | 40 | 9 | 93 |
| 9 | Meterwaren | 1958 | - | - | 2 | 3 | 5 | 4 | 11 | 1 | 26 |
| | | 1959 | - | - | - | 1 | 4 | 6 | 10 | 1 | 22 |
| | | 1960 | - | - | - | 3 | 7 | 5 | 9 | 1 | 25 |
| 10 | Wäsche, Wirk- und Strickwaren | 1958 | 1 | 2 | 11 | 24 | 73 | 19 | 12 | - | 142 |
| | | 1959 | - | 1 | 12 | 30 | 71 | 22 | 12 | - | 148 |
| | | 1960 | - | - | 12 | 40 | 78 | 29 | 16 | 1 | 176 |
| 11 | Haus- und Bettwäsche, Bettwaren | 1958 | - | - | 1 | 2 | 20 | 11 | 8 | - | 42 |
| | | 1959 | - | - | - | 5 | 19 | 16 | 7 | - | 47 |
| | | 1960 | - | - | 1 | 5 | 16 | 12 | 9 | - | 43 |
| 12 | Herrenausstattung | 1958 | - | - | - | 13 | 13 | 7 | 1 | - | 34 |
| | | 1959 | - | - | 1 | 12 | 12 | 5 | 3 | - | 33 |
| | | 1960 | - | - | 1 | 14 | 18 | 4 | 3 | - | 40 |
| 13 | Teppichen, Möbelstoffen und Gardinen | 1958 | - | - | - | 2 | 4 | 3 | 11 | - | 20 |
| | | 1959 | - | - | - | 2 | 5 | 7 | 15 | - | 29 |
| | | 1960 | - | - | - | 3 | 7 | 5 | 12 | - | 27 |
| 14 | gemischtem Sortiment | 1958 | 1 | 3 | 13 | 44 | 94 | 77 | 98 | 25 | 355 |
| | | 1959 | - | 2 | 12 | 54 | 107 | 77 | 101 | 27 | 380 |
| | | 1960 | 1 | 3 | 13 | 50 | 120 | 84 | 101 | 27 | 399 |
| 15 | Schuheinzelhandel | 1958 | - | 7 | 43 | 64 | 82 | 51 | 47 | 3 | 297 |
| | | 1959 | - | 3 | 37 | 71 | 82 | 46 | 53 | 5 | 297 |
| | | 1960 | - | 4 | 51 | 101 | 102 | 45 | 57 | 7 | 367 |
| 16 | Möbeleinzelhandel | 1958 | - | - | 1 | 7 | 45 | 62 | 81 | 9 | 205 |
| | | 1959 | - | - | 1 | 8 | 50 | 59 | 80 | 8 | 206 |
| | | 1960 | - | - | 1 | 9 | 43 | 71 | 89 | 12 | 225 |
| 17 | Beleuchtungs- und Elektroeinzelhandel | 1958 | - | - | 2 | 2 | 8 | 7 | 6 | - | 25 |
| | | 1959 | - | - | 2 | 4 | 8 | 5 | 4 | - | 23 |
| | | 1960 | - | - | 1 | 6 | 11 | 4 | 5 | - | 27 |
| 18 | Glas-, Porzellan- und Keramikeinzelhandel | 1958 | 1 | 1 | 4 | 24 | 34 | 23 | 18 | - | 105 |
| | | 1959 | - | - | 4 | 19 | 36 | 21 | 16 | - | 96 |
| | | 1960 | - | - | 7 | 20 | 34 | 21 | 17 | - | 99 |

Tabelle 3 (Fortsetzung)

Gliederung der in den Jahresauswertungen 1958, 1959 und 1960 erfaßten Teilnehmer
am Betriebsvergleich des Einzelhandels nach Branchen und Absatzgrößenklassen

| Lf. Nr. | Branche | Jahr | bis 20000 | 20000-50000 | 50000-100000 | 100000-200000 | 200000-500000 | 500000-1 Mill. | 1Mill.-5Mill. | über 5 Mill. | insgesamt |
|---|---|---|---|---|---|---|---|---|---|---|---|
| 19 | Eisenwaren- und Hausrathandel | 1958 | - | 1 | 9 | 26 | 84 | 65 | 79 | 6 | 270 |
|  |  | 1959 | - | 1 | 9 | 26 | 91 | 64 | 86 | 10 | 287 |
|  |  | 1960 | - | - | 6 | 27 | 82 | 64 | 99 | 10 | 288 |
|  | davon mit vorwiegend |  |  |  |  |  |  |  |  |  |  |
| 20 | Haus- und Küchengeräten | 1958 | - | - | 8 | 12 | 15 | 7 | 5 | 1 | 48 |
|  |  | 1959 | - | - | 7 | 10 | 18 | 8 | 7 | - | 50 |
|  |  | 1960 | - | - | 5 | 9 | 20 | 8 | 10 | - | 52 |
| 21 | Kleineisenwaren, Werkzeugen | 1958 | - | - | - | 6 | 14 | 15 | 16 | - | 51 |
|  |  | 1959 | - | - | - | 6 | 17 | 13 | 12 | 1 | 49 |
|  |  | 1960 | - | - | - | 5 | 11 | 14 | 19 | 1 | 50 |
| 22 | Öfen und Herden | 1958 | - | - | - | - | 5 | 6 | 7 | - | 18 |
|  |  | 1959 | - | - | - | - | 4 | 4 | 6 | - | 14 |
|  |  | 1960 | - | - | - | - | 4 | 4 | 7 | - | 15 |
| 23 | gemischtem Sortiment | 1958 | - | 1 | 1 | 8 | 50 | 37 | 51 | 5 | 153 |
|  |  | 1959 | - | 1 | 2 | 10 | 52 | 39 | 61 | 9 | 174 |
|  |  | 1960 | - | - | 1 | 13 | 47 | 38 | 63 | 9 | 171 |
| 24 | Tapeten- und Linoleumhandel | 1958 | - | - | 1 | 8 | 26 | 27 | 32 | - | 94 |
|  |  | 1959 | - | - | 3 | 4 | 24 | 29 | 28 | 2 | 90 |
|  |  | 1960 | - | - | 4 | 8 | 25 | 23 | 33 | 2 | 95 |
| 25 | Papier-, Bürobedarf- und Schreibwareneinzelhandel | 1958 | - | 3 | 11 | 27 | 39 | 21 | 15 | - | 116 |
|  |  | 1959 | - | 4 | 8 | 31 | 31 | 18 | 17 | - | 109 |
|  |  | 1960 | - | 5 | 13 | 27 | 33 | 19 | 19 | - | 116 |
| 26 | Büromaschinen-, -möbel- und Organisationsmittelhandel | 1958 | - | - | - | 3 | 15 | 13 | 36 | 2 | 69 |
|  |  | 1959 | - | - | - | 2 | 14 | 15 | 41 | 2 | 74 |
|  |  | 1960 | - | - | - | 2 | 17 | 21 | 46 | 5 | 91 |
| 27 | Fahrradeinzelhandel | 1958 | - | 3 | 3 | 4 | 5 | 1 | - | - | 16 |
|  |  | 1959 | - | 2 | 5 | 3 | 7 | 4 | - | - | 21 |
|  |  | 1960 | - | 2 | 5 | 2 | 8 | 4 | - | - | 21 |
| 28 | Radio- und Fernseheinzelhandel | 1958 | - | - | 5 | 16 | 38 | 32 | 16 | - | 107 |
|  |  | 1959 | - | - | 4 | 18 | 40 | 43 | 17 | - | 122 |
|  |  | 1960 | - | - | 7 | 12 | 37 | 34 | 21 | 1 | 112 |
| 29 | Photoeinzelhandel | 1958 | - | 1 | 7 | 8 | 18 | 11 | 17 | 1 | 63 |
|  |  | 1959 | - | 1 | 6 | 7 | 19 | 15 | 15 | - | 63 |
|  |  | 1960 | - | 1 | 3 | 5 | 17 | 19 | 16 | 1 | 62 |
| 30 | Uhren-, Juwelen-, Gold- und Silberwareneinzelhandel | 1958 | - | 9 | 19 | 36 | 61 | 21 | 4 | - | 150 |
|  |  | 1959 | - | 8 | 24 | 38 | 56 | 21 | 5 | - | 152 |
|  |  | 1960 | - | 4 | 26 | 46 | 50 | 29 | 8 | - | 163 |
| 31 | Leder- und Galanteriewareneinzelhandel | 1958 | 1 | 1 | 5 | 17 | 28 | 21 | 5 | - | 78 |
|  |  | 1959 | 1 | 1 | 8 | 17 | 36 | 21 | 8 | - | 92 |
|  |  | 1960 | 1 | 1 | 4 | 16 | 33 | 21 | 10 | - | 86 |
| 32 | Sportartikeleinzelhandel | 1958 | - | 3 | 3 | 5 | 16 | 10 | 10 | 1 | 48 |
|  |  | 1959 | - | 2 | 3 | 7 | 12 | 11 | 9 | - | 44 |
|  |  | 1960 | - | 1 | 3 | 8 | 13 | 10 | 12 | 1 | 48 |
| 33 | Sortimentsbuchhandel | 1958 | - | - | 9 | 41 | 72 | 28 | 12 | - | 162 |
|  |  | 1959 | - | - | 3 | 42 | 76 | 34 | 16 | - | 171 |
|  |  | 1960 | - | 1 | 2 | 32 | 79 | 27 | 24 | - | 165 |
| 34 | Blumenbindereien | 1958 | - | 7 | 10 | 16 | 6 | 3 | - | - | 42 |
|  |  | 1959 | 1 | 6 | 7 | 14 | 10 | 4 | - | - | 42 |
|  |  | 1960 | - | 5 | 6 | 10 | 10 | 5 | 1 | - | 37 |
| 35 | Gemischtwarengeschäfte | 1958 | - | - | 3 | 15 | 18 | 4 | 2 | - | 42 |
|  |  | 1959 | - | - | 3 | 26 | 28 | 4 | 4 | - | 65 |
|  |  | 1960 | - | 2 | 6 | 29 | 45 | 4 | 4 | - | 90 |
|  | Einzelhandel insgesamt | 1958 | 4 | 54 | 263 | 668 | 1107 | 651 | 630 | 67 | 3444 |
|  |  | 1959 | 2 | 39 | 241 | 712 | 1170 | 681 | 660 | 73 | 3578 |
|  |  | 1960 | 2 | 34 | 254 | 758 | 1261 | 730 | 737 | 87 | 3863 |
|  | In % der Gesamtzahl | 1958 | 0,1 | 1,6 | 7,6 | 19,4 | 32,2 | 18,9 | 18,3 | 1,9 | 100,0 |
|  |  | 1959 | 0,1 | 1,1 | 6,7 | 19,9 | 32,7 | 19,0 | 18,5 | 2,0 | 100,0 |
|  |  | 1960 | 0,1 | 0,9 | 6,6 | 19,6 | 32,6 | 18,9 | 19,1 | 2,2 | 100,0 |

Tabelle 4

Gliederung der in den Jahresauswertungen 1958, 1959 und 1960 erfaßten Teilnehmer
am Betriebsvergleich des Einzelhandels nach Branchen und Ländern

| Lf. Nr. | Branche | Jahr | Baden-Württemberg | Bayern | Bremen Hamburg | Hessen Rheinland Pfalz | Niedersachsen | Nordrhein-Westfalen | Schleswig-Holstein |
|---|---|---|---|---|---|---|---|---|---|
| 1 | Lebensmitteleinzelhandel | 1958 | 41 | 43 | 25 | 46 | 58 | 97 | 34 |
|  |  | 1959 | 36 | 48 | 26 | 52 | 62 | 99 | 35 |
|  |  | 1960 | 41 | 56 | 30 | 58 | 66 | 105 | 39 |
| 2 | Drogerien | 1958 | 42 | 22 | 15 | 26 | 30 | 56 | 16 |
|  |  | 1959 | 38 | 21 | 18 | 24 | 34 | 55 | 15 |
|  |  | 1960 | 34 | 23 | 15 | 29 | 39 | 68 | 13 |
| 3 | Reformhäuser | 1958 | 8 | 2 | 6 | 4 | 2 | 4 | 1 |
|  |  | 1959 | 6 | 1 | 5 | 6 | 4 | 6 | 2 |
|  |  | 1960 | 6 | 3 | 5 | 8 | 5 | 8 | 2 |
| 4 | Tabakwareneinzelhandel | 1958 | 2 | 10 | 5 | 15 | 7 | 23 | 6 |
|  |  | 1959 | 6 | 9 | 9 | 12 | 6 | 23 | 8 |
|  |  | 1960 | 3 | 8 | 9 | 12 | 5 | 25 | 6 |
| 5 | Textileinzelhandel | 1958 | 173 | 82 | 59 | 139 | 124 | 271 | 43 |
|  |  | 1959 | 187 | 88 | 62 | 135 | 136 | 278 | 54 |
|  |  | 1960 | 205 | 103 | 67 | 139 | 152 | 294 | 53 |
| 6 | davon mit vorwiegend Herren- und Knabenoberbekleidung | 1958 | 18 | 8 | 6 | 16 | 14 | 21 | 8 |
|  |  | 1959 | 22 | 8 | 8 | 14 | 19 | 20 | 9 |
|  |  | 1960 | 26 | 16 | 10 | 13 | 19 | 28 | 9 |
| 7 | Damen-, Mädchen- und Kinderoberbekleidung | 1958 | 22 | 12 | 3 | 20 | 7 | 26 | 1 |
|  |  | 1959 | 23 | 5 | 5 | 12 | 10 | 28 | 4 |
|  |  | 1960 | 24 | 10 | 4 | 13 | 11 | 28 | 5 |
| 8 | Herren-, Damen- und Kinderoberbekleidung | 1958 | 19 | 7 | 1 | 10 | 7 | 33 | - |
|  |  | 1959 | 21 | 9 | - | 11 | 7 | 34 | 2 |
|  |  | 1960 | 21 | 11 | - | 11 | 7 | 36 | 1 |
| 9 | Meterwaren | 1958 | 6 | 5 | 2 | 3 | 2 | 7 | 1 |
|  |  | 1959 | 4 | 6 | 1 | 2 | 4 | 5 | - |
|  |  | 1960 | 6 | 5 | 1 | 2 | 4 | 7 | - |
| 10 | Wäsche, Wirk- und Strickwaren | 1958 | 27 | 9 | 20 | 21 | 15 | 40 | 7 |
|  |  | 1959 | 27 | 10 | 19 | 23 | 15 | 46 | 6 |
|  |  | 1960 | 32 | 13 | 21 | 31 | 19 | 50 | 5 |
| 11 | Haus- und Bettwäsche, Bettwaren | 1958 | 18 | 1 | 4 | 9 | 4 | 2 | 4 |
|  |  | 1959 | 19 | 2 | 4 | 9 | 5 | 4 | 4 |
|  |  | 1960 | 18 | 2 | 4 | 8 | 5 | 3 | 3 |
| 12 | Herrenausstattung | 1958 | 8 | 2 | 3 | 7 | 4 | 9 | - |
|  |  | 1959 | 5 | 3 | 5 | 6 | 5 | 8 | - |
|  |  | 1960 | 8 | 4 | 6 | 6 | 4 | 10 | - |
| 13 | Teppichen, Möbelstoffen und Gardinen | 1958 | - | 2 | 2 | 5 | 1 | 10 | - |
|  |  | 1959 | 2 | 3 | 2 | 4 | 2 | 14 | - |
|  |  | 1960 | 2 | 4 | 3 | 4 | 3 | 11 | - |
| 14 | gemischtem Sortiment | 1958 | 53 | 34 | 17 | 45 | 69 | 114 | 22 |
|  |  | 1959 | 61 | 39 | 16 | 54 | 68 | 112 | 28 |
|  |  | 1960 | 64 | 34 | 17 | 49 | 77 | 117 | 29 |
| 15 | Schuheinzelhandel | 1958 | 44 | 32 | 10 | 43 | 48 | 103 | 16 |
|  |  | 1959 | 37 | 40 | 10 | 46 | 48 | 96 | 17 |
|  |  | 1960 | 48 | 49 | 12 | 47 | 56 | 134 | 16 |
| 16 | Möbeleinzelhandel | 1958 | 28 | 19 | 10 | 28 | 31 | 77 | 9 |
|  |  | 1959 | 27 | 15 | 10 | 27 | 27 | 80 | 11 |
|  |  | 1960 | 26 | 18 | 9 | 31 | 30 | 90 | 8 |
| 17 | Beleuchtungs- und Elektroeinzelhandel | 1958 | 3 | 5 | 1 | 3 | 5 | 4 | 4 |
|  |  | 1959 | 4 | 5 | 1 | 4 | 4 | 2 | 3 |
|  |  | 1960 | 6 | 3 | 3 | 3 | 5 | 4 | 3 |
| 18 | Glas-, Porzellan- und Keramikeinzelhandel | 1958 | 15 | 8 | 7 | 11 | 16 | 42 | 5 |
|  |  | 1959 | 14 | 10 | 6 | 10 | 12 | 39 | 5 |
|  |  | 1960 | 10 | 10 | 7 | 13 | 10 | 40 | 8 |

Tabelle 4 (Fortsetzung)

Gliederung der in den Jahresauswertungen 1958, 1959 und 1960 erfaßten Teilnehmer am Betriebsvergleich des Einzelhandels nach Branchen und Ländern

| Lf. Nr. | Branche | Jahr | Baden-Württemberg | Bayern | Bremen Hamburg | Hessen Rheinland-Pfalz | Niedersachsen | Nordrhein-Westfalen | Schleswig-Holstein |
|---|---|---|---|---|---|---|---|---|---|
| 19 | Eisenwaren- und Hausrathandel | 1958 | 37 | 35 | 12 | 26 | 44 | 101 | 15 |
|  |  | 1959 | 40 | 39 | 13 | 27 | 50 | 104 | 12 |
|  |  | 1960 | 44 | 35 | 15 | 35 | 46 | 100 | 12 |
| 20 | davon mit vorwiegend Haus- und Küchengeräten | 1958 | 8 | 8 | 2 | 4 | 5 | 21 | - |
|  |  | 1959 | 7 | 9 | 2 | 4 | 7 | 21 | - |
|  |  | 1960 | 9 | 10 | 3 | 4 | 8 | 18 | - |
| 21 | Kleineisenwaren, Werkzeugen | 1958 | 6 | 9 | 6 | 2 | 5 | 20 | 3 |
|  |  | 1959 | 5 | 8 | 4 | 1 | 5 | 22 | 3 |
|  |  | 1960 | 8 | 6 | 6 | 3 | 3 | 21 | 2 |
| 22 | Öfen und Herden | 1958 | 2 | - | 2 | - | 2 | 11 | 1 |
|  |  | 1959 | - | 1 | 2 | 1 | 3 | 7 | - |
|  |  | 1960 | 1 | - | 1 | 1 | 3 | 9 | - |
| 23 | gemischtem Sortiment | 1958 | 21 | 18 | 2 | 20 | 32 | 49 | 11 |
|  |  | 1959 | 28 | 21 | 5 | 21 | 35 | 54 | 9 |
|  |  | 1960 | 26 | 19 | 5 | 27 | 32 | 52 | 10 |
| 24 | Tapeten- und Linoleumhandel | 1958 | 11 | 9 | 2 | 19 | 11 | 36 | 3 |
|  |  | 1959 | 9 | 6 | 2 | 20 | 10 | 36 | 3 |
|  |  | 1960 | 11 | 6 | 2 | 23 | 11 | 36 | 5 |
| 25 | Papier-, Bürobedarf- und Schreibwareneinzelhandel | 1958 | 12 | 17 | 16 | 21 | 13 | 30 | 6 |
|  |  | 1959 | 11 | 18 | 14 | 18 | 12 | 30 | 5 |
|  |  | 1960 | 13 | 19 | 15 | 18 | 12 | 32 | 5 |
| 26 | Büromaschinen-, -möbel- und Organisationsmittelhandel | 1958 | 11 | 12 | 7 | 13 | 8 | 17 | 1 |
|  |  | 1959 | 10 | 11 | 9 | 15 | 8 | 19 | 2 |
|  |  | 1960 | 11 | 21 | 9 | 18 | 10 | 22 | - |
| 27 | Fahrradeinzelhandel | 1958 | 4 | - | 1 | 1 | 2 | 5 | 3 |
|  |  | 1959 | 5 | - | 1 | 1 | 4 | 6 | 4 |
|  |  | 1960 | 6 | - | 3 | 1 | 4 | 4 | 3 |
| 28 | Radio- und Fernseheinzelhandel | 1958 | 11 | 10 | 6 | 11 | 17 | 45 | 5 |
|  |  | 1959 | 16 | 12 | 6 | 15 | 13 | 49 | 7 |
|  |  | 1960 | 17 | 14 | 6 | 12 | 12 | 37 | 8 |
| 29 | Photoeinzelhandel | 1958 | 8 | 9 | 6 | 15 | 7 | 12 | 3 |
|  |  | 1959 | 8 | 8 | 8 | 12 | 7 | 13 | 3 |
|  |  | 1960 | 7 | 8 | 7 | 12 | 8 | 15 | 1 |
| 30 | Uhren-, Juwelen-, Gold- und Silberwareneinzelhandel | 1958 | 18 | 14 | 11 | 21 | 15 | 51 | 19 |
|  |  | 1959 | 21 | 15 | 9 | 24 | 18 | 52 | 11 |
|  |  | 1960 | 22 | 17 | 11 | 24 | 17 | 55 | 16 |
| 31 | Leder- und Galanteriewareneinzelhandel | 1958 | 9 | 9 | 6 | 10 | 18 | 22 | 4 |
|  |  | 1959 | 11 | 9 | 5 | 13 | 17 | 29 | 5 |
|  |  | 1960 | 13 | 7 | 6 | 11 | 19 | 25 | 5 |
| 32 | Sportartikeleinzelhandel | 1958 | 13 | 9 | - | 6 | 8 | 10 | - |
|  |  | 1959 | 11 | 8 | - | 5 | 8 | 10 | - |
|  |  | 1960 | 12 | 10 | 2 | 4 | 6 | 10 | - |
| 33 | Sortimentsbuchhandel | 1958 | 24 | 26 | 9 | 25 | 20 | 50 | 6 |
|  |  | 1959 | 33 | 23 | 10 | 26 | 19 | 48 | 5 |
|  |  | 1960 | 27 | 30 | 9 | 25 | 19 | 46 | 4 |
| 34 | Blumenbindereien | 1958 | 4 | 3 | 2 | 7 | 7 | 10 | 4 |
|  |  | 1959 | 5 | 3 | 4 | 8 | 6 | 12 | 3 |
|  |  | 1960 | 3 | 2 | 4 | 6 | 7 | 9 | 4 |
| 35 | Gemischtwarengeschäfte | 1958 | 10 | 5 | - | 3 | 17 | 5 | 2 |
|  |  | 1959 | 14 | 3 | - | 7 | 31 | 5 | - |
|  |  | 1960 | 19 | 6 | - | 14 | 33 | 7 | 7 |
|  | Einzelhandel insgesamt | 1958 | 528 | 381 | 216 | 493 | 508 | 1 071 | 205 |
|  |  | 1959 | 549 | 392 | 228 | 507 | 536 | 1 091 | 210 |
|  |  | 1960 | 584 | 448 | 246 | 543 | 572 | 1 166 | 218 |
|  | In % der Gesamtzahl | 1958 | 15,5 | 11,2 | 6,4 | 14,5 | 14,9 | 31,5 | 6,0 |
|  |  | 1959 | 15,6 | 11,2 | 6,5 | 14,4 | 15,2 | 31,1 | 6,0 |
|  |  | 1960 | 15,5 | 11,9 | 6,5 | 14,4 | 15,1 | 30,9 | 5,7 |
|  | Zum Vergleich: Anteil an der Bevölkerung des Bundesgebietes in % | 1960 | 14,6 | 18,1 | 4,8 | 15,5 | 12,5 | 30,1 | 4,4 |

Tabelle 5

Gliederung der in den Jahresauswertungen 1958, 1959 und 1960 erfaßten Teilnehmer
am Betriebsvergleich des Einzelhandels nach Branchen und Ortsgrößen

| Lf. Nr. | Branche | Jahr | Orte mit ...... Einwohnern | | | | | | | |
|---|---|---|---|---|---|---|---|---|---|---|
| | | | weniger als 2 000 | 2 000 bis unter 5 000 | 5 000 bis unter 10 000 | 10 000 bis unter 20 000 | 20 000 bis unter 50 000 | 50 000 bis unter 100 000 | 100 000 bis unter 300 000 | 300 000 und mehr |
| 1 | Lebensmitteleinzelhandel | 1958 | 20 | 45 | 26 | 40 | 65 | 30 | 59 | 61 |
| | | 1959 | 20 | 58 | 31 | 36 | 52 | 36 | 65 | 61 |
| | | 1960 | 30 | 59 | 33 | 42 | 54 | 35 | 70 | 72 |
| 2 | Drogerien | 1958 | 5 | 19 | 23 | 20 | 38 | 28 | 35 | 39 |
| | | 1959 | 5 | 19 | 21 | 21 | 42 | 28 | 28 | 39 |
| | | 1960 | 7 | 23 | 21 | 29 | 37 | 32 | 39 | 35 |
| 3 | Reformhäuser | 1958 | - | - | 4 | 5 | 6 | 4 | 5 | 5 |
| | | 1959 | - | - | 2 | 10 | 5 | 3 | 7 | 5 |
| | | 1960 | - | - | 7 | 8 | 8 | 4 | 7 | 6 |
| 4 | Tabakwareneinzelhandel | 1958 | - | - | 7 | 5 | 17 | 3 | 20 | 16 |
| | | 1959 | - | - | 9 | 6 | 17 | 2 | 19 | 20 |
| | | 1960 | - | - | 5 | 5 | 19 | 3 | 15 | 21 |
| 5 | Textileinzelhandel | 1958 | 7 | 62 | 79 | 104 | 166 | 137 | 161 | 180 |
| | | 1959 | 12 | 71 | 84 | 110 | 184 | 149 | 156 | 183 |
| | | 1960 | 13 | 73 | 87 | 131 | 210 | 158 | 165 | 197 |
| | davon mit vorwiegend | | | | | | | | | |
| 6 | Herren- und Knaben-oberbekleidung | 1958 | - | 2 | 3 | 5 | 22 | 20 | 22 | 17 |
| | | 1959 | 1 | 1 | 4 | 7 | 27 | 21 | 20 | 19 |
| | | 1960 | 1 | 4 | 4 | 10 | 29 | 25 | 24 | 25 |
| 7 | Damen-, Mädchen- und Kinderoberbekleidung | 1958 | - | 1 | 4 | 8 | 15 | 19 | 22 | 24 |
| | | 1959 | 1 | - | 3 | 6 | 18 | 19 | 17 | 25 |
| | | 1960 | 1 | - | 3 | 10 | 21 | 20 | 20 | 22 |
| 8 | Herren-, Damen- und Kinderoberbekleidung | 1958 | - | 5 | 3 | 11 | 24 | 11 | 12 | 15 |
| | | 1959 | - | 4 | 4 | 13 | 25 | 11 | 19 | 12 |
| | | 1960 | - | 3 | 4 | 14 | 25 | 13 | 18 | 14 |
| 9 | Meterwaren | 1958 | - | - | - | 1 | 2 | 6 | 7 | 10 |
| | | 1959 | - | - | 1 | - | 1 | 3 | 7 | 10 |
| | | 1960 | - | - | - | - | 2 | 4 | 7 | 12 |
| 10 | Wäsche, Wirk- und Strickwaren | 1958 | - | 1 | 5 | 18 | 18 | 28 | 26 | 42 |
| | | 1959 | - | 4 | 7 | 13 | 21 | 32 | 26 | 45 |
| | | 1960 | - | 4 | 9 | 14 | 28 | 37 | 29 | 53 |
| 11 | Haus- und Bettwäsche, Bettwaren | 1958 | - | - | - | 3 | 5 | 11 | 18 | 4 |
| | | 1959 | - | - | 1 | 2 | 11 | 14 | 14 | 5 |
| | | 1960 | - | - | - | 3 | 11 | 11 | 12 | 6 |
| 12 | Herrenausstattung | 1958 | - | - | - | 1 | 8 | 8 | 6 | 11 |
| | | 1959 | - | - | - | - | 5 | 12 | 6 | 10 |
| | | 1960 | - | - | - | - | 7 | 14 | 9 | 10 |
| 13 | Teppichen, Möbelstoffen und Gardinen | 1958 | - | - | - | 1 | 2 | 3 | 8 | 6 |
| | | 1959 | - | - | - | 2 | 3 | 6 | 7 | 10 |
| | | 1960 | - | - | 1 | 2 | 4 | 7 | 5 | 8 |
| 14 | gemischtem Sortiment | 1958 | 7 | 54 | 63 | 55 | 69 | 28 | 34 | 46 |
| | | 1959 | 10 | 61 | 63 | 66 | 72 | 28 | 37 | 41 |
| | | 1960 | 11 | 60 | 66 | 76 | 80 | 23 | 37 | 43 |
| 15 | Schuheinzelhandel | 1958 | 4 | 34 | 31 | 40 | 66 | 35 | 47 | 40 |
| | | 1959 | 5 | 29 | 40 | 40 | 53 | 35 | 49 | 44 |
| | | 1960 | 8 | 47 | 54 | 56 | 59 | 35 | 48 | 54 |
| 16 | Möbeleinzelhandel | 1958 | 1 | 5 | 9 | 15 | 37 | 38 | 43 | 55 |
| | | 1959 | 1 | 4 | 11 | 18 | 45 | 31 | 43 | 51 |
| | | 1960 | 2 | 6 | 13 | 18 | 49 | 38 | 38 | 59 |
| 17 | Beleuchtungs- und Elektroeinzelhandel | 1958 | - | 1 | 2 | - | 6 | 1 | 7 | 8 |
| | | 1959 | - | 1 | 3 | - | 5 | 2 | 5 | 7 |
| | | 1960 | - | - | 1 | 1 | 5 | 4 | 6 | 9 |
| 18 | Glas-, Porzellan- und Keramikeinzelhandel | 1958 | - | 2 | 5 | 8 | 21 | 16 | 25 | 27 |
| | | 1959 | - | 1 | 5 | 8 | 19 | 16 | 24 | 21 |
| | | 1960 | - | 1 | 6 | 7 | 19 | 15 | 25 | 26 |

Tabelle 5 (Fortsetzung)

Gliederung der in den Jahresauswertungen 1958, 1959 und 1960 erfaßten Teilnehmer
am Betriebsvergleich des Einzelhandels nach Branchen und Ortsgrößen

| Lf. Nr. | Branche | Jahr | Orte mit ...... Einwohnern | | | | | | | |
|---|---|---|---|---|---|---|---|---|---|---|
| | | | weniger als 2 000 | 2 000 bis unter 5 000 | 5 000 bis unter 10 000 | 10 000 bis unter 20 000 | 20 000 bis unter 50 000 | 50 000 bis unter 100 000 | 100 000 bis unter 300 000 | 300 000 und mehr |
| 19 | Eisenwaren- und Hausrathandel | 1958 | 4 | 13 | 36 | 40 | 54 | 28 | 55 | 39 |
| | | 1959 | 4 | 18 | 38 | 45 | 57 | 29 | 48 | 47 |
| | | 1960 | 3 | 19 | 38 | 43 | 58 | 26 | 52 | 49 |
| 20 | davon mit vorwiegend Haus- und Küchengeräten | 1958 | - | 5 | 3 | 4 | 7 | 3 | 14 | 12 |
| | | 1959 | - | 5 | 5 | 3 | 7 | 6 | 11 | 13 |
| | | 1960 | - | 2 | 6 | 4 | 7 | 4 | 13 | 16 |
| 21 | Kleineisenwaren, Werkzeugen | 1958 | - | - | 4 | 7 | 11 | 2 | 13 | 14 |
| | | 1959 | - | - | 3 | 8 | 9 | 5 | 11 | 13 |
| | | 1960 | - | - | 3 | 5 | 8 | 7 | 12 | 15 |
| 22 | Öfen und Herden | 1958 | - | - | 1 | 2 | - | 3 | 7 | 5 |
| | | 1959 | - | - | - | 2 | - | 1 | 6 | 5 |
| | | 1960 | - | - | - | 2 | 1 | - | 8 | 4 |
| 23 | gemischtem Sortiment | 1958 | 4 | 8 | 28 | 27 | 36 | 20 | 21 | 8 |
| | | 1959 | 4 | 13 | 30 | 32 | 41 | 17 | 20 | 16 |
| | | 1960 | 3 | 17 | 29 | 32 | 42 | 15 | 19 | 14 |
| 24 | Tapeten- und Linoleumhandel | 1958 | - | - | 2 | 11 | 15 | 18 | 27 | 22 |
| | | 1959 | - | - | 3 | 11 | 14 | 15 | 29 | 18 |
| | | 1960 | - | - | 5 | 7 | 18 | 19 | 26 | 19 |
| 25 | Papier-, Bürobedarf- und Schreibwareneinzelhandel | 1958 | - | 4 | 8 | 7 | 23 | 14 | 28 | 33 |
| | | 1959 | - | 2 | 10 | 6 | 17 | 19 | 23 | 32 |
| | | 1960 | - | 4 | 9 | 8 | 14 | 21 | 25 | 34 |
| 26 | Büromaschinen-, -möbel- und Organisationsmittelhandel | 1958 | - | - | - | 2 | 7 | 7 | 18 | 34 |
| | | 1959 | - | - | - | 1 | 6 | 9 | 18 | 40 |
| | | 1960 | - | - | 1 | 2 | 9 | 14 | 20 | 45 |
| 27 | Fahrradeinzelhandel | 1958 | - | 1 | 4 | 1 | 3 | 2 | 3 | 2 |
| | | 1959 | - | 2 | 3 | 1 | 4 | 3 | 4 | 4 |
| | | 1960 | - | 2 | 2 | 1 | 3 | 5 | 3 | 5 |
| 28 | Radio- und Fernseheinzelhandel | 1958 | - | 6 | 3 | 9 | 26 | 17 | 24 | 20 |
| | | 1959 | - | 5 | 8 | 11 | 22 | 17 | 32 | 27 |
| | | 1960 | - | 4 | 8 | 16 | 18 | 18 | 26 | 22 |
| 29 | Photoeinzelhandel | 1958 | - | 1 | 2 | - | 9 | 4 | 18 | 29 |
| | | 1959 | - | - | 3 | 1 | 7 | 5 | 19 | 27 |
| | | 1960 | - | 1 | 3 | 2 | 5 | 3 | 19 | 27 |
| 30 | Uhren-, Juwelen-, Gold- und Silberwareneinzelhandel | 1958 | 1 | 8 | 9 | 15 | 27 | 20 | 31 | 39 |
| | | 1959 | 2 | 6 | 10 | 16 | 27 | 20 | 40 | 31 |
| | | 1960 | 1 | 8 | 12 | 17 | 27 | 23 | 40 | 34 |
| 31 | Leder- und Galanteriewareneinzelhandel | 1958 | - | 2 | 2 | 7 | 18 | 12 | 18 | 19 |
| | | 1959 | - | 1 | 2 | 8 | 17 | 13 | 29 | 19 |
| | | 1960 | - | 1 | 2 | 6 | 14 | 14 | 26 | 22 |
| 32 | Sportartikeleinzelhandel | 1958 | - | - | 1 | 5 | 7 | 9 | 14 | 12 |
| | | 1959 | - | - | 2 | 4 | 5 | 11 | 14 | 8 |
| | | 1960 | - | 1 | - | 5 | 6 | 8 | 14 | 13 |
| 33 | Sortimentsbuchhandel | 1958 | - | 2 | 7 | 7 | 33 | 25 | 39 | 48 |
| | | 1959 | - | 1 | 5 | 9 | 29 | 27 | 44 | 52 |
| | | 1960 | - | 3 | 4 | 8 | 28 | 27 | 45 | 49 |
| 34 | Blumenbindereien | 1958 | - | - | 2 | 1 | 7 | 7 | 7 | 18 |
| | | 1959 | - | - | 2 | 2 | 7 | 7 | 8 | 15 |
| | | 1960 | - | - | 1 | - | 6 | 6 | 8 | 16 |
| 35 | Gemischtwarengeschäfte | 1958 | 24 | 13 | 3 | 1 | 1 | - | - | - |
| | | 1959 | 38 | 24 | 2 | 1 | - | - | - | - |
| | | 1960 | 57 | 26 | 6 | - | - | - | - | - |
| | Einzelhandel insgesamt | 1958 | 66 | 218 | 265 | 343 | 652 | 455 | 684 | 746 |
| | | 1959 | 87 | 242 | 294 | 365 | 634 | 477 | 704 | 751 |
| | | 1960 | 121 | 278 | 318 | 412 | 666 | 508 | 717 | 814 |
| | In % der Gesamtzahl | 1958 | 1,9 | 6,4 | 7,7 | 10,0 | 19,0 | 13,3 | 19,9 | 21,8 |
| | | 1959 | 2,4 | 6,8 | 8,3 | 10,4 | 17,8 | 13,4 | 19,8 | 21,1 |
| | | 1960 | 3,2 | 7,3 | 8,3 | 10,7 | 17,4 | 13,2 | 18,7 | 21,2 |
| | Zum Vergleich: Anteil an der Bevölkerung d. Bundesgebietes in % | 1960 | 23,3 | 12,5 | 9,5 | 7,2 | 10,0 | 6,6 | 30,9 | |

Tabelle 6

Gliederung der in den Jahresauswertungen 1958, 1959 und 1960 erfaßten Teilnehmer
am Betriebsvergleich des Einzelhandels nach Branchen und Geschäftslagen

| Lf. Nr. | Branche | Jahr | Städte mit ausgebildeten Vororten | | | | | | Orte ohne Vorortbildung | | | Sonderlagen[1] |
|---|---|---|---|---|---|---|---|---|---|---|---|---|
| | | | Innenstadt | | | Vorort oder Außenbezirk | | Lage in abgeschl. städt. Randsiedlung | Hauptverkehrslage | Nebenverkehrslage | Lage in Orten ohne Verk.-unterschiede | |
| | | | Hauptverkehrslage | Mittl. Verkehrslage | Ruhige Verkehrslage | Hauptverkehrslage | Nebenverkehrslage | | | | | |
| 1 | Lebensmitteleinzelhandel | 1958 | 24 | 37 | 26 | 56 | 63 | 12 | 17 | 18 | 91 | 1 |
| | | 1959 | 20 | 34 | 24 | 63 | 65 | 17 | 23 | 26 | 88 | - |
| | | 1960 | 21 | 33 | 22 | 64 | 70 | 20 | 31 | 21 | 110 | - |
| 2 | Drogerien | 1958 | 43 | 32 | 2 | 37 | 22 | 2 | 18 | 3 | 48 | - |
| | | 1959 | 41 | 34 | 3 | 37 | 19 | 4 | 31 | 6 | 28 | - |
| | | 1960 | 47 | 34 | 5 | 37 | 20 | 4 | 24 | 8 | 43 | - |
| 3 | Reformhäuser | 1958 | 2 | 9 | - | 5 | 2 | - | 4 | 3 | 4 | - |
| | | 1959 | 2 | 8 | 2 | 3 | 3 | - | 6 | 4 | 3 | - |
| | | 1960 | 3 | 10 | 1 | 4 | 2 | - | 10 | 4 | 5 | - |
| 4 | Tabakwareneinzelhandel | 1958 | 10 | 27 | 2 | 11 | 2 | - | 5 | 2 | 7 | 2 |
| | | 1959 | 10 | 23 | 1 | 19 | 5 | - | 8 | 2 | 5 | - |
| | | 1960 | 11 | 25 | - | 13 | 5 | - | 6 | 2 | 3 | - |
| 5 | Textileinzelhandel | 1958 | 293 | 158 | 30 | 98 | 16 | 3 | 130 | 22 | 146 | - |
| | | 1959 | 297 | 170 | 29 | 106 | 16 | 3 | 182 | 29 | 113 | - |
| | | 1960 | 313 | 178 | 33 | 118 | 24 | 5 | 178 | 36 | 136 | - |
| 6 | davon mit vorwiegend Herren- und Knabenoberbekleidung | 1958 | 38 | 23 | 1 | 4 | - | - | 20 | 1 | 5 | - |
| | | 1959 | 40 | 23 | 3 | 8 | - | - | 21 | 1 | 4 | - |
| | | 1960 | 47 | 27 | 2 | 9 | 1 | - | 21 | 2 | 8 | - |
| 7 | Damen-, Mädchen- und Kinderoberbekleidung | 1958 | 41 | 23 | 1 | 5 | 4 | - | 12 | 2 | 5 | - |
| | | 1959 | 37 | 23 | 3 | 5 | 2 | - | 15 | - | 2 | - |
| | | 1960 | 36 | 26 | 2 | 6 | 3 | 1 | 18 | 1 | 1 | - |
| 8 | Herren-, Damen- und Kinderoberbekleidung | 1958 | 26 | 10 | 5 | 9 | 1 | - | 17 | 4 | 8 | - |
| | | 1959 | 30 | 16 | 4 | 9 | 1 | - | 18 | 4 | 6 | - |
| | | 1960 | 30 | 18 | 4 | 9 | 1 | - | 17 | 6 | 5 | - |
| 9 | Meterwaren | 1958 | 15 | 6 | 1 | 1 | - | - | 2 | - | - | - |
| | | 1959 | 15 | 4 | - | 1 | - | - | 1 | - | 1 | - |
| | | 1960 | 14 | 9 | - | 1 | 1 | - | - | - | - | - |
| 10 | Wäsche, Wirk- und Strickwaren | 1958 | 49 | 27 | 4 | 31 | 3 | 1 | 16 | 4 | 6 | - |
| | | 1959 | 48 | 27 | 4 | 33 | 5 | 1 | 17 | 4 | 8 | - |
| | | 1960 | 55 | 35 | 9 | 36 | 5 | - | 16 | 8 | 8 | - |
| 11 | Haus- und Bettwäsche, Bettwaren | 1958 | 10 | 16 | 7 | 2 | 2 | - | 4 | 1 | - | - |
| | | 1959 | 7 | 19 | 8 | 3 | 2 | - | 6 | 2 | - | - |
| | | 1960 | 8 | 14 | 8 | 3 | 2 | - | 4 | 4 | - | - |
| 12 | Herrenausstattung | 1958 | 18 | 9 | - | 4 | - | - | 3 | - | - | - |
| | | 1959 | 17 | 8 | - | 4 | - | - | 3 | - | - | - |
| | | 1960 | 18 | 10 | - | 8 | - | - | 3 | 1 | - | - |
| 13 | Teppichen, Möbelstoffen und Gardinen | 1958 | 12 | 3 | 2 | 1 | - | - | 2 | - | - | - |
| | | 1959 | 15 | 4 | 2 | 2 | 1 | - | 4 | - | - | - |
| | | 1960 | 12 | 5 | 3 | 2 | - | - | 4 | 1 | - | - |
| 14 | gemischtem Sortiment | 1958 | 76 | 38 | 7 | 40 | 6 | 2 | 52 | 10 | 121 | - |
| | | 1959 | 83 | 41 | 3 | 40 | 5 | 2 | 95 | 18 | 91 | - |
| | | 1960 | 85 | 30 | 4 | 43 | 11 | 4 | 93 | 13 | 112 | - |
| 15 | Schuheinzelhandel | 1958 | 92 | 43 | 4 | 28 | 10 | - | 46 | 8 | 65 | - |
| | | 1959 | 89 | 36 | 6 | 32 | 9 | - | 62 | 10 | 51 | - |
| | | 1960 | 76 | 44 | 7 | 40 | 14 | - | 79 | 17 | 86 | - |
| 16 | Möbeleinzelhandel | 1958 | 42 | 67 | 16 | 31 | 4 | - | 19 | 8 | 17 | - |
| | | 1959 | 37 | 68 | 20 | 24 | 5 | 1 | 26 | 11 | 13 | - |
| | | 1960 | 35 | 75 | 20 | 31 | 7 | - | 23 | 12 | 19 | - |
| 17 | Beleuchtungs- und Elektroeinzelhandel | 1958 | 9 | 8 | 1 | - | 1 | - | 3 | - | 3 | - |
| | | 1959 | 5 | 7 | 2 | 2 | - | - | 4 | - | 3 | - |
| | | 1960 | 7 | 7 | 3 | 3 | 1 | - | 3 | - | 2 | - |
| 18 | Glas-, Porzellan- und Keramikeinzelhandel | 1958 | 55 | 18 | 2 | 7 | 2 | - | 11 | - | 7 | - |
| | | 1959 | 51 | 16 | 4 | 3 | 3 | - | 14 | - | 3 | - |
| | | 1960 | 47 | 20 | 1 | 7 | - | - | 18 | 1 | 4 | - |

[1] Bahnhofsverkaufsstellen oder ähnliches

Tabelle 6 (Fortsetzung)

Gliederung der in den Jahresauswertungen 1958, 1959 und 1960 erfaßten Teilnehmer am Betriebsvergleich des Einzelhandels nach Branchen und Geschäftslagen

| Lf. Nr. | Branche | Jahr | Städte mit ausgebildeten Vororten | | | | | | Orte ohne Vorortbildung | | | Sonder- lagen[1] |
|---|---|---|---|---|---|---|---|---|---|---|---|---|
| | | | Innenstadt | | | Vorort oder Außenbezirk | | Lage in abgeschl. städt. Rand- sied- lung | Haupt- ver- kehrs- lage | Neben- ver- kehrs- lage | Lage in Orten ohne Verk.- unter- schiede | |
| | | | Haupt- ver- kehrs- lage | Mittl. Ver- kehrs- lage | Ruhige Ver- kehrs- lage | Haupt- ver- kehrs- lage | Neben- ver- kehrs- lage | | | | | |
| 19 | Eisenwaren- und Hausrathandel | 1958 | 56 | 53 | 10 | 32 | 3 | - | 45 | 15 | 53 | - |
| | | 1959 | 61 | 53 | 11 | 39 | 3 | 2 | 58 | 11 | 43 | - |
| | | 1960 | 53 | 54 | 16 | 32 | 4 | 2 | 64 | 15 | 45 | 4 |
| 20 | davon mit vorwiegend Haus- und Küchengeräten | 1958 | 11 | 6 | 3 | 12 | 1 | - | 6 | 1 | 8 | - |
| | | 1959 | 14 | 6 | 2 | 12 | - | 1 | 4 | 1 | 9 | - |
| | | 1960 | 13 | 9 | 3 | 11 | 2 | 1 | 8 | 1 | 4 | - |
| 21 | Kleineisenwaren, Werkzeugen | 1958 | 4 | 19 | 4 | 6 | 2 | - | 7 | 5 | 4 | - |
| | | 1959 | 6 | 18 | 5 | 7 | 1 | - | 6 | 4 | 1 | - |
| | | 1960 | 5 | 18 | 6 | 7 | 2 | - | 6 | 5 | 1 | - |
| 22 | Öfen und Herden | 1958 | 6 | 7 | 1 | - | - | - | 1 | 2 | 1 | - |
| | | 1959 | 5 | 4 | 1 | 1 | 1 | - | 2 | - | - | - |
| | | 1960 | 5 | 5 | 2 | - | - | - | 1 | 1 | - | 1 |
| 23 | gemischtem Sortiment | 1958 | 35 | 21 | 2 | 14 | - | 1 | 31 | 7 | 40 | - |
| | | 1959 | 36 | 25 | 3 | 19 | 1 | 1 | 46 | 6 | 33 | - |
| | | 1960 | 30 | 22 | 5 | 14 | - | 1 | 49 | 8 | 40 | 3 |
| 24 | Tapeten- und Linoleumhandel | 1958 | 32 | 28 | 5 | 8 | 3 | 1 | 11 | 3 | 2 | - |
| | | 1959 | 30 | 30 | 6 | 7 | 2 | - | 9 | 4 | 1 | - |
| | | 1960 | 25 | 37 | 6 | 10 | 1 | 1 | 8 | 5 | 2 | - |
| 25 | Papier-, Bürobedarf- und Schreibwareneinzelhandel | 1958 | 41 | 31 | 8 | 11 | 3 | - | 9 | 2 | 11 | - |
| | | 1959 | 40 | 26 | 6 | 10 | 2 | 1 | 18 | 2 | 4 | - |
| | | 1960 | 32 | 32 | 6 | 15 | 3 | 1 | 17 | 2 | 8 | - |
| 26 | Büromaschinen-, -möbel- und Organisationsmittelhandel | 1958 | 16 | 34 | 7 | 1 | 5 | - | 3 | 1 | - | 1 |
| | | 1959 | 20 | 30 | 9 | 1 | 7 | - | 3 | 2 | - | - |
| | | 1960 | 27 | 36 | 10 | 1 | 7 | - | 5 | 2 | - | - |
| 27 | Fahrradeinzelhandel | 1958 | 4 | 1 | - | 4 | - | - | 1 | 1 | 5 | - |
| | | 1959 | 3 | 4 | 1 | 6 | - | - | 2 | 2 | 3 | - |
| | | 1960 | 3 | 5 | - | 7 | - | - | 2 | 1 | 3 | - |
| 28 | Radio- und Fernseheinzelhandel | 1958 | 27 | 31 | 1 | 13 | 4 | - | 16 | 3 | 9 | - |
| | | 1959 | 37 | 27 | 5 | 23 | 3 | - | 15 | 3 | 8 | - |
| | | 1960 | 29 | 27 | 2 | 16 | 4 | - | 21 | 3 | 7 | - |
| 29 | Photoeinzelhandel | 1958 | 29 | 14 | 2 | 5 | 1 | - | 5 | - | 3 | - |
| | | 1959 | 26 | 18 | 3 | 4 | 2 | - | 6 | 2 | - | - |
| | | 1960 | 30 | 16 | 1 | 2 | 1 | - | 4 | 1 | 3 | - |
| 30 | Uhren-, Juwelen-, Gold- und Silberwareneinzelhandel | 1958 | 56 | 26 | 4 | 14 | 4 | 1 | 26 | 1 | 17 | - |
| | | 1959 | 56 | 31 | 3 | 14 | 4 | 1 | 22 | 3 | 18 | - |
| | | 1960 | 63 | 29 | 4 | 11 | 4 | 1 | 24 | 6 | 19 | - |
| 31 | Leder- und Galanterie- wareneinzelhandel | 1958 | 40 | 12 | - | 4 | - | - | 16 | 1 | 4 | - |
| | | 1959 | 48 | 18 | 1 | 5 | - | - | 14 | 1 | 2 | - |
| | | 1960 | 46 | 15 | 2 | 6 | - | - | 14 | 1 | 2 | - |
| 32 | Sportartikeleinzelhandel | 1958 | 15 | 19 | 1 | 3 | 2 | - | 7 | - | 1 | - |
| | | 1959 | 15 | 18 | 2 | 4 | 1 | 1 | 2 | - | 1 | - |
| | | 1960 | 15 | 20 | - | 4 | 1 | - | 4 | - | 1 | - |
| 33 | Sortimentsbuchhandel | 1958 | 57 | 52 | 10 | 10 | - | - | 19 | 2 | 8 | 1 |
| | | 1959 | 62 | 51 | 11 | 12 | 2 | 1 | 20 | 3 | 5 | - |
| | | 1960 | 54 | 60 | 9 | 8 | 2 | 1 | 21 | 3 | 6 | - |
| 34 | Blumenbindereien | 1958 | 14 | 13 | 4 | 3 | 1 | - | 4 | - | 2 | 1 |
| | | 1959 | 17 | 11 | 3 | 3 | - | 1 | 4 | 1 | - | 2 |
| | | 1960 | 15 | 10 | 2 | 4 | 1 | - | 3 | - | - | 1 |
| 35 | Gemischtwarengeschäfte | 1958 | - | - | - | - | - | 1 | 1 | - | 40 | - |
| | | 1959 | - | - | - | 1 | - | - | 4 | - | 60 | - |
| | | 1960 | - | - | - | - | - | - | - | 1 | 88 | - |
| | Einzelhandel insgesamt | 1958 | 957 | 713 | 135 | 381 | 148 | 20 | 416 | 93 | 543 | 6 |
| | | 1959 | 967 | 713 | 152 | 418 | 151 | 32 | 533 | 122 | 452 | 2 |
| | | 1960 | 952 | 767 | 150 | 433 | 171 | 35 | 559 | 141 | 592 | 5 |
| | In % der Gesamtzahl | 1958 | 28,0 | 20,9 | 4,0 | 11,2 | 4,3 | 0,6 | 12,2 | 2,7 | 15,9 | 0,2 |
| | | 1959 | 27,3 | 20,1 | 4,3 | 11,8 | 4,3 | 0,9 | 15,0 | 3,4 | 12,8 | 0,1 |
| | | 1960 | 25,0 | 20,2 | 3,9 | 11,4 | 4,5 | 0,9 | 14,7 | 3,7 | 15,6 | 0,1 |

1) Bahnhofsverkaufsstellen oder ähnliches

Tabelle 7

Die Größe des Geschäftsraumes je Einzelhandelsbetrieb in Quadratmetern
im Durchschnitt der Branchen und Personengrößenklassen in den Jahren 1958, 1959 und 1960

| Lf. Nr. | Branche | Jahr | Größenklasse nach Zahl der beschäftigten Personen | | | | | | | insgesamt |
|---|---|---|---|---|---|---|---|---|---|---|
| | | | 1 | 2-3 | 4-5 | 6-10 | 11-20 | 21-50 | 51 und mehr | |
| 1 | Lebensmitteleinzelhandel | 1958 | 34 | 68 | 94 | 181 | 245 | 653 | . | 157 |
| | | 1959 | 31 | 70 | 99 | 178 | 288 | 566 | - | 140 |
| | | 1960 | 52 | 70 | 96 | 179 | 282 | 650 | . | 138 |
| 2 | Drogerien | 1958 | . | 86 | 118 | 193 | 403 | 807 | - | 178 |
| | | 1959 | 52 | 87 | 136 | 188 | 455 | 780 | - | 185 |
| | | 1960 | . | 90 | 126 | 195 | 411 | 930 | - | 188 |
| 3 | Reformhäuser | 1958 | . | 50 | 60 | 149 | - | - | - | 93 |
| | | 1959 | . | 63 | 77 | 149 | - | - | - | 101 |
| | | 1960 | . | 58 | 75 | 189 | . | . | - | 116 |
| 4 | Tabakwareneinzelhandel | 1958 | 29 | 34 | 67 | 81 | - | - | - | 48 |
| | | 1959 | 30 | 37 | 58 | 90 | . | - | - | 45 |
| | | 1960 | 27 | 35 | 59 | 104 | - | - | - | 48 |
| 5 | Textileinzelhandel | 1958 | . | 69 | 102 | 192 | 333 | 649 | 2 207 | 585 |
| | | 1959 | . | 76 | 121 | 108 | 361 | 654 | 2 288 | 593 |
| | | 1960 | . | 81 | 106 | 200 | 357 | 670 | 2 502 | 577 |
| 6 | davon mit vorwiegend Herren- und Knabenoberbekleidung | 1958 | . | 99 | 130 | 221 | 402 | 782 | 2 074 | 578 |
| | | 1959 | . | 112 | 135 | 245 | 475 | 726 | 1 982 | 556 |
| | | 1960 | . | 106 | 133 | 243 | 446 | 778 | 2 895 | 635 |
| 7 | Damen-, Mädchen- und Kinderoberbekleidung | 1958 | - | 68 | 115 | 145 | 256 | 529 | 1 836 | 506 |
| | | 1959 | - | 62 | 134 | 147 | 267 | 538 | 1 752 | 521 |
| | | 1960 | - | 78 | 123 | 159 | 281 | 576 | 1 759 | 435 |
| 8 | Herren-, Damen- und Kinderoberbekleidung | 1958 | - | . | . | 262 | 387 | 854 | 2 893 | 1 077 |
| | | 1959 | - | . | . | 226 | 388 | 837 | 2 674 | 983 |
| | | 1960 | - | . | 131 | 271 | 383 | 794 | 2 548 | 949 |
| 9 | Wäsche, Wirk- und Strickwaren | 1958 | . | 57 | 90 | 148 | 223 | 472 | . | 192 |
| | | 1959 | . | 62 | 86 | 150 | 246 | 434 | . | 180 |
| | | 1960 | - | 64 | 85 | 144 | 246 | 448 | . | 180 |
| 10 | Haus- und Bettwäsche, Bettwaren | 1958 | - | . | . | 262 | 442 | 982 | . | 563 |
| | | 1959 | . | . | 165 | 259 | 569 | 921 | . | 530 |
| | | 1960 | - | . | 157 | 303 | 606 | 945 | . | 547 |
| 11 | gemischtem Sortiment | 1958 | . | 70 | 111 | 214 | 359 | 621 | 2 261 | 726 |
| | | 1959 | . | 83 | 137 | 209 | 350 | 670 | 2 537 | 753 |
| | | 1960 | . | 87 | 107 | 209 | 365 | 674 | 2 727 | 756 |
| 12 | Schuheinzelhandel | 1958 | 49 | 66 | 97 | 158 | 310 | 479 | 1 619 | 243 |
| | | 1959 | . | 75 | 105 | 156 | 302 | 515 | 1 727 | 267 |
| | | 1960 | . | 77 | 109 | 160 | 301 | 567 | 2 719 | 302 |
| 13 | Möbeleinzelhandel | 1958 | - | 356 | 497 | 942 | 1 619 | 2 945 | 6 796 | 1 922 |
| | | 1959 | - | 354 | 575 | 992 | 1 586 | 3 206 | 6 565 | 1 902 |
| | | 1960 | . | 388 | 577 | 1 062 | 1 754 | 2 994 | 7 303 | 2 045 |
| 14 | Glas-, Porzellan- und Keramikeinzelhandel | 1958 | . | 165 | 167 | 314 | 499 | 945 | . | 498 |
| | | 1959 | - | 144 | 176 | 321 | 517 | 853 | 2 311 | 558 |
| | | 1960 | - | 131 | 186 | 342 | 480 | 851 | . | 507 |
| 15 | Eisenwaren- und Hausrathandel | 1958 | - | 145 | 312 | 424 | 686 | 1 612 | 2 788 | 945 |
| | | 1959 | - | 194 | 300 | 379 | 634 | 1 530 | 2 381 | 854 |
| | | 1960 | - | 171 | 328 | 394 | 617 | 1 652 | 2 745 | 897 |
| 16 | davon mit vorwiegend Haus- und Küchengeräten | 1958 | - | 119 | 231 | 306 | 327 | 1 100 | . | 509 |
| | | 1959 | - | 163 | 189 | 353 | 506 | 1 071 | . | 484 |
| | | 1960 | - | 114 | 250 | 374 | 399 | 1 254 | . | 495 |
| 17 | Kleineisenwaren, Werkzeugen | 1958 | - | . | . | 275 | 525 | 1 108 | . | 650 |
| | | 1959 | - | . | . | 333 | 409 | 816 | . | 532 |
| | | 1960 | - | . | . | 288 | 428 | 1 050 | . | 601 |
| 18 | gemischtem Sortiment | 1958 | - | . | 410 | 487 | 744 | 1 878 | 2 820 | 1 155 |
| | | 1959 | - | . | 381 | 392 | 707 | 1 860 | 2 478 | 1 072 |
| | | 1960 | - | 228 | 398 | 434 | 705 | 1 916 | 3 015 | 1 128 |
| 19 | Tapeten- und Linoleumhandel | 1958 | - | . | . | 269 | 453 | 786 | 1 523 | 556 |
| | | 1959 | - | . | . | 291 | 436 | 745 | 1 629 | 573 |
| | | 1960 | - | . | 250 | 296 | 455 | 794 | 2 055 | 631 |
| 20 | Papier-, Bürobedarf- und Schreibwareneinzelhandel | 1958 | . | 65 | 101 | 214 | 307 | 586 | . | 283 |
| | | 1959 | . | 69 | 108 | 229 | 328 | 602 | . | 306 |
| | | 1960 | . | 63 | 102 | 170 | 314 | 626 | . | 278 |
| 21 | Büromaschinen-, -möbel- und Organisationsmittelhandel | 1958 | - | . | . | 151 | 315 | 653 | 2 377 | 636 |
| | | 1959 | - | . | . | 166 | 283 | 631 | 2 623 | 627 |
| | | 1960 | - | . | . | 178 | 277 | 609 | 2 349 | 584 |
| 22 | Radio- und Fernseheinzelhandel | 1958 | - | 79 | 118 | 159 | 275 | 486 | . | 269 |
| | | 1959 | - | 78 | 121 | 144 | 316 | 560 | . | 287 |
| | | 1960 | - | 88 | 102 | 152 | 292 | 564 | . | 310 |
| 23 | Photoeinzelhandel | 1958 | - | . | . | 113 | 218 | 286 | 828 | 312 |
| | | 1959 | - | . | 104 | 114 | 233 | 325 | 739 | 276 |
| | | 1960 | - | . | . | 132 | 214 | 416 | 1 020 | 333 |
| 24 | Uhren-, Juwelen-, Gold- und Silberwareneinzelhandel | 1958 | . | 49 | 72 | 100 | 174 | . | - | 99 |
| | | 1959 | . | 48 | 66 | 110 | 164 | . | - | 107 |
| | | 1960 | . | 51 | 59 | 109 | 171 | 354 | . | 110 |
| 25 | Leder- und Galanteriewareneinzelhandel | 1958 | . | 76 | 129 | 191 | 365 | . | - | 215 |
| | | 1959 | . | 69 | 130 | 191 | 368 | 545 | - | 221 |
| | | 1960 | . | 71 | 126 | 214 | 368 | 507 | . | 233 |
| 26 | Sportartikeleinzelhandel | 1958 | - | 65 | . | 185 | 471 | 643 | . | 337 |
| | | 1959 | - | 70 | 170 | 186 | 349 | 697 | . | 321 |
| | | 1960 | - | 77 | 162 | 215 | 304 | 668 | . | 372 |
| 27 | Sortimentsbuchhandel | 1958 | - | 60 | 94 | 121 | 216 | 430 | . | 158 |
| | | 1959 | . | 50 | 94 | 123 | 214 | 445 | . | 182 |
| | | 1960 | . | 67 | 97 | 136 | 214 | 490 | . | 192 |
| 28 | Blumenbindereien | 1958 | - | 63 | 81 | 128 | 185 | . | . | 123 |
| | | 1959 | - | 62 | 70 | 147 | 166 | . | - | 127 |
| | | 1960 | - | 60 | 93 | 154 | 224 | . | - | 150 |
| 29 | Gemischtwarengeschäfte | 1958 | . | 108 | 152 | 270 | 504 | . | - | 226 |
| | | 1959 | . | 97 | 187 | 287 | 528 | . | - | 239 |
| | | 1960 | . | 97 | 139 | 280 | . | 654 | - | 179 |

Tabelle 8

Die Größe des Geschäftsraumes je Einzelhandelsbetrieb in Quadratmetern
im Durchschnitt der Branchen und Absatzgrößenklassen in den Jahren 1958, 1959 und 1960

| Lf. Nr. | Branche | Jahr | Größenklasse nach Jahresabsatz in DM | | | | | | | ins- ge- samt |
|---|---|---|---|---|---|---|---|---|---|---|
| | | | 20000- 50000 | 50000- 100000 | 100000- 200000 | 200000- 500000 | 500000- 1 Mill. | 1 Mill.- 5 Mill. | über 5 Mill. | |
| 1 | Lebensmitteleinzelhandel | 1958 | . | 54 | 78 | 133 | 241 | 674 | . | 157 |
| | | 1959 | . | 47 | 74 | 127 | 254 | 534 | - | 140 |
| | | 1960 | . | 46 | 74 | 120 | 235 | 527 | - | 138 |
| 2 | Drogerien | 1958 | . | 87 | 122 | 190 | 709 | . | - | 178 |
| | | 1959 | . | 81 | 125 | 208 | 737 | . | - | 185 |
| | | 1960 | . | 86 | 118 | 190 | 626 | . | - | 188 |
| 3 | Reformhäuser | 1958 | - | . | 55 | 167 | . | - | - | 93 |
| | | 1959 | - | 57 | 63 | 153 | . | - | - | 101 |
| | | 1960 | . | 59 | 67 | 166 | . | . | - | 116 |
| 4 | Tabakwareneinzelhandel | 1958 | . | 23 | 34 | 51 | . | . | - | 48 |
| | | 1959 | - | 23 | 34 | 53 | 95 | - | - | 45 |
| | | 1960 | - | 24 | 33 | 58 | 90 | - | - | 48 |
| 5 | Textileinzelhandel | 1958 | 41 | 59 | 99 | 202 | 368 | 948 | 3 810 | 585 |
| | | 1959 | . | 65 | 108 | 206 | 408 | 970 | 3 780 | 593 |
| | | 1960 | . | 67 | 98 | 190 | 382 | 942 | 4 156 | 577 |
| 6 | davon mit vorwiegend Herren- und Knabenoberbekleidung | 1958 | . | . | . | 198 | 321 | 763 | 3 021 | 578 |
| | | 1959 | - | . | 100 | 196 | 362 | 790 | 3 102 | 556 |
| | | 1960 | - | . | 99 | 168 | 341 | 794 | 3 834 | 635 |
| 7 | Damen-, Mädchen- und Kinderoberbekleidung | 1958 | - | . | 83 | 179 | 315 | 1 043 | . | 506 |
| | | 1959 | - | 56 | 86 | 212 | 349 | 920 | 2 156 | 521 |
| | | 1960 | - | . | 86 | 199 | 317 | 920 | . | 435 |
| 8 | Herren-, Damen- und Kinderoberbekleidung | 1958 | - | . | . | 235 | 446 | 1 109 | 4 352 | 1 077 |
| | | 1959 | - | . | . | 227 | 446 | 1 125 | 4 103 | 983 |
| | | 1960 | - | - | 110 | 216 | 429 | 979 | 3 833 | 949 |
| 9 | Wäsche, Wirk- und Strickwaren | 1958 | . | 59 | 97 | 145 | 242 | 744 | - | 192 |
| | | 1959 | . | 55 | 90 | 150 | 234 | 617 | - | 180 |
| | | 1960 | - | 53 | 81 | 137 | 215 | 683 | - | 180 |
| 10 | Haus- und Bettwäsche, Bettwaren | 1958 | - | . | . | 305 | 556 | 1 346 | - | 563 |
| | | 1959 | - | - | 178 | 284 | 608 | 1 392 | - | 530 |
| | | 1960 | - | . | 156 | 291 | 538 | 1 374 | - | 547 |
| 11 | gemischtem Sortiment | 1958 | . | 54 | 106 | 235 | 400 | 985 | 4 069 | 726 |
| | | 1959 | . | 73 | 116 | 238 | 454 | 1 061 | 4 151 | 753 |
| | | 1960 | . | 73 | 109 | 211 | 460 | 1 052 | 4 563 | 756 |
| 12 | Schuheinzelhandel | 1958 | 46 | 69 | 91 | 155 | 299 | 589 | . | 243 |
| | | 1959 | . | 71 | 90 | 152 | 288 | 586 | 2 668 | 267 |
| | | 1960 | . | 70 | 94 | 155 | 279 | 651 | 4 546 | 302 |
| 13 | Möbeleinzelhandel | 1958 | - | . | 463 | 664 | 1 331 | 2 569 | 7 865 | 1 922 |
| | | 1959 | - | . | 323 | 708 | 1 328 | 2 711 | 8 054 | 1 902 |
| | | 1960 | - | . | 337 | 710 | 1 315 | 2 766 | 7 705 | 2 045 |
| 14 | Glas-, Porzellan- und Keramikeinzelhandel | 1958 | . | . | 171 | 399 | 507 | 1 222 | - | 498 |
| | | 1959 | . | . | 181 | 387 | 526 | 1 541 | - | 558 |
| | | 1960 | - | 136 | 169 | 382 | 536 | 1 275 | - | 507 |
| 15 | Eisenwaren- und Hausrathandel | 1958 | . | 156 | 276 | 412 | 820 | 1 772 | 3 382 | 945 |
| | | 1959 | . | 193 | 267 | 380 | 670 | 1 535 | 3 253 | 854 |
| | | 1960 | . | 155 | 253 | 380 | 632 | 1 534 | 3 147 | 897 |
| 16 | davon mit vorwiegend Haus- und Küchengeräten | 1958 | . | 149 | 225 | 320 | 632 | 1 309 | . | 509 |
| | | 1959 | - | 159 | 206 | 362 | 764 | 1 325 | - | 484 |
| | | 1960 | . | 176 | 195 | 339 | 649 | 1 261 | - | 495 |
| 17 | Kleineisenwaren, Werkzeugen | 1958 | - | - | 183 | 352 | 579 | 1 165 | - | 650 |
| | | 1959 | - | - | 248 | 365 | 389 | 870 | - | 532 |
| | | 1960 | - | - | 170 | 328 | 376 | 895 | - | 601 |
| 18 | gemischtem Sortiment | 1958 | . | . | 422 | 448 | 909 | 2 021 | 3 102 | 1 155 |
| | | 1959 | . | . | 338 | 392 | 747 | 1 767 | 3 304 | 1 072 |
| | | 1960 | . | . | 322 | 416 | 724 | 1 856 | 3 128 | 1 128 |
| 19 | Tapeten- und Linoleumhandel | 1958 | - | . | 184 | 294 | 525 | 900 | - | 556 |
| | | 1959 | - | . | . | 294 | 473 | 910 | - | 573 |
| | | 1960 | - | . | 264 | 292 | 483 | 1 002 | . | 631 |
| 20 | Papier-, Bürobedarf- und Schreibwareneinzelhandel | 1958 | . | 79 | 98 | 251 | 397 | 764 | - | 283 |
| | | 1959 | . | 74 | 98 | 304 | 394 | 765 | - | 306 |
| | | 1960 | 54 | 56 | 90 | 207 | 406 | 751 | - | 278 |
| 21 | Büromaschinen-, -möbel- und Organisationsmittelhandel | 1958 | - | - | . | 177 | 476 | 750 | . | 636 |
| | | 1959 | - | - | . | 166 | 327 | 748 | . | 627 |
| | | 1960 | - | - | . | 175 | 343 | 639 | 2 682 | 584 |
| 22 | Radio- und Fernseheinzelhandel | 1958 | - | 90 | 114 | 160 | 301 | 675 | - | 269 |
| | | 1959 | - | . | 93 | 165 | 310 | 761 | - | 287 |
| | | 1960 | - | 66 | 110 | 159 | 342 | 660 | . | 310 |
| 23 | Photoeinzelhandel | 1958 | . | 78 | 110 | 160 | 279 | 591 | - | 312 |
| | | 1959 | . | 73 | 124 | 154 | 323 | 551 | - | 276 |
| | | 1960 | . | . | . | 143 | 291 | 601 | . | 333 |
| 24 | Uhren-, Juwelen-, Gold- und Silberwareneinzelhandel | 1958 | 26 | 54 | 66 | 112 | 152 | . | - | 99 |
| | | 1959 | 29 | 50 | 66 | 121 | 162 | 420 | - | 107 |
| | | 1960 | . | 46 | 66 | 117 | 168 | 360 | - | 110 |
| 25 | Leder- und Galanteriewareneinzelhandel | 1958 | . | 59 | 102 | 177 | 341 | . | - | 215 |
| | | 1959 | . | 64 | 111 | 183 | 363 | 529 | - | 221 |
| | | 1960 | . | . | 104 | 203 | 323 | 515 | - | 233 |
| 26 | Sportartikeleinzelhandel | 1958 | . | . | 130 | 167 | 418 | 638 | . | 337 |
| | | 1959 | . | . | 150 | 163 | 436 | 686 | . | 321 |
| | | 1960 | . | . | 139 | 184 | 387 | 665 | . | 372 |
| 27 | Sortimentsbuchhandel | 1958 | . | 58 | 91 | 125 | 266 | 399 | - | 158 |
| | | 1959 | - | . | 90 | 130 | 270 | 524 | - | 182 |
| | | 1960 | . | . | 86 | 133 | 224 | 526 | - | 192 |
| 28 | Blumenbindereien | 1958 | 65 | 86 | 101 | 170 | . | - | - | 123 |
| | | 1959 | 60 | 84 | 105 | 177 | . | - | - | 127 |
| | | 1960 | 58 | 77 | 119 | 185 | 292 | . | - | 150 |
| 29 | Gemischtwarengeschäfte | 1958 | - | . | 112 | 217 | . | . | - | 226 |
| | | 1959 | . | . | 112 | 239 | . | . | - | 239 |
| | | 1960 | . | 67 | 96 | 177 | . | . | - | 179 |

Tabelle 9

Die Zahl der beschäftigten Personen je Einzelhandelsbetrieb
im Durchschnitt der Branchen und Personengrößenklassen in den Jahren 1958, 1959 und 1960

| Lf. Nr. | Branche | Jahr | \multicolumn{7}{c}{Größenklasse nach Zahl der beschäftigten Personen} | insgesamt |
|---|---|---|---|---|---|---|---|---|---|---|
| | | | 1 | 2-3 | 4-5 | 6-10 | 11-20 | 21-50 | 51 und mehr | |
| 1 | Lebensmitteleinzelhandel | 1958 | 1,1 | 2,5 | 4,2 | 7,4 | 13,7 | 34,0 | . | 7,1 |
| | | 1959 | 1,2 | 2,4 | 4,2 | 7,5 | 14,1 | 30,1 | - | 6,2 |
| | | 1960 | 1,2 | 2,5 | 4,2 | 7,2 | 13,8 | 28,9 | . | 5,9 |
| 2 | Drogerien | 1958 | . | 2,4 | 4,2 | 7,3 | 14,3 | 26,7 | - | 6,1 |
| | | 1959 | 1,1 | 2,5 | 4,2 | 7,1 | 14,2 | 30,1 | - | 6,3 |
| | | 1960 | . | 2,5 | 4,3 | 7,3 | 13,5 | 29,7 | - | 6,3 |
| 3 | Reformhäuser | 1958 | . | 2,4 | 3,7 | 7,5 | - | - | - | 4,9 |
| | | 1959 | . | 2,5 | 4,0 | 7,1 | . | - | - | 4,7 |
| | | 1960 | . | 2,4 | 4,1 | 7,7 | . | . | - | 5,4 |
| 4 | Tabakwareneinzelhandel | 1958 | 1,1 | 2,2 | 4,2 | 6,4 | - | - | - | 3,1 |
| | | 1959 | 1,1 | 2,2 | 4,2 | 6,7 | . | - | - | 2,9 |
| | | 1960 | 1,1 | 2,2 | 4,0 | 6,8 | - | - | - | 3,0 |
| 5 | Textileinzelhandel | 1958 | . | 2,5 | 4,3 | 7,7 | 14,6 | 31,5 | 121,3 | 29,4 |
| | | 1959 | . | 2,5 | 4,3 | 7,6 | 14,7 | 31,6 | 120,6 | 28,8 |
| | | 1960 | . | 2,5 | 4,3 | 7,5 | 14,7 | 31,5 | 129,1 | 27,5 |
| | davon mit vorwiegend | | | | | | | | | |
| 6 | Herren- und Knabenoberbekleidung | 1958 | . | 2,3 | 4,7 | 7,8 | 15,0 | 33,2 | 108,7 | 25,4 |
| | | 1959 | . | 2,4 | 4,6 | 7,9 | 15,4 | 32,0 | 101,5 | 23,7 |
| | | 1960 | . | 2,3 | 4,5 | 7,6 | 14,7 | 30,8 | 149,8 | 27,2 |
| 7 | Damen-, Mädchen- und Kinderoberbekleidung | 1958 | - | 2,9 | 4,6 | 7,6 | 14,7 | 31,3 | 107,9 | 29,3 |
| | | 1959 | - | 2,7 | 4,3 | 7,5 | 14,9 | 31,2 | 102,7 | 29,7 |
| | | 1960 | - | 2,8 | 4,4 | 7,4 | 14,9 | 31,0 | 95,4 | 22,9 |
| 8 | Herren-, Damen- und Kinderoberbekleidung | 1958 | - | . | . | 8,6 | 14,8 | 31,3 | 122,5 | 43,6 |
| | | 1959 | - | . | . | 8,2 | 15,2 | 31,5 | 108,6 | 38,9 |
| | | 1960 | - | . | 4,3 | 8,1 | 15,5 | 29,4 | 99,5 | 35,9 |
| 9 | Wäsche, Wirk- und Strickwaren | 1958 | . | 2,2 | 4,4 | 7,6 | 14,0 | 28,5 | . | 10,4 |
| | | 1959 | - | 2,4 | 4,4 | 7,4 | 14,6 | 28,3 | . | 10,3 |
| | | 1960 | . | 2,5 | 4,4 | 7,4 | 15,0 | 30,2 | 101,2 | 11,5 |
| 10 | Haus- und Bettwäsche, Bettwaren | 1958 | - | . | . | 8,4 | 13,7 | 26,6 | . | 16,1 |
| | | 1959 | - | . | 4,5 | 7,7 | 14,7 | 30,6 | . | 15,4 |
| | | 1960 | - | . | 4,6 | 7,7 | 15,2 | 30,1 | . | 15,4 |
| 11 | gemischtem Sortiment | 1958 | . | 2,6 | 4,2 | 7,7 | 14,8 | 31,7 | 135,1 | 39,2 |
| | | 1959 | . | 2,6 | 4,3 | 7,6 | 14,4 | 32,3 | 141,4 | 38,7 |
| | | 1960 | . | 2,5 | 4,3 | 7,7 | 14,6 | 32,5 | 149,2 | 38,2 |
| 12 | Schuheinzelhandel | 1958 | 1,0 | 2,4 | 4,1 | 7,6 | 14,9 | 30,5 | 124,2 | 14,7 |
| | | 1959 | . | 2,5 | 4,3 | 7,6 | 14,5 | 30,9 | 109,2 | 14,5 |
| | | 1960 | . | 2,5 | 4,2 | 7,3 | 15,0 | 31,1 | 172,1 | 16,1 |
| 13 | Möbeleinzelhandel | 1958 | - | 2,8 | 4,4 | 7,6 | 14,7 | 32,0 | 99,0 | 20,6 |
| | | 1959 | - | 2,4 | 4,4 | 7,7 | 14,5 | 32,7 | 89,6 | 19,6 |
| | | 1960 | . | 2,6 | 4,4 | 7,8 | 14,9 | 30,9 | 94,2 | 20,7 |
| 14 | Glas-, Porzellan- und Keramikeinzelhandel | 1958 | - | 2,9 | 4,2 | 7,7 | 15,1 | 29,9 | . | 14,6 |
| | | 1959 | - | 2,6 | 4,4 | 7,8 | 15,0 | 28,3 | 65,0 | 16,1 |
| | | 1960 | - | 2,7 | 4,2 | 7,7 | 14,9 | 29,6 | . | 14,8 |
| 15 | Eisenwaren- und Hausrathandel | 1958 | . | 2,6 | 4,2 | 7,7 | 15,0 | 31,0 | 81,9 | 20,9 |
| | | 1959 | . | 2,4 | 4,5 | 7,8 | 14,6 | 31,1 | 76,1 | 20,0 |
| | | 1960 | . | 2,4 | 4,3 | 7,5 | 14,8 | 32,3 | 78,7 | 20,3 |
| | davon mit vorwiegend | | | | | | | | | |
| 16 | Haus- und Küchengeräten | 1958 | - | 2,6 | 4,2 | 8,0 | 13,9 | 32,2 | . | 17,8 |
| | | 1959 | . | 2,5 | 4,2 | 7,7 | 14,1 | 31,7 | . | 14,6 |
| | | 1960 | - | 2,3 | 4,1 | 7,9 | 13,9 | 32,9 | . | 16,5 |
| 17 | Kleineisenwaren, Werkzeugen | 1958 | - | . | . | 7,8 | 14,6 | 28,5 | . | 17,5 |
| | | 1959 | - | . | . | 7,9 | 14,9 | 29,1 | . | 16,9 |
| | | 1960 | - | . | . | 7,6 | 15,4 | 33,2 | . | 18,9 |
| 18 | gemischtem Sortiment | 1958 | - | . | 4,3 | 7,6 | 14,8 | 31,9 | 75,1 | 22,9 |
| | | 1959 | - | . | 4,7 | 7,8 | 14,2 | 31,9 | 77,7 | 22,9 |
| | | 1960 | - | 2,6 | 4,4 | 7,4 | 14,5 | 32,1 | 80,5 | 22,5 |
| 19 | Tapeten- und Linoleumhandel | 1958 | - | . | . | 7,5 | 14,7 | 31,0 | 84,7 | 21,3 |
| | | 1959 | - | . | . | 7,6 | 14,8 | 30,1 | 89,6 | 23,0 |
| | | 1960 | - | . | 4,5 | 7,9 | 15,2 | 30,7 | 86,6 | 23,2 |
| 20 | Papier-, Bürobedarf- und Schreibwareneinzelhandel | 1958 | . | 2,4 | 4,5 | 7,1 | 15,3 | 30,8 | . | 13,8 |
| | | 1959 | . | 2,5 | 4,3 | 7,2 | 14,5 | 29,8 | . | 13,7 |
| | | 1960 | . | 2,5 | 4,4 | 7,6 | 14,0 | 29,5 | . | 13,1 |
| 21 | Büromaschinen-, -möbel- und Organisationsmittelhandel | 1958 | - | . | . | 7,2 | 14,1 | 31,3 | 93,9 | 28,5 |
| | | 1959 | - | . | . | 7,6 | 14,7 | 31,3 | 98,8 | 28,5 |
| | | 1960 | - | . | . | 8,0 | 15,3 | 33,4 | 95,1 | 28,7 |
| 22 | Radio- und Fernseheinzelhandel | 1958 | - | 2,5 | 4,5 | 6,9 | 14,5 | 27,3 | . | 14,3 |
| | | 1959 | . | 2,4 | 4,5 | 7,2 | 15,0 | 30,3 | . | 14,4 |
| | | 1960 | . | 2,6 | 4,5 | 7,5 | 15,0 | 28,3 | . | 16,1 |
| 23 | Photoeinzelhandel | 1958 | - | . | . | 7,0 | 15,2 | 26,5 | 78,2 | 26,3 |
| | | 1959 | - | . | 4,3 | 7,4 | 15,2 | 29,7 | 71,8 | 22,9 |
| | | 1960 | - | . | . | 7,4 | 15,8 | 29,8 | 87,4 | 24,9 |
| 24 | Uhren-, Juwelen-, Gold- und Silberwareneinzelhandel | 1958 | . | 2,5 | 4,4 | 7,4 | 14,0 | . | - | 7,3 |
| | | 1959 | . | 2,5 | 4,4 | 7,6 | 13,6 | . | - | 7,9 |
| | | 1960 | . | 2,4 | 4,3 | 7,5 | 14,2 | 26,8 | . | 8,1 |
| 25 | Leder- und Galanteriewareneinzelhandel | 1958 | . | 2,6 | 4,5 | 8,0 | 14,3 | 31,6 | - | 9,2 |
| | | 1959 | . | 2,4 | 4,4 | 7,5 | 14,4 | 25,9 | - | 8,9 |
| | | 1960 | . | 2,4 | 4,1 | 7,5 | 13,8 | 26,3 | - | 9,4 |
| 26 | Sportartikeleinzelhandel | 1958 | - | 2,4 | . | 8,1 | 14,9 | 27,4 | . | 14,1 |
| | | 1959 | - | 2,2 | 4,3 | 7,8 | 12,8 | 27,6 | . | 12,7 |
| | | 1960 | - | 2,3 | 4,5 | 7,9 | 12,6 | 28,8 | . | 16,2 |
| 27 | Sortimentsbuchhandel | 1958 | - | 2,6 | 4,4 | 7,7 | 13,8 | 28,7 | . | 9,9 |
| | | 1959 | - | 2,5 | 4,4 | 7,6 | 13,7 | 27,9 | . | 11,6 |
| | | 1960 | - | 2,6 | 4,3 | 7,6 | 13,9 | 29,8 | . | 11,9 |
| 28 | Blumenbindereien | 1958 | - | 2,3 | 4,2 | 7,5 | 14,4 | . | - | 8,3 |
| | | 1959 | - | 2,5 | 4,2 | 7,3 | 13,6 | . | - | 8,3 |
| | | 1960 | - | 2,6 | 4,4 | 7,7 | 15,4 | . | - | 9,8 |
| 29 | Gemischtwarengeschäfte | 1958 | . | 2,5 | 4,3 | 7,0 | 13,8 | . | - | 6,0 |
| | | 1959 | . | 2,5 | 4,5 | 7,4 | 13,0 | . | - | 6,1 |
| | | 1960 | . | 2,6 | 4,4 | 6,9 | . | 24,7 | - | 5,4 |

Tabelle 10

Die Zahl der beschäftigten Personen je Einzelhandelsbetrieb
im Durchschnitt der Branchen und Absatzgrößenklassen in den Jahren 1958, 1959 und 1960

| Lf. Nr. | Branche | Jahr | Größenklasse nach Jahresabsatz in DM | | | | | | | insgesamt |
|---|---|---|---|---|---|---|---|---|---|---|
| | | | 20000-50000 | 50000-100000 | 100000-200000 | 200000-500000 | 500000-1 Mill. | 1 Mill.-5 Mill. | über 5 Mill. | |
| 1 | Lebensmitteleinzelhandel | 1958 | . | 1,9 | 3,2 | 5,6 | 12,1 | 34,8 | . | 7,1 |
| | | 1959 | . | 1,9 | 3,0 | 5,3 | 11,5 | 28,1 | - | 6,2 |
| | | 1960 | . | 1,9 | 2,9 | 4,8 | 10,3 | 25,5 | - | 5,9 |
| 2 | Drogerien | 1958 | . | 2,5 | 4,1 | 7,9 | 20,1 | . | - | 6,1 |
| | | 1959 | . | 2,5 | 4,1 | 7,7 | 22,3 | . | - | 6,3 |
| | | 1960 | - | 2,4 | 3,9 | 7,3 | 16,8 | . | - | 6,3 |
| 3 | Reformhäuser | 1958 | - | . | 3,2 | 7,3 | . | - | - | 4,9 |
| | | 1959 | - | 1,9 | 3,3 | 6,7 | . | - | - | 4,7 |
| | | 1960 | . | 2,1 | 3,1 | 6,7 | . | . | - | 5,4 |
| 4 | Tabakwareneinzelhandel | 1958 | . | 1,6 | 2,2 | 3,2 | . | . | - | 3,1 |
| | | 1959 | - | 1,4 | 1,9 | 3,6 | 6,8 | - | - | 2,9 |
| | | 1960 | - | 1,5 | 1,7 | 3,7 | 6,7 | - | - | 3,0 |
| 5 | Textileinzelhandel | 1958 | 2,5 | 2,6 | 4,1 | 8,4 | 16,9 | 48,3 | 209,9 | 29,4 |
| | | 1959 | . | 2,7 | 4,1 | 8,2 | 17,8 | 47,5 | 204,6 | 28,8 |
| | | 1960 | . | 2,6 | 3,9 | 7,7 | 16,4 | 44,6 | 219,1 | 27,5 |
| 6 | davon mit vorwiegend Herren- und Knaben- oberbekleidung | 1958 | . | . | . | 7,1 | 12,2 | 31,4 | 161,2 | 25,4 |
| | | 1959 | - | . | 3,6 | 6,6 | 12,3 | 31,6 | 167,8 | 23,7 |
| | | 1960 | - | . | 3,0 | 6,2 | 10,9 | 29,6 | 207,3 | 27,2 |
| 7 | Damen-, Mädchen- und Kinderoberbekleidung | 1958 | - | . | 4,0 | 9,6 | 20,0 | 54,9 | . | 29,3 |
| | | 1959 | - | 2,8 | 3,8 | 10,2 | 21,0 | 48,4 | 146,5 | 29,7 |
| | | 1960 | - | . | 3,9 | 9,4 | 19,0 | 44,1 | . | 22,9 |
| 8 | Herren-, Damen- und Kinderoberbekleidung | 1958 | - | . | . | 9,6 | 15,8 | 44,6 | 183,0 | 43,6 |
| | | 1959 | - | . | . | 8,4 | 16,8 | 43,4 | 171,5 | 38,9 |
| | | 1960 | - | - | 4,3 | 7,0 | 15,5 | 38,8 | 145,8 | 35,9 |
| 9 | Wäsche, Wirk- und Strickwaren | 1958 | . | 2,5 | 4,2 | 7,5 | 14,9 | 42,9 | - | 10,4 |
| | | 1959 | . | 2,6 | 4,2 | 7,4 | 14,3 | 44,3 | - | 10,3 |
| | | 1960 | - | 2,6 | 3,8 | 7,1 | 13,2 | 45,2 | . | 11,5 |
| 10 | Haus- und Bettwäsche, Bettwaren | 1958 | - | . | . | 8,9 | 16,8 | 37,9 | - | 16,1 |
| | | 1959 | - | - | 3,7 | 8,2 | 17,0 | 39,8 | - | 15,4 |
| | | 1960 | - | . | 4,0 | 7,7 | 15,6 | 36,4 | - | 15,4 |
| 11 | gemischtem Sortiment | 1958 | . | 2,4 | 4,2 | 8,6 | 18,1 | 56,1 | 240,0 | 39,2 |
| | | 1959 | . | 2,8 | 4,3 | 8,7 | 20,0 | 55,9 | 234,1 | 38,7 |
| | | 1960 | . | 2,5 | 4,2 | 8,2 | 18,9 | 54,3 | 255,1 | 38,2 |
| 12 | Schuheinzelhandel | 1958 | 1,9 | 2,4 | 3,7 | 7,3 | 15,5 | 37,4 | . | 14,7 |
| | | 1959 | . | 2,4 | 3,6 | 7,0 | 14,9 | 34,6 | 169,6 | 14,5 |
| | | 1960 | . | 2,3 | 3,6 | 6,7 | 14,9 | 35,2 | 292,7 | 16,1 |
| 13 | Möbeleinzelhandel | 1958 | - | . | 3,9 | 6,2 | 11,0 | 27,7 | 110,1 | 20,6 |
| | | 1959 | - | . | 3,6 | 5,8 | 10,2 | 28,4 | 103,3 | 19,6 |
| | | 1960 | - | . | 3,0 | 5,5 | 10,7 | 27,4 | 99,5 | 20,7 |
| 14 | Glas-, Porzellan- und Keramikeinzelhandel | 1958 | . | . | 4,5 | 9,8 | 19,1 | 35,5 | - | 14,6 |
| | | 1959 | . | . | 4,4 | 9,7 | 19,6 | 42,9 | - | 16,1 |
| | | 1960 | - | 2,7 | 4,2 | 9,4 | 19,7 | 37,0 | - | 14,8 |
| 15 | Eisenwaren- und Hausrathandel | 1958 | . | 2,9 | 4,3 | 8,2 | 16,9 | 37,7 | 122,4 | 20,9 |
| | | 1959 | . | 2,7 | 4,6 | 8,1 | 15,6 | 35,1 | 85,3 | 20,0 |
| | | 1960 | . | 2,8 | 3,9 | 7,4 | 14,3 | 33,4 | 91,6 | 20,3 |
| 16 | davon mit vorwiegend Haus- und Küchengeräten | 1958 | - | 2,9 | 4,5 | 9,1 | 21,7 | 41,4 | . | 17,8 |
| | | 1959 | - | 2,5 | 4,4 | 9,3 | 20,9 | 47,4 | . | 14,6 |
| | | 1960 | . | 2,7 | 3,6 | 7,9 | 18,2 | 51,4 | . | 16,5 |
| 17 | Kleineisenwaren, Werkzeugen | 1958 | - | - | 3,6 | 8,3 | 16,0 | 32,3 | - | 17,5 |
| | | 1959 | - | - | 4,2 | 8,4 | 15,2 | 32,6 | . | 16,9 |
| | | 1960 | - | - | 3,3 | 7,6 | 13,9 | 30,0 | . | 18,9 |
| 18 | gemischtem Sortiment | 1958 | . | . | 4,5 | 7,9 | 16,3 | 39,4 | 90,6 | 22,9 |
| | | 1959 | . | . | 5,0 | 7,6 | 14,9 | 35,7 | 86,6 | 22,9 |
| | | 1960 | . | . | 4,3 | 7,3 | 13,9 | 33,3 | 92,8 | 22,5 |
| 19 | Tapeten- und Linoleumhandel | 1958 | - | . | 5,6 | 8,5 | 17,5 | 39,5 | - | 21,3 |
| | | 1959 | - | . | . | 8,7 | 17,3 | 41,4 | . | 23,0 |
| | | 1960 | - | . | 5,0 | 8,3 | 17,6 | 41,4 | . | 23,2 |
| 20 | Papier-, Bürobedarf- und Schreibwareneinzelhandel | 1958 | . | 2,7 | 5,1 | 9,9 | 19,2 | 42,2 | - | 13,8 |
| | | 1959 | . | 2,5 | 4,9 | 10,1 | 17,8 | 40,1 | - | 13,7 |
| | | 1960 | 2,2 | 2,7 | 4,7 | 9,2 | 16,7 | 38,4 | - | 13,1 |
| 21 | Büromaschinen-, -möbel- und Organisationsmittelhandel | 1958 | - | - | . | 8,0 | 20,9 | 34,8 | . | 28,5 |
| | | 1959 | - | - | . | 6,9 | 16,5 | 35,3 | . | 28,5 |
| | | 1960 | - | - | . | 7,8 | 16,1 | 34,5 | 109,1 | 28,7 |
| 22 | Radio- und Fernseheinzelhandel | 1958 | - | 2,3 | 4,6 | 7,8 | 16,2 | 39,5 | - | 14,3 |
| | | 1959 | - | . | 3,8 | 7,8 | 16,1 | 39,9 | - | 14,4 |
| | | 1960 | - | 2,3 | 4,3 | 8,6 | 17,3 | 34,2 | . | 16,1 |
| 23 | Photoeinzelhandel | 1958 | . | 4,1 | 6,6 | 12,4 | 21,3 | 58,6 | - | 26,3 |
| | | 1959 | . | 3,4 | 5,5 | 11,6 | 23,0 | 54,5 | - | 22,9 |
| | | 1960 | . | . | 5,3 | 8,8 | 19,1 | 52,8 | - | 24,9 |
| 24 | Uhren-, Juwelen-, Gold- und Silberwareneinzelhandel | 1958 | 1,9 | 3,0 | 4,6 | 8,4 | 12,3 | . | - | 7,3 |
| | | 1959 | 1,8 | 3,1 | 4,7 | 8,8 | 13,1 | 33,4 | - | 7,9 |
| | | 1960 | . | 2,8 | 4,5 | 8,3 | 13,0 | 30,9 | - | 8,1 |
| 25 | Leder- und Galanteriewareneinzelhandel | 1958 | . | 1,9 | 4,0 | 7,0 | 13,4 | 31,6 | - | 9,2 |
| | | 1959 | . | 2,4 | 4,2 | 6,8 | 14,1 | 24,3 | - | 8,9 |
| | | 1960 | . | . | 3,9 | 6,7 | 12,9 | 24,5 | - | 9,4 |
| 26 | Sportartikeleinzelhandel | 1958 | . | . | 3,3 | 7,5 | 13,3 | 28,1 | . | 14,1 |
| | | 1959 | . | . | 4,5 | 7,0 | 13,7 | 31,2 | . | 12,7 |
| | | 1960 | . | . | 3,9 | 7,7 | 13,3 | 29,2 | . | 16,2 |
| 27 | Sortimentsbuchhandel | 1958 | - | 2,7 | 4,4 | 7,9 | 15,4 | 33,9 | - | 9,9 |
| | | 1959 | - | . | 4,6 | 8,0 | 15,9 | 38,3 | - | 11,6 |
| | | 1960 | . | . | 4,1 | 7,3 | 14,2 | 36,3 | - | 11,9 |
| 28 | Blumenbindereien | 1958 | 2,6 | 4,5 | 6,3 | 12,5 | . | - | - | 8,3 |
| | | 1959 | 3,2 | 4,1 | 6,1 | 10,7 | . | . | - | 8,3 |
| | | 1960 | 2,6 | 3,8 | 6,0 | 10,7 | 26,1 | . | - | 9,8 |
| 29 | Gemischtwarengeschäfte | 1958 | - | . | 3,2 | 5,7 | . | . | - | 6,0 |
| | | 1959 | . | . | 3,1 | 5,7 | . | . | - | 6,1 |
| | | 1960 | . | 1,8 | 2,8 | 4,7 | . | . | - | 5,4 |

Tabelle 11

Der Anteil der Inhaber oder Leiter, der mithelfenden Familienangehörigen, der Lehrlinge[1])
und der Werkstattpersonen in Prozenten der Gesamtzahl der Betriebspersonen
im Durchschnitt der Branchen im Jahre 1960

| Lf. Nr. | Branche | Inhaber oder Leiter | Ohne Entgelt mithelfende Familien-angehörige | Lehrlinge[1]) | Werkstatt-personen |
|---|---|---|---|---|---|
| 1 | Lebensmitteleinzelhandel | 19 | 10 | 21 | - |
| 2 | Drogerien | 17 | 6 | 26 | 6 |
| 3 | Reformhäuser | 19 | 7 | 22 | - |
| 4 | Tabakwareneinzelhandel | 36 | 13 | 10 | - |
| 5 | Textileinzelhandel | 5 | 1 | 21 | 12 |
|   | davon mit vorwiegend | | | | |
| 6 | Herren- und Knabenoberbekleidung | 5 | 1 | 17 | 17 |
| 7 | Damen-, Mädchen- und Kinderoberbekleidung | 6 | 1 | 18 | 25 |
| 8 | Herren-, Damen- und Kinderoberbekleidung | 4 | 1 | 19 | 18 |
| 9 | Meterwaren | 5 | 1 | 20 | 2 |
| 10 | Wäsche, Wirk- und Strickwaren | 10 | 3 | 23 | 2 |
| 11 | Haus- und Bettwäsche, Bettwaren | 9 | 2 | 20 | 8 |
| 12 | Herrenausstattung | 18 | 4 | 20 | 4 |
| 13 | Teppichen, Möbelstoffen und Gardinen | 6 | 2 | 12 | 24 |
| 14 | gemischtem Sortiment | 3 | 1 | 22 | 9 |
| 15 | Schuheinzelhandel | 7 | 2 | 23 | 3 |
| 16 | Möbeleinzelhandel | 7 | 1 | 8 | 35 |
| 17 | Beleuchtungs- und Elektroeinzelhandel | 8 | 2 | 12 | 33 |
| 18 | Glas-, Porzellan- und Keramikeinzelhandel | 8 | 3 | 21 | - |
| 19 | Eisenwaren- und Hausrathandel | 7 | 1 | 22 | 2 |
|   | davon mit vorwiegend | | | | |
| 20 | Haus- und Küchengeräten | 7 | 2 | 22 | 2 |
| 21 | Kleineisenwaren, Werkzeugen | 8 | 1 | 22 | 2 |
| 22 | Öfen und Herden | 11 | 2 | 9 | 7 |
| 23 | gemischtem Sortiment | 6 | 1 | 22 | 3 |
| 24 | Tapeten- und Linoleumhandel | 6 | 1 | 14 | 15 |
| 25 | Papier-, Bürobedarf- und Schreibwareneinzelhandel | 9 | 2 | 19 | 4 |
| 26 | Büromaschinen-, Büromöbel- und Organisations-mittelhandel | 5 | 1 | 10 | 25 |
| 27 | Fahrradeinzelhandel | 20 | 2 | 10 | 36 |
| 28 | Radio- und Fernseheinzelhandel | 7 | 2 | 13 | 32 |
| 29 | Photoeinzelhandel | 5 | 1 | 11 | 34 |
| 30 | Uhren-, Juwelen-, Gold- und Silberwaren-einzelhandel | 15 | 6 | 12 | 25 |
| 31 | Leder- und Galanteriewareneinzelhandel | 12 | 4 | 24 | 3 |
| 32 | Sportartikeleinzelhandel | 9 | 2 | 21 | 3 |
| 33 | Sortimentsbuchhandel | 9 | 2 | 22 | - |
| 34 | Blumenbindereien | 14 | - | 23 | - |
| 35 | Gemischtwarengeschäfte | 22 | 10 | 22 | 2 |

[1]) Die Lehrlinge im 1. und 2. und die Anlernlinge im 1. Jahr sind für diese Berechnung nicht mit 0,5, sondern mit 1 bewertet worden.

Tabelle 12

Die Zusammensetzung der Warensortimente nach den Hauptwarengruppen in Prozenten des Absatzes
im Durchschnitt der Branchen in den Jahren 1958, 1959 und 1960

| Branche und Warengruppe | Anteil der Warengruppe in % 1958 | 1959 | 1960 |
|---|---|---|---|
| **Lebensmitteleinzelhandel** | | | |
| 1. Zucker, Salz, Butter, Margarine, alle anderen Ernährungsfette, Eier, Grieß u. Teigwaren u. andere minderkalkulierte Artikel | 22 | 21 | 21 |
| 2. Brot, Brötchen, einfache Backwaren | 5 | 5 | 6 |
| 3. Allgemeine Lebensmittel (Nährmittel allgemein, Käse, Milch usw.) | 14 | 15 | 15 |
| 4. Feinkostwaren (Marmelade, Konfitüre, Fruchtsäfte, Obst- und Gemüsekonserven, Salate, Aspik, Fisch- und Fleischkonserven, alkoholfreie Getränke und Süßmost) | 10 | 10 | 10 |
| 5. Wurst- und Fleischwaren | 6 | 7 | 6 |
| 6. Obst, Gemüse, Süd- und Trockenfrüchte | 9 | 9 | 9 |
| 7. Wein, Spirituosen, Sekt | 7 | 7 | 7 |
| 8. Kaffee, Tee, Kakao | 7 | 6 | 6 |
| 9. Schokoladen, Süßwaren, Dauerbackwaren | 6 | 6 | 6 |
| 10. Wasch-, Putz- und Reinigungsmittel | 5 | 5 | 5 |
| 11. Tabakwaren | 6 | 6 | 6 |
| 12. Sonstige Waren (z.B. Kurzwaren, Haushaltwaren, Papier- und Schreibwaren) | 3 | 3 | 3 |
| **Drogerien** | | | |
| 1. Drogen, freiverkäufliche Arzneimittel, Chemikalien, Verbandstoffe und Desinfektionsmittel | 23 | 22 | 22 |
| 2. Parfümerien und Kosmetika | 30 | 32 | 32 |
| 3. Photoartikel | 11 | 10 | 10 |
| 4. Schädlingsbekämpfungs- und Pflanzenschutzmittel | 3 | 3 | 3 |
| 5. Farben und Lacke | 4 | 5 | 4 |
| 6. Weine und Spirituosen | 6 | 6 | 6 |
| 7. Diätetische Lebensmittel, Nähr- und Kräftigungsmittel | 9 | 9 | 9 |
| 8. Lebensmittel | 2 | 2 | 3 |
| 9. Wasch-, Putz- und Reinigungsmittel | 9 | 8 | 8 |
| 10. Sonstige Waren | 3 | 3 | 3 |
| **Reformhäuser** | | | |
| 1. Brot, Backwaren und sonstige mit 1 1/2 % Umsatzsteuer belegte Waren | nicht vergleichbar | 14 | 12 |
| 2. Fette, Öle, Butter und sonstige mit 3 % Umsatzsteuer belegte Waren | | 21 | 18 |
| 3. Obst- und Gemüseerzeugnisse (Säfte, Marmeladen, tiefgekühlte Waren usw., aber außer Frisch- und Trocken-Erzeugnisse) | | 10 | 11 |
| 4. Trockenfrüchte, Nüsse und andere verwandte Importwaren | | 7 | 8 |
| 5. Alle übrigen Reformlebensmittel | | 18 | 19 |
| 6. Kurmittel | | 23 | 22 |
| 7. Körperpflegemittel | | 5 | 6 |
| 8. Bücher | | - | - |
| 9. Reformbekleidung (Mieder, Angorawäsche, Schuhe, Sandalen usw.) | | 1 | 2 |
| 10. Sonstige Waren | | 1 | 2 |

| Branche und Warengruppe | Anteil der Warengruppe in % 1958 | 1959 | 1960 |
|---|---|---|---|
| **Tabakwareneinzelhandel** | | | |
| 1. Zigarren | 27 | 22 | 22 |
| 2. Zigaretten | 62 | 63 | 64 |
| 3. Rauchtabak | 5 | 6 | 5 |
| 4. Kau- und Schnupftabak | 1 | 1 | 1 |
| 5. Raucherbedarfsartikel | 3 | 3 | 3 |
| 6. Sonstige Waren | 2 | 5 | 5 |
| **Schuheinzelhandel** | | | |
| 1. Kinderschuhe (Gr. 18 - 35) | 12 | 11 | 12 |
| 2. Arbeitsschuhe (futterlose Artikel) | 3 | 3 | 3 |
| 3. Damenschuhe und -stiefel | 39 | 40 | 38 |
| 4. Herrenschuhe und -stiefel | 20 | 20 | 20 |
| 5. Haus- und Turnschuhe (einschließlich Pantoffeln) | 11 | 10 | 10 |
| 6. Gummischuhe und -stiefel | 2 | 2 | 3 |
| 7. Sommerschuhe für Damen und Herren (Sandalen, Sandaletten usw.) | 9 | 9 | 9 |
| 8. Strümpfe | 1 | 2 | 2 |
| 9. Furnituren | 2 | 2 | 2 |
| 10. Sonstige Waren | 1 | 1 | 1 |
| **Möbeleinzelhandel** | | | |
| 1. Schlafzimmer und Einzelteile (einschl. Sprungrahmen) | 19 | 18 | 19 |
| 2. Wohn-, Herren- und Speisezimmer (einschl. Wohn- und Anbaumöbel) | 21 | 20 | 20 |
| 3. Küchen (einschl. Küchenanbaumöbel) | 10 | 10 | 11 |
| 4. Polstermöbel | 26 | 25 | 23 |
| 5. Tische, Stühle und Eckbänke | 7 | 7 | 7 |
| 6. Kleinmöbel (einschl. Couch- und Verwandlungstische) | 6 | 7 | 7 |
| 7. Bettwaren (einschl. Matratzen) | 4 | 4 | 5 |
| 8. Heimtextilien | 2 | 2 | 4 |
| 9. Elektro- und Beleuchtungsart. | 3 | 4 | 1 |
| 10. Sonstige Waren | 2 | 3 | 3 |
| **Beleuchtungs- und Elektroeinzelhandel** | | | |
| 1. Beleuchtung | 41 | 35 | 37 |
| 2. Elektrogeräte | 34 | 36 | 35 |
| 3. Haus- und Küchengeräte aus Eisen, Blech und Metall | 3 | 4 | 7 |
| 4. Sonstige Waren | 22 | 25 | 21 |
| **Glas-, Porzellan- und Keramikeinzelhandel** | | | |
| 1. Glaswaren aller Art | 17 | 17 | 18 |
| 2. Geschirr, Haushaltgeräte und Toilettegegenstände aus Porzellan | 31 | 30 | 29 |
| 3. Geschirr, Haushaltgeräte und Toilettegegenstände aus Ton, Steinzeug und Steingut | 7 | 7 | 7 |
| 4. Figuren, Phantasie-, Einrichtungs-, Schmuck- und Ziergegenstände aus Ton, Steinzeug, Steingut und Porzellan | 11 | 10 | 10 |
| 5. Kunstgewerbliche Erzeugnisse und Geschenkartikel aus anderen Stoffen, z.B. Silber, Bronze, Messing, Textil und Leder | 14 | 14 | 15 |
| 6. Elektro-Leuchten | - | 1 | 2 |
| 7. Haus- und Küchengeräte aus Metall und Holz | 13 | 14 | 14 |
| 8. Spielwaren | 2 | 2 | 1 |
| 9. Lederwaren | 1 | 1 | - |
| 10. Sonstige Waren | 4 | 4 | 4 |

Tabelle 12 (Fortsetzung)

Die Zusammensetzung der Warensortimente nach den Hauptwarengruppen in Prozenten des Absatzes
im Durchschnitt der Branchen in den Jahren 1958, 1959 und 1960

| Branche und Warengruppe | Anteil der Warengruppe in % | | |
|---|---|---|---|
| | 1958 | 1959 | 1960 |
| **Tapeten- und Linoleumhandel** | | | |
| 1. Tapeten (einschl. zugehöriger Nebenartikel) | 30 | 33 | 30 |
| 2. Linoleum (einschl. zugehöriger Nebenartikel) | 32 | 30 | 30 |
| 3. Gardinen und Dekorationsstoffe (einschl. zugehöriger Nebenartikel) | 9 | 9 | 8 |
| 4. Teppiche und Läuferstoffe (einschließlich zugehöriger Nebenartikel) | 10 | 11 | 9 |
| 5. Farben und Lacke (einschließlich zugehöriger Nebenartikel) | 11 | 9 | 14 |
| 6. Sonstige Waren | 8 | 8 | 9 |
| **Papier-, Bürobedarf- und Schreibwareneinzelhandel** | | | |
| 1. Papier- und Schreibwaren | 26 | 25 | 25 |
| 2. Schulbedarf | 7 | 8 | 8 |
| 3. Bürobedarf | 31 | 31 | 31 |
| 4. Büromaschinen, Büromöbel, Organisationsmittel (wie Systembuchungsmittel, Durchschreibebuchführungen nebst Karteien) | 14 | 14 | 14 |
| 5. Technischer Zeichenbedarf | 6 | 5 | 5 |
| 6. Buchhandel und Zeitschriften | 7 | 8 | 8 |
| 7. Leihbücherei | - | - | - |
| 8. Spielwaren | 3 | 3 | 3 |
| 9. Kunstgewerbe | 2 | 2 | 2 |
| 10. Sonstige Waren (z. B. Tabak, Süßwaren u. andere fachfremde Artikel) | 4 | 4 | 4 |
| **Büromaschinen-, -möbel- und Organisationsmittelhandel** | | | |
| 1. Büromaschinen (neu und gebraucht) | 44 | 45 | 50 |
| 2. Büromöbel | 14 | 14 | 14 |
| 3. Organisationsmittel | 12 | 13 | 11 |
| 4. Bürobedarfsartikel | 17 | 16 | 14 |
| 5. Technischer Zeichenbedarf | 3 | 3 | 3 |
| 6. Papier- und Schreibwaren | 7 | 6 | 5 |
| 7. Sonstige Waren | 3 | 3 | 3 |
| **Fahrradeinzelhandel** | | | |
| 1. Fahrräder | 27 | 25 | 26 |
| 2. Motorfahrräder | 19 | 26 | 17 |
| 3. Fahrrad-Ersatzteile und -Zubehör | 30 | 25 | 30 |
| 4. Motorräder und -Zubehör | 6 | 5 | 3 |
| 5. Nähmaschinen | 6 | 3 | 4 |
| 6. Eisenwaren, Haus- und Küchengeräte | 2 | 2 | 1 |
| 7. Rundfunkgeräte und -Zubehör | 1 | - | - |
| 8. Sonstige Waren | 9 | 14 | 19 |
| **Radio- und Fernseheinzelhandel** | | | |
| 1. Rundfunkgeräte | 19 | 17 | 15 |
| 2. Fernsehgeräte | 36 | 41 | 41 |
| 3. Musiktruhen | 7 | 7 | 6 |
| 4. Phonogeräte | 6 | 4 | 5 |
| 5. Schallplatten | 13 | 10 | 11 |
| 6. RF-FS-Phono-Zubehör | 5 | 5 | 5 |
| 7. Elektrogeräte | 9 | 9 | 9 |
| 8. Sonstige Waren | 5 | 7 | 8 |

| Branche und Warengruppe | Anteil der Warengruppe in % | | |
|---|---|---|---|
| | 1958 | 1959 | 1960 |
| **Photoeinzelhandel** | | | |
| 1. Photo-Apparate und -Geräte, Filme, Papiere, Photozubehör und sonstige einschlägige Artikel | 90 | 92 | 91 |
| 2. Röntgenmaterial | 4 | 4 | 4 |
| 3. Optikerwaren | 2 | 1 | 2 |
| 4. Drogeriewaren | 1 | 1 | - |
| 5. Sonstige Waren | 3 | 2 | 3 |
| **Uhren-, Juwelen-, Gold- und Silberwareneinzelhandel** | | | |
| 1. Kleinuhren (Armbanduhren, Taschenuhren, jedoch ohne die in Pos. 2 erfaßten Schmuckuhren) | 18 | 17 | 17 |
| 2. Schmuckuhren | 3 | 3 | 2 |
| 3. Wecker | 4 | 4 | 3 |
| 4. Großuhren | 5 | 5 | 5 |
| 5. Schmuck (echter) | 29 | 33 | 35 |
| 6. Schmuck (kurant) | 12 | 12 | 12 |
| 7. Korpussilber | 8 | 7 | 7 |
| 8. Bestecke | 12 | 11 | 12 |
| 9. Optik | 5 | 4 | 3 |
| 10. Sonstige Waren | 4 | 4 | 4 |
| **Leder- und Galanteriewareneinzelhandel** | | | |
| 1. Damenhandtaschen und Einkaufstaschen aus Leder | 35 | 33 | 31 |
| 2. Damenhandtaschen und Einkaufstaschen nicht aus Leder | 10 | 11 | 16 |
| 3. Mappen (Aktentaschen) und Schulranzen aus Leder | 11 | 11 | 11 |
| 4. Mappen (Aktentaschen) und Schulranzen nicht aus Leder | - | - | - |
| 5. Koffer aus Leder | 7 | 7 | 7 |
| 6. Koffer nicht aus Leder | 8 | 7 | 7 |
| 7. Sonstige Reiseartikel | 4 | 5 | 4 |
| 8. Galanteriewaren | 2 | 2 | 2 |
| 9. Kleinlederwaren | 13 | 14 | 14 |
| 10. Sonstige Waren | 10 | 10 | 8 |
| **Sportartikeleinzelhandel** | | | |
| 1. Sportartikel aller Art | 39 | 39 | 40 |
| 2. Sportschuhe | 12 | 11 | 11 |
| 3. Sportbekleidung | 35 | 38 | 36 |
| 4. Sonstige Waren | 14 | 12 | 13 |
| **Sortimentsbuchhandel** | | | |
| 1. Allgemeines Sortiment | 42 | 43 | 45 |
| 2. Wissenschaftliche und Fachliteratur | 26 | 26 | 26 |
| 3. Schulbücher | 11 | 9 | 9 |
| 4. Zeitschriften | 9 | 10 | 9 |
| 5. Kunsthandel | 2 | 2 | 2 |
| 6. Antiquariat | 3 | 3 | 3 |
| 7. Schulbedarf und Schreibwaren | 5 | 5 | 4 |
| 8. Sonstige Waren | 2 | 2 | 2 |

Tabelle 12 (Fortsetzung)

Die Zusammensetzung der Warensortimente nach den Hauptwarengruppen in Prozenten des Absatzes
im Durchschnitt der Branchen in den Jahren 1958, 1959 und 1960

| Branche und Warengruppe | Anteil der Warengruppe in % | | |
|---|---|---|---|
| | 1958 | 1959 | 1960 |
| Blumenbindereien | | | |
| 1. Topfpflanzen | 24 | 21 | 20 |
| 2. Schnittpflanzen | 46 | 43 | 44 |
| 3. Arrangements | 11 | 12 | 13 |
| 4. Kränze und Trauerspenden | 13 | 14 | 13 |
| 5. Keramik | 4 | 5 | 5 |
| 6. Sonstige Waren | 2 | 5 | 5 |

| Branche und Warengruppe | Anteil der Warengruppe in % | | |
|---|---|---|---|
| | 1958 | 1959 | 1960 |
| Gemischtwarengeschäfte | | | |
| 1. Nahrungs- und Genußmittel | 59 | 62 | 63 |
| 2. Drogen | 3 | 2 | 2 |
| 3. Eisen und Eisenwaren | 5 | 6 | 4 |
| 4. Haus- und Küchengeräte (einschließlich Glas, Porzellan, Keramik) | 8 | 6 | 6 |
| 5. Textilien | 15 | 17 | 16 |
| 6. Papier und Schreibwaren | 2 | 2 | 3 |
| 7. Kohlen | 4 | 2 | 2 |
| 8. Sonstige Waren | 4 | 3 | 4 |

| Branche | Jahr | Anteil der Warengruppe in % | | | | | | | | | |
|---|---|---|---|---|---|---|---|---|---|---|---|
| | | 1. Haus- und Küchengeräte | 2. Eisenwaren (Eisenkurzwaren, Grobwaren) | 3. Werkzeuge einschl. Elektrowerkzeuge | 4. Baubeschläge und Bauartikel | 5. Heiz- und Kochgeräte | 6. Waschmaschinen und Kühlgeräte aller Art | 7. Glas, Porzellan und Keramik | 8. Elektro-Haushaltgeräte einschl. Beleuchtung | 9. Walzmaterial (Eisen, Stahl, Bleche, Röhren, Drähte) | 10. Sonstige Waren |
| | | 1 | 2 | 3 | 4 | 5 | 6 | 7 | 8 | 9 | 10 |
| Eisenwaren- und Hausrathandel insgesamt | 1958 | 19 | 14 | 7 | 14 | 14 | 5 | 8 | 2 | 7 | 10 |
| | 1959 | 19 | 13 | 7 | 14 | 13 | 6 | 8 | 2 | 8 | 10 |
| | 1960 | 21 | 14 | 7 | 15 | 11 | 6 | 9 | 2 | 5 | 10 |
| davon mit vorwiegend | | | | | | | | | | | |
| Haus- und Küchengeräten | 1958 | 43 | 6 | 2 | 2 | 6 | 3 | 24 | 3 | - | 11 |
| | 1959 | 42 | 7 | 2 | 2 | 5 | 3 | 24 | 3 | 1 | 11 |
| | 1960 | 42 | 7 | 2 | 1 | 4 | 2 | 27 | 3 | - | 12 |
| Kleineisenwaren, Werkzeugen | 1958 | 8 | 25 | 13 | 39 | 3 | 1 | 1 | - | 4 | 6 |
| | 1959 | 8 | 21 | 12 | 42 | 3 | 1 | 1 | 1 | 4 | 7 |
| | 1960 | 9 | 20 | 13 | 45 | 2 | 1 | 1 | - | 2 | 7 |
| Öfen und Herden | 1958 | 8 | 3 | 1 | 3 | 54 | 20 | 1 | 5 | 1 | 4 |
| | 1959 | 7 | 2 | - | - | 56 | 26 | 1 | 6 | - | 2 |
| | 1960 | 7 | 2 | - | - | 51 | 30 | 1 | 6 | - | 3 |
| gemischtem Sortiment | 1958 | 17 | 14 | 7 | 12 | 15 | 6 | 6 | 2 | 10 | 11 |
| | 1959 | 17 | 13 | 7 | 11 | 14 | 7 | 6 | 2 | 12 | 11 |
| | 1960 | 15 | 14 | 7 | 12 | 12 | 8 | 6 | 2 | 13 | 11 |

Tabelle 12 (Fortsetzung)

Die Zusammensetzung der Warensortimente nach den Hauptwarengruppen in Prozenten des Absatzes
im Durchschnitt der Branchen in den Jahren 1958, 1959 und 1960

| Branche | Jahr | Anteil der Warengruppe in % <br> 1. Meterwaren aller Art <br> 2. Herren-, Burschen- und Knabenoberbekleidung einschl. Berufs- und Sportbekleidung <br> 3. Damen-, Mädchen- und Kinderoberbekleidung einschl. Berufs- und Sportbekleidung <br> 4. Wäsche, Wirk- und Strickwaren einschl. Strümpfe, Säuglingswäsche <br> 5. Haus- und Bettwäsche, Bettwaren, Woll- bzw. Schlafdecken <br> 6. Teppiche, Möbelstoffe und Gardinen <br> 7. Korsettwaren <br> 8. Herrenhüte und Mützen <br> 9. Kurzwaren <br> 10. Sonstige Waren | | | | | | | | | |
|---|---|---|---|---|---|---|---|---|---|---|---|
| | | 1 | 2 | 3 | 4 | 5 | 6 | 7 | 8 | 9 | 10 |
| Textileinzelhandel insgesamt | 1958 | 7 | 17 | 23 | 25 | 9 | 3 | 3 | 1 | 4 | 8 |
| | 1959 | 7 | 17 | 22 | 25 | 9 | 3 | 3 | 1 | 4 | 9 |
| | 1960 | 6 | 18 | 22 | 25 | 9 | 3 | 4 | - | 4 | 9 |
| davon mit vorwiegend Herren- und Knabenoberbekleidung | 1958 | 1 | 83 | 4 | 5 | - | - | - | 1 | - | 6 |
| | 1959 | 1 | 80 | 4 | 7 | - | - | - | 1 | - | 7 |
| | 1960 | - | 82 | 4 | 6 | - | - | - | 1 | - | 7 |
| Damen-, Mädchen- und Kinderoberbekleidung | 1958 | 1 | 1 | 87 | 8 | - | - | 1 | - | - | 2 |
| | 1959 | 2 | 1 | 85 | 9 | - | - | - | - | - | 3 |
| | 1960 | 2 | 1 | 83 | 9 | - | - | 1 | - | 1 | 3 |
| Herren-, Damen- und Kinderoberbekleidung | 1958 | 1 | 47 | 40 | 7 | 1 | - | - | 1 | - | 3 |
| | 1959 | 1 | 46 | 40 | 8 | 1 | - | - | - | - | 4 |
| | 1960 | 1 | 46 | 41 | 7 | 1 | - | - | 1 | - | 3 |
| Meterwaren | 1958 | 77 | - | 3 | 6 | 3 | 2 | - | - | 5 | 4 |
| | 1959 | 78 | - | 4 | 4 | 1 | 2 | - | - | 7 | 4 |
| | 1960 | 85 | - | 1 | 2 | 3 | 1 | - | - | 4 | 4 |
| Wäsche, Wirk- und Strickwaren | 1958 | 1 | 1 | 7 | 69 | 4 | - | 4 | - | 3 | 11 |
| | 1959 | 1 | 1 | 7 | 67 | 4 | - | 5 | - | 3 | 12 |
| | 1960 | 1 | 1 | 7 | 63 | 5 | - | 5 | - | 3 | 15 |
| Haus- und Bettwäsche, Bettwaren | 1958 | 4 | - | - | 8 | 79 | 6 | - | - | - | 3 |
| | 1959 | 4 | - | 1 | 9 | 77 | 6 | - | - | - | 3 |
| | 1960 | 4 | - | 2 | 8 | 76 | 6 | - | - | 1 | 3 |
| gemischtem Sortiment | 1958 | 10 | 8 | 19 | 25 | 11 | 6 | 3 | 1 | 7 | 10 |
| | 1959 | 10 | 7 | 19 | 26 | 11 | 7 | 3 | 1 | 6 | 10 |
| | 1960 | 9 | 7 | 20 | 26 | 10 | 7 | 4 | 1 | 6 | 10 |

Textileinzelhandel mit vorwiegend Herrenausstattung

| Warengruppe | Anteil der Warengruppe in % | | |
|---|---|---|---|
| | 1958 | 1959 | 1960 |
| 1. Oberhemden | 30 | 32 | 32 |
| 2. Unterwäsche | 8 | 8 | 8 |
| 3. Wirk- und Strickwaren | 14 | 13 | 14 |
| 4. Oberbekleidung | 7 | 3 | 5 |
| 5. Krawatten | 11 | 11 | 10 |
| 6. Handschuhe | 5 | 4 | 4 |
| 7. Hüte | 6 | 9 | 8 |
| 8. Schirme | 3 | 4 | 3 |
| 9. Sonstige Waren | 16 | 16 | 16 |

Textileinzelhandel mit vorwiegend Teppichen, Möbelstoffen und Gardinen

| Warengruppe | Anteil der Warengruppe in % | | |
|---|---|---|---|
| | 1958 | 1959 | 1960 |
| 1. Vorlagen, Brücken und Teppiche | 40 | 37 | 38 |
| 2. Linoleum | 5 | 7 | 3 |
| 3. Gardinen | 17 | 19 | 22 |
| 4. Dekorationsstoffe | 18 | 16 | 15 |
| 5. Möbelstoffe | 3 | 2 | 1 |
| 6. Tisch-, Diwan- und Steppdecken | 4 | 4 | 4 |
| 7. Sonstige Waren | 13 | 15 | 17 |

Tabelle 13

Vergleich der im Jahre 1960 am Betriebsvergleich beteiligten Betriebe und des von ihnen erzielten Absatzes mit den entsprechenden Zahlen der Umsatzsteuerstatistik 1960 in der Bundesrepublik Deutschland

| Lf. Nr. | Bezeichnung des Statistischen Bundesamtes | Bezeichnung des Instituts für Handelsforschung | Zahl der im Betriebsvergleich erfaßten Betriebe in % der Zahl der insgesamt vorhandenen Betriebe | Absatz der im Betriebsvergleich erfaßten Betriebe in % des Absatzes der insgesamt vorhandenen Betriebe |
|---|---|---|---|---|
| 1 | Einzelhandel mit Nahrungs- und Genußmitteln | Lebensmitteleinzelhandel | 0,3 | 0,8 |
| 2 | Drogerien | Drogerien | 1,9 | 3,6 |
| 3 | Reformwarengeschäfte | Reformhäuser | 4,2 | 6,3 |
| 4 | Einzelhandel mit Tabakwaren | Tabakwareneinzelhandel | 0,4 | 0,9 |
| 5 | Textilien | Textileinzelhandel | 1,9 | 10,5 |
| 6 | Schuhwaren | Schuheinzelhandel | 3,3 | 11,6 |
| 7 | Möbeln aus Holz und Metall | Möbeleinzelhandel | 2,7 | 11,7 |
| 8 | Beleuchtungsgegenständen, Elektrogeräten, sanitären und Kühlanlagen | Beleuchtungs- und Elektroeinzelhandel | 0,4 | 1,2 |
| 9 | Glas und Porzellanwaren | Glas-, Porzellan- und Keramikeinzelhandel | 5,9 | 19,2 |
| 10 | Papier- und Schreibwaren, Lehrmittel und Bürobedarf | Papier-, Bürobedarf- und Schreibwareneinzelhandel | 1,4 | 9,8 |
| 11 | Fahrrädern und deren Zubehör | Fahrradeinzelhandel | 0,4 | 1,1 |
| 12 | Rundfunk-, Fernseh-, elektrischen Schallplattengeräten und -artikeln | Radio- und Fernseheinzelhandel | 2,2 | 7,5 |
| 13 | Optischen und feinmechanischen Instrumenten, Photo- und Kinoapparaten und -bedarf | Photoeinzelhandel | 2,0 | 9,3 |
| 14 | Uhren, Gold- und Silberwaren, Juwelen, Schmuckwaren, Abzeichen u.ä. | Uhren-, Juwelen-, Gold- und Silberwareneinzelhandel | 2,7 | 7,6 |
| 15 | Galanterie- und Lederwaren | Leder- und Galanteriewareneinzelhandel | 2,5 | 7,4 |
| 16 | Sportartikeln | Sportartikeleinzelhandel | 5,5 | 19,7 |
| 17 | Büchern und Broschüren | Sortimentsbuchhandel | 4,4 | 12,4 |
| 18 | Blumen, Pflanzen und Samen | Blumenbindereien | 0,4 | 1,7 |
| 19 | Gemischtwaren | Gemischtwarengeschäfte | 0,4 | 1,0 |

Tabelle 14

Die Entwicklung von Beschaffung, Lager, Absatz und Handlungskosten
im Durchschnitt der Branchen in den Jahren 1958, 1959 und 1960
(1949 = 100)

| Lf. Nr. | Branche | Jahr | Beschaffung | Lager | Absatz | Handlungskosten | Lf. Nr. | Branche | Jahr | Beschaffung | Lager | Absatz | Handlungskosten |
|---|---|---|---|---|---|---|---|---|---|---|---|---|---|
| 1 | Lebensmitteleinzelhandel | 1958 | 159 | 294 | 169 | 195 | 16 | Eisenwaren- und Hausrathandel | 1958 | 216 | 241 | 236 | 225 |
|  |  | 1959 | 168 | 314 | 179 | 206 |  |  | 1959 | 231 | 254 | 254 | 243 |
|  |  | 1960 | 176 | 332 | 189 | 220 |  |  | 1960 | 255 | 274 | 279 | 260 |
| 2 | Drogerien | 1958 | 173 | 234 | 185 | 203 | 17 | davon mit vorwiegend Haus- und Küchengeräten | 1958 | 189 | 240 | 210 | 203 |
|  |  | 1959 | 184 | 252 | 200 | 218 |  |  | 1959 | 186 | 253 | 211 | 209 |
|  |  | 1960 | 196 | 272 | 215 | 235 |  |  | 1960 | 205 | 265 | 231 | 222 |
| 3 | Tabakwareneinzelhandel | 1958 | 118 | 362 | 122 | 150 | 18 | Kleineisenwaren, Werkzeugen | 1958 | 253 | 241 | 263 | 246 |
|  |  | 1959 | 118 | 380 | 126 | 154 |  |  | 1959 | 279 | 263 | 290 | 265 |
|  |  | 1960 | 124 | 396 | 133 | 164 |  |  | 1960 | 318 | 296 | 324 | 290 |
| 4 | Textileinzelhandel | 1958 | 146 | 373 | 172 | 233 | 19 | Öfen und Herden | 1958 | 207 | 223 | 226 | 240 |
|  |  | 1959 | 145 | 377 | 173 | 239 |  |  | 1959 | 233 | 225 | 256 | 265 |
|  |  | 1960 | 155 | 391 | 186 | 253 |  |  | 1960 | 241 | 230 | 263 | 274 |
| 5 | davon mit vorwiegend Herren- und Knabenoberbekleidung | 1958 | 159 | . | 192 | . | 20 | gemischtem Sortiment | 1958 | 211 | 236 | 234 | 216 |
|  |  | 1959 | 152 | . | 188 | . |  |  | 1959 | 228 | 247 | 254 | 236 |
|  |  | 1960 | 168 | . | 208 | . |  |  | 1960 | 251 | 266 | 279 | 253 |
| 6 | Damen-, Mädchen- und Kinderoberbekleidung | 1958 | 250 | . | 261 | . | 21 | Tapeten- und Linoleumhandel | 1958 | 295 | 500 | 334 | 441 |
|  |  | 1959 | 259 | . | 269 | . |  |  | 1959 | 315 | 550 | 369 | 507 |
|  |  | 1960 | 275 | . | 293 | . |  |  | 1960 | 348 | 588 | 399 | 555 |
| 7 | Herren-, Damen- und Kinderoberbekleidung | 1958 | 199 | 382 | 235 | 300 | 22 | Papier-, Bürobedarf- und Schreibwareneinzelhandel | 1958 | 194 | 219 | 202 | 220 |
|  |  | 1959 | 195 | 387 | 232 | 307 |  |  | 1959 | 199 | 230 | 211 | 229 |
|  |  | 1960 | 212 | 405 | 256 | 326 |  |  | 1960 | 217 | 241 | 232 | 248 |
| 8 | Meterwaren | 1958 | 91 | 320 | 108 | 183 | 23 | Büromaschinen-, -möbel- und Organisationsmittelhandel | 1958 | 271 | 358 | 296 | 315 |
|  |  | 1959 | 90 | 327 | 113 | 183 |  |  | 1959 | 295 | 378 | 325 | 338 |
|  |  | 1960 | 94 | 343 | 116 | 187 |  |  | 1960 | 337 | 414 | 371 | 378 |
| 9 | Wäsche, Wirk- und Strickwaren | 1958 | 132 | 433 | 162 | 211 | 24 | Fahrradeinzelhandel | 1958 | 153 | 318 | 174 | 215 |
|  |  | 1959 | 136 | 441 | 166 | 219 |  |  | 1959 | 174 | 352 | 194 | 217 |
|  |  | 1960 | 144 | 456 | 178 | 233 |  |  | 1960 | 183 | 397 | 211 | 233 |
| 10 | Haus- und Bettwäsche, Bettwaren | 1958 | 153 | . | 182 | . | 25 | Photoeinzelhandel | 1958 | 287 | 430 | 323 | 341 |
|  |  | 1959 | 146 | . | 180 | . |  |  | 1959 | 306 | 456 | 347 | 387 |
|  |  | 1960 | 158 | . | 198 | . |  |  | 1960 | 324 | 486 | 369 | 403 |
| 11 | gemischtem Sortiment | 1958 | 140 | 358 | 166 | 222 | 26 | Uhren-, Juwelen-, Gold- und Silberwareneinzelhandel | 1958 | 274 | . | 301 | . |
|  |  | 1959 | 140 | 365 | 166 | 228 |  |  | 1959 | 277 | . | 312 | . |
|  |  | 1960 | 148 | 380 | 176 | 241 |  |  | 1960 | 299 | . | 351 | . |
| 12 | Schuheinzelhandel | 1958 | 152 | 382 | 191 | 237 | 27 | Leder- und Galanteriewareneinzelhandel | 1958 | 162 | 347 | 175 | 200 |
|  |  | 1959 | 164 | 402 | 203 | 258 |  |  | 1959 | 164 | 365 | 178 | 204 |
|  |  | 1960 | 173 | 428 | 226 | 289 |  |  | 1960 | 171 | 361 | 199 | 222 |
| 13 | Möbeleinzelhandel | 1958 | 286 | 418 | 343 | 344 | 28 | Sportartikeleinzelhandel | 1958 | 244 | . | 283 | . |
|  |  | 1959 | 278 | 434 | 342 | 347 |  |  | 1959 | 260 | . | 303 | . |
|  |  | 1960 | 300 | 461 | 366 | 369 |  |  | 1960 | 278 | . | 321 | . |
| 14 | Beleuchtungs- und Elektroeinzelhandel | 1958 | 196 | 273 | 213 | 215 | 29 | Sortimentsbuchhandel | 1958 | 233 | 247 | 250 | 249 |
|  |  | 1959 | 207 | 286 | 233 | 249 |  |  | 1959 | 248 | 276 | 270 | 269 |
|  |  | 1960 | 214 | 308 | 244 | 255 |  |  | 1960 | 268 | 295 | 299 | 297 |
| 15 | Glas-, Porzellan- und Keramikeinzelhandel | 1958 | 193 | 310 | 227 | 227 | 30 | Blumenbindereien | 1958 | 310 | . | 325 | . |
|  |  | 1959 | 188 | 323 | 230 | 239 |  |  | 1959 | 332 | . | 356 | . |
|  |  | 1960 | 208 | 332 | 249 | 258 |  |  | 1960 | 350 | . | 376 | . |
|  |  |  |  |  |  |  |  | Einzelhandel insgesamt | 1958 | 170 | 346 | 189 | 227 |
|  |  |  |  |  |  |  |  |  | 1959 | 176 | 361 | 197 | 239 |
|  |  |  |  |  |  |  |  |  | 1960 | 187 | 380 | 211 | 255 |

Tabelle 15

Die Entwicklung von Beschaffung, Absatz und Handlungskosten im Durchschnitt der Branchen
sowie der Personen- und Absatzgrößenklassen in den Jahren 1958, 1959 und 1960

(1958 = 100)

| Lf. Nr. | Branche | Größenklasse | Beschaffung 1959 | Beschaffung 1960 | Absatz 1959 | Absatz 1960 | Handlungskosten 1959 | Handlungskosten 1960 |
|---|---|---|---|---|---|---|---|---|
| 1 | Lebensmitteleinzelhandel | Beschäftigte Personen | | | | | | |
| | | 2 - 3 | 105,7 | 110,9 | 107,0 | 113,3 | 107,6 | 115,8 |
| | | 4 - 5 | 104,8 | 109,4 | 105,3 | 110,9 | 103,1 | 109,7 |
| | | 6 - 10 | 105,5 | 111,0 | 106,6 | 113,5 | 106,6 | 112,9 |
| | | 11 - 20 | 104,7 | 107,8 | 106,0 | 111,2 | 104,9 | 110,6 |
| | | 21 - 50 | 102,5 | 107,5 | 103,9 | 108,3 | 106,1 | 121,1 |
| | | Jahresabsatz in DM | | | | | | |
| | | 50 - 100 000 | 107,5 | 108,1 | 108,4 | 111,8 | 110,2 | 122,7 |
| | | 100 - 200 000 | 104,7 | 108,8 | 105,8 | 111,7 | 105,8 | 112,9 |
| | | 200 - 500 000 | 105,8 | 111,6 | 106,4 | 113,2 | 104,7 | 112,0 |
| | | 500 000 - 1 Mill. | 105,5 | 110,7 | 106,9 | 113,6 | 109,2 | 113,6 |
| | | 1 - 5 Mill. | 103,3 | 110,7 | 105,1 | 112,8 | 105,7 | 119,5 |
| | | insgesamt | 105,4 | 110,2 | 106,2 | 112,1 | 105,6 | 112,7 |
| 2 | Drogerien | Beschäftigte Personen | | | | | | |
| | | 2 - 3 | 108,2 | 115,4 | 110,7 | 119,1 | 107,9 | 121,3 |
| | | 4 - 5 | 103,5 | 109,7 | 105,5 | 112,4 | 108,1 | 110,8 |
| | | 6 - 10 | 107,1 | 114,9 | 108,5 | 117,4 | 107,8 | 116,6 |
| | | 11 - 20 | 102,9 | 111,3 | 105,0 | 114,3 | 109,7 | 117,4 |
| | | 21 - 50 | 109,8 | 124,0 | 107,7 | 117,0 | 108,4 | 116,2 |
| | | Jahresabsatz in DM | | | | | | |
| | | 50 - 100 000 | 106,4 | 110,5 | 108,1 | 112,6 | 105,5 | 111,8 |
| | | 100 - 200 000 | 105,6 | 112,7 | 108,1 | 116,0 | 110,0 | 117,2 |
| | | 200 - 500 000 | 108,2 | 116,3 | 109,5 | 119,5 | 107,6 | 119,5 |
| | | 500 000 - 1 Mill. | 103,9 | 116,3 | 104,6 | 113,1 | 108,5 | 107,4 |
| | | insgesamt | 106,3 | 113,6 | 108,1 | 116,2 | 107,7 | 116,2 |
| 3 | Reformhäuser | Beschäftigte Personen | | | | | | |
| | | 2 - 3 | 100,4 | 104,6 | 105,1 | 111,5 | 111,5 | 123,7 |
| | | 4 - 5 | 101,0 | 105,0 | 108,6 | 114,6 | 113,0 | 125,0 |
| | | 6 - 10 | 100,4 | 105,3 | 101,1 | 106,7 | 101,5 | 113,5 |
| | | Jahresabsatz in DM | | | | | | |
| | | 100 - 200 000 | 97,3 | 99,5 | 101,3 | 105,8 | 107,7 | 115,3 |
| | | 200 - 500 000 | 101,4 | 107,3 | 105,1 | 110,6 | 106,4 | 114,8 |
| | | insgesamt | 100,6 | 102,4 | 104,1 | 109,9 | 108,2 | 120,0 |
| 4 | Tabakwareneinzelhandel | Beschäftigte Personen | | | | | | |
| | | 1 | 95,0 | 99,6 | 101,5 | 106,7 | 102,9 | 108,9 |
| | | 2 - 3 | 99,4 | 104,0 | 101,9 | 106,6 | 102,6 | 105,9 |
| | | 4 - 5 | 102,8 | 112,5 | 106,1 | 116,3 | 102,3 | 113,5 |
| | | 6 - 10 | 104,6 | 113,1 | 105,6 | 113,7 | 106,2 | 117,0 |
| | | Jahresabsatz in DM | | | | | | |
| | | 50 - 100 000 | 97,7 | 102,3 | 102,1 | 107,5 | 98,9 | 170,8 |
| | | 100 - 200 000 | 97,5 | 102,9 | 101,2 | 107,0 | 99,1 | 181,5 |
| | | 200 - 500 000 | 102,6 | 107,3 | 104,7 | 109,2 | 113,2 | 176,4 |
| | | insgesamt | 99,8 | 105,6 | 102,8 | 108,8 | 102,8 | 109,5 |
| 5 | Textileinzelhandel | Beschäftigte Personen | | | | | | |
| | | 2 - 3 | 97,4 | 104,5 | 101,1 | 107,8 | 105,3 | 110,3 |
| | | 4 - 5 | 98,3 | 106,5 | 100,2 | 108,4 | 97,4 | 104,6 |
| | | 6 - 10 | 99,5 | 105,7 | 100,0 | 106,5 | 103,7 | 108,8 |
| | | 11 - 20 | 99,8 | 107,5 | 100,9 | 109,4 | 102,0 | 108,2 |
| | | 21 - 50 | 100,2 | 106,2 | 100,5 | 108,1 | 104,8 | 110,4 |
| | | 51 und mehr | 102,7 | 118,8 | 101,9 | 111,7 | 105,8 | 113,3 |
| | | Jahresabsatz in DM | | | | | | |
| | | 50 - 100 000 | 98,8 | 104,5 | 100,1 | 105,5 | 102,6 | 107,0 |
| | | 100 - 200 000 | 97,7 | 104,6 | 99,5 | 106,5 | 100,9 | 107,3 |
| | | 200 - 500 000 | 98,8 | 105,0 | 100,4 | 107,0 | 102,9 | 107,0 |
| | | 500 000 - 1 Mill. | 99,5 | 107,0 | 100,4 | 108,6 | 103,3 | 110,2 |
| | | 1 - 5 Mill. | 101,8 | 108,9 | 101,8 | 110,8 | 104,4 | 112,0 |
| | | 5 Mill. und mehr | 103,3 | 111,7 | 102,2 | 113,1 | 104,1 | 113,1 |
| | | insgesamt | 99,8 | 106,7 | 100,7 | 108,5 | 102,9 | 108,9 |
| 6 | davon mit vorwiegend Herren- und Knabenoberbekleidung | Beschäftigte Personen | | | | | | |
| | | 2 - 3 | 85,0 | 91,8 | 93,6 | 101,6 | 97,8 | 114,5 |
| | | 4 - 5 | 90,6 | 97,0 | 96,1 | 103,5 | 103,3 | 107,0 |
| | | 6 - 10 | 95,0 | 106,5 | 97,8 | 107,3 | 101,0 | 106,1 |
| | | 11 - 20 | 98,0 | 108,5 | 100,1 | 111,6 | 100,1 | 110,4 |
| | | 21 - 50 | 99,5 | 108,8 | 97,9 | 107,8 | 105,8 | 116,0 |
| | | 51 und mehr | 99,6 | 110,2 | 96,3 | 108,4 | 102,7 | 118,6 |
| | | Jahresabsatz in DM | | | | | | |
| | | 200 - 500 000 | 89,9 | 97,8 | 96,2 | 103,1 | 100,4 | 102,4 |
| | | 500 000 - 1 Mill. | 99,1 | 110,8 | 101,0 | 113,9 | 101,0 | 114,3 |
| | | 1 - 5 Mill. | 100,1 | 110,1 | 98,4 | 109,0 | 103,8 | 113,7 |
| | | 5 Mill. und mehr | 100,4 | 111,0 | 97,6 | 109,2 | 106,7 | 120,2 |
| | | insgesamt | 95,6 | 105,4 | 97,9 | 108,1 | 102,0 | 110,9 |

Tabelle 15 (Fortsetzung)

Die Entwicklung von Beschaffung, Absatz und Handlungskosten im Durchschnitt der Branchen
sowie der Personen- und Absatzgrößenklassen in den Jahren 1958, 1959 und 1960

(1958 = 100)

| Lf. Nr. | Branche | Größenklasse | Beschaffung 1959 | Beschaffung 1960 | Absatz 1959 | Absatz 1960 | Handlungskosten 1959 | Handlungskosten 1960 |
|---|---|---|---|---|---|---|---|---|
| 7 | Textileinzelhandel davon mit vorwiegend Damen-, Mädchen- und Kinderoberbekleidung | Beschäftigte Personen | | | | | | |
| | | 2 - 3 | 99,0 | 103,6 | 102,4 | 109,3 | 114,6 | 110,2 |
| | | 4 - 5 | 102,8 | 110,6 | 108,6 | 114,7 | 105,1 | 106,5 |
| | | 6 - 10 | 95,0 | 102,0 | 96,7 | 106,6 | 94,2 | 98,5 |
| | | 11 - 20 | 105,6 | 112,6 | 104,2 | 113,0 | 104,9 | 114,5 |
| | | 21 - 50 | 104,3 | 110,2 | 101,3 | 110,7 | 104,0 | 111,8 |
| | | 51 und mehr | 105,6 | 109,9 | 102,6 | 116,9 | 100,8 | 114,0 |
| | | Jahresabsatz in DM | | | | | | |
| | | 100 - 200 000 | 98,1 | 108,3 | 102,2 | 112,7 | 108,2 | 109,0 |
| | | 200 - 500 000 | 98,4 | 102,1 | 102,7 | 109,9 | 101,7 | 107,0 |
| | | 500 000 - 1 Mill. | 106,8 | 112,4 | 102,5 | 110,3 | 105,7 | 113,7 |
| | | 1 - 5 Mill. | 103,8 | 112,4 | 101,5 | 113,8 | 100,8 | 111,4 |
| | | insgesamt | 103,6 | 109,9 | 102,8 | 112,1 | 103,9 | 111,3 |
| 8 | Herren-, Damen- und Kinderoberbekleidung | Beschäftigte Personen | | | | | | |
| | | 6 - 10 | 93,8 | 96,6 | 94,1 | 97,7 | 96,7 | 104,1 |
| | | 11 - 20 | 95,0 | 103,8 | 98,7 | 108,4 | 106,1 | 103,9 |
| | | 21 - 50 | 96,8 | 105,7 | 98,4 | 110,3 | 101,8 | 108,4 |
| | | 51 und mehr | 105,4 | 115,7 | 102,7 | 115,9 | 102,7 | 110,3 |
| | | Jahresabsatz in DM | | | | | | |
| | | 200 - 500 000 | 93,1 | 98,4 | 93,0 | 97,5 | 98,5 | 96,2 |
| | | 500 000 - 1 Mill. | 92,3 | 98,9 | 96,4 | 103,8 | 104,4 | 106,9 |
| | | 1 - 5 Mill. | 101,4 | 111,5 | 102,0 | 115,8 | 104,2 | 114,1 |
| | | 5 Mill. und mehr | 105,8 | 117,1 | 102,4 | 115,3 | 98,9 | 103,2 |
| | | insgesamt | 97,8 | 106,4 | 99,0 | 109,1 | 102,5 | 108,7 |
| 9 | Wäsche, Wirk- und Strickwaren | Beschäftigte Personen | | | | | | |
| | | 2 - 3 | 101,1 | 109,1 | 103,2 | 108,9 | 102,4 | 114,8 |
| | | 4 - 5 | 98,9 | 106,5 | 98,4 | 107,7 | 96,2 | 106,9 |
| | | 6 - 10 | 102,0 | 106,6 | 103,1 | 108,9 | 106,9 | 110,1 |
| | | 11 - 20 | 109,8 | 117,9 | 107,7 | 116,0 | 106,5 | 114,3 |
| | | 21 - 50 | 107,0 | 117,0 | 105,5 | 117,0 | 105,5 | 104,5 |
| | | Jahresabsatz in DM | | | | | | |
| | | 50 - 100 000 | 98,3 | 109,7 | 99,8 | 104,5 | 102,0 | 109,9 |
| | | 100 - 200 000 | 102,8 | 107,7 | 100,8 | 108,2 | 99,0 | 106,3 |
| | | 200 - 500 000 | 101,2 | 107,9 | 102,6 | 109,5 | 105,7 | 110,7 |
| | | 500 000 - 1 Mill. | 109,0 | 115,9 | 106,7 | 114,9 | 100,8 | 109,8 |
| | | 1 - 5 Mill. | 104,3 | 113,2 | 104,4 | 114,3 | 106,0 | 113,0 |
| | | insgesamt | 102,7 | 109,5 | 102,7 | 110,1 | 103,4 | 110,1 |
| 10 | Haus- und Bettwäsche, Bettwaren | Beschäftigte Personen | | | | | | |
| | | 6 - 10 | 97,0 | 106,1 | 96,4 | 104,6 | 97,7 | 109,6 |
| | | 11 - 20 | 94,9 | 104,5 | 97,3 | 107,8 | 98,6 | 102,1 |
| | | 21 - 50 | 95,5 | 101,0 | 100,6 | 112,7 | 103,4 | 110,4 |
| | | Jahresabsatz in DM | | | | | | |
| | | 200 - 500 000 | 94,8 | 103,1 | 96,3 | 103,8 | 100,0 | 104,1 |
| | | 500 000 - 1 Mill. | 97,7 | 105,7 | 100,1 | 107,7 | 104,0 | 102,4 |
| | | 1 - 5 Mill. | 93,7 | 101,7 | 99,0 | 111,2 | 101,7 | 110,8 |
| | | insgesamt | 95,8 | 103,5 | 98,8 | 108,4 | 101,8 | 108,8 |
| 11 | gemischtem Sortiment | Beschäftigte Personen | | | | | | |
| | | 2 - 3 | 95,8 | 102,7 | 97,8 | 103,6 | 100,9 | 106,8 |
| | | 4 - 5 | 99,5 | 107,3 | 100,9 | 108,1 | 99,0 | 104,1 |
| | | 6 - 10 | 99,9 | 105,7 | 99,2 | 105,4 | 103,3 | 107,8 |
| | | 11 - 20 | 97,6 | 103,5 | 98,3 | 105,2 | 100,3 | 106,7 |
| | | 21 - 50 | 99,0 | 103,4 | 99,6 | 104,7 | 106,0 | 109,8 |
| | | 51 und mehr | 102,1 | 108,4 | 101,6 | 110,2 | 104,3 | 113,1 |
| | | Jahresabsatz in DM | | | | | | |
| | | 50 - 100 000 | 97,6 | 101,1 | 98,3 | 104,5 | 102,2 | 100,7 |
| | | 100 - 200 000 | 96,3 | 102,1 | 97,8 | 102,5 | 100,7 | 104,0 |
| | | 200 - 500 000 | 99,7 | 105,5 | 99,7 | 105,9 | 102,3 | 108,3 |
| | | 500 000 - 1 Mill. | 97,5 | 104,9 | 98,5 | 105,5 | 102,2 | 107,5 |
| | | 1 - 5 Mill. | 101,6 | 105,8 | 101,4 | 107,4 | 105,2 | 111,9 |
| | | 5 Mill. und mehr | 101,9 | 109,4 | 101,5 | 111,2 | 105,9 | 113,4 |
| | | insgesamt | 99,4 | 105,2 | 99,8 | 106,2 | 102,8 | 108,6 |

Tabelle 15 (Fortsetzung)

Die Entwicklung von Beschaffung, Absatz und Handlungskosten im Durchschnitt der Branchen
sowie der Personen- und Absatzgrößenklassen in den Jahren 1958, 1959 und 1960

(1958 = 100)

| Lf. Nr. | Branche | Größenklasse | Beschaffung | | Absatz | | Handlungskosten | |
|---|---|---|---|---|---|---|---|---|
| | | | 1959 | 1960 | 1959 | 1960 | 1959 | 1960 |
| 12 | Schuheinzelhandel | Beschäftigte Personen | | | | | | |
| | | 2 - 3 | 107,2 | 114,5 | 106,4 | 117,4 | 107,7 | 121,8 |
| | | 4 - 5 | 107,5 | 114,4 | 106,8 | 119,7 | 107,7 | 117,8 |
| | | 6 - 10 | 106,2 | 110,4 | 105,7 | 117,5 | 105,3 | 120,5 |
| | | 11 - 20 | 108,9 | 117,1 | 108,2 | 121,2 | 110,5 | 122,8 |
| | | 21 - 50 | 110,1 | 112,7 | 104,6 | 115,4 | 114,3 | 128,6 |
| | | 51 und mehr | 104,3 | 104,4 | 104,9 | 113,9 | 111,8 | 121,9 |
| | | Jahresabsatz in DM | | | | | | |
| | | 50 - 100 000 | 107,3 | 111,4 | 105,2 | 116,4 | 101,8 | 118,3 |
| | | 100 - 200 000 | 106,4 | 114,6 | 106,3 | 118,4 | 108,4 | 119,8 |
| | | 200 - 500 000 | 108,0 | 114,6 | 106,4 | 119,1 | 107,7 | 121,1 |
| | | 500 000 - 1 Mill. | 109,0 | 112,8 | 107,8 | 119,4 | 114,1 | 127,9 |
| | | 1 - 5 Mill. | 108,8 | 112,8 | 105,3 | 115,9 | 111,2 | 121,8 |
| | | insgesamt | 107,9 | 113,7 | 106,3 | 118,1 | 109,0 | 122,1 |
| 13 | Möbeleinzelhandel | Beschäftigte Personen | | | | | | |
| | | 2 - 3 | 94,7 | 98,1 | 100,9 | 104,3 | 98,8 | 95,2 |
| | | 4 - 5 | 95,9 | 101,3 | 99,1 | 104,1 | 95,4 | 100,2 |
| | | 6 - 10 | 95,3 | 104,6 | 95,6 | 103,6 | 100,3 | 104,7 |
| | | 11 - 20 | 97,8 | 105,5 | 100,5 | 108,1 | 102,3 | 109,7 |
| | | 21 - 50 | 98,6 | 106,2 | 103,0 | 109,2 | 100,9 | 110,3 |
| | | 51 und mehr | 102,6 | 107,5 | 102,9 | 110,7 | 107,0 | 118,7 |
| | | Jahresabsatz in DM | | | | | | |
| | | 100 - 200 000 | 82,1 | 85,9 | 87,7 | 93,5 | 90,9 | 90,7 |
| | | 200 - 500 000 | 95,8 | 101,8 | 96,2 | 101,2 | 94,9 | 98,5 |
| | | 500 000 - 1 Mill. | 96,3 | 104,5 | 99,4 | 106,4 | 100,5 | 107,1 |
| | | 1 - 5 Mill. | 99,5 | 108,3 | 102,8 | 110,9 | 104,3 | 113,7 |
| | | 5 Mill. und mehr | 102,5 | 106,2 | 102,3 | 109,3 | 109,5 | 120,7 |
| | | insgesamt | 97,2 | 104,8 | 99,8 | 106,8 | 101,2 | 107,5 |
| 14 | Glas-, Porzellan- und Keramikeinzelhandel | Beschäftigte Personen | | | | | | |
| | | 2 - 3 | 89,0 | 96,2 | 99,8 | 106,7 | 104,0 | 109,3 |
| | | 4 - 5 | 92,3 | 98,7 | 97,5 | 102,7 | 103,7 | 112,5 |
| | | 6 - 10 | 98,2 | 111,6 | 102,8 | 111,8 | 108,9 | 115,1 |
| | | 11 - 20 | 96,3 | 106,4 | 100,7 | 109,5 | 102,6 | 113,4 |
| | | 21 - 50 | 100,9 | 112,7 | 103,7 | 112,7 | 105,4 | 118,0 |
| | | Jahresabsatz in DM | | | | | | |
| | | 100 - 200 000 | 91,8 | 99,1 | 98,1 | 102,7 | 102,7 | 108,2 |
| | | 200 - 500 000 | 96,2 | 109,0 | 100,6 | 109,4 | 107,3 | 115,2 |
| | | 500 000 - 1 Mill. | 100,9 | 111,3 | 103,9 | 114,3 | 102,6 | 115,8 |
| | | 1 - 5 Mill. | 103,3 | 114,4 | 105,3 | 115,4 | 107,8 | 116,6 |
| | | insgesamt | 97,3 | 107,5 | 101,5 | 109,6 | 111,9 | 113,6 |
| 15 | Eisenwaren- und Hausrathandel | Beschäftigte Personen | | | | | | |
| | | 2 - 3 | 96,1 | 101,3 | 100,5 | 104,1 | 109,4 | 103,7 |
| | | 4 - 5 | 100,3 | 106,8 | 103,8 | 112,7 | 103,0 | 114,0 |
| | | 6 - 10 | 106,9 | 117,5 | 108,1 | 118,0 | 106,9 | 113,1 |
| | | 11 - 20 | 107,3 | 119,0 | 108,0 | 118,0 | 106,7 | 116,1 |
| | | 21 - 50 | 108,8 | 122,8 | 108,8 | 121,0 | 109,7 | 118,9 |
| | | 51 und mehr | 115,2 | 129,3 | 112,3 | 124,4 | 106,9 | 119,0 |
| | | Jahresabsatz in DM | | | | | | |
| | | 50 - 100 000 | 100,9 | 104,4 | 103,9 | 105,3 | 120,5 | 124,3 |
| | | 100 - 200 000 | 98,3 | 103,6 | 99,9 | 106,2 | 101,3 | 99,5 |
| | | 200 - 500 000 | 104,0 | 113,2 | 106,2 | 115,7 | 106,6 | 114,4 |
| | | 500 000 - 1 Mill. | 108,9 | 121,8 | 109,8 | 120,5 | 105,9 | 120,5 |
| | | 1 - 5 Mill. | 110,3 | 123,6 | 109,6 | 121,4 | 113,2 | 124,3 |
| | | 5 Mill. und mehr | 122,7 | 144,7 | 118,9 | 138,5 | 95,0 | 106,9 |
| | | insgesamt | 107,0 | 118,2 | 107,8 | 118,0 | 107,8 | 115,6 |
| 16 | davon mit vorwiegend Haus- und Küchengeräten | Beschäftigte Personen | | | | | | |
| | | 2 - 3 | 95,6 | 103,7 | 97,9 | 100,5 | 114,0 | 100,5 |
| | | 4 - 5 | 94,6 | 99,0 | 99,9 | 106,9 | 96,8 | 113,9 |
| | | 6 - 10 | 102,2 | 116,6 | 101,7 | 117,1 | 96,6 | 103,5 |
| | | 11 - 20 | 101,7 | 115,8 | 103,3 | 115,0 | 107,7 | 115,4 |
| | | 21 - 50 | 94,0 | 105,3 | 99,2 | 107,7 | 99,5 | 108,1 |
| | | Jahresabsatz in DM | | | | | | |
| | | 50 - 100 000 | 98,4 | 102,7 | 99,4 | 101,4 | 114,7 | 117,0 |
| | | 100 - 200 000 | 95,7 | 103,5 | 97,8 | 107,6 | 95,9 | 99,6 |
| | | 200 - 500 000 | 99,8 | 110,6 | 101,6 | 113,4 | 103,7 | 109,5 |
| | | 500 000 - 1 Mill. | 98,7 | 113,3 | 103,7 | 115,6 | 96,7 | 112,6 |
| | | 1 - 5 Mill. | 97,5 | 107,5 | 100,7 | 109,2 | 107,2 | 115,1 |
| | | insgesamt | 98,3 | 108,3 | 100,7 | 109,9 | 103,1 | 109,2 |

T a b e l l e 15 (Fortsetzung)

Die Entwicklung von Beschaffung, Absatz und Handlungskosten im Durchschnitt der Branchen
sowie der Personen- und Absatzgrößenklassen in den Jahren 1958, 1959 und 1960

(1958 = 100)

| Lf. Nr. | Branche | Größenklasse | Beschaffung | | Absatz | | Handlungskosten | |
|---|---|---|---|---|---|---|---|---|
| | | | 1959 | 1960 | 1959 | 1960 | 1959 | 1960 |
| 17 | Eisenwaren- und Hausrathandel davon mit vorwiegend Kleineisenwaren, Werkzeugen | Beschäftigte Personen | | | | | | |
| | | 6 - 10 | 110,0 | 124,7 | 110,8 | 121,3 | 115,1 | 127,1 |
| | | 11 - 20 | 113,6 | 130,4 | 112,5 | 125,6 | 104,5 | 111,8 |
| | | 21 - 50 | 109,2 | 125,1 | 107,8 | 122,0 | 104,9 | 120,9 |
| | | Jahresabsatz in DM | | | | | | |
| | | 200 - 500 000 | 109,2 | 122,7 | 109,8 | 119,9 | 108,5 | 115,1 |
| | | 500 000 - 1 Mill. | 113,6 | 128,6 | 112,9 | 123,7 | 98,6 | 119,8 |
| | | 1 - 5 Mill. | 108,5 | 126,1 | 107,5 | 122,9 | 109,1 | 120,0 |
| | | insgesamt | 110,3 | 125,9 | 110,1 | 122,9 | 107,8 | 118,2 |
| 18 | gemischtem Sortiment | Beschäftigte Personen | | | | | | |
| | | 4 - 5 | 102,2 | 108,6 | 105,5 | 114,3 | 110,4 | 114,3 |
| | | 6 - 10 | 106,7 | 114,5 | 108,3 | 116,2 | 110,0 | 113,5 |
| | | 11 - 20 | 105,4 | 117,3 | 107,0 | 117,9 | 108,4 | 121,0 |
| | | 21 - 50 | 111,3 | 125,2 | 110,7 | 122,9 | 111,2 | 119,5 |
| | | 51 und mehr | 116,5 | 131,6 | 112,4 | 125,3 | 106,8 | 111,8 |
| | | Jahresabsatz in DM | | | | | | |
| | | 100 - 200 000 | 98,3 | 100,2 | 99,4 | 101,9 | 102,2 | 92,0 |
| | | 200 - 500 000 | 103,7 | 111,1 | 106,1 | 114,1 | 106,1 | 113,7 |
| | | 500 000 - 1 Mill. | 107,9 | 120,1 | 109,0 | 119,9 | 111,8 | 125,0 |
| | | 1 - 5 Mill. | 112,1 | 126,6 | 111,1 | 124,2 | 113,8 | 122,4 |
| | | 5 Mill. und mehr | 121,6 | 142,2 | 117,5 | 135,2 | 98,6 | 110,2 |
| | | insgesamt | 108,1 | 119,1 | 108,8 | 119,2 | 109,3 | 117,2 |
| 19 | Tapeten- und Linoleumhandel | Beschäftigte Personen | | | | | | |
| | | 6 - 10 | 104,4 | 114,1 | 110,5 | 117,9 | 119,9 | 125,9 |
| | | 11 - 20 | 107,1 | 116,5 | 110,4 | 119,8 | 118,4 | 127,3 |
| | | 21 - 50 | 108,5 | 124,0 | 112,9 | 125,1 | 115,7 | 129,4 |
| | | 51 und mehr | 112,0 | 129,4 | 111,7 | 126,9 | 91,7 | 110,1 |
| | | Jahresabsatz in DM | | | | | | |
| | | 200 - 500 000 | 104,5 | 114,3 | 110,2 | 116,3 | 120,2 | 128,5 |
| | | 500 000 - 1 Mill. | 107,0 | 117,9 | 111,4 | 120,4 | 117,0 | 124,0 |
| | | 1 - 5 Mill. | 110,5 | 126,5 | 113,4 | 127,3 | 114,2 | 131,8 |
| | | insgesamt | 106,7 | 117,8 | 110,5 | 119,3 | 115,4 | 126,2 |
| 20 | Papier-, Bürobedarf- und Schreibwareneinzelhandel | Beschäftigte Personen | | | | | | |
| | | 2 - 3 | 99,7 | 101,7 | 101,3 | 107,3 | 108,4 | 116,6 |
| | | 4 - 5 | 98,8 | 107,2 | 101,4 | 110,0 | 98,2 | 108,4 |
| | | 6 - 10 | 104,2 | 111,1 | 104,9 | 113,9 | 105,6 | 115,5 |
| | | 11 - 20 | 101,4 | 112,1 | 105,6 | 116,7 | 103,4 | 109,1 |
| | | 21 - 50 | 106,8 | 121,3 | 106,3 | 120,8 | 106,3 | 116,8 |
| | | Jahresabsatz in DM | | | | | | |
| | | 50 - 100 000 | 99,4 | 99,2 | 99,0 | 104,4 | 101,2 | 100,6 |
| | | 100 - 200 000 | 102,8 | 110,1 | 103,5 | 111,5 | 102,0 | 113,9 |
| | | 200 - 500 000 | 102,0 | 108,5 | 104,0 | 112,4 | 104,4 | 110,1 |
| | | 500 000 - 1 Mill. | 104,6 | 121,4 | 109,0 | 125,2 | 109,0 | 119,7 |
| | | 1 - 5 Mill. | 106,4 | 122,4 | 106,2 | 121,3 | 104,6 | 117,7 |
| | | insgesamt | 103,0 | 112,1 | 104,5 | 114,7 | 104,5 | 113,1 |
| 21 | Büromaschinen-, -möbel- und Organisationsmittelhandel | Beschäftigte Personen | | | | | | |
| | | 6 - 10 | 104,5 | 117,5 | 107,9 | 119,4 | 118,9 | 124,8 |
| | | 11 - 20 | 116,8 | 130,5 | 114,8 | 131,7 | 114,3 | 133,2 |
| | | 21 - 50 | 108,0 | 126,4 | 109,0 | 126,2 | 101,2 | 115,8 |
| | | 51 und mehr | 101,8 | 119,4 | 104,2 | 121,9 | 109,0 | 116,8 |
| | | Jahresabsatz in DM | | | | | | |
| | | 200 - 500 000 | 105,5 | 119,1 | 109,2 | 121,5 | 110,5 | 120,6 |
| | | 500 000 - 1 Mill. | 113,2 | 127,5 | 115,0 | 130,1 | 103,1 | 121,0 |
| | | 1 - 5 Mill. | 108,3 | 124,9 | 108,1 | 125,4 | 105,7 | 119,0 |
| | | insgesamt | 108,6 | 124,2 | 109,8 | 125,6 | 107,4 | 120,1 |
| 22 | Radio- und Fernseheinzelhandel | Beschäftigte Personen | | | | | | |
| | | 2 - 3 | 99,5 | 105,0 | 107,7 | 104,7 | 102,9 | 106,5 |
| | | 4 - 5 | 99,5 | 104,6 | 103,8 | 109,6 | 102,7 | 108,5 |
| | | 6 - 10 | 101,5 | 99,1 | 104,8 | 105,4 | 105,2 | 113,0 |
| | | 11 - 20 | 104,0 | 113,9 | 106,2 | 112,3 | 106,2 | 115,7 |
| | | 21 - 50 | 101,8 | 105,5 | 110,0 | 112,0 | 118,2 | 120,3 |
| | | Jahresabsatz in DM | | | | | | |
| | | 100 - 200 000 | 101,0 | 103,4 | 105,4 | 103,9 | 100,5 | 108,1 |
| | | 200 - 500 000 | 99,9 | 104,0 | 104,2 | 108,7 | 105,3 | 112,1 |
| | | 500 000 - 1 Mill. | 104,3 | 114,1 | 106,3 | 112,5 | 110,4 | 120,0 |
| | | 1 - 5 Mill. | 106,2 | 107,2 | 113,5 | 114,5 | 115,9 | 128,0 |
| | | insgesamt | 102,0 | 106,6 | 106,4 | 109,1 | 107,5 | 115,4 |

Tabelle 15 (Fortsetzung)

Die Entwicklung von Beschaffung, Absatz und Handlungskosten im Durchschnitt der Branchen
sowie der Personen- und Absatzgrößenklassen in den Jahren 1958, 1959 und 1960

(1958 = 100)

| Lf. Nr. | Branche | Größenklasse | Beschaffung 1959 | Beschaffung 1960 | Absatz 1959 | Absatz 1960 | Handlungskosten 1959 | Handlungskosten 1960 |
|---|---|---|---|---|---|---|---|---|
| 23 | Photoeinzelhandel | Beschäftigte Personen | | | | | | |
| | | 6 - 10 | 109,0 | 124,3 | 111,4 | 124,0 | 113,5 | 129,8 |
| | | 11 - 20 | 106,3 | 109,1 | 104,5 | 107,4 | 114,3 | 118,5 |
| | | 21 - 50 | 102,3 | 105,5 | 104,1 | 110,0 | 112,3 | 109,0 |
| | | 51 und mehr | 106,0 | 112,8 | 109,6 | 115,5 | 105,5 | 113,5 |
| | | Jahresabsatz in DM | | | | | | |
| | | 100 - 200 000 | 116,3 | 131,2 | 114,7 | 125,0 | 116,1 | 120,7 |
| | | 200 - 500 000 | 105,9 | 115,5 | 105,9 | 115,9 | 113,9 | 127,4 |
| | | 500 000 - 1 Mill. | 106,1 | 109,5 | 105,9 | 111,5 | 119,1 | 121,6 |
| | | 1 - 5 Mill. | 103,5 | 109,1 | 107,1 | 112,3 | 104,8 | 106,5 |
| | | insgesamt | 106,7 | 113,0 | 107,6 | 114,3 | 113,5 | 118,3 |
| 24 | Uhren-, Juwelen-, Gold- und Silberwareneinzelhandel | Beschäftigte Personen | | | | | | |
| | | 2 - 3 | 100,0 | 103,5 | 105,3 | 118,9 | 108,7 | 124,8 |
| | | 4 - 5 | 98,7 | 104,9 | 102,0 | 113,4 | 112,5 | 115,9 |
| | | 6 - 10 | 101,9 | 113,1 | 102,2 | 113,4 | 109,0 | 117,0 |
| | | 11 - 20 | 105,4 | 111,8 | 104,9 | 119,4 | 107,3 | 116,3 |
| | | Jahresabsatz in DM | | | | | | |
| | | 50 - 100 000 | 99,8 | 103,6 | 102,6 | 112,0 | 111,8 | 119,8 |
| | | 100 - 200 000 | 99,3 | 105,6 | 102,1 | 114,2 | 110,3 | 117,4 |
| | | 200 - 500 000 | 102,4 | 113,3 | 103,3 | 116,0 | 108,0 | 116,7 |
| | | 500 000 - 1 Mill. | 103,3 | 114,4 | 105,4 | 121,0 | 108,8 | 124,6 |
| | | 1 - 5 Mill. | 110,2 | 126,5 | 111,6 | 141,7 | 122,7 | 144,6 |
| | | insgesamt | 101,3 | 109,4 | 103,7 | 116,8 | 110,3 | 119,2 |
| 25 | Leder- und Galanteriewareneinzelhandel | Beschäftigte Personen | | | | | | |
| | | 2 - 3 | 105,5 | 107,6 | 104,2 | 108,9 | 101,4 | 114,1 |
| | | 4 - 5 | 97,8 | 102,4 | 100,3 | 110,5 | 99,6 | 108,6 |
| | | 6 - 10 | 101,8 | 103,9 | 102,7 | 115,3 | 102,0 | 110,1 |
| | | 11 - 20 | 101,3 | 106,9 | 101,9 | 112,5 | 103,3 | 111,7 |
| | | 21 - 50 | 101,2 | 112,6 | 101,8 | 120,1 | 107,6 | 120,1 |
| | | Jahresabsatz in DM | | | | | | |
| | | 100 - 200 000 | 97,5 | 99,8 | 99,4 | 107,3 | 98,7 | 106,6 |
| | | 200 - 500 000 | 101,8 | 106,0 | 103,0 | 116,7 | 103,0 | 112,2 |
| | | 500 000 - 1 Mill. | 102,3 | 106,3 | 102,4 | 112,4 | 106,8 | 111,2 |
| | | 1 - 5 Mill. | 102,8 | 115,2 | 104,2 | 122,4 | 103,8 | 119,3 |
| | | insgesamt | 101,1 | 105,6 | 101,9 | 113,6 | 101,9 | 110,8 |
| 26 | Sportartikeleinzelhandel | Beschäftigte Personen | | | | | | |
| | | 2 - 3 | 105,1 | 116,6 | 105,1 | 113,5 | 105,8 | 110,3 |
| | | 4 - 5 | 109,6 | 112,3 | 108,2 | 115,2 | 114,4 | 121,4 |
| | | 6 - 10 | 106,7 | 111,8 | 106,4 | 108,8 | 109,2 | 111,3 |
| | | 11 - 20 | 104,4 | 112,3 | 106,9 | 112,6 | 95,7 | 102,8 |
| | | 21 - 50 | 106,8 | 114,5 | 108,3 | 115,4 | 114,0 | 126,7 |
| | | Jahresabsatz in DM | | | | | | |
| | | 100 - 200 000 | 105,5 | 112,5 | 103,6 | 115,0 | 111,4 | 127,7 |
| | | 200 - 500 000 | 104,8 | 112,2 | 105,7 | 111,9 | 106,5 | 112,3 |
| | | 500 000 - 1 Mill. | 110,8 | 118,9 | 109,5 | 114,2 | 103,7 | 102,1 |
| | | 1 - 5 Mill. | 105,1 | 112,7 | 108,6 | 116,3 | 114,4 | 130,3 |
| | | insgesamt | 106,3 | 113,5 | 106,9 | 113,2 | 108,1 | 114,1 |
| 27 | Sortimentsbuchhandel | Beschäftigte Personen | | | | | | |
| | | 2 - 3 | 107,0 | 119,2 | 108,7 | 120,8 | 108,7 | 126,0 |
| | | 4 - 5 | 104,6 | 113,0 | 106,3 | 118,4 | 103,1 | 116,6 |
| | | 6 - 10 | 105,8 | 113,7 | 107,5 | 117,2 | 111,1 | 119,8 |
| | | 11 - 20 | 107,9 | 117,1 | 108,2 | 120,3 | 105,1 | 114,8 |
| | | 21 - 50 | 108,9 | 123,8 | 109,9 | 126,8 | 106,8 | 125,0 |
| | | Jahresabsatz in DM | | | | | | |
| | | 100 - 200 000 | 104,7 | 110,4 | 105,7 | 116,3 | 109,3 | 121,2 |
| | | 200 - 500 000 | 105,7 | 114,8 | 108,1 | 119,1 | 108,9 | 119,5 |
| | | 500 000 - 1 Mill. | 108,5 | 117,1 | 108,3 | 119,2 | 105,2 | 114,9 |
| | | 1 - 5 Mill. | 110,6 | 125,5 | 111,9 | 128,0 | 116,3 | 128,5 |
| | | insgesamt | 106,5 | 115,2 | 107,8 | 119,4 | 108,2 | 119,4 |
| 28 | Blumenbindereien | Beschäftigte Personen | | | | | | |
| | | 2 - 3 | 111,6 | 115,5 | 115,0 | 124,8 | 86,0 | 122,1 |
| | | 4 - 5 | 105,8 | 102,9 | 109,4 | 107,6 | 114,5 | 122,0 |
| | | 6 - 10 | 109,4 | 117,4 | 109,7 | 117,3 | 111,0 | 113,3 |
| | | 11 - 20 | 101,6 | 111,6 | 103,2 | 111,8 | 98,9 | 111,2 |
| | | Jahresabsatz in DM | | | | | | |
| | | 50 - 100 000 | 110,1 | 106,8 | 112,0 | 106,6 | 105,3 | 104,8 |
| | | 100 - 200 000 | 110,3 | 118,1 | 110,0 | 116,1 | 114,6 | 128,2 |
| | | 200 - 500 000 | 105,4 | 112,6 | 107,3 | 116,6 | 104,9 | 116,6 |
| | | insgesamt | 107,2 | 113,0 | 109,4 | 115,5 | 108,0 | 116,9 |
| 29 | Gemischtwarengeschäfte | Beschäftigte Personen | | | | | | |
| | | 2 - 3 | 107,7 | 119,0 | 107,5 | 116,7 | 104,8 | 118,5 |
| | | 4 - 5 | 103,2 | 113,7 | 104,0 | 111,7 | 93,2 | 103,6 |
| | | 6 - 10 | 101,2 | 110,4 | 101,1 | 105,1 | 101,1 | 102,2 |
| | | Jahresabsatz in DM | | | | | | |
| | | 100 - 200 000 | 107,6 | 115,1 | 106,6 | 117,0 | 97,2 | 111,6 |
| | | 200 - 500 000 | 102,3 | 109,9 | 103,3 | 109,8 | 98,9 | 104,6 |
| | | insgesamt | 104,7 | 110,7 | 104,9 | 111,7 | 100,4 | 109,0 |

Tabelle 16

Die Beschaffungswege in Prozenten der gesamten Warenbeschaffung
im Durchschnitt der Personengrößenklassen in den Jahren 1958, 1959 und 1960

E=von Erzeugern; G=von Großhändlern und durch Einkaufsgemeinschaften[1]

| Lf. Nr. | Branche | Jahr | Größenklasse nach Zahl der beschäftigten Personen | | | | | | | | | | | |
|---|---|---|---|---|---|---|---|---|---|---|---|---|---|---|
| | | | 1 | | 2-3 | | 4-5 | | 6-10 | | 11-20 | | 21-50 | | 51 u. mehr |
| | | | E | G | E | G | E | G | E | G | E | G | E | G | E | G |
| 1 | Lebensmitteleinzelhandel | 1958 | 8 | 92 | 15 | 85 | 22 | 77 | 27 | 71 | 33 | 64 | 65 | 35 | . | . |
| | | 1959 | 11 | 89 | 12 | 88 | 20 | 78 | 24 | 73 | 44 | 55 | 55 | 42 | . | . |
| | | 1960 | 9 | 90 | 14 | 85 | 21 | 77 | 24 | 74 | 44 | 56 | 58 | 42 | - | - |
| 2 | Drogerien | 1958 | . | . | 45 | 55 | 50 | 50 | 57 | 43 | 67 | 33 | 61 | 36 | - | - |
| | | 1959 | 37 | 63 | 47 | 53 | 49 | 51 | 58 | 41 | 63 | 37 | 72 | 26 | - | - |
| | | 1960 | . | . | 44 | 56 | 48 | 51 | 56 | 43 | 67 | 33 | 69 | 30 | - | - |
| 3 | Reformhäuser | 1958 | . | . | 81 | 19 | 86 | 14 | 81 | 19 | - | - | - | - | - | - |
| | | 1959 | . | . | 79 | 21 | 91 | 9 | 83 | 17 | - | - | - | - | - | - |
| | | 1960 | . | . | 80 | 20 | 82 | 18 | 84 | 16 | . | . | . | . | - | - |
| 4 | Tabakwareneinzelhandel | 1958 | 77 | 23 | 86 | 14 | 88 | 10 | 98 | 2 | - | - | - | - | - | - |
| | | 1959 | 78 | 22 | 90 | 10 | 90 | 10 | 87 | 13 | . | . | . | . | - | - |
| | | 1960 | 80 | 20 | 92 | 8 | 90 | 10 | 91 | 8 | - | - | - | - | - | - |
| 5 | Textileinzelhandel | 1958 | . | . | 77 | 23 | 80 | 19 | 81 | 19 | 85 | 14 | 85 | 15 | 87 | 12 |
| | | 1959 | . | . | 75 | 24 | 80 | 18 | 79 | 20 | 83 | 16 | 83 | 17 | 87 | 12 |
| | | 1960 | . | . | 73 | 27 | 80 | 18 | 79 | 20 | 82 | 17 | 82 | 17 | 87 | 12 |
| 6 | davon mit vorwiegend Herren- und Knabenoberbekleidung | 1958 | . | . | . | . | 92 | 8 | 99 | 1 | 93 | 4 | 97 | 3 | 97 | 3 |
| | | 1959 | . | . | 96 | 4 | 96 | 3 | 97 | 1 | 94 | 5 | 96 | 4 | 96 | 3 |
| | | 1960 | . | . | 96 | 4 | 97 | 2 | 96 | 2 | 96 | 3 | 94 | 5 | 97 | 2 |
| 7 | Damen-, Mädchen- und Kinderoberbekleidung | 1958 | - | - | 99 | 1 | 91 | 9 | 94 | 6 | 97 | 3 | 99 | 1 | . | . |
| | | 1959 | - | - | 84 | 16 | 92 | 7 | 96 | 2 | 95 | 4 | 97 | 2 | 98 | 1 |
| | | 1960 | - | - | 83 | 17 | 91 | 9 | 94 | 3 | 95 | 3 | 95 | 4 | 96 | 1 |
| 8 | Herren-, Damen- und Kinderoberbekleidung | 1958 | - | - | . | . | . | . | 91 | 9 | 95 | 5 | 98 | 2 | 99 | 1 |
| | | 1959 | - | - | . | . | . | . | 92 | 8 | 94 | 5 | 94 | 5 | 98 | 1 |
| | | 1960 | - | - | . | . | 95 | 4 | 94 | 5 | 93 | 6 | 94 | 6 | 97 | 2 |
| 9 | Wäsche, Wirk- und Strickwaren | 1958 | . | . | 75 | 25 | 79 | 18 | 83 | 17 | 89 | 11 | 98 | 2 | . | . |
| | | 1959 | - | - | 72 | 27 | 80 | 17 | 85 | 15 | 85 | 15 | 91 | 8 | . | . |
| | | 1960 | - | - | 66 | 34 | 77 | 21 | 84 | 14 | 83 | 15 | 96 | 4 | 84 | 11 |
| 10 | Haus- und Bettwäsche, Bettwaren | 1958 | - | - | . | . | . | . | 96 | 4 | 85 | 15 | 92 | 8 | . | . |
| | | 1959 | - | - | . | . | 83 | 13 | 82 | 17 | 85 | 14 | 92 | 8 | . | . |
| | | 1960 | - | - | . | . | 85 | 12 | 85 | 13 | 79 | 20 | 94 | 6 | . | . |
| 11 | gemischtem Sortiment | 1958 | . | . | 64 | 36 | 70 | 30 | 66 | 34 | 72 | 28 | 73 | 27 | 80 | 20 |
| | | 1959 | . | . | 63 | 36 | 69 | 20 | 60 | 40 | 69 | 30 | 73 | 26 | 79 | 21 |
| | | 1960 | . | . | 60 | 40 | 65 | 34 | 61 | 39 | 67 | 33 | 70 | 29 | 81 | 19 |
| 12 | Schuheinzelhandel | 1958 | . | . | 44 | 55 | 36 | 64 | 41 | 59 | 46 | 54 | 42 | 58 | 66 | 34 |
| | | 1959 | . | . | 39 | 60 | 40 | 59 | 40 | 59 | 42 | 57 | 36 | 64 | 66 | 33 |
| | | 1960 | . | . | 32 | 68 | 31 | 68 | 30 | 69 | 46 | 54 | 28 | 72 | 64 | 34 |
| 13 | Möbeleinzelhandel | 1958 | - | - | . | . | 98 | 2 | 94 | 6 | 91 | 8 | 95 | 5 | 96 | 4 |
| | | 1959 | - | - | 97 | 2 | 90 | 4 | 91 | 8 | 90 | 8 | 94 | 5 | 96 | 2 |
| | | 1960 | . | . | 94 | 3 | 91 | 8 | 90 | 8 | 88 | 10 | 92 | 7 | 95 | 3 |
| 14 | Glas-, Porzellan- und Keramikeinzelhandel | 1958 | . | . | 77 | 23 | 65 | 35 | 64 | 36 | 81 | 19 | 73 | 27 | . | . |
| | | 1959 | - | - | 66 | 34 | 60 | 40 | 61 | 39 | 77 | 23 | 82 | 18 | 70 | 30 |
| | | 1960 | - | - | 49 | 51 | 48 | 52 | 64 | 36 | 75 | 24 | 84 | 15 | . | . |
| 15 | Eisenwaren- und Hausrathandel | 1958 | - | - | 35 | 63 | 44 | 55 | 42 | 57 | 54 | 45 | 57 | 43 | 74 | 26 |
| | | 1959 | . | . | 39 | 60 | 41 | 59 | 43 | 56 | 49 | 50 | 53 | 46 | 69 | 31 |
| | | 1960 | - | - | 41 | 59 | 42 | 58 | 38 | 62 | 49 | 51 | 50 | 49 | 67 | 33 |
| 16 | davon mit vorwiegend Haus- und Küchengeräten | 1958 | - | - | 21 | 79 | 47 | 53 | 31 | 69 | 50 | 50 | 62 | 38 | . | . |
| | | 1959 | - | - | 34 | 66 | 38 | 62 | 38 | 62 | 51 | 49 | 48 | 52 | . | . |
| | | 1960 | - | - | 34 | 66 | 33 | 67 | 29 | 71 | 36 | 64 | 52 | 48 | . | . |
| 17 | Kleineisenwaren, Werkzeugen | 1958 | - | - | . | . | . | . | 60 | 40 | 64 | 36 | 66 | 34 | . | . |
| | | 1959 | - | - | . | . | . | . | 55 | 45 | 59 | 41 | 62 | 38 | . | . |
| | | 1960 | - | - | . | . | . | . | 50 | 50 | 62 | 38 | 53 | 47 | . | . |
| 18 | gemischtem Sortiment | 1958 | - | - | . | . | 38 | 59 | 39 | 60 | 46 | 53 | 52 | 47 | . | . |
| | | 1959 | - | - | . | . | 38 | 62 | 39 | 60 | 43 | 56 | 50 | 48 | 70 | 30 |
| | | 1960 | - | - | 35 | 65 | 43 | 57 | 38 | 62 | 45 | 55 | 49 | 50 | 69 | 31 |
| 19 | Tapeten- und Linoleumhandel | 1958 | - | - | . | . | . | . | 88 | 12 | 94 | 6 | 94 | 6 | 96 | 4 |
| | | 1959 | - | - | . | . | . | . | 90 | 10 | 93 | 7 | 93 | 6 | 97 | 2 |
| | | 1960 | - | - | . | . | 91 | 8 | 89 | 10 | 91 | 8 | 91 | 8 | 94 | 5 |
| 20 | Papier-, Bürobedarf- und Schreibwareneinzelhandel | 1958 | . | . | 45 | 55 | 56 | 44 | 67 | 33 | 59 | 41 | 68 | 31 | . | . |
| | | 1959 | . | . | 43 | 57 | 59 | 41 | 64 | 36 | 58 | 42 | 63 | 33 | . | . |
| | | 1960 | . | . | 43 | 57 | 56 | 44 | 66 | 33 | 59 | 41 | 64 | 35 | . | . |
| 21 | Büromaschinen-, -möbel- und Organisationsmittelhandel | 1958 | - | - | . | . | . | . | 93 | 6 | 63 | 37 | 80 | 19 | 92 | 8 |
| | | 1959 | - | - | . | . | . | . | 74 | 24 | 78 | 22 | 84 | 14 | 92 | 8 |
| | | 1960 | - | - | . | . | . | . | 83 | 14 | 76 | 23 | 83 | 15 | 93 | 7 |
| 22 | Radio- und Fernseheinzelhandel | 1958 | - | - | 44 | 54 | 56 | 44 | 49 | 51 | 57 | 43 | 65 | 35 | . | . |
| | | 1959 | - | - | 49 | 51 | 51 | 49 | 49 | 50 | 61 | 38 | 67 | 33 | . | . |
| | | 1960 | . | . | 36 | 63 | 37 | 63 | 46 | 54 | 55 | 45 | 63 | 37 | . | . |
| 23 | Photoeinzelhandel | 1958 | - | - | . | . | . | . | 87 | 13 | 89 | 11 | 94 | 6 | 96 | 4 |
| | | 1959 | - | - | . | . | 77 | 23 | 88 | 12 | 91 | 8 | 92 | 8 | 98 | 2 |
| | | 1960 | - | - | . | . | . | . | 84 | 15 | 90 | 9 | 93 | 7 | 94 | 6 |
| 24 | Uhren-, Juwelen-, Gold- und Silberwareneinzelhandel | 1958 | . | . | 34 | 66 | 43 | 57 | 48 | 50 | 47 | 51 | . | . | - | - |
| | | 1959 | . | . | 30 | 65 | 38 | 61 | 43 | 55 | 50 | 47 | . | . | - | - |
| | | 1960 | . | . | 36 | 61 | 35 | 64 | 46 | 52 | 47 | 50 | 48 | 38 | - | - |
| 25 | Leder- und Galanteriewareneinzelhandel | 1958 | . | . | 97 | 3 | 81 | 19 | 90 | 10 | 85 | 14 | . | . | - | - |
| | | 1959 | . | . | 97 | 1 | 89 | 11 | 89 | 10 | 89 | 10 | 85 | 14 | - | - |
| | | 1960 | . | . | 93 | 6 | 93 | 6 | 90 | 10 | 90 | 8 | 92 | 8 | - | - |
| 26 | Sportartikeleinzelhandel | 1958 | - | - | 82 | 13 | . | . | 88 | 12 | 81 | 19 | 85 | 15 | . | . |
| | | 1959 | - | - | 85 | 15 | 84 | 16 | 81 | 17 | 79 | 21 | 80 | 20 | . | . |
| | | 1960 | - | - | 73 | 27 | 83 | 17 | 81 | 19 | 79 | 21 | 66 | 34 | . | . |
| 27 | Sortimentsbuchhandel[2] | 1958 | - | - | 64 | 34 | 68 | 29 | 74 | 24 | 82 | 17 | 86 | 14 | . | . |
| | | 1959 | . | . | 69 | 29 | 64 | 29 | 73 | 24 | 81 | 18 | 87 | 13 | . | . |
| | | 1960 | . | . | 65 | 35 | 65 | 33 | 74 | 24 | 83 | 16 | 87 | 12 | . | . |
| 28 | Blumenbindereien[3] | 1958 | - | - | 54 | 44 | 51 | 48 | 56 | 39 | 50 | 43 | . | . | - | - |
| | | 1959 | - | - | 57 | 43 | 54 | 46 | 60 | 38 | 58 | 33 | . | . | - | - |
| | | 1960 | - | - | 52 | 48 | 47 | 45 | 63 | 30 | 61 | 31 | . | . | - | - |
| 29 | Gemischtwarengeschäfte | 1958 | . | . | 20 | 80 | 13 | 87 | 18 | 82 | 33 | 67 | . | . | - | - |
| | | 1959 | . | . | 14 | 86 | 15 | 85 | 17 | 83 | 38 | 62 | . | . | - | - |
| | | 1960 | . | . | 15 | 85 | 16 | 82 | 20 | 80 | . | . | 43 | 56 | - | - |

[1] Die Differenz zwischen E+G und 100 % ergibt die sonstigen Beschaffungswege, die nicht gesondert ausgewiesen sind
[2] Beim Sortimentsbuchhandel bedeutet: E=von Verlegern; G=von Grossisten und Barsortimentern
[3] Bei den Blumenbindereien bedeutet: E=von Erzeugern und aus eigener Gärtnerei; G= n u r von Großhändlern

Tabelle 17

Die Beschaffungswege in Prozenten der gesamten Warenbeschaffung
im Durchschnitt der Absatzgrößenklassen in den Jahren 1958, 1959 und 1960

E= von Erzeugern; G=von Großhändlern und durch Einkaufsgemeinschaften[1]

| Lf. Nr. | Branche | Jahr | Größenklasse nach Jahresabsatz in DM | | | | | | | | | | | | |
|---|---|---|---|---|---|---|---|---|---|---|---|---|---|---|---|
| | | | 20 000–50 000 | | 50 000–100 000 | | 100 000–200 000 | | 200 000–500 000 | | 500 000–1 Mill. | | 1 Mill.–5 Mill. | | über 5 Mill. | |
| | | | E | G | E | G | E | G | E | G | E | G | E | G | E | G |
| 1 | Lebensmitteleinzelhandel | 1958 | . | . | 9 | 91 | 17 | 83 | 24 | 74 | 33 | 64 | 65 | 35 | . | . |
| | | 1959 | . | . | 11 | 89 | 14 | 85 | 20 | 78 | 39 | 59 | 55 | 42 | – | – |
| | | 1960 | . | . | 9 | 89 | 16 | 83 | 21 | 77 | 36 | 63 | 50 | 49 | – | – |
| 2 | Drogerien | 1958 | . | . | 45 | 55 | 51 | 49 | 57 | 43 | 68 | 31 | . | . | – | – |
| | | 1959 | . | . | 45 | 55 | 51 | 49 | 57 | 42 | 65 | 27 | . | . | – | – |
| | | 1960 | – | – | 40 | 60 | 48 | 52 | 56 | 43 | 68 | 32 | . | . | – | – |
| 3 | Reformhäuser | 1958 | – | – | . | . | 86 | 14 | 79 | 21 | . | . | – | – | – | – |
| | | 1959 | – | – | 74 | 26 | 86 | 14 | 84 | 16 | . | . | – | – | – | – |
| | | 1960 | . | . | 76 | 24 | 80 | 20 | 86 | 14 | . | . | – | – | – | – |
| 4 | Tabakwareneinzelhandel | 1958 | . | . | 74 | 26 | 85 | 15 | 97 | 3 | . | . | . | . | – | – |
| | | 1959 | – | – | 73 | 27 | 88 | 11 | 93 | 7 | 92 | 8 | – | – | – | – |
| | | 1960 | – | – | 77 | 23 | 91 | 9 | 93 | 7 | 93 | 6 | – | – | – | – |
| 5 | Textileinzelhandel | 1958 | 75 | 25 | 70 | 30 | 80 | 20 | 81 | 19 | 84 | 15 | 88 | 12 | 91 | 9 |
| | | 1959 | . | . | 75 | 23 | 77 | 23 | 79 | 20 | 83 | 17 | 87 | 12 | 87 | 12 |
| | | 1960 | . | . | 73 | 27 | 76 | 24 | 79 | 20 | 81 | 18 | 86 | 13 | 90 | 9 |
| 6 | davon mit vorwiegend Herren- und Knabenoberbekleidung | 1958 | . | . | . | . | . | . | 98 | 2 | 92 | 4 | 97 | 3 | 96 | 4 |
| | | 1959 | – | – | . | . | 98 | 2 | 96 | 2 | 95 | 5 | 96 | 3 | 95 | 4 |
| | | 1960 | – | – | . | . | 96 | 4 | 96 | 3 | 97 | 2 | 95 | 4 | 96 | 3 |
| 7 | Damen-, Mädchen- und Kinderoberbekleidung | 1958 | – | – | . | . | 96 | 4 | 96 | 4 | 96 | 3 | 99 | 1 | . | . |
| | | 1959 | – | – | 99 | – | 82 | 18 | 96 | 3 | 95 | 5 | 97 | 2 | 99 | – |
| | | 1960 | – | – | . | . | 86 | 14 | 94 | 3 | 94 | 5 | 95 | 3 | . | . |
| 8 | Herren-, Damen- und Kinderoberbekleidung | 1958 | – | – | . | . | . | . | 94 | 6 | 93 | 6 | 98 | 2 | 99 | 1 |
| | | 1959 | – | – | . | . | . | . | 93 | 7 | 93 | 6 | 96 | 4 | 98 | 1 |
| | | 1960 | – | – | . | . | 95 | 4 | 94 | 5 | 92 | 7 | 95 | 4 | 98 | 1 |
| 9 | Wäsche, Wirk- und Strickwaren | 1958 | . | . | 65 | 35 | 77 | 22 | 84 | 15 | 93 | 7 | 96 | 3 | – | – |
| | | 1959 | . | . | 71 | 28 | 76 | 23 | 82 | 16 | 89 | 10 | 97 | 2 | – | – |
| | | 1960 | – | – | 65 | 35 | 69 | 30 | 84 | 14 | 84 | 13 | 93 | 6 | . | . |
| 10 | Haus- und Bettwäsche, Bettwaren | 1958 | – | – | – | – | . | . | 90 | 10 | 86 | 14 | 96 | 4 | – | – |
| | | 1959 | – | – | – | – | 74 | 22 | 84 | 15 | 86 | 14 | 97 | 2 | – | – |
| | | 1960 | – | – | – | – | 78 | 18 | 83 | 15 | 83 | 16 | 94 | 5 | . | . |
| 11 | gemischtem Sortiment | 1958 | . | . | 65 | 35 | 70 | 30 | 65 | 35 | 71 | 29 | 77 | 23 | 85 | 15 |
| | | 1959 | . | . | 64 | 36 | 66 | 33 | 64 | 36 | 69 | 31 | 77 | 23 | 80 | 20 |
| | | 1960 | . | . | 65 | 35 | 63 | 37 | 63 | 37 | 67 | 33 | 75 | 24 | 85 | 15 |
| 12 | Schuheinzelhandel | 1958 | 30 | 66 | 45 | 55 | 36 | 63 | 38 | 62 | 49 | 51 | 47 | 53 | . | . |
| | | 1959 | . | . | 43 | 57 | 36 | 64 | 40 | 60 | 44 | 56 | 42 | 58 | . | . |
| | | 1960 | . | . | 35 | 65 | 26 | 73 | 33 | 66 | 41 | 59 | 36 | 64 | 73 | 23 |
| 13 | Möbeleinzelhandel | 1958 | – | – | – | – | 96 | 4 | 95 | 5 | 95 | 5 | 93 | 7 | 96 | 4 |
| | | 1959 | – | – | . | . | 88 | 4 | 91 | 6 | 91 | 8 | 93 | 6 | 98 | 1 |
| | | 1960 | – | – | . | . | 94 | 3 | 89 | 10 | 90 | 9 | 90 | 8 | 96 | 3 |
| 14 | Glas-, Porzellan- und Keramikeinzelhandel | 1958 | . | . | . | . | 67 | 33 | 70 | 30 | 87 | 13 | 70 | 30 | – | – |
| | | 1959 | – | – | . | . | 61 | 39 | 66 | 34 | 85 | 15 | 73 | 27 | – | – |
| | | 1960 | – | – | 58 | 42 | 43 | 57 | 64 | 36 | 87 | 12 | 76 | 23 | – | – |
| 15 | Eisenwaren- und Hausrathandel | 1958 | . | . | 33 | 67 | 37 | 63 | 45 | 54 | 52 | 47 | 62 | 37 | 87 | 13 |
| | | 1959 | – | – | 28 | 72 | 44 | 55 | 42 | 57 | 48 | 52 | 57 | 42 | 74 | 26 |
| | | 1960 | . | . | 30 | 70 | 40 | 60 | 39 | 61 | 47 | 53 | 55 | 44 | 74 | 26 |
| 16 | davon mit vorwiegend Haus- und Küchengeräten | 1958 | – | – | 31 | 69 | 38 | 62 | 41 | 59 | 53 | 47 | 65 | 35 | . | . |
| | | 1959 | – | – | 25 | 75 | 48 | 52 | 38 | 62 | 46 | 54 | 54 | 46 | . | . |
| | | 1960 | . | . | 27 | 73 | 38 | 62 | 31 | 69 | 40 | 59 | 54 | 46 | – | – |
| 17 | Kleineisenwaren, Werkzeugen | 1958 | – | – | – | – | 36 | 59 | 66 | 34 | 62 | 38 | 71 | 29 | . | . |
| | | 1959 | – | – | – | – | 44 | 54 | 55 | 45 | 63 | 37 | 62 | 38 | . | . |
| | | 1960 | – | – | . | . | 48 | 52 | 51 | 49 | 55 | 45 | 63 | 37 | . | . |
| 18 | gemischtem Sortiment | 1958 | . | . | . | . | 37 | 63 | 39 | 60 | 44 | 55 | 58 | 41 | 86 | 14 |
| | | 1959 | . | . | . | . | 41 | 59 | 39 | 60 | 40 | 59 | 55 | 44 | 72 | 28 |
| | | 1960 | . | . | . | . | 37 | 63 | 39 | 61 | 43 | 57 | 51 | 48 | 72 | 28 |
| 19 | Tapeten- und Linoleumhandel | 1958 | – | – | – | – | 83 | 17 | 90 | 10 | 93 | 7 | 94 | 6 | . | . |
| | | 1959 | – | – | . | . | . | . | 91 | 9 | 92 | 8 | 95 | 5 | . | . |
| | | 1960 | – | – | . | . | 86 | 14 | 92 | 8 | 90 | 10 | 92 | 7 | . | . |
| 20 | Papier-, Bürobedarf- und Schreibwareneinzelhandel | 1958 | . | . | 39 | 61 | 60 | 40 | 60 | 40 | 66 | 34 | 71 | 29 | – | – |
| | | 1959 | . | . | 47 | 53 | 58 | 42 | 61 | 38 | 56 | 43 | 67 | 29 | – | – |
| | | 1960 | 41 | 59 | 46 | 54 | 54 | 45 | 62 | 38 | 62 | 38 | 67 | 32 | – | – |
| 21 | Büromaschinen-, -möbel- und Organisationsmittelhandel | 1958 | – | – | – | – | . | . | 82 | 17 | 64 | 33 | 84 | 16 | . | . |
| | | 1959 | – | – | – | – | . | . | 75 | 23 | 75 | 25 | 86 | 12 | . | . |
| | | 1960 | – | – | – | – | . | . | 77 | 19 | 78 | 22 | 84 | 14 | 95 | 5 |
| 22 | Radio- und Fernseheinzelhandel | 1958 | – | – | 50 | 50 | 40 | 59 | 53 | 47 | 59 | 41 | 75 | 25 | – | – |
| | | 1959 | – | – | . | . | 49 | 51 | 43 | 50 | 62 | 37 | 71 | 29 | – | – |
| | | 1960 | – | – | 28 | 72 | 53 | 46 | 38 | 62 | 61 | 39 | 63 | 37 | . | . |
| 23 | Photoeinzelhandel | 1958 | . | . | 89 | 10 | 74 | 26 | 90 | 10 | 93 | 7 | 96 | 4 | – | – |
| | | 1959 | . | . | 85 | 14 | 75 | 25 | 91 | 9 | 91 | 9 | 96 | 4 | . | . |
| | | 1960 | . | . | . | . | 84 | 12 | 84 | 16 | 93 | 7 | 94 | 6 | . | . |
| 24 | Uhren-, Juwelen-, Gold- und Silberwareneinzelhandel | 1958 | 28 | 72 | 28 | 72 | 37 | 63 | 49 | 49 | 60 | 38 | . | . | – | – |
| | | 1959 | 32 | 68 | 28 | 69 | 31 | 66 | 48 | 50 | 55 | 41 | 54 | 27 | – | – |
| | | 1960 | . | . | 33 | 63 | 34 | 65 | 47 | 52 | 54 | 44 | 59 | 27 | – | – |
| 25 | Leder- und Galanteriewareneinzelhandel | 1958 | – | – | 94 | 6 | 89 | 11 | 87 | 13 | 86 | 13 | . | . | – | – |
| | | 1959 | . | . | 97 | 2 | 94 | 5 | 87 | 12 | 88 | 11 | 90 | 9 | – | – |
| | | 1960 | . | . | . | . | 94 | 5 | 91 | 9 | 89 | 9 | 92 | 8 | – | – |
| 26 | Sportartikeleinzelhandel | 1958 | . | . | . | . | . | . | 90 | 10 | 82 | 18 | 85 | 15 | – | – |
| | | 1959 | . | . | . | . | 79 | 21 | 86 | 14 | 75 | 24 | 84 | 16 | – | – |
| | | 1960 | . | . | . | . | 76 | 24 | 80 | 20 | 80 | 20 | 65 | 35 | – | – |
| 27 | Sortimentsbuchhandel[2] | 1958 | – | – | 55 | 42 | 67 | 31 | 75 | 23 | 84 | 14 | 87 | 13 | – | – |
| | | 1959 | – | – | . | . | 62 | 33 | 76 | 23 | 82 | 17 | 86 | 13 | – | – |
| | | 1960 | . | . | . | . | 65 | 35 | 73 | 25 | 82 | 17 | 87 | 12 | – | – |
| 28 | Blumenbindereien[3] | 1958 | 49 | 47 | 60 | 39 | 50 | 47 | 50 | 43 | . | . | – | – | – | – |
| | | 1959 | 49 | 51 | 70 | 30 | 68 | 30 | 50 | 47 | . | . | – | – | – | – |
| | | 1960 | 43 | 57 | 68 | 32 | 48 | 43 | 63 | 32 | 63 | 19 | . | . | – | – |
| 29 | Gemischtwarengeschäfte | 1958 | . | . | . | . | 16 | 84 | 16 | 84 | . | . | . | . | – | – |
| | | 1959 | – | – | . | . | 14 | 86 | 18 | 82 | . | . | . | . | – | – |
| | | 1960 | . | . | 15 | 85 | 16 | 84 | 16 | 83 | . | . | . | . | – | – |

1) Die Differenz zwischen E+G und 100 % ergibt die sonstigen Beschaffungswege, die nicht gesondert ausgewiesen sind
2) Beim Sortimentsbuchhandel bedeutet: E=von Verlegern; G=von Grossisten und Barsortimentern
3) Bei den Blumenbindereien bedeutet: E=von Erzeugern und aus eigener Gärtnerei; G= n u r von Großhändlern

Tabelle 18

Entwicklung des Lagerbestandes, Umschlagsgeschwindigkeit und Lagerbestand je beschäftigte Person in DM im Durchschnitt der Branchen in den Jahren 1958, 1959 und 1960

| Lf. Nr. | Branche | Entwicklung des Lagerbestandes vom 1.1. zum 31.12. (1.1.=100) | | | Umschlagsgeschwindigkeit[1] | | | Lagerbestand je beschäftigte Person in DM | | |
|---|---|---|---|---|---|---|---|---|---|---|
| | | 1958 | 1959 | 1960 | 1958 | 1959 | 1960 | 1958 | 1959 | 1960 |
| 1 | Lebensmitteleinzelhandel | 107 | 107 | 104 | 13,3 | 13,8 | 13,7 | 3 640 | 3 910 | 4 070 |
| 2 | Drogerien | 107 | 108 | 108 | 4,5 | 4,3 | 4,2 | 6 000 | 6 550 | 6 670 |
| 3 | Reformhäuser | 107 | 106 | 102 | 7,2 | 6,9 | 6,2 | 5 190 | 5 700 | 6 000 |
| 4 | Tabakwareneinzelhandel | 109 | 102 | 106 | 8,7 | 8,1 | 8,3 | 8 970 | 9 500 | 9 310 |
| 5 | Textileinzelhandel | 99 | 103 | 104 | 3,3 | 3,2 | 3,2 | 9 300 | 9 540 | 9 930 |
| | davon mit vorwiegend | | | | | | | | | |
| 6 | Herren- und Knabenoberbekleidung | 96 | 101 | 106 | 3,5 | 3,4 | 3,4 | 12 210 | 12 900 | 13 180 |
| 7 | Damen-, Mädchen- und Kinderoberbekleidung | 95 | 102 | 99 | 3,6 | 3,7 | 3,4 | 6 930 | 6 540 | 7 530 |
| 8 | Herren-, Damen- und Kinderoberbekleidung | 98 | 104 | 105 | 3,4 | 3,2 | 3,6 | 9 640 | 9 760 | 10 340 |
| 9 | Meterwaren | 101 | 103 | 107 | 3,1 | 3,0 | 3,4 | 7 720 | 8 390 | 9 310 |
| 10 | Wäsche, Wirk- und Strickwaren | 101 | 103 | 104 | 3,0 | 3,0 | 3,1 | 10 090 | 9 940 | 10 020 |
| 11 | Haus- und Bettwäsche, Bettwaren | 98 | 99 | 105 | 3,9 | 3,7 | 3,9 | 7 150 | 7 660 | 7 860 |
| 12 | Herrenausstattung | 98 | 104 | 104 | 2,9 | 2,9 | 2,9 | 11 810 | 12 390 | 12 080 |
| 13 | Teppichen, Möbelstoffen und Gardinen | 98 | 104 | 108 | 3,5 | 3,1 | 2,8 | 6 670 | 7 980 | 10 670 |
| 14 | gemischtem Sortiment | 101 | 103 | 105 | 3,2 | 3,0 | 3,0 | 9 120 | 9 300 | 9 420 |
| 15 | Schuheinzelhandel | 99 | 112 | 101 | 2,5 | 2,5 | 2,5 | 11 460 | 11 640 | 11 980 |
| 16 | Möbeleinzelhandel | 106 | 102 | 110 | 4,9 | 4,4 | 4,5 | 10 280 | 11 020 | 11 390 |
| 17 | Beleuchtungs- und Elektroeinzelh. | 101 | 108 | 107 | 4,7 | 4,3 | 4,3 | 4 440 | 4 480 | 5 100 |
| 18 | Glas-, Porzellan- und Keramikeinzelhandel | 109 | 100 | 106 | 3,3 | 3,1 | 3,2 | 7 880 | 8 260 | 8 270 |
| 19 | Eisenwaren- und Hausrathandel | 105 | 106 | 109 | 4,5 | 4,5 | 4,2 | 8 300 | 8 460 | 9 600 |
| | davon mit vorwiegend | | | | | | | | | |
| 20 | Haus- und Küchengeräten | 109 | 102 | 107 | 3,4 | 3,0 | 3,0 | 7 280 | 8 190 | 8 330 |
| 21 | Kleineisenwaren, Werkzeugen | 108 | 111 | 114 | 4,8 | 5,0 | 4,2 | 8 140 | 7 820 | 10 060 |
| 22 | Öfen und Herden | 98 | 103 | 101 | 5,0 | 5,0 | 5,2 | 8 080 | 7 510 | 8 250 |
| 23 | gemischtem Sortiment | 103 | 106 | 109 | 4,6 | 4,8 | 4,5 | 8 690 | 8 800 | 9 960 |
| 24 | Tapeten- und Linoleumhandel | 118 | 103 | 110 | 6,0 | 6,1 | 5,3 | 5 470 | 5 540 | 6 130 |
| 25 | Papier-, Bürobedarf- und Schreibwareneinzelhandel | 108 | 103 | 107 | 5,4 | 5,6 | 5,7 | 4 710 | 4 920 | 5 230 |
| 26 | Büromaschinen-, -möbel- und Organisationsmittelhandel | 104 | 107 | 111 | 7,3 | 7,7 | 7,6 | 5 730 | 5 380 | 5 520 |
| 27 | Fahrradeinzelhandel | 108 | 114 | 112 | 3,9 | 3,8 | 3,7 | 6 600 | 7 980 | 9 430 |
| 28 | Radio- und Fernseheinzelhandel | 109 | 101 | 108 | 4,5 | 4,5 | 4,3 | 6 850 | 7 620 | 7 470 |
| 29 | Photoeinzelhandel | 105 | 107 | 106 | 4,4 | 4,0 | 4,4 | 4 410 | 4 730 | 5 200 |
| 30 | Uhren-, Juwelen-, Gold- und Silbarwareneinzelhandel | 109 | 108 | 108 | 1,7 | 1,6 | 1,6 | 15 030 | 15 370 | 16 470 |
| 31 | Leder- und Galanteriewareneinzelhandel | 102 | 108 | 91 | 3,4 | 3,3 | 3,5 | 9 040 | 9 560 | 9 620 |
| 32 | Sportartikeleinzelhandel | 104 | 107 | 105 | 2,9 | 2,9 | 3,0 | 11 420 | 11 840 | 12 450 |
| 33 | Sortimentsbuchhandel | 115 | 109 | 105 | 4,5 | 4,4 | 4,3 | 4 650 | 4 940 | 5 330 |
| 34 | Blumenbindereien | 108 | 103 | 108 | 24,8 | 25,5 | 27,6 | 630 | 870 | 840 |
| 35 | Gemischtwarengeschäfte | 106 | 107 | 105 | 6,7 | 7,2 | 6,7 | 6 520 | 7 800 | 8 720 |
| | Einzelhandel insgesamt | 103 | 105 | 105 | 5,1 | 5,1 | 5,0 | 8 230 | 8 530 | 8 900 |

[1] Jahresabsatz zu Einstandspreisen geteilt durch den durchschnittlichen Lagerbestand zu Einstandspreisen

Tabelle 19

Die Umschlagsgeschwindigkeit des Warenlagers[1]
im Durchschnitt der Branchen und Personengrößenklassen in den Jahren 1958, 1959 und 1960

| Lf. Nr. | Branche | Jahr | \multicolumn{7}{c|}{Größenklasse nach Zahl der beschäftigten Personen} | insgesamt |
|---|---|---|---|---|---|---|---|---|---|---|
| | | | 1 | 2-3 | 4-5 | 6-10 | 11-20 | 21-50 | 51 und mehr | |
| 1 | Lebensmitteleinzelhandel | 1958 | 10,8 | 13,9 | 12,8 | 13,5 | 13,1 | 13,3 | . | 13,3 |
| | | 1959 | 12,6 | 13,6 | 14,0 | 14,2 | 12,9 | 15,2 | . | 13,8 |
| | | 1960 | 11,0 | 13,3 | 14,2 | 13,5 | 14,2 | 13,5 | . | 13,7 |
| 2 | Drogerien | 1958 | . | 4,6 | 4,1 | 4,7 | 5,2 | 5,3 | - | 4,5 |
| | | 1959 | 3,3 | 4,1 | 3,9 | 4,7 | 5,0 | 4,8 | - | 4,3 |
| | | 1960 | . | 3,9 | 3,9 | 4,5 | 4,7 | . | - | 4,2 |
| 3 | Reformhäuser | 1958 | . | 7,3 | 5,2 | 7,7 | - | - | - | 7,2 |
| | | 1959 | . | 6,4 | 6,2 | 7,5 | . | - | - | 6,9 |
| | | 1960 | . | 5,3 | 5,9 | 7,5 | . | - | - | 6,2 |
| 4 | Tabakwareneinzelhandel | 1958 | 6,3 | 9,1 | 8,2 | 8,0 | - | . | - | 8,7 |
| | | 1959 | 6,0 | 8,4 | 9,4 | 6,8 | . | - | - | 8,1 |
| | | 1960 | 7,9 | 8,6 | 9,1 | 7,3 | - | - | - | 8,3 |
| 5 | Textileinzelhandel | 1958 | . | 2,7 | 2,6 | 2,8 | 3,2 | 3,5 | 4,6 | 3,3 |
| | | 1959 | . | 2,3 | 2,6 | 2,7 | 3,0 | 3,4 | 4,6 | 3,2 |
| | | 1960 | . | 2,4 | 2,7 | 2,8 | 3,2 | 3,5 | 4,5 | 3,2 |
| | davon mit vorwiegend | | | | | | | | | |
| 6 | Herren- und Knabenoberbekleidung | 1958 | - | 2,1 | 2,5 | 2,6 | 3,2 | 4,5 | 5,8 | 3,5 |
| | | 1959 | - | 2,0 | 2,0 | 2,6 | 3,3 | 4,3 | 6,1 | 3,4 |
| | | 1960 | - | 1,9 | 2,4 | 2,9 | 3,6 | 3,9 | 4,6 | 3,4 |
| 7 | Damen-, Mädchen- und Kinderoberbekleidung | 1958 | - | 2,0 | 3,2 | 3,6 | 3,4 | 3,9 | 4,8 | 3,6 |
| | | 1959 | - | . | 2,6 | 2,8 | 3,1 | 4,3 | 4,8 | 3,7 |
| | | 1960 | - | 2,2 | 2,9 | 3,1 | 3,5 | 3,3 | 5,8 | 3,4 |
| 8 | Herren-, Damen- und Kinderoberbekleidung | 1958 | - | . | . | 3,1 | 3,0 | 3,0 | 4,6 | 3,4 |
| | | 1959 | - | - | . | 2,8 | 2,7 | 2,7 | 4,4 | 3,2 |
| | | 1960 | - | . | 2,8 | 3,0 | 3,2 | 3,1 | 5,1 | 3,6 |
| 9 | Wäsche, Wirk- und Strickwaren | 1958 | . | 2,7 | 2,8 | 2,8 | 3,1 | 3,9 | . | 3,0 |
| | | 1959 | - | 2,4 | 2,8 | 2,9 | 3,2 | 3,7 | . | 3,0 |
| | | 1960 | - | 2,7 | 2,8 | 3,2 | 3,3 | 4,5 | 4,0 | 3,1 |
| 10 | Haus- und Bettwäsche, Bettwaren | 1958 | - | . | . | 3,7 | 3,6 | 4,4 | . | 3,9 |
| | | 1959 | - | . | 3,2 | 3,4 | 3,5 | 4,7 | . | 3,7 |
| | | 1960 | - | . | 3,2 | 3,6 | 3,9 | . | . | 3,9 |
| 11 | gemischtem Sortiment | 1958 | . | 2,9 | 2,4 | 2,5 | 3,0 | 3,1 | 4,6 | 3,2 |
| | | 1959 | . | 2,0 | 2,7 | 2,3 | 2,8 | 3,1 | 4,5 | 3,0 |
| | | 1960 | . | 2,2 | 2,6 | 2,3 | 2,7 | 3,2 | 4,4 | 3,0 |
| 12 | Schuheinzelhandel | 1958 | 1,7 | 1,9 | 2,0 | 2,6 | 2,9 | 3,2 | 3,8 | 2,5 |
| | | 1959 | . | 2,0 | 2,0 | 2,4 | 3,0 | 2,9 | 3,6 | 2,5 |
| | | 1960 | . | 2,0 | 2,2 | 2,6 | 2,9 | 3,1 | 3,5 | 2,5 |
| 13 | Möbeleinzelhandel | 1958 | - | 5,8 | 4,0 | 4,4 | 5,0 | 5,2 | 6,0 | 4,9 |
| | | 1959 | . | 5,3 | 4,0 | 4,2 | 4,4 | 4,5 | 4,7 | 4,4 |
| | | 1960 | . | 4,9 | 4,4 | 4,3 | 4,2 | 4,8 | 4,6 | 4,5 |
| 14 | Glas-, Porzellan- und Keramikeinzelhandel | 1958 | . | 2,3 | 3,1 | 3,1 | 3,6 | 3,8 | . | 3,3 |
| | | 1959 | - | 1,8 | 2,6 | 2,7 | 3,5 | 4,1 | . | 3,1 |
| | | 1960 | - | 2,3 | 2,7 | 2,9 | 3,6 | 4,2 | . | 3,2 |
| 15 | Eisenwaren- und Hausrathandel | 1958 | - | 3,5 | 2,9 | 3,9 | 4,6 | 5,5 | 6,0 | 4,5 |
| | | 1959 | - | 2,5 | 3,2 | 3,9 | 4,7 | 5,4 | 5,9 | 4,5 |
| | | 1960 | - | 2,9 | 2,9 | 3,8 | 4,5 | 4,6 | 6,3 | 4,2 |
| | davon mit vorwiegend | | | | | | | | | |
| 16 | Haus- und Küchengeräten | 1958 | - | 3,6 | 2,8 | 3,2 | 3,6 | 3,3 | . | 3,4 |
| | | 1959 | - | 2,4 | 3,3 | 2,5 | . | 3,3 | . | 3,0 |
| | | 1960 | - | . | 2,5 | 3,1 | . | 3,5 | . | 3,0 |
| 17 | Kleineisenwaren, Werkzeugen | 1958 | - | . | . | 4,5 | 5,0 | 5,9 | . | 4,8 |
| | | 1959 | - | . | . | 3,8 | 5,2 | 5,6 | . | 5,0 |
| | | 1960 | - | . | . | 3,7 | 4,5 | 4,7 | . | 4,2 |
| 18 | gemischtem Sortiment | 1958 | - | . | 3,0 | 3,9 | 4,6 | 5,7 | 5,8 | 4,6 |
| | | 1959 | - | . | 3,2 | 4,2 | 4,8 | 5,5 | 6,1 | 4,8 |
| | | 1960 | - | . | 3,1 | 3,7 | 4,5 | 4,9 | 6,4 | 4,5 |
| 19 | Tapeten- und Linoleumhandel | 1958 | - | . | . | 4,9 | 6,3 | 6,8 | . | 6,0 |
| | | 1959 | - | . | . | 4,5 | 5,7 | 7,2 | . | 6,1 |
| | | 1960 | - | . | . | 4,5 | 5,4 | 5,8 | . | 5,3 |
| 20 | Papier-, Bürobedarf- und Schreibwareneinzelhandel | 1958 | . | 4,9 | 4,5 | 5,5 | 5,8 | 6,9 | . | 5,4 |
| | | 1959 | . | 4,5 | 4,5 | 5,5 | 5,4 | 7,8 | . | 5,6 |
| | | 1960 | . | 4,6 | 5,2 | 5,0 | 6,4 | 7,2 | . | 5,7 |
| 21 | Büromaschinen-, -möbel- und Organisationsmittelhandel | 1958 | - | . | . | 6,6 | 7,7 | 7,1 | 8,0 | 7,3 |
| | | 1959 | - | . | . | 6,5 | 9,5 | 7,2 | . | 7,7 |
| | | 1960 | - | . | . | 5,7 | 8,4 | 7,7 | 8,1 | 7,6 |
| 22 | Radio- und Fernseheinzelhandel | 1958 | - | 3,0 | 4,0 | 4,2 | 4,8 | 5,6 | . | 4,5 |
| | | 1959 | - | 4,1 | 3,9 | 4,4 | 4,7 | 4,9 | . | 4,5 |
| | | 1960 | - | 3,3 | 4,9 | 4,0 | 4,4 | 4,2 | . | 4,3 |
| 23 | Photoeinzelhandel | 1958 | - | . | . | 3,8 | 4,5 | 4,9 | 5,4 | 4,4 |
| | | 1959 | - | . | 3,3 | 3,6 | 4,0 | 4,5 | . | 4,0 |
| | | 1960 | - | . | . | 3,4 | 4,9 | 5,1 | . | 4,4 |
| 24 | Uhren-, Juwelen-, Gold- und Silberwareneinzelhandel | 1958 | . | 1,5 | 1,5 | 1,7 | 2,4 | . | - | 1,7 |
| | | 1959 | . | 1,3 | 1,5 | 1,6 | 2,0 | . | - | 1,6 |
| | | 1960 | . | 1,4 | 1,5 | 1,5 | 2,0 | . | - | 1,6 |
| 25 | Leder- und Galanteriewareneinzelhandel | 1958 | . | 2,7 | 2,7 | 3,5 | 4,0 | . | - | 3,4 |
| | | 1959 | . | 1,9 | 2,9 | 3,5 | 4,1 | . | - | 3,3 |
| | | 1960 | . | 2,0 | 3,2 | 3,8 | 3,6 | 4,4 | - | 3,5 |
| 26 | Sportartikeleinzelhandel | 1958 | - | 1,7 | . | 2,4 | 2,9 | 4,6 | - | 2,9 |
| | | 1959 | - | 1,8 | 2,3 | 3,1 | 3,0 | 3,9 | . | 2,9 |
| | | 1960 | - | 2,0 | 2,2 | 2,7 | 2,7 | 4,1 | . | 3,0 |
| 27 | Sortimentsbuchhandel | 1958 | - | 3,9 | 4,1 | 4,7 | 4,3 | 6,9 | . | 4,5 |
| | | 1959 | - | 4,7 | 3,8 | 4,1 | 4,7 | 5,3 | . | 4,4 |
| | | 1960 | - | 3,5 | 4,2 | 3,9 | 4,9 | 4,8 | . | 4,3 |
| 28 | Blumenbindereien | 1958 | - | . | 22,9 | 21,7 | 45,1 | . | - | 24,8 |
| | | 1959 | - | . | 25,6 | 21,2 | 36,4 | . | - | 25,5 |
| | | 1960 | - | 14,5 | 41,6 | 20,5 | 34,0 | . | - | 27,6 |
| 29 | Gemischtwarengeschäfte | 1958 | . | 6,9 | 7,3 | 6,4 | 4,7 | . | - | 6,7 |
| | | 1959 | . | 8,5 | 6,6 | 7,6 | . | . | - | 7,2 |
| | | 1960 | . | 6,9 | 7,1 | 5,1 | . | . | - | 6,7 |

[1] Jahresabsatz zu Einstandspreisen geteilt durch den durchschnittlichen Lagerbestand zu Einstandspreisen

Tabelle 19a

Die Umschlagsgeschwindigkeit des Warenlagers[1)]
im Durchschnitt der Branchen und Absatzgrößenklassen in den Jahren 1958, 1959 und 1960

| Lf. Nr. | Branche | Jahr | 20 000- 50 000 | 50 000- 100 000 | 100 000- 200 000 | 200 000- 500 000 | 500 000- 1 Mill. | 1 Mill.- 5 Mill. | über 5 Mill. | insgesamt |
|---|---|---|---|---|---|---|---|---|---|---|
| 1 | Lebensmitteleinzelhandel | 1958 | . | 13,7 | 12,7 | 13,8 | 13,5 | 13,3 | . | 13,3 |
|  |  | 1959 |  | 12,1 | 12,7 | 14,6 | 15,2 | 15,0 | - | 13,8 |
|  |  | 1960 |  | 10,5 | 12,5 | 14,5 | 14,3 | 14,2 | - | 13,7 |
| 2 | Drogerien | 1958 | . | 4,1 | 4,4 | 5,0 | 5,0 | . | - | 4,5 |
|  |  | 1959 |  | 3,7 | 4,0 | 5,1 | 4,5 | . | - | 4,3 |
|  |  | 1960 | - | 3,8 | 3,9 | 4,5 | 5,2 | . | - | 4,2 |
| 3 | Reformhäuser | 1958 | - | . | 6,6 | 7,1 | . | - | - | 7,2 |
|  |  | 1959 | - |  | 6,8 | 6,4 | . | - | - | 6,9 |
|  |  | 1960 | . |  | 5,7 | 6,6 | . | . | - | 6,2 |
| 4 | Tabakwareneinzelhandel | 1958 | . | 9,3 | 8,5 | 8,3 | . | - | - | 8,7 |
|  |  | 1959 | - | 8,8 | 7,5 | 8,2 | 10,0 | - | - | 8,1 |
|  |  | 1960 | . | 9,3 | 7,8 | 8,1 | 9,8 | . | - | 8,3 |
| 5 | Textileinzelhandel | 1958 | 1,9 | 2,4 | 2,5 | 2,8 | 3,2 | 4,0 | 5,5 | 3,3 |
|  |  | 1959 | . | 2,0 | 2,5 | 2,6 | 3,1 | 3,8 | 5,5 | 3,2 |
|  |  | 1960 | . | 1,9 | 2,6 | 2,8 | 3,1 | 3,8 | 5,2 | 3,2 |
|  | davon mit vorwiegend |  |  |  |  |  |  |  |  |  |
| 6 | Herren- und Knabenoberbekleidung | 1958 | . | - | . | 2,5 | 2,8 | 4,4 | 7,0 | 3,5 |
|  |  | 1959 | - | - | 1,7 | 2,4 | 2,7 | 4,4 | . | 3,4 |
|  |  | 1960 | - | . | 2,7 | 2,8 | 2,9 | 4,1 | 5,1 | 3,4 |
| 7 | Damen-, Mädchen- und Kinderoberbekleidung | 1958 | - | . | 2,4 | 3,5 | 3,5 | 4,5 | . | 3,6 |
|  |  | 1959 | - |  | 2,8 | 2,9 | 3,4 | 4,5 | 5,3 | 3,7 |
|  |  | 1960 | - |  | 2,6 | 3,3 | 3,3 | 4,0 | . | 3,4 |
| 8 | Herren-, Damen- und Kinderoberbekleidung | 1958 | - | - | . | 2,9 | 3,0 | 3,7 | 4,8 | 3,4 |
|  |  | 1959 | - | - |  | 2,7 | 2,4 | 3,4 | 5,1 | 3,2 |
|  |  | 1960 | - |  |  | 3,2 | 2,7 | 3,8 | 5,4 | 3,6 |
| 9 | Wäsche, Wirk- und Strickwaren | 1958 | . | 2,6 | 2,6 | 2,8 | 3,5 | 4,1 | - | 3,0 |
|  |  | 1959 | . | 2,0 | 2,6 | 2,8 | 3,6 | 4,2 | - | 3,0 |
|  |  | 1960 | - | 1,9 | 2,7 | 3,0 | 3,7 | 4,4 | . | 3,1 |
| 10 | Haus- und Bettwäsche, Bettwaren | 1958 | - | - | 3,5 | 3,9 | 4,8 | - | - | 3,9 |
|  |  | 1959 | - | - | 3,6 | 3,2 | 3,7 | 4,9 | - | 3,7 |
|  |  | 1960 | - | - | . | 3,7 | 3,7 | 5,3 | - | 3,9 |
| 11 | gemischtem Sortiment | 1958 | . | 2,6 | 2,6 | 2,5 | 3,0 | 3,8 | 5,7 | 3,2 |
|  |  | 1959 | . | 2,0 | 2,6 | 2,3 | 2,9 | 3,5 | 5,4 | 3,0 |
|  |  | 1960 | . | 1,9 | 2,6 | 2,3 | 2,9 | 3,6 | 5,3 | 3,0 |
| 12 | Schuheinzelhandel | 1958 | 1,7 | 1,7 | 2,1 | 2,5 | 3,1 | 3,2 | . | 2,5 |
|  |  | 1959 |  | 1,9 | 2,0 | 2,4 | 3,1 | 3,0 | . | 2,5 |
|  |  | 1960 |  | 1,9 | 2,1 | 2,5 | 2,7 | 3,4 |  | 2,5 |
| 13 | Möbeleinzelhandel | 1958 | - | . | 4,5 | 3,9 | 4,6 | 5,5 | 6,2 | 4,9 |
|  |  | 1959 | - |  | 4,5 | 4,4 | 4,1 | 4,7 | 4,8 | 4,4 |
|  |  | 1960 | - | . | 4,5 | 4,3 | 4,1 | 4,8 | 4,5 | 4,5 |
| 14 | Glas-, Porzellan- und Keramikeinzelhandel | 1958 | . | . | 3,0 | 3,1 | 3,6 | 4,4 | - | 3,3 |
|  |  | 1959 | - |  | 2,4 | 3,0 | 3,6 | 4,0 | - | 3,1 |
|  |  | 1960 | - |  | 2,7 | 3,2 | 3,7 | 4,3 | - | 3,2 |
| 15 | Eisenwaren- und Hausrathandel | 1958 | . | 2,8 | 3,0 | 3,7 | 4,4 | 6,1 | 6,1 | 4,5 |
|  |  | 1959 | . | 2,1 | 2,7 | 3,8 | 4,5 | 5,7 | 4,2 | 4,5 |
|  |  | 1960 | . | 2,8 | 2,3 | 3,4 | 4,4 | 5,0 | 7,9 | 4,2 |
|  | davon mit vorwiegend |  |  |  |  |  |  |  |  |  |
| 16 | Haus- und Küchengeräten | 1958 | - | 2,8 | 3,4 | 3,3 | 3,4 | . | . | 3,4 |
|  |  | 1959 | - | 2,2 | 2,7 | 3,2 | . | 3,7 | . | 3,0 |
|  |  | 1960 | - | . | 2,3 | 3,2 | . | 3,8 | - | 3,0 |
| 17 | Kleineisenwaren, Werkzeugen | 1958 | - | - | 3,3 | 4,2 | 4,5 | 6,5 | . | 4,8 |
|  |  | 1959 | - | - | . | 3,9 | 5,0 | 5,8 | . | 5,0 |
|  |  | 1960 | - | - | . | 3,0 | 4,3 | 4,8 | . | 4,2 |
| 18 | gemischtem Sortiment | 1958 | . | . | 2,4 | 3,7 | 4,5 | 6,1 | 5,9 | 4,6 |
|  |  | 1959 | . | . | 2,6 | 4,0 | 4,4 | 5,9 | 7,0 | 4,8 |
|  |  | 1960 | . | . | 2,4 | 3,5 | 4,3 | 5,3 | 7,8 | 4,5 |
| 19 | Tapeten- und Linoleumhandel | 1958 | - | . | 5,2 | 5,0 | 6,4 | 7,0 | - | 6,0 |
|  |  | 1959 | - | . | . | 5,4 | 6,0 | 7,1 | - | 6,1 |
|  |  | 1960 | - | . | . | 5,4 | 5,3 | 5,7 | . | 5,3 |
| 20 | Papier-, Bürobedarf- und Schreibwareneinzelhandel | 1958 | . | 3,4 | 4,5 | 5,4 | 7,0 | 7,2 | - | 5,4 |
|  |  | 1959 |  | 4,0 | 4,5 | 5,1 | 7,0 | 7,8 | - | 5,6 |
|  |  | 1960 |  | 4,3 | 4,7 | 5,1 | 7,5 | 7,2 | - | 5,7 |
| 21 | Büromaschinen-, -möbel- und Organisationsmittelhandel | 1958 | - | - | . | 7,0 | 7,0 | 7,2 | . | 7,3 |
|  |  | 1959 | - | - |  | 6,9 | 8,9 | 7,5 | . | 7,7 |
|  |  | 1960 | - | - | - | 6,5 | 7,7 | 8,3 | 7,6 | 7,6 |
| 22 | Radio- und Fernseheinzelhandel | 1958 | - | 2,6 | 3,7 | 4,0 | 5,3 | 5,8 | . | 4,5 |
|  |  | 1959 | - | . | 3,8 | 4,1 | 5,0 | 5,2 | . | 4,5 |
|  |  | 1960 | - | 2,9 | 4,0 | 4,2 | 4,7 | 4,5 | . | 4,3 |
| 23 | Photoeinzelhandel | 1958 | . | 3,0 | 2,5 | 4,3 | 5,3 | 5,3 | . | 4,4 |
|  |  | 1959 | . | . | 3,2 | 3,7 | 4,8 | 5,0 | . | 4,0 |
|  |  | 1960 | - | . | 3,2 | 3,4 | 5,1 | 5,5 | . | 4,4 |
| 24 | Uhren-, Juwelen-, Gold- und Silberwareneinzelhandel | 1958 | 1,3 | 1,4 | 1,7 | 1,8 | 2,1 | . | - | 1,7 |
|  |  | 1959 | 1,1 | 1,3 | 1,6 | 1,6 | 2,1 | . | - | 1,6 |
|  |  | 1960 | . | 1,3 | 1,6 | 1,5 | 1,9 | 1,9 | - | 1,6 |
| 25 | Leder- und Galanteriewareneinzelhandel | 1958 | . | 2,4 | 2,4 | 3,5 | 4,0 | . | - | 3,4 |
|  |  | 1959 | . | 1,7 | 2,7 | 3,3 | 4,1 | . | - | 3,3 |
|  |  | 1960 | . | . | 2,8 | 3,4 | 4,2 | 4,4 | - | 3,5 |
| 26 | Sportartikeleinzelhandel | 1958 | . | . | 1,8 | 2,2 | 3,1 | 4,7 | - | 2,9 |
|  |  | 1959 | . | . | 2,1 | 2,9 | 3,3 | 4,0 | - | 2,9 |
|  |  | 1960 | . | . | 2,3 | 2,8 | 2,8 | 4,2 | - | 3,0 |
| 27 | Sortimentsbuchhandel | 1958 | - | 3,4 | 3,9 | 4,4 | 5,3 | 6,5 | - | 4,5 |
|  |  | 1959 | - | . | 3,8 | 4,0 | 5,6 | 4,9 | - | 4,4 |
|  |  | 1960 | - | . | 3,7 | 3,8 | 5,4 | 5,0 | - | 4,3 |
| 28 | Blumenbindereien | 1958 | 9,7 | 23,2 | 24,7 | 41,6 | . | - | - | 24,8 |
|  |  | 1959 | . | 28,1 | 22,6 | 23,9 | . | - | - | 25,5 |
|  |  | 1960 | 16,1 | 36,1 | 24,3 | 21,8 | 43,0 | - | - | 27,6 |
| 29 | Gemischtwarengeschäfte | 1958 | - | . | 7,9 | 6,2 | . | . | - | 6,7 |
|  |  | 1959 | - | . | 7,9 | 6,9 | . | . | - | 7,2 |
|  |  | 1960 | . | 11,0 | 6,8 | 6,3 | . | . | - | 6,7 |

[1)] Jahresabsatz zu Einstandspreisen geteilt durch den durchschnittlichen Lagerbestand zu Einstandspreisen

Tabelle 20

Der Lagerbestand je beschäftigte Person in DM
im Durchschnitt der Branchen und Personengrößenklassen in den Jahren 1958, 1959 und 1960

| Lf. Nr. | Branche | Jahr | 1 | 2-3 | 4-5 | 6-10 | 11-20 | 21-50 | 51 und mehr | insgesamt |
|---|---|---|---|---|---|---|---|---|---|---|
| 1 | Lebensmitteleinzelhandel | 1958 | 5 110 | 3 700 | 3 520 | 3 680 | 3 410 | 3 880 | - | 3 640 |
|  |  | 1959 | 3 960 | 4 160 | 3 740 | 3 820 | 3 810 | 4 250 | . | 3 910 |
|  |  | 1960 | 4 160 | 4 320 | 3 800 | 4 080 | 3 990 | 4 590 | . | 4 070 |
| 2 | Drogerien | 1958 | . | 6 720 | 5 690 | 5 270 | 5 260 | 4 920 | - | 6 000 |
|  |  | 1959 | . | 7 270 | 6 340 | 5 900 | 5 660 | 4 810 | - | 6 550 |
|  |  | 1960 | . | 7 320 | 6 590 | 6 180 | 6 210 | 5 350 | - | 6 670 |
| 3 | Reformhäuser | 1958 | . | 5 510 | 5 670 | 4 760 | - | - | - | 5 190 |
|  |  | 1959 | . | 6 010 | 5 960 | 5 240 | . | - | - | 5 700 |
|  |  | 1960 | . | 6 060 | 6 090 | 5 760 | . | . | - | 6 000 |
| 4 | Tabakwareneinzelhandel | 1958 | 11 820 | 8 780 | 8 520 | 8 950 | - | . | - | 8 970 |
|  |  | 1959 | 16 240 | 8 910 | 7 260 | 8 730 | . | . | - | 9 500 |
|  |  | 1960 | 10 940 | 8 940 | 9 920 | 8 770 | - | - | - | 9 310 |
| 5 | Textileinzelhandel | 1958 | . | 12 360 | 11 920 | 10 620 | 9 040 | 7 660 | 5 640 | 9 300 |
|  |  | 1959 | . | 13 430 | 12 540 | 10 950 | 8 980 | 7 390 | 5 760 | 9 540 |
|  |  | 1960 | . | 13 500 | 12 310 | 11 310 | 9 300 | 7 760 | 6 170 | 9 930 |
| 6 | davon mit vorwiegend Herren- und Knaben- oberbekleidung | 1958 | . | 18 800 | 17 010 | 13 510 | 11 170 | 10 480 | 6 830 | 12 210 |
|  |  | 1959 | . | 20 750 | 18 930 | 13 500 | 10 810 | 8 900 | 6 900 | 12 900 |
|  |  | 1960 | . | 19 250 | 18 250 | 14 790 | 11 370 | 10 060 | 7 890 | 13 180 |
| 7 | Damen-, Mädchen- und Kinderoberbekleidung | 1958 | - | 11 550 | 10 670 | 8 280 | 6 720 | 5 050 | 4 190 | 6 930 |
|  |  | 1959 | - | 9 620 | 10 940 | 10 500 | 6 070 | 5 020 | 3 870 | 6 540 |
|  |  | 1960 | - | 12 850 | 9 040 | 9 590 | 6 640 | 5 840 | 3 290 | 7 530 |
| 8 | Herren-, Damen- und Kinderoberbekleidung | 1958 | - | . | . | 11 450 | 10 580 | 8 990 | 5 890 | 9 640 |
|  |  | 1959 | - | . | . | 11 030 | 10 890 | 8 850 | 6 400 | 9 760 |
|  |  | 1960 | - | . | 12 880 | 11 960 | 10 940 | 9 560 | 6 600 | 10 340 |
| 9 | Wäsche, Wirk- und Strickwaren | 1958 | - | 11 390 | 10 910 | 10 210 | 9 340 | 7 920 | . | 10 090 |
|  |  | 1959 | - | 13 080 | 10 140 | 10 130 | 8 470 | 7 260 | . | 9 940 |
|  |  | 1960 | - | 11 620 | 11 060 | 10 130 | 8 490 | 7 070 | 5 770 | 10 020 |
| 10 | Haus- und Bettwäsche, Bettwaren | 1958 | - | . | 8 900 | 7 470 | 7 350 | 6 150 | . | 7 150 |
|  |  | 1959 | - | . | 7 420 | 7 830 | 6 060 | . | . | 7 660 |
|  |  | 1960 | - | . | 10 450 | 8 150 | 6 900 | 6 300 | . | 7 860 |
| 11 | gemischtem Sortiment | 1958 | . | 11 160 | 13 070 | 11 140 | 9 170 | 7 740 | 5 510 | 9 120 |
|  |  | 1959 | . | 14 670 | 11 650 | 11 670 | 8 850 | 7 520 | 5 620 | 9 300 |
|  |  | 1960 | . | 12 950 | 11 560 | 11 810 | 9 660 | 7 370 | 5 810 | 9 420 |
| 12 | Schuheinzelhandel | 1958 | . | 14 210 | 12 410 | 10 630 | 10 400 | 8 520 | 7 280 | 11 460 |
|  |  | 1959 | . | 14 540 | 12 480 | 11 080 | 9 930 | 8 760 | 7 750 | 11 640 |
|  |  | 1960 | . | 14 690 | 12 820 | 11 040 | 10 400 | 8 790 | 6 720 | 11 980 |
| 13 | Möbeleinzelhandel | 1958 | . | 8 620 | 11 970 | 11 080 | 10 240 | 9 410 | 7 960 | 10 280 |
|  |  | 1959 | . | 11 280 | 12 540 | 11 590 | 10 830 | 10 190 | 9 240 | 11 020 |
|  |  | 1960 | . | 11 860 | 12 360 | 12 440 | 11 410 | 10 430 | 9 250 | 11 390 |
| 14 | Glas-, Porzellan- und Keramikeinzelhandel | 1958 | - | 11 110 | 9 330 | 7 780 | 7 530 | 6 240 | . | 7 880 |
|  |  | 1959 | - | 12 660 | 10 290 | 8 500 | 7 830 | 5 720 | 5 950 | 8 260 |
|  |  | 1960 | - | 9 930 | 9 550 | 9 040 | 7 890 | 6 050 | . | 8 270 |
| 15 | Eisenwaren- und Hausrathandel | 1958 | . | 9 030 | 10 220 | 8 640 | 8 090 | 7 910 | 6 340 | 8 300 |
|  |  | 1959 | . | 12 640 | 11 160 | 8 140 | 7 940 | 7 860 | 7 140 | 8 460 |
|  |  | 1960 | - | 13 860 | 11 920 | 9 200 | 9 260 | 8 790 | 8 060 | 9 600 |
| 16 | davon mit vorwiegend Haus- und Küchengeräten | 1958 | - | 8 640 | 7 840 | 7 700 | 6 680 | 6 170 | . | 7 280 |
|  |  | 1959 | - | 9 590 | 10 500 | 8 240 | 6 170 | 6 050 | . | 8 190 |
|  |  | 1960 | - | 9 980 | 9 790 | 9 220 | 7 060 | 6 310 | . | 8 330 |
| 17 | Kleineisenwaren, Werkzeugen | 1958 | - | . | . | 9 200 | 6 750 | 7 370 | . | 8 140 |
|  |  | 1959 | - | . | . | 7 710 | 6 750 | 7 460 | . | 7 820 |
|  |  | 1960 | - | . | . | 8 630 | 9 610 | 8 400 | . | 10 060 |
| 18 | gemischtem Sortiment | 1958 | - | . | 11 750 | 9 020 | 8 710 | 8 330 | 6 690 | 8 690 |
|  |  | 1959 | - | . | 11 510 | 8 140 | 8 710 | 8 470 | 7 240 | 8 800 |
|  |  | 1960 | - | 13 500 | 13 130 | 9 440 | 9 790 | 9 330 | 8 530 | 9 960 |
| 19 | Tapeten- und Linoleumhandel | 1958 | - | . | . | 6 250 | 5 560 | 5 080 | 3 540 | 5 470 |
|  |  | 1959 | - | . | . | 6 530 | 5 740 | 4 810 | 3 840 | 5 540 |
|  |  | 1960 | - | . | 7 680 | 6 360 | 5 800 | 5 760 | 5 420 | 6 130 |
| 20 | Papier-, Bürobedarf- und Schreibwareneinzelhandel | 1958 | . | 5 800 | 4 880 | 4 710 | 4 270 | 4 340 | . | 4 710 |
|  |  | 1959 | . | 5 720 | 5 490 | 4 460 | 4 730 | 4 670 | . | 4 920 |
|  |  | 1960 | . | 6 660 | 4 990 | 5 350 | 4 720 | 4 330 | . | 5 230 |
| 21 | Büromaschinen-, -möbel- und Organisationsmittelhandel | 1958 | - | - | . | 5 290 | 6 720 | 5 570 | 5 840 | 5 730 |
|  |  | 1959 | - | - | . | 4 710 | 5 010 | 5 400 | 6 550 | 5 380 |
|  |  | 1960 | - | - | . | 6 270 | 4 660 | 5 500 | 6 540 | 5 520 |
| 22 | Radio- und Fernseheinzelhandel | 1958 | . | 10 080 | 7 640 | 7 310 | 6 380 | 4 950 | . | 6 850 |
|  |  | 1959 | . | 9 500 | 8 040 | 8 970 | 7 110 | 4 790 | . | 7 620 |
|  |  | 1960 | . | 9 620 | 6 970 | 7 670 | 7 370 | 6 600 | . | 7 470 |
| 23 | Photoeinzelhandel | 1958 | - | . | . | 4 990 | 4 840 | 3 440 | 3 910 | 4 410 |
|  |  | 1959 | - | . | 5 300 | 5 190 | 4 650 | 3 970 | 3 610 | 4 730 |
|  |  | 1960 | - | . | . | 6 170 | 4 780 | 4 610 | 4 010 | 5 200 |
| 24 | Uhren-, Juwelen-, Gold- und Silberwareneinzelhandel | 1958 | . | 15 110 | 16 340 | 14 960 | 14 120 | . | - | 15 030 |
|  |  | 1959 | . | 15 810 | 15 340 | 16 270 | 13 780 | . | . | 15 370 |
|  |  | 1960 | . | 17 250 | 14 720 | 17 100 | 15 450 | . | . | 16 470 |
| 25 | Leder- und Galanteriewareneinzelhandel | 1958 | . | 11 650 | 11 070 | 7 680 | 7 580 | . | - | 9 040 |
|  |  | 1959 | . | 15 050 | 9 890 | 8 620 | 8 130 | 9 090 | - | 9 560 |
|  |  | 1960 | . | 13 070 | 10 710 | 9 210 | 8 660 | 6 480 | - | 9 620 |
| 26 | Sportartikeleinzelhandel | 1958 | - | 17 290 | . | 10 990 | 8 510 | 8 570 | . | 11 420 |
|  |  | 1959 | - | 17 410 | 11 790 | 11 490 | 11 060 | 8 380 | . | 11 840 |
|  |  | 1960 | - | 18 490 | 13 300 | 11 160 | 13 190 | 8 630 | . | 12 450 |
| 27 | Sortimentsbuchhandel | 1958 | . | 5 250 | 5 040 | 4 590 | 4 190 | 4 140 | . | 4 650 |
|  |  | 1959 | . | 6 500 | 5 450 | 4 770 | 4 690 | 4 520 | . | 4 940 |
|  |  | 1960 | . | 7 890 | 5 510 | 5 380 | 4 610 | 4 930 | . | 5 330 |
| 28 | Blumenbindereien | 1958 | - | . | 670 | 590 | 430 | . | - | 630 |
|  |  | 1959 | - | . | 1 140 | 780 | 690 | . | - | 870 |
|  |  | 1960 | . | 1 280 | 600 | 910 | 540 | . | - | 840 |
| 29 | Gemischtwarengeschäfte | 1958 | . | 6 900 | 5 500 | 6 620 | 7 970 | . | - | 6 520 |
|  |  | 1959 | . | 7 540 | 7 810 | 7 510 | 8 990 | . | - | 7 800 |
|  |  | 1960 | . | 9 280 | 8 450 | 8 270 | . | 10 020 | - | 8 720 |

Tabelle 20a

Der Lagerbestand je beschäftigte Person in DM
im Durchschnitt der Branchen und Absatzgrößenklassen in den Jahren 1958, 1959 und 1960

| Lf. Nr. | Branche | Jahr | Größenklasse nach Jahresabsatz in DM | | | | | | | insgesamt |
|---|---|---|---|---|---|---|---|---|---|---|
| | | | 20 000–50 000 | 50 000–100 000 | 100 000–200 000 | 200 000–500 000 | 500 000–1 Mill. | 1 Mill.–5 Mill. | über 5 Mill. | |
| 1 | Lebensmitteleinzelhandel | 1958 | . | 3 230 | 3 640 | 3 630 | 3 840 | 3 880 | – | 3 640 |
| | | 1959 | . | 3 490 | 4 100 | 3 760 | 4 230 | 4 150 | – | 3 910 |
| | | 1960 | . | 3 540 | 4 230 | 4 000 | 4 200 | 4 290 | – | 4 070 |
| 2 | Drogerien | 1958 | . | 6 740 | 6 160 | 5 300 | 5 490 | . | – | 6 000 |
| | | 1959 | . | 7 410 | 6 690 | 6 030 | 5 490 | . | – | 6 550 |
| | | 1960 | – | 6 910 | 6 960 | 6 270 | 6 520 | . | – | 6 670 |
| 3 | Reformhäuser | 1958 | – | . | 5 410 | 5 320 | . | – | – | 5 190 |
| | | 1959 | – | 5 800 | 5 330 | 6 130 | . | – | – | 5 700 |
| | | 1960 | . | 6 170 | 6 330 | 6 180 | . | . | – | 6 000 |
| 4 | Tabakwareneinzelhandel | 1958 | . | 6 330 | 8 210 | 11 350 | . | | | 8 970 |
| | | 1959 | – | 7 250 | 10 090 | 9 410 | 10 410 | – | – | 9 500 |
| | | 1960 | . | 6 360 | 9 260 | 9 990 | 10 940 | | | 9 310 |
| 5 | Textileinzelhandel | 1958 | 7 660 | 10 780 | 11 680 | 10 350 | 9 260 | 7 490 | 5 020 | 9 300 |
| | | 1959 | . | 11 570 | 11 630 | 11 200 | 9 020 | 7 370 | 5 050 | 9 540 |
| | davon mit vorwiegend | 1960 | . | 11 520 | 11 550 | 11 180 | 10 080 | 7 780 | 5 810 | 9 930 |
| 6 | Herren- und Knabenoberbekleidung | 1958 | . | . | . | 13 920 | 13 140 | 10 010 | . | 12 210 |
| | | 1959 | – | . | 17 280 | 15 640 | 13 040 | 9 090 | . | 12 900 |
| | | 1960 | . | . | 16 890 | 14 840 | 14 530 | 10 210 | 7 610 | 13 180 |
| 7 | Damen-, Mädchen- und Kinderoberbekleidung | 1958 | – | . | 10 730 | 7 540 | 6 410 | 5 120 | . | 6 930 |
| | | 1959 | . | . | 9 340 | 8 700 | 5 730 | 5 070 | 3 190 | 6 540 |
| | | 1960 | . | . | 10 160 | 8 710 | 6 470 | 5 750 | . | 7 530 |
| 8 | Herren-, Damen- und Kinderoberbekleidung | 1958 | – | . | . | 9 450 | 11 330 | 8 830 | 5 230 | 9 640 |
| | | 1959 | . | . | . | 11 210 | 11 350 | 8 840 | 5 490 | 9 760 |
| | | 1960 | . | . | 18 070 | 10 830 | 12 150 | 9 170 | 6 320 | 10 340 |
| 9 | Wäsche, Wirk- und Strickwaren | 1958 | . | 11 570 | 9 970 | 10 600 | 9 350 | 7 940 | – | 10 090 |
| | | 1959 | . | 12 150 | 11 090 | 10 470 | 8 560 | 7 310 | – | 9 940 |
| | | 1960 | – | 10 930 | 10 470 | 10 810 | 8 690 | 6 670 | . | 10 020 |
| 10 | Haus- und Bettwäsche, Bettwaren | 1958 | – | . | . | 7 910 | 6 550 | 6 080 | – | 7 150 |
| | | 1959 | – | – | 8 480 | 8 780 | 7 020 | 5 620 | – | 7 660 |
| | | 1960 | . | . | 10 750 | 8 040 | 7 270 | 6 510 | . | 7 860 |
| 11 | gemischtem Sortiment | 1958 | . | 9 470 | 11 530 | 11 210 | 9 060 | 6 870 | 4 920 | 9 120 |
| | | 1959 | . | 12 220 | 11 580 | 11 810 | 8 290 | 6 910 | 4 960 | 9 300 |
| | | 1960 | . | 10 830 | 10 960 | 11 700 | 9 540 | 6 890 | 5 200 | 9 420 |
| 12 | Schuheinzelhandel | 1958 | 9 510 | 13 520 | 13 170 | 11 670 | 10 230 | 8 790 | . | 11 460 |
| | | 1959 | . | 13 880 | 13 050 | 11 990 | 10 130 | 9 300 | . | 11 640 |
| | | 1960 | . | 13 780 | 13 260 | 12 350 | 10 760 | 8 740 | 6 300 | 11 980 |
| 13 | Möbeleinzelhandel | 1958 | – | . | 9 120 | 11 450 | 10 750 | 9 680 | 8 280 | 10 280 |
| | | 1959 | . | . | 9 300 | 11 630 | 11 730 | 10 490 | 9 190 | 11 020 |
| | | 1960 | . | . | 9 960 | 12 150 | 12 040 | 11 010 | 9 230 | 11 390 |
| 14 | Glas-, Porzellan- und Keramikeinzelhandel | 1958 | . | . | 9 050 | 8 270 | 6 720 | 6 420 | – | 7 880 |
| | | 1959 | – | . | 10 380 | 8 310 | 6 680 | 6 840 | – | 8 260 |
| | | 1960 | . | 9 380 | 9 050 | 8 540 | 7 180 | 7 660 | . | 8 270 |
| 15 | Eisenwaren- und Hausrathandel | 1958 | . | 7 110 | 9 300 | 8 850 | 8 000 | 7 990 | 6 310 | 8 300 |
| | | 1959 | . | 9 690 | 9 350 | 8 870 | 7 970 | 8 100 | 8 340 | 8 460 |
| | davon mit vorwiegend | 1960 | . | 6 710 | 12 210 | 10 310 | 8 910 | 9 110 | 8 400 | 9 600 |
| 16 | Haus- und Küchengeräten | 1958 | – | 7 050 | 8 420 | 7 690 | 6 460 | 5 870 | . | 7 280 |
| | | 1959 | – | 9 710 | 10 720 | 7 700 | 6 310 | 6 540 | . | 8 190 |
| | | 1960 | . | 7 100 | 10 760 | 9 210 | 7 060 | 6 240 | . | 8 330 |
| 17 | Kleineisenwaren, Werkzeugen | 1958 | – | – | 9 870 | 9 540 | 7 080 | 7 650 | . | 8 140 |
| | | 1959 | – | – | 7 390 | 8 520 | 7 330 | 7 500 | . | 7 820 |
| | | 1960 | – | – | 14 950 | 10 690 | 8 760 | 9 260 | . | 10 060 |
| 18 | gemischtem Sortiment | 1958 | . | . | 10 150 | 9 220 | 8 620 | 8 240 | 6 900 | 8 690 |
| | | 1959 | . | . | 9 200 | 9 430 | 8 560 | 8 500 | 8 300 | 8 800 |
| | | 1960 | . | . | 12 060 | 10 780 | 9 550 | 9 600 | 8 240 | 9 960 |
| 19 | Tapeten- und Linoleumhandel | 1958 | – | . | 4 520 | 6 190 | 5 270 | 5 230 | – | 5 470 |
| | | 1959 | – | . | . | 5 920 | 5 140 | 5 350 | – | 5 540 |
| | | 1960 | – | . | 7 570 | 6 070 | 5 760 | 5 890 | . | 6 130 |
| 20 | Papier-, Bürobedarf- und Schreibwareneinzelhandel | 1958 | . | 6 460 | 5 040 | 4 340 | 4 130 | 4 750 | – | 4 710 |
| | | 1959 | . | 5 270 | 5 450 | 4 700 | 4 270 | 5 100 | . | 4 920 |
| | | 1960 | 4 130 | 6 290 | 5 730 | 5 080 | 4 470 | 4 950 | . | 5 230 |
| 21 | Büromaschinen-, -möbel- und Organisationsmittelhandel | 1958 | – | – | . | 5 460 | 4 420 | 6 250 | . | 5 730 |
| | | 1959 | – | – | . | 5 640 | 4 120 | 5 760 | . | 5 380 |
| | | 1960 | – | – | . | 6 080 | 4 570 | 5 510 | 8 790 | 5 520 |
| 22 | Radio- und Fernseheinzelhandel | 1958 | – | 10 490 | 7 490 | 7 370 | 6 000 | 5 380 | – | 6 850 |
| | | 1959 | . | . | 8 530 | 8 630 | 6 960 | 5 920 | – | 7 620 |
| | | 1960 | . | 8 400 | 7 290 | 7 210 | 7 840 | 6 790 | . | 7 470 |
| 23 | Photoeinzelhandel | 1958 | . | 4 620 | 4 600 | 4 700 | 3 510 | 4 440 | . | 4 410 |
| | | 1959 | . | 7 740 | 5 030 | 4 640 | 3 680 | 4 660 | . | 4 730 |
| | | 1960 | . | . | 5 370 | 6 330 | 4 620 | 4 640 | . | 5 200 |
| 24 | Uhren-, Juwelen-, Gold- und Silbarwareneinzelhandel | 1958 | 10 950 | 11 850 | 12 090 | 15 660 | 22 140 | . | – | 15 030 |
| | | 1959 | 13 880 | 12 990 | 12 310 | 16 280 | 21 270 | . | – | 15 370 |
| | | 1960 | 16 120 | 12 900 | 16 980 | 20 080 | 27 900 | . | – | 16 470 |
| 25 | Leder- und Galanteriewareneinzelhandel | 1958 | . | 12 110 | 11 360 | 8 530 | 7 850 | . | – | 9 040 |
| | | 1959 | . | 12 480 | 10 110 | 9 490 | 8 100 | 8 820 | – | 9 560 |
| | | 1960 | . | . | 10 340 | 10 030 | 8 540 | 6 840 | . | 9 620 |
| 26 | Sportartikeleinzelhandel | 1958 | . | . | 15 990 | 11 830 | 10 000 | 8 590 | . | 11 420 |
| | | 1959 | . | . | 11 930 | 13 900 | 10 360 | 8 640 | . | 11 840 |
| | | 1960 | . | . | 12 750 | 13 670 | 13 210 | 8 720 | . | 12 450 |
| 27 | Sortimentsbuchhandel | 1958 | – | 4 740 | 4 800 | 4 780 | 4 210 | 4 350 | – | 4 650 |
| | | 1959 | . | . | 5 120 | 4 960 | 4 430 | 4 900 | . | 4 940 |
| | | 1960 | . | . | 5 700 | 5 610 | 4 670 | 4 770 | . | 5 330 |
| 28 | Blumenbindereien | 1958 | 850 | 620 | 590 | 490 | . | – | – | 630 |
| | | 1959 | . | 1 430 | 780 | 820 | . | – | – | 870 |
| | | 1960 | 870 | 1 090 | 760 | 890 | . | – | – | 840 |
| 29 | Gemischtwarengeschäfte | 1958 | – | . | 5 060 | 7 120 | . | . | – | 6 520 |
| | | 1959 | – | . | 6 760 | 8 580 | . | . | – | 7 800 |
| | | 1960 | . | 5 120 | 7 820 | 9 790 | . | . | – | 8 720 |

Tabelle 21

Gesamtsumme des Absatzes, Absatz je Betrieb, Absatz je beschäftigte Person, Absatz je Kunde, Absatz je Quadratmeter Geschäftsraum und Absatz je qm Verkaufsraum in DM im Durchschnitt der Branchen in den Jahren 1958, 1959 und 1960

| Lf. Nr. | Branche | Jahr | Gesamtsumme des Absatzes der erfaßten Betriebe in DM | Absatz je Betrieb in DM | Absatz je beschäftigte Person in DM | Absatz je Kunde in DM | Kreditabsatz je Kreditkunde in DM | Absatz je qm Geschäftsraum in DM | Absatz je qm Verkaufsraum in DM |
|---|---|---|---|---|---|---|---|---|---|
| 1 | Lebensmitteleinzelhandel | 1958 | 131 631 210 | 379 300 | 53 000 | 3,70 | - | 2 650 | 5 040 |
|  |  | 1959 | 125 358 213 | 347 300 | 56 900 | 3,90 | - | 2 790 | 5 230 |
|  |  | 1960 | 140 381 660 | 351 800 | 60 200 | 3,90 | - | 2 910 | 5 430 |
| 2 | Drogerien | 1958 | 44 087 489 | 213 000 | 35 600 | 3,00 | - | 1 380 | 3 350 |
|  |  | 1959 | 46 626 810 | 227 400 | 37 400 | 3,20 | - | 1 440 | 3 430 |
|  |  | 1960 | 54 702 723 | 245 300 | 39 500 | 3,40 | - | 1 570 | 3 610 |
| 3 | Reformhäuser | 1958 | 6 443 863 | 222 200 | 46 200 | 3,00 | - | 2 570 | 4 710 |
|  |  | 1959 | 6 805 888 | 212 700 | 45 700 | 2,90 | - | 2 460 | 4 480 |
|  |  | 1960 | 10 154 297 | 253 900 | 47 000 | 3,10 | - | 2 360 | 4 440 |
| 4 | Tabakwareneinzelhandel | 1958 | 16 559 533 | 240 000 | 76 700 | 2,60 | - | 5 450 | 7 330 |
|  |  | 1959 | 16 513 227 | 226 200 | 80 400 | 2,90 | - | 5 600 | 7 820 |
|  |  | 1960 | 17 255 171 | 253 800 | 85 500 | 3,30 | - | 5 870 | 8 730 |
| 5 | Textileinzelhandel | 1958 | 1 118 894 290 | 1 239 100 | 42 500 | 30,10 | - | 2 190 | 3 150 |
|  |  | 1959 | 1 160 643 063 | 1 217 900 | 43 100 | 30,10 | - | 2 140 | 3 080 |
|  |  | 1960 | 1 300 558 399 | 1 249 300 | 46 500 | 30,30 | - | 2 270 | 3 230 |
| 6 | davon mit vorwiegend Herren- und Knabenoberbekleidung | 1958 | 152 014 451 | 1 652 300 | 60 000 | 58,10 | - | 2 440 | 3 480 |
|  |  | 1959 | 144 696 018 | 1 447 000 | 58 800 | 55,40 | - | 2 270 | 3 210 |
|  |  | 1960 | 207 050 803 | 1 697 100 | 64 700 | 55,80 | - | 2 440 | 3 400 |
| 7 | Damen-, Mädchen- und Kinderoberbekleidung | 1958 | 99 913 763 | 1 074 300 | 37 000 | 55,80 | - | 2 250 | 3 200 |
|  |  | 1959 | 101 728 547 | 1 143 000 | 38 100 | 56,50 | - | 2 270 | 3 220 |
|  |  | 1960 | 92 638 038 | 955 000 | 41 100 | 60,70 | - | 2 310 | 3 250 |
| 8 | Herren-, Damen- und Kinderoberbekleidung | 1958 | 161 497 897 | 1 993 800 | 47 200 | 55,30 | - | 1 980 | 2 800 |
|  |  | 1959 | 163 808 179 | 1 861 500 | 46 900 | 54,80 | - | 1 920 | 2 680 |
|  |  | 1960 | 176 993 009 | 1 903 200 | 52 300 | 56,80 | - | 2 170 | 2 980 |
| 9 | Meterwaren | 1958 | 32 974 238 | 1 268 200 | 38 400 | 24,00 | - | 2 770 | 4 370 |
|  |  | 1959 | 33 881 967 | 1 540 100 | 42 300 | 25,80 | - | 3 080 | 4 910 |
|  |  | 1960 | 30 769 050 | 1 230 800 | 46 800 | 27,90 | - | 3 030 | 4 830 |
| 10 | Wäsche, Wirk- und Strickwaren | 1958 | 62 011 657 | 436 700 | 43 100 | 13,50 | - | 2 620 | 3 880 |
|  |  | 1959 | 64 681 939 | 437 400 | 43 400 | 14,40 | - | 2 670 | 3 920 |
|  |  | 1960 | 86 404 671 | 490 900 | 46 200 | 14,30 | - | 2 830 | 4 110 |
| 11 | Haus- und Bettwäsche, Bettwaren | 1958 | 28 784 210 | 685 300 | 42 700 | 44,10 | - | 1 480 | 2 390 |
|  |  | 1959 | 30 790 304 | 655 100 | 43 700 | 40,00 | - | 1 460 | 2 710 |
|  |  | 1960 | 30 530 450 | 710 000 | 46 900 | 42,70 | - | 1 470 | 2 460 |
| 12 | Herrenausstattung | 1958 | 12 159 686 | 357 600 | 48 200 | 19,80 | - | 2 800 | 4 380 |
|  |  | 1959 | 12 368 347 | 374 800 | 50 900 | 20,80 | - | 2 730 | 4 450 |
|  |  | 1960 | 14 556 882 | 363 900 | 52 200 | 21,30 | - | 2 740 | 4 370 |
| 13 | Teppichen, Möbelstoffen und Gardinen | 1958 | 21 866 144 | 1 093 300 | 36 100 | 89,60 | - | 2 190 | 3 210 |
|  |  | 1959 | 33 664 392 | 1 160 800 | 37 200 | 83,70 | - | 1 850 | 2 530 |
|  |  | 1960 | 28 471 197 | 1 054 500 | 43 200 | 80,10 | - | 1 830 | 2 770 |
| 14 | gemischtem Sortiment | 1958 | 542 956 970 | 1 529 500 | 38 900 | 14,20 | - | 1 990 | 2 710 |
|  |  | 1959 | 570 602 573 | 1 501 600 | 39 200 | 14,00 | - | 1 900 | 2 590 |
|  |  | 1960 | 625 834 854 | 1 568 500 | 41 000 | 14,00 | - | 1 990 | 2 700 |
| 15 | Schuheinzelhandel | 1958 | 193 207 809 | 650 500 | 43 600 | 20,80 | - | 2 270 | 3 560 |
|  |  | 1959 | 192 272 417 | 647 400 | 44 700 | 21,40 | - | 2 270 | 3 690 |
|  |  | 1960 | 271 485 395 | 739 700 | 46 000 | 21,30 | - | 2 240 | 3 580 |
| 16 | Möbeleinzelhandel | 1958 | 295 724 208 | 1 442 600 | 69 800 | 421,30 | - | 730 | 1 180 |
|  |  | 1959 | 287 347 835 | 1 394 900 | 71 300 | 397,30 | - | 710 | 1 080 |
|  |  | 1960 | 340 880 751 | 1 515 000 | 74 300 | 401,40 | - | 720 | 1 100 |
| 17 | Beleuchtungs- und Elektroeinzelhandel | 1958 | 15 256 443 | 610 300 | 33 800 | 31,70 | - | 1 710 | 3 100 |
|  |  | 1959 | 12 161 759 | 528 800 | 29 800 | 34,00 | - | 1 740 | 3 570 |
|  |  | 1960 | 14 753 593 | 546 400 | 33 900 | 32,40 | - | 1 630 | 3 220 |
| 18 | Glas-, Porzellan- und Keramikeinzelhandel | 1958 | 56 913 186 | 542 000 | 37 000 | 13,00 | - | 1 140 | 2 410 |
|  |  | 1959 | 57 133 837 | 595 100 | 37 200 | 14,20 | - | 1 130 | 2 250 |
|  |  | 1960 | 58 085 419 | 586 700 | 39 300 | 14,60 | - | 1 190 | 2 290 |

Tabelle 21 (Fortsetzung)

Gesamtsumme des Absatzes, Absatz je Betrieb, Absatz je beschäftigte Person, Absatz je Kunde, Absatz je Quadratmeter Geschäftsraum und Absatz je qm Verkaufsraum in DM im Durchschnitt der Branchen in den Jahren 1958, 1959 und 1960

| Lf. Nr. | Branche | Jahr | Gesamtsumme des Absatzes der erfaßten Betriebe in DM | Absatz je Betrieb in DM | Absatz je beschäftigte Person in DM | Absatz je Kunde in DM | Kreditabsatz je Kreditkunde in DM | Absatz je qm Geschäftsraum in DM | Absatz je qm Verkaufsraum in DM |
|---|---|---|---|---|---|---|---|---|---|
| 19 | Eisenwaren- und Hausrathandel | 1958 | 282 936 713 | 1 047 900 | 47 400 | 8,70[1] | 66,60 | 1 200 | 3 600 |
|  |  | 1959 | 309 912 906 | 1 079 800 | 49 800 | 11,60[1] | 77,30 | 1 300 | 3 880 |
|  |  | 1960 | 348 874 816 | 1 211 400 | 55 400 | 9,10[1] | 83,80 | 1 390 | 4 020 |
| 20 | davon mit vorwiegend Haus- und Küchengeräten | 1958 | 29 848 856 | 621 500 | 34 300 | 7,40[1] | 52,10 | 1 130 | 2 160 |
|  |  | 1959 | 26 223 618 | 524 500 | 36 100 | 8,20[1] | 62,20 | 1 020 | 1 840 |
|  |  | 1960 | 32 893 447 | 632 600 | 38 400 | 8,00[1] | 42,90 | 1 020 | 2 000 |
| 21 | Kleineisenwaren, Werkzeugen | 1958 | 45 746 329 | 897 000 | 49 800 | 5,00[1] | 64,60 | 1 620 | 5 770 |
|  |  | 1959 | 45 291 556 | 924 300 | 51 700 | 4,50[1] | 64,50 | 1 800 | 5 860 |
|  |  | 1960 | 56 933 142 | 1 138 700 | 58 200 | 4,90[1] | 52,90 | 2 080 | 6 680 |
| 22 | Öfen und Herden | 1958 | 21 219 164 | 1 178 800 | 55 000 | 20,10[1] | 114,00 | 1 230 | 2 830 |
|  |  | 1959 | 11 974 099 | 855 300 | 58 000 | 23,80[1] | 139,50 | 1 370 | 3 160 |
|  |  | 1960 | 13 381 277 | 892 100 | 67 000 | 33,40[1] | 157,90 | 1 480 | 3 780 |
| 23 | gemischtem Sortiment | 1958 | 186 122 364 | 1 216 500 | 49 700 | 8,90[1] | 65,30 | 1 100 | 3 510 |
|  |  | 1959 | 226 423 633 | 1 301 300 | 52 600 | 13,70[1] | 72,70 | 1 230 | 4 000 |
|  |  | 1960 | 245 666 950 | 1 436 600 | 58 700 | 9,40[1] | 97,60 | 1 290 | 3 850 |
| 24 | Tapeten- und Linoleumhandel | 1958 | 91 340 994 | 971 700 | 44 000 | 44,10 | - | 1 800 | 4 680 |
|  |  | 1959 | 100 246 529 | 1 113 900 | 45 400 | 54,40 | - | 1 920 | 4 830 |
|  |  | 1960 | 111 283 318 | 1 171 400 | 46 500 | 52,80 | - | 1 770 | 4 580 |
| 25 | Papier-, Bürobedarf- und Schreibwareneinzelhandel | 1958 | 58 178 462 | 501 500 | 33 900 | 3,30[1] | 56,40 | 1 760 | 3 610 |
|  |  | 1959 | 57 517 590 | 527 500 | 35 100 | 5,90[1] | 61,80 | 1 740 | 3 520 |
|  |  | 1960 | 65 244 278 | 562 500 | 38 200 | 3,60[1] | 67,50 | 1 910 | 4 120 |
| 26 | Büromaschinen-, -möbel- und Organisationsmittelhandel | 1958 | 105 590 553 | 1 530 300 | 50 600 | 10,20[1] | 162,80 | 2 660 | 7 540 |
|  |  | 1959 | 122 190 162 | 1 651 200 | 54 500 | 12,60[1] | 185,40 | 2 970 | 8 760 |
|  |  | 1960 | 164 171 097 | 1 804 100 | 56 800 | 28,20[1] | 196,90 | 3 560 | 9 000 |
| 27 | Fahrradeinzelhandel | 1958 | 3 797 208 | 237 300 | 33 700 | 12,90 | - | 850 | 1 710 |
|  |  | 1959 | 5 629 688 | 268 100 | 40 400 | 12,10 | - | 1 100 | 2 260 |
|  |  | 1960 | 5 685 484 | 270 700 | 47 700 | 11,90 | - | 1 180 | 2 510 |
| 28 | Radio- und Fernseheinzelhandel | 1958 | 67 502 184 | 630 900 | 44 700 | 42,10 | - | 2 390 | 4 010 |
|  |  | 1959 | 80 095 380 | 656 500 | 48 000 | 48,50 | - | 2 440 | 4 180 |
|  |  | 1960 | 80 770 583 | 721 200 | 45 500 | 45,40 | - | 2 440 | 4 070 |
| 29 | Photoeinzelhandel | 1958 | 57 091 127 | 906 200 | 32 800 | 17,10 | - | 2 680 | 6 830 |
|  |  | 1959 | 48 818 791 | 774 900 | 33 400 | 20,70 | - | 2 640 | 6 560 |
|  |  | 1960 | 61 352 067 | 989 500 | 39 400 | 18,50 | - | 2 900 | 6 980 |
| 30 | Uhren-, Juwelen-, Gold- und Silberwareneinzelhandel | 1958 | 44 464 826 | 296 400 | 38 900 | 36,00 | - | 3 130 | 5 390 |
|  |  | 1959 | 49 516 648 | 325 800 | 38 300 | 38,90 | - | 3 010 | 5 380 |
|  |  | 1960 | 60 116 152 | 368 800 | 42 100 | 37,60 | - | 3 210 | 5 860 |
| 31 | Leder- und Galanteriewareneinzelhandel | 1958 | 30 632 205 | 392 700 | 43 500 | 19,00 | - | 1 860 | 3 040 |
|  |  | 1959 | 37 604 916 | 408 500 | 44 800 | 19,10 | - | 1 860 | 3 170 |
|  |  | 1960 | 42 987 742 | 499 900 | 52 200 | 21,10 | - | 2 100 | 3 590 |
| 32 | Sportartikeleinzelhandel | 1958 | 33 814 296 | 704 500 | 46 800 | 23,40 | - | 2 060 | 3 090 |
|  |  | 1959 | 27 421 798 | 623 200 | 47 700 | 23,70 | - | 1 980 | 2 850 |
|  |  | 1960 | 40 360 456 | 840 800 | 51 400 | 26,60 | - | 2 100 | 3 150 |
| 33 | Sortimentsbuchhandel | 1958 | 67 987 735 | 419 700 | 41 800 | 7,00[1] | - | 2 750 | 4 430 |
|  |  | 1959 | 85 532 631 | 500 200 | 43 000 | 7,20[1] | - | 2 950 | 5 110 |
|  |  | 1960 | 91 801 642 | 556 400 | 47 100 | 7,40[1] | - | 3 100 | 5 270 |
| 34 | Blumenbindereien | 1958 | 7 241 896 | 172 900 | 20 700 | 4,00 | - | 1 550 | 2 800 |
|  |  | 1959 | 8 514 146 | 202 700 | 23 400 | 4,90 | - | 1 850 | 3 190 |
|  |  | 1960 | 9 598 605 | 259 400 | 25 300 | 5,60 | - | 1 900 | 3 610 |
| 35 | Gemischtwarengeschäfte | 1958 | 12 164 862 | 289 600 | 49 000 | 5,30 | - | 1 490 | 2 630 |
|  |  | 1959 | 20 607 371 | 317 000 | 54 900 | 4,70 | - | 1 660 | 2 920 |
|  |  | 1960 | 25 869 757 | 287 400 | 57 600 | 5,30 | - | 1 890 | 2 960 |
|  | Einzelhandel insgesamt | 1958 | 2 741 461 092 | - | 48 300 | - | - | 2 350 | 4 130 |
|  |  | 1959 | 2 858 471 605 | - | 50 500 | - | - | 2 410 | 4 240 |
|  |  | 1960 | 3 316 373 405 | - | 53 800 | - | - | 2 520 | 4 440 |

[1] Barabsatz je Barkunde in DM

Tabelle 22

Der Absatz je Betrieb in DM
im Durchschnitt der Branchen und Personengrößenklassen in den Jahren 1958, 1959 und 1960

| Lf. Nr. | Branche | Jahr | \multicolumn{7}{c}{Größenklasse nach Zahl der beschäftigten Personen} | ins-ge-samt |
|---|---|---|---|---|---|---|---|---|---|---|
| | | | 1 | 2-3 | 4-5 | 6-10 | 11-20 | 21-50 | 51 und mehr | |
| 1 | Lebensmitteleinzelhandel | 1958 | 70 500 | 137 600 | 206 500 | 400 300 | 692 600 | 1 882 800 | . | 310 300 |
| | | 1959 | 63 700 | 145 500 | 231 500 | 426 600 | 776 500 | 1 707 000 | - | 347 300 |
| | | 1960 | 66 100 | 156 600 | 243 600 | 454 400 | 814 300 | 1 652 900 | . | 351 800 |
| 2 | Drogerien | 1958 | . | 88 800 | 138 300 | 255 200 | 497 600 | 918 800 | - | 213 000 |
| | | 1959 | 69 000 | 98 400 | 147 500 | 260 700 | 502 500 | 1 008 100 | - | 227 400 |
| | | 1960 | . | 101 100 | 166 300 | 287 700 | 513 200 | 1 143 700 | - | 245 300 |
| 3 | Reformhäuser | 1958 | . | 113 700 | 140 400 | 348 800 | - | - | - | 222 200 |
| | | 1959 | . | 107 600 | 184 300 | 323 500 | . | - | - | 212 700 |
| | | 1960 | . | 100 800 | 186 500 | 402 000 | . | . | - | 253 900 |
| 4 | Tabakwareneinzelhandel | 1958 | 93 800 | 166 000 | 304 100 | 485 700 | - | . | - | 240 000 |
| | | 1959 | 110 000 | 173 700 | 320 300 | 448 500 | . | . | - | 226 200 |
| | | 1960 | 108 500 | 188 300 | 376 900 | 503 900 | . | . | - | 253 800 |
| 5 | Textileinzelhandel | 1958 | . | 105 500 | 183 300 | 329 800 | 643 900 | 1 306 700 | 5 097 200 | 1 239 100 |
| | | 1959 | . | 106 800 | 195 200 | 338 900 | 648 600 | 1 244 300 | 5 166 900 | 1 217 900 |
| | | 1960 | . | 115 500 | 206 700 | 353 800 | 693 200 | 1 375 200 | 5 853 400 | 1 249 300 |
| 6 | davon mit vorwiegend Herren- und Knaben- oberbekleidung | 1958 | . | 138 700 | 272 200 | 433 100 | 907 000 | 2 109 500 | 7 567 400 | 1 652 300 |
| | | 1959 | . | 150 300 | 255 400 | 444 000 | 933 800 | 1 802 000 | 6 495 300 | 1 447 100 |
| | | 1960 | . | 135 200 | 281 300 | 493 500 | 947 300 | 2 021 300 | 9 056 400 | 1 697 100 |
| 7 | Damen-, Mädchen- und Kinderoberbekleidung | 1958 | - | 122 300 | 182 600 | 261 400 | 539 300 | 1 104 900 | 4 038 600 | 1 074 300 |
| | | 1959 | - | 102 800 | 190 100 | 296 600 | 555 500 | 1 086 900 | 4 192 600 | 1 143 000 |
| | | 1960 | - | 121 900 | 189 500 | 324 400 | 593 300 | 1 187 200 | 4 387 900 | 955 000 |
| 8 | Herren-, Damen- und Kinderoberbekleidung | 1958 | - | . | . | 394 800 | 726 600 | 1 432 300 | 5 518 600 | 1 993 800 |
| | | 1959 | - | . | . | 387 300 | 736 400 | 1 373 100 | 5 337 900 | 1 861 500 |
| | | 1960 | - | . | 227 400 | 375 700 | 859 400 | 1 462 800 | 5 389 400 | 1 903 200 |
| 9 | Wäsche, Wirk- und Strickwaren | 1958 | . | 84 900 | 199 200 | 325 000 | 623 300 | 1 170 100 | . | 436 700 |
| | | 1959 | . | 101 400 | 190 900 | 330 900 | 638 600 | 1 145 900 | . | 437 000 |
| | | 1960 | - | 107 800 | 209 900 | 349 200 | 653 600 | 1 390 200 | 3 528 400 | 490 900 |
| 10 | Haus- und Bettwäsche, Bettwaren | 1958 | - | . | . | 334 900 | 597 500 | 1 060 300 | . | 685 300 |
| | | 1959 | - | . | 220 400 | 312 600 | 615 700 | 1 246 800 | . | 655 100 |
| | | 1960 | - | . | 205 500 | 342 700 | 732 900 | 1 384 600 | . | 710 000 |
| 11 | gemischtem Sortiment | 1958 | . | 101 100 | 168 300 | 304 000 | 587 700 | 1 193 500 | 5 291 500 | 1 529 500 |
| | | 1959 | . | 105 000 | 182 300 | 305 600 | 561 600 | 1 181 500 | 5 555 000 | 1 501 600 |
| | | 1960 | . | 107 300 | 180 800 | 325 000 | 590 600 | 1 281 500 | 6 174 700 | 1 568 500 |
| 12 | Schuheinzelhandel | 1958 | 52 000 | 95 000 | 165 500 | 345 800 | 705 100 | 1 350 400 | 5 365 000 | 650 500 |
| | | 1959 | . | 103 700 | 181 700 | 344 900 | 689 500 | 1 401 200 | 4 727 900 | 647 400 |
| | | 1960 | . | 105 300 | 185 700 | 347 500 | 767 200 | 1 519 500 | 7 430 000 | 739 700 |
| 13 | Möbeleinzelhandel | 1958 | - | 171 100 | 269 000 | 516 600 | 1 106 400 | 2 187 800 | 6 898 600 | 1 442 600 |
| | | 1959 | - | 215 700 | 315 700 | 513 800 | 1 071 500 | 2 350 500 | 6 230 000 | 1 394 900 |
| | | 1960 | . | 218 400 | 334 800 | 577 300 | 1 126 300 | 2 306 900 | 6 544 100 | 1 515 500 |
| 14 | Glas-, Porzellan- und Keramikeinzelhandel | 1958 | . | 110 900 | 146 600 | 266 400 | 622 100 | 1 081 500 | . | 542 000 |
| | | 1959 | . | 93 400 | 151 600 | 275 600 | 618 600 | 1 039 400 | 2 216 100 | 595 100 |
| | | 1960 | - | 92 900 | 155 400 | 317 600 | 649 300 | 1 109 100 | . | 586 700 |
| 15 | Eisenwaren- und Hausrathandel | 1958 | . | 114 200 | 174 900 | 336 900 | 728 400 | 1 657 600 | 4 100 300 | 1 047 900 |
| | | 1959 | . | 113 500 | 202 700 | 358 100 | 741 500 | 1 672 900 | 4 540 400 | 1 079 800 |
| | | 1960 | - | 116 300 | 213 300 | 378 100 | 860 200 | 1 927 200 | 5 045 700 | 1 211 400 |
| 16 | davon mit vorwiegend Haus- und Küchengeräten | 1958 | . | 97 400 | 131 200 | 271 500 | 464 900 | 1 130 700 | . | 621 900 |
| | | 1959 | . | 86 400 | 166 200 | 266 700 | 471 700 | 1 084 700 | . | 524 500 |
| | | 1960 | . | 82 800 | 150 200 | 325 500 | 510 700 | 1 243 000 | . | 632 600 |
| 17 | Kleineisenwaren, Werkzeugen | 1958 | - | . | . | 368 600 | 653 600 | 1 502 700 | . | 897 000 |
| | | 1959 | - | . | . | 372 500 | 681 700 | 1 614 100 | . | 924 300 |
| | | 1960 | - | . | . | 399 100 | 909 100 | 1 850 300 | . | 1 138 700 |
| 18 | gemischtem Sortiment | 1958 | - | . | 208 800 | 342 800 | 742 500 | 1 798 600 | 4 012 500 | 1 216 500 |
| | | 1959 | - | . | 217 000 | 359 400 | 764 400 | 1 832 900 | 4 699 000 | 1 301 300 |
| | | 1960 | - | 127 900 | 238 800 | 377 500 | 869 600 | 2 071 600 | 5 485 200 | 1 436 600 |
| 19 | Tapeten- und Linoleumhandel | 1958 | - | . | . | 287 500 | 683 100 | 1 572 600 | 3 105 000 | 971 700 |
| | | 1959 | - | . | . | 309 300 | 684 700 | 1 525 300 | 4 388 500 | 1 113 900 |
| | | 1960 | - | . | 188 200 | 339 400 | 700 800 | 1 651 500 | 4 365 300 | 1 171 400 |
| 20 | Papier-, Bürobedarf- und Schreibwareneinzelhandel | 1958 | . | 80 400 | 128 600 | 233 400 | 523 900 | 1 233 800 | . | 501 500 |
| | | 1959 | . | 83 400 | 141 400 | 243 600 | 496 400 | 1 268 800 | . | 527 700 |
| | | 1960 | . | 79 900 | 148 400 | 269 400 | 566 000 | 1 371 200 | . | 562 500 |
| 21 | Büromaschinen-, -möbel- und Organisationsmittelhandel | 1958 | - | . | . | 324 200 | 739 900 | 1 524 900 | 6 132 200 | 1 530 300 |
| | | 1959 | - | . | . | 330 500 | 784 700 | 1 721 900 | 6 662 300 | 1 651 200 |
| | | 1960 | - | . | . | 382 800 | 756 700 | 2 038 100 | 7 057 200 | 1 804 100 |
| 22 | Radio- und Fernseheinzelhandel | 1958 | . | 122 600 | 197 100 | 306 000 | 633 900 | 1 232 200 | . | 630 900 |
| | | 1959 | . | 138 200 | 194 800 | 361 200 | 717 500 | 1 253 500 | . | 656 500 |
| | | 1960 | . | 121 300 | 205 500 | 315 200 | 704 600 | 1 286 200 | . | 721 200 |
| 23 | Photoeinzelhandel | 1958 | . | . | 220 000 | 559 100 | 847 600 | 2 782 300 | | 906 200 |
| | | 1959 | . | . | 113 000 | 244 000 | 544 400 | 919 100 | 2 585 500 | 774 900 |
| | | 1960 | . | . | 275 300 | 621 800 | 1 192 600 | 3 503 600 | | 989 500 |
| 24 | Uhren-, Juwelen-, Gold- und Silberwareneinzelhandel | 1958 | . | 83 300 | 163 300 | 310 800 | 584 100 | . | . | 296 400 |
| | | 1959 | . | 80 000 | 152 300 | 307 100 | 561 300 | . | . | 325 800 |
| | | 1960 | . | 89 300 | 160 900 | 334 900 | 647 500 | 1 779 500 | . | 368 800 |
| 25 | Leder- und Galanteriewareneinzelhandel | 1958 | . | 113 100 | 201 300 | 344 200 | 659 700 | 1 160 600 | - | 392 700 |
| | | 1959 | . | 105 700 | 183 100 | 339 500 | 694 000 | 1 190 400 | - | 408 700 |
| | | 1960 | . | 111 300 | 220 100 | 393 400 | 758 300 | 1 382 100 | - | 499 900 |
| 26 | Sportartikeleinzelhandel | 1958 | - | 98 900 | . | 377 700 | 644 700 | 1 439 400 | . | 704 500 |
| | | 1959 | - | 111 900 | 169 200 | 359 300 | 615 200 | 1 491 000 | . | 623 200 |
| | | 1960 | - | 127 000 | 200 300 | 391 400 | 613 300 | 1 610 800 | . | 840 800 |
| 27 | Sortimentsbuchhandel | 1958 | . | 118 400 | 173 500 | 318 700 | 585 100 | 1 295 300 | . | 419 700 |
| | | 1959 | . | 123 400 | 184 400 | 313 000 | 611 800 | 1 268 600 | . | 500 200 |
| | | 1960 | . | 162 600 | 204 400 | 339 200 | 651 300 | 1 499 800 | . | 556 400 |
| 28 | Blumenbindereien | 1958 | - | 35 600 | 89 700 | 152 600 | 376 700 | . | - | 172 400 |
| | | 1959 | - | 50 900 | 99 900 | 183 800 | 333 700 | . | - | 202 700 |
| | | 1960 | - | 54 800 | 109 100 | 197 400 | 444 100 | . | - | 259 100 |
| 29 | Gemischtwarengeschäfte | 1958 | . | 128 100 | 200 800 | 328 700 | 701 200 | . | - | 289 600 |
| | | 1959 | . | 143 400 | 246 400 | 381 100 | 669 800 | . | - | 317 000 |
| | | 1960 | . | 158 000 | 248 600 | 371 100 | . | 1 049 600 | - | 287 400 |

Tabelle 23

Der Absatz je Betrieb in DM
im Durchschnitt der Branchen und Absatzgrößenklassen in den Jahren 1958, 1959 und 1960

| Lf. Nr. | Branche | Jahr | Größenklasse nach Jahresabsatz in DM | | | | | | | ins- ge- samt |
|---|---|---|---|---|---|---|---|---|---|---|
| | | | 20 000- 50 000 | 50 000- 100 000 | 100 000- 200 000 | 200 000- 500 000 | 500 000- 1 Mill. | 1 Mill.- 5 Mill. | über 5 Mill. | |
| 1 | Lebensmitteleinzelhandel | 1958 | . | 80 800 | 151 800 | 298 200 | 672 600 | 1 942 200 | . | 379 300 |
| | | 1959 | . | 79 500 | 150 100 | 301 300 | 685 700 | 1 613 000 | - | 347 300 |
| | | 1960 | . | 79 100 | 153 600 | 298 000 | 655 700 | 1 535 100 | - | 351 800 |
| 2 | Drogerien | 1958 | . | 78 000 | 140 500 | 285 900 | 661 300 | . | - | 213 000 |
| | | 1959 | . | 80 100 | 145 400 | 297 400 | 683 400 | . | - | 227 400 |
| | | 1960 | - | 78 500 | 147 100 | 285 600 | 665 000 | . | - | 245 300 |
| 3 | Reformhäuser | 1958 | - | . | 137 100 | 333 300 | . | . | - | 222 200 |
| | | 1959 | - | 74 400 | 135 800 | 310 900 | . | . | - | 212 700 |
| | | 1960 | . | 85 900 | 137 100 | 321 400 | . | . | - | 253 900 |
| 4 | Tabakwareneinzelhandel | 1958 | . | 78 100 | 138 400 | 281 400 | . | . | - | 240 000 |
| | | 1959 | - | 76 700 | 135 800 | 280 200 | 626 400 | . | - | 226 200 |
| | | 1960 | - | 80 100 | 139 000 | 301 900 | 685 700 | - | - | 253 800 |
| 5 | Textileinzelhandel | 1958 | 37 300 | 80 300 | 151 300 | 326 300 | 703 300 | 2 008 600 | 9 338 500 | 1 239 100 |
| | | 1959 | . | 79 900 | 151 800 | 329 500 | 714 700 | 1 990 200 | 9 153 300 | 1 217 900 |
| | | 1960 | . | 81 500 | 151 600 | 332 900 | 715 800 | 2 030 500 | 10 258 200 | 1 249 500 |
| 6 | davon mit vorwiegend Herren- und Knaben- oberbekleidung | 1958 | | . | . | 339 400 | 682 500 | 2 022 800 | 11 804 100 | 1 652 300 |
| | | 1959 | | . | 151 600 | 338 100 | 699 200 | 1 886 000 | 11 241 400 | 1 447 000 |
| | | 1960 | - | . | 145 400 | 343 400 | 698 200 | 1 978 200 | 12 461 000 | 1 697 100 |
| 7 | Damen-, Mädchen- und Kinderoberbekleidung | 1958 | - | . | 154 900 | 311 300 | 708 600 | 2 112 800 | . | 1 074 300 |
| | | 1959 | - | 80 700 | 141 000 | 352 900 | 689 000 | 1 993 800 | 5 841 800 | 1 143 000 |
| | | 1960 | - | . | 148 300 | 352 800 | 693 200 | 1 933 200 | . | 955 000 |
| 8 | Herren-, Damen- und Kinderoberbekleidung | 1958 | - | . | . | 350 300 | 761 500 | 2 082 300 | 8 283 900 | 1 993 800 |
| | | 1959 | - | . | . | 316 400 | 746 500 | 2 082 000 | 8 599 400 | 1 861 500 |
| | | 1960 | - | - | 152 900 | 305 500 | 746 100 | 2 035 600 | 8 148 600 | 1 903 200 |
| 9 | Wäsche, Wirk- und Strickwaren | 1958 | . | 82 100 | 154 300 | 317 200 | 657 100 | 1 806 000 | - | 436 700 |
| | | 1959 | - | 78 300 | 148 700 | 316 400 | 650 100 | 1 872 200 | - | 437 000 |
| | | 1960 | - | 80 700 | 151 000 | 325 300 | 642 700 | 1 916 900 | . | 490 900 |
| 10 | Haus- und Bettwäsche, Bettwaren | 1958 | . | . | . | 354 200 | 720 200 | 1 675 900 | - | 685 300 |
| | | 1959 | - | - | 142 100 | 326 000 | 725 600 | 1 753 700 | - | 655 100 |
| | | 1960 | - | - | 167 900 | 342 000 | 746 200 | 1 684 800 | . | 710 000 |
| 11 | gemischtem Sortiment | 1958 | . | 74 500 | 149 400 | 325 900 | 702 500 | 2 062 700 | 9 936 600 | 1 529 500 |
| | | 1959 | . | 77 700 | 156 400 | 338 000 | 735 000 | 2 065 100 | 9 627 900 | 1 501 600 |
| | | 1960 | . | 79 800 | 150 000 | 333 700 | 746 800 | 2 168 200 | 10 860 000 | 1 568 500 |
| 12 | Schuheinzelhandel | 1958 | 42 100 | 77 200 | 143 800 | 323 200 | 715 000 | 1 714 900 | . | 650 500 |
| | | 1959 | . | 77 800 | 140 900 | 316 500 | 692 600 | 1 591 800 | 7 416 000 | 647 400 |
| | | 1960 | . | 78 900 | 143 200 | 324 300 | 737 500 | 1 738 900 | 12 507 300 | 739 700 |
| 13 | Möbeleinzelhandel | 1958 | - | . | 176 400 | 366 200 | 724 700 | 1 982 100 | 8 059 600 | 1 442 600 |
| | | 1959 | - | . | 165 300 | 370 400 | 725 500 | 2 079 300 | 7 282 900 | 1 394 900 |
| | | 1960 | - | . | 160 400 | 366 700 | 746 700 | 2 090 700 | 7 040 300 | 1 515 000 |
| 14 | Glas-, Porzellan- und Keramikeinzelhandel | 1958 | . | . | 150 500 | 348 800 | 714 400 | 1 367 400 | - | 542 500 |
| | | 1959 | - | . | 141 800 | 333 700 | 755 900 | 1 639 100 | - | 595 100 |
| | | 1960 | - | 80 600 | 140 400 | 347 200 | 743 600 | 1 605 200 | - | 586 700 |
| 15 | Eisenwaren- und Hausrat- handel | 1958 | . | 75 600 | 147 700 | 331 400 | 744 500 | 2 113 300 | 5 866 100 | 1 047 500 |
| | | 1959 | . | 77 200 | 149 800 | 337 000 | 705 600 | 1 956 700 | 6 117 600 | 1 079 800 |
| | | 1960 | - | 72 400 | 152 900 | 331 800 | 712 600 | 2 046 900 | 6 944 300 | 1 211 400 |
| 16 | davon mit vorwiegend Haus- und Küchengeräten | 1958 | - | 73 500 | 143 100 | 320 100 | 702 600 | 1 552 200 | - | 621 900 |
| | | 1959 | - | 73 700 | 134 700 | 320 400 | 702 400 | 1 853 500 | - | 524 500 |
| | | 1960 | - | 67 100 | 124 600 | 314 200 | 673 400 | 2 003 800 | - | 632 600 |
| 17 | Kleineisenwaren, Werk- zeugen | 1958 | - | - | 156 400 | 327 300 | 697 700 | 1 860 100 | . | 897 500 |
| | | 1959 | - | - | 168 400 | 365 000 | 748 100 | 1 823 200 | . | 924 300 |
| | | 1960 | - | - | 179 100 | 341 700 | 708 400 | 1 789 500 | - | 1 138 700 |
| 18 | gemischtem Sortiment | 1958 | . | . | 148 000 | 330 900 | 748 000 | 2 263 700 | 5 026 700 | 1 216 500 |
| | | 1959 | . | . | 153 900 | 330 600 | 688 500 | 2 064 200 | 6 078 300 | 1 301 300 |
| | | 1960 | . | . | 162 500 | 335 400 | 713 200 | 2 218 300 | 6 787 000 | 1 436 600 |
| 19 | Tapeten- und Linoleum- handel | 1958 | - | . | 157 100 | 323 900 | 724 600 | 1 937 800 | - | 971 700 |
| | | 1959 | - | . | . | 332 700 | 717 200 | 2 060 300 | - | 1 113 900 |
| | | 1960 | - | . | 149 100 | 335 500 | 737 700 | 2 097 400 | . | 1 171 400 |
| 20 | Papier-, Bürobedarf- und Schreibwareneinzelhandel | 1958 | . | 72 300 | 136 700 | 319 400 | 700 500 | 1 760 200 | - | 501 500 |
| | | 1959 | . | 69 300 | 139 900 | 339 800 | 649 300 | 1 779 500 | - | 527 700 |
| | | 1960 | 40 600 | 78 300 | 141 500 | 320 800 | 712 300 | 1 898 900 | - | 562 500 |
| 21 | Büromaschinen-, -möbel- und Organisationsmittelhandel | 1958 | - | - | . | 344 400 | 787 300 | 1 858 100 | . | 1 530 300 |
| | | 1959 | - | - | . | 317 200 | 744 500 | 1 967 000 | . | 1 651 200 |
| | | 1960 | - | - | . | 356 200 | 666 200 | 2 116 200 | 9 277 000 | 1 804 100 |
| 22 | Radio- und Fernseheinzel- handel | 1958 | - | 84 100 | 161 000 | 324 300 | 704 200 | 1 852 900 | - | 630 900 |
| | | 1959 | - | . | 155 900 | 323 800 | 725 400 | 1 931 200 | - | 656 500 |
| | | 1960 | - | 73 700 | 162 300 | 339 600 | 783 900 | 1 588 600 | . | 721 200 |
| 23 | Photoeinzelhandel | 1958 | . | 87 800 | 149 900 | 361 200 | 685 700 | 2 041 600 | - | 906 200 |
| | | 1959 | . | 85 800 | 138 500 | 343 600 | 720 700 | 1 996 800 | . | 774 900 |
| | | 1960 | . | . | 144 500 | 307 400 | 693 400 | 2 141 000 | . | 989 500 |
| 24 | Uhren-, Juwelen-, Gold- und Silberwareneinzelhandel | 1958 | 37 400 | 75 600 | 142 100 | 313 300 | 653 700 | . | - | 296 400 |
| | | 1959 | 39 300 | 75 000 | 138 100 | 328 000 | 658 600 | 1 991 700 | - | 325 800 |
| | | 1960 | . | 76 100 | 147 100 | 349 200 | 666 200 | 1 807 700 | - | 368 800 |
| 25 | Leder- und Galanteriewaren- einzelhandel | 1958 | . | 74 700 | 151 400 | 299 800 | 640 200 | 1 160 600 | - | 392 600 |
| | | 1959 | . | 76 500 | 156 200 | 307 700 | 674 800 | 1 178 000 | - | 408 700 |
| | | 1960 | . | . | 170 300 | 345 900 | 700 800 | 1 373 200 | - | 499 900 |
| 26 | Sportartikeleinzelhandel | 1958 | - | . | 133 800 | 309 900 | 664 200 | 1 498 100 | - | 704 500 |
| | | 1959 | - | . | 147 100 | 303 400 | 687 700 | 1 647 800 | - | 623 200 |
| | | 1960 | - | . | 155 300 | 330 700 | 724 900 | 1 665 600 | - | 840 800 |
| 27 | Sortimentsbuchhandel | 1958 | . | 77 000 | 152 900 | 318 200 | 698 900 | 1 545 600 | - | 419 700 |
| | | 1959 | - | . | 159 400 | 336 100 | 701 300 | 1 779 800 | - | 500 200 |
| | | 1960 | . | . | 161 800 | 331 200 | 681 600 | 1 746 800 | - | 556 400 |
| 28 | Blumenbindereien | 1958 | 33 000 | 74 900 | 135 200 | 347 000 | . | . | - | 172 200 |
| | | 1959 | 35 600 | 81 300 | 144 800 | 291 400 | . | . | - | 202 700 |
| | | 1960 | 40 500 | 82 000 | 141 800 | 289 900 | 712 500 | . | - | 259 400 |
| 29 | Gemischtwarengeschäfte | 1958 | - | . | 138 800 | 277 300 | . | . | - | 289 600 |
| | | 1959 | - | . | 152 100 | 313 900 | . | . | - | 317 000 |
| | | 1960 | . | 78 700 | 144 300 | 286 400 | . | . | - | 287 400 |

Tabelle 24

Der Absatz je beschäftigte Person in DM
im Durchschnitt der Branchen und Personengrößenklassen in den Jahren 1958, 1959 und 1960

| Lf. Nr. | Branche | Jahr | Größenklasse nach Zahl der beschäftigten Personen | | | | | | | ins- ge- samt |
|---|---|---|---|---|---|---|---|---|---|---|
| | | | 1 | 2-3 | 4-5 | 6-10 | 11-20 | 21-50 | 51 und mehr | |
| 1 | Lebensmitteleinzelhandel | 1958 | 62 800 | 55 700 | 49 500 | 54 200 | 50 800 | 55 100 | . | 53 000 |
| | | 1959 | 51 500 | 60 700 | 54 400 | 56 700 | 55 500 | 57 200 | . | 56 900 |
| | | 1960 | 55 100 | 61 900 | 57 300 | 63 000 | 59 300 | 57 100 | . | 60 200 |
| 2 | Drogerien | 1958 | . | 38 000 | 32 300 | 35 000 | 34 900 | 34 800 | - | 35 600 |
| | | 1959 | 64 100 | 39 600 | 34 400 | 36 600 | 35 800 | 34 900 | - | 37 400 |
| | | 1960 | . | 40 400 | 38 900 | 39 300 | 37 800 | 38 500 | - | 39 500 |
| 3 | Reformhäuser | 1958 | . | 48 100 | 38 500 | 45 800 | - | - | - | 46 200 |
| | | 1959 | . | 43 400 | 46 500 | 45 400 | . | - | - | 45 700 |
| | | 1960 | . | 42 900 | 45 300 | 52 300 | . | . | - | 47 000 |
| 4 | Tabakwareneinzelhandel | 1958 | 83 400 | 76 700 | 72 000 | 74 800 | - | . | - | 76 700 |
| | | 1959 | 99 500 | 80 000 | 75 600 | 68 300 | . | - | - | 80 400 |
| | | 1960 | 103 100 | 83 100 | 92 500 | 73 700 | - | - | - | 85 500 |
| 5 | Textileinzelhandel | 1958 | . | 41 600 | 52 600 | 42 700 | 44 200 | 41 600 | 41 200 | 42 500 |
| | | 1959 | . | 43 100 | 47 100 | 44 100 | 44 200 | 39 400 | 42 600 | 43 100 |
| | | 1960 | . | 46 700 | 47 900 | 47 100 | 47 300 | 43 900 | 46 000 | 46 500 |
| 6 | davon mit vorwiegend Herren- und Knaben- oberbekleidung | 1958 | . | 58 900 | 58 400 | 55 700 | 59 300 | 63 100 | 65 700 | 60 000 |
| | | 1959 | . | 63 200 | 56 700 | 56 000 | 60 600 | 55 800 | 61 500 | 58 800 |
| | | 1960 | . | 59 900 | 62 700 | 65 400 | 64 600 | 64 900 | 65 200 | 64 700 |
| 7 | Damen-, Mädchen- und Kinderoberbekleidung | 1958 | - | 41 400 | 40 100 | 35 500 | 36 800 | 35 200 | 37 800 | 37 000 |
| | | 1959 | - | 38 000 | 44 200 | 39 000 | 37 800 | 34 800 | 41 600 | 38 100 |
| | | 1960 | - | 43 300 | 43 600 | 44 000 | 39 500 | 38 300 | 47 100 | 41 100 |
| 8 | Herren-, Damen- und Kinderoberbekleidung | 1958 | - | . | . | 45 500 | 48 500 | 45 800 | 45 700 | 47 200 |
| | | 1959 | - | . | . | 46 200 | 47 800 | 43 400 | 48 300 | 46 900 |
| | | 1960 | - | . | 53 900 | 46 600 | 55 600 | 49 600 | 54 000 | 52 300 |
| 9 | Wäsche, Wirk- und Strickwaren | 1958 | . | 38 300 | 45 500 | 42 800 | 44 700 | 42 200 | . | 43 100 |
| | | 1959 | - | 42 300 | 43 500 | 44 300 | 44 100 | 40 400 | . | 43 400 |
| | | 1960 | - | 44 000 | 48 400 | 47 100 | 44 100 | 47 600 | 37 800 | 46 200 |
| 10 | Haus- und Bettwäsche, Bettwaren | 1958 | - | . | . | 41 100 | 44 400 | 39 800 | . | 42 700 |
| | | 1959 | . | . | 50 000 | 41 200 | 42 400 | 40 000 | . | 43 700 |
| | | 1960 | - | . | 44 500 | 44 900 | 49 300 | 45 000 | . | 46 900 |
| 11 | gemischtem Sortiment | 1958 | . | 38 600 | 40 300 | 39 600 | 40 000 | 38 200 | 37 600 | 38 900 |
| | | 1959 | . | 40 700 | 42 600 | 40 500 | 39 000 | 36 900 | 38 300 | 39 200 |
| | | 1960 | . | 42 200 | 42 200 | 42 500 | 40 500 | 39 500 | 40 800 | 41 000 |
| 12 | Schuheinzelhandel | 1958 | 52 000 | 40 500 | 40 200 | 45 200 | 46 900 | 44 400 | 45 900 | 43 600 |
| | | 1959 | . | 42 400 | 42 800 | 45 100 | 47 500 | 46 000 | 43 200 | 44 700 |
| | | 1960 | . | 42 600 | 43 800 | 46 900 | 50 800 | 49 400 | 44 900 | 46 000 |
| 13 | Möbeleinzelhandel | 1958 | . | 61 200 | 61 600 | 69 000 | 75 500 | 68 300 | 68 800 | 69 800 |
| | | 1959 | - | 85 200 | 71 500 | 67 100 | 73 600 | 71 700 | 69 500 | 71 300 |
| | | 1960 | . | 83 000 | 75 200 | 73 200 | 75 200 | 74 000 | 71 000 | 74 300 |
| 14 | Glas-, Porzellan- und Keramikeinzelhandel | 1958 | . | 38 300 | 35 300 | 34 700 | 41 200 | 35 900 | . | 37 000 |
| | | 1959 | - | 35 600 | 35 300 | 35 800 | 40 700 | 36 500 | 34 300 | 37 200 |
| | | 1960 | - | 35 000 | 36 300 | 41 100 | 42 500 | 37 900 | . | 39 300 |
| 15 | Eisenwaren- und Hausrat- handel | 1958 | . | 43 500 | 40 900 | 43 400 | 48 000 | 52 500 | 52 200 | 47 400 |
| | | 1959 | . | 48 500 | 44 600 | 45 300 | 49 900 | 53 300 | 61 200 | 49 800 |
| | | 1960 | - | 48 700 | 49 000 | 50 500 | 57 000 | 59 500 | 65 300 | 55 400 |
| 16 | davon mit vorwiegend Haus- und Küchengeräten | 1958 | - | 36 800 | 31 200 | 35 400 | 34 000 | 34 500 | . | 34 300 |
| | | 1959 | - | 36 800 | 39 800 | 34 600 | 34 400 | 33 900 | . | 36 100 |
| | | 1960 | - | 36 100 | 35 600 | 43 400 | 36 700 | 37 900 | . | 38 400 |
| 17 | Kleineisenwaren, Werk- zeugen | 1958 | - | . | . | 47 900 | 44 600 | 52 500 | . | 49 800 |
| | | 1959 | - | . | . | 47 600 | 45 800 | 56 400 | . | 51 700 |
| | | 1960 | - | . | . | 51 300 | 58 300 | 56 100 | . | 58 200 |
| 18 | gemischtem Sortiment | 1958 | - | . | 48 200 | 44 400 | 49 800 | 54 800 | 54 000 | 49 700 |
| | | 1959 | - | . | 46 200 | 45 800 | 52 700 | 56 500 | 62 800 | 52 600 |
| | | 1960 | - | 50 900 | 53 900 | 50 900 | 58 500 | 63 900 | 70 500 | 58 700 |
| 19 | Tapeten- und Linoleum- handel | 1958 | - | . | . | 37 500 | 46 600 | 49 500 | 36 600 | 44 000 |
| | | 1959 | - | . | . | 40 100 | 45 900 | 49 100 | 51 300 | 45 400 |
| | | 1960 | - | . | 42 200 | 42 500 | 46 000 | 52 000 | 51 100 | 46 500 |
| 20 | Papier-, Bürobedarf- und Schreibwareneinzelhandel | 1958 | . | 33 400 | 28 700 | 32 800 | 33 900 | 39 500 | . | 33 900 |
| | | 1959 | . | 33 000 | 30 500 | 33 500 | 34 800 | 41 800 | . | 35 100 |
| | | 1960 | . | 32 400 | 34 300 | 35 400 | 40 500 | 46 800 | . | 38 200 |
| 21 | Büromaschinen-, -möbel- und Organisationsmittelhandel | 1958 | - | . | . | 44 800 | 50 800 | 49 000 | 63 300 | 50 600 |
| | | 1959 | - | . | . | 43 600 | 53 300 | 54 900 | 63 800 | 54 500 |
| | | 1960 | - | . | . | 47 800 | 50 100 | 60 200 | 71 000 | 56 800 |
| 22 | Radio- und Fernseheinzel- handel | 1958 | . | 49 000 | 43 700 | 44 300 | 44 200 | 45 100 | . | 44 700 |
| | | 1959 | . | 56 300 | 42 800 | 50 100 | 48 200 | 41 500 | . | 48 000 |
| | | 1960 | . | 47 800 | 47 000 | 41 800 | 47 300 | 45 600 | . | 45 500 |
| 23 | Photoeinzelhandel | 1958 | - | . | . | 32 100 | 36 000 | 31 800 | 35 400 | 32 800 |
| | | 1959 | - | . | 26 300 | 33 700 | 35 100 | 31 000 | 37 200 | 33 000 |
| | | 1960 | - | . | . | 37 600 | 39 200 | 40 700 | 40 800 | 39 400 |
| 24 | Uhren-, Juwelen-, Gold- und Silberwareneinzelhandel | 1958 | . | 32 900 | 37 100 | 41 500 | 41 000 | . | - | 38 900 |
| | | 1959 | . | 32 500 | 34 200 | 40 500 | 40 900 | . | - | 38 300 |
| | | 1960 | . | 36 800 | 36 500 | 44 200 | 45 300 | 64 300 | - | 42 100 |
| 25 | Leder- und Galanteriewaren- einzelhandel | 1958 | . | 42 300 | 45 100 | 42 600 | 46 500 | 38 600 | - | 43 500 |
| | | 1959 | . | 44 800 | 41 500 | 45 700 | 48 700 | 46 900 | - | 44 800 |
| | | 1960 | . | 44 300 | 52 300 | 52 200 | 55 300 | 53 400 | - | 52 200 |
| 26 | Sportartikeleinzelhandel | 1958 | - | 39 500 | . | 46 700 | 42 900 | 54 200 | . | 46 800 |
| | | 1959 | . | 48 200 | 38 700 | 46 600 | 48 600 | 54 000 | . | 47 700 |
| | | 1960 | . | 54 300 | 44 500 | 48 300 | 49 200 | 56 800 | . | 51 400 |
| 27 | Sortimentsbuchhandel | 1958 | . | 45 500 | 39 400 | 41 700 | 42 200 | 44 300 | . | 41 800 |
| | | 1959 | . | 52 100 | 41 600 | 41 300 | 44 500 | 44 900 | . | 43 000 |
| | | 1960 | . | 60 700 | 46 700 | 44 500 | 46 700 | 50 600 | . | 47 100 |
| 28 | Blumenbindereien | 1958 | . | 16 400 | 21 300 | 20 100 | 25 700 | . | . | 20 700 |
| | | 1959 | . | 19 700 | 22 700 | 24 800 | 24 300 | . | . | 23 400 |
| | | 1960 | . | 21 000 | 25 100 | 25 600 | 28 800 | . | . | 25 300 |
| 29 | Gemischtwarengeschäfte | 1958 | . | 50 700 | 46 700 | 47 300 | 50 600 | . | - | 49 000 |
| | | 1959 | . | 57 600 | 54 900 | 51 000 | 50 800 | . | - | 54 900 |
| | | 1960 | . | 60 800 | 57 600 | 54 700 | . | 42 700 | - | 57 600 |

Tabelle 25

Der Absatz je beschäftigte Person in DM
im Durchschnitt der Branchen und Absatzgrößenklassen in den Jahren 1958, 1959 und 1960

| Lf. Nr. | Branche | Jahr | Größenklasse nach Jahresabsatz in DM | | | | | | | ins- ge- samt |
|---|---|---|---|---|---|---|---|---|---|---|
| | | | 20 000- 50 000 | 50 000- 100 000 | 100 000- 200 000 | 200 000- 500 000 | 500 000- 1 Mill. | 1 Mill.- 5 Mill. | über 5 Mill. | |
| 1 | Lebensmitteleinzelhandel | 1958 | . | 46 600 | 50 500 | 54 900 | 58 500 | 56 000 | . | 53 000 |
| | | 1959 | . | 45 000 | 54 500 | 59 500 | 62 300 | 58 300 | . | 56 900 |
| | | 1960 | . | 43 900 | 55 100 | 63 900 | 66 700 | 61 800 | - | 60 200 |
| 2 | Drogerien | 1958 | . | 33 900 | 36 200 | 37 300 | 34 100 | . | - | 35 600 |
| | | 1959 | . | 35 400 | 37 800 | 39 600 | 33 400 | . | - | 37 400 |
| | | 1960 | - | 35 100 | 39 600 | 40 800 | 42 600 | . | - | 39 500 |
| 3 | Reformhäuser | 1958 | - | . | 45 300 | 45 900 | . | - | - | 46 200 |
| | | 1959 | - | 42 400 | 43 800 | 47 700 | . | - | - | 45 700 |
| | | 1960 | - | 45 500 | 46 600 | 49 500 | . | . | - | 47 000 |
| 4 | Tabakwareneinzelhandel | 1958 | . | 49 700 | 67 400 | 98 700 | . | . | - | 76 700 |
| | | 1959 | - | 57 300 | 76 700 | 86 600 | 103 100 | - | - | 80 400 |
| | | 1960 | - | 56 100 | 83 200 | 90 200 | 116 100 | - | - | 85 500 |
| 5 | Textileinzelhandel | 1958 | . | 34 100 | 38 800 | 41 500 | 45 100 | 45 200 | 44 900 | 42 500 |
| | | 1959 | . | 33 200 | 39 700 | 43 500 | 44 100 | 44 900 | 45 500 | 43 100 |
| | davon mit vorwiegend | 1960 | . | 34 300 | 42 300 | 46 500 | 48 300 | 48 900 | 49 400 | 46 500 |
| 6 | Herren- und Knaben- oberbekleidung | 1958 | . | . | . | 50 500 | 59 300 | 66 600 | 72 400 | 60 000 |
| | | 1959 | - | . | 50 600 | 55 300 | 60 700 | 62 300 | 67 500 | 58 800 |
| | | 1960 | . | . | 58 300 | 60 600 | 67 000 | 69 200 | 66 000 | 64 700 |
| 7 | Damen-, Mädchen- und Kinderoberbekleidung | 1958 | - | . | 40 100 | 37 500 | 38 600 | . | . | 37 000 |
| | | 1959 | . | 29 300 | 39 400 | 38 500 | 35 000 | 42 000 | 41 200 | 38 100 |
| | | 1960 | - | . | 41 100 | 40 600 | 38 400 | 45 000 | . | 41 100 |
| 8 | Herren-, Damen- und Kinderoberbekleidung | 1958 | - | . | . | 39 600 | 50 800 | 49 900 | 44 500 | 47 200 |
| | | 1959 | - | . | . | 40 600 | 47 600 | 49 700 | 49 000 | 46 900 |
| | | 1960 | - | . | 43 800 | 47 300 | 52 400 | 54 400 | 56 700 | 52 300 |
| 9 | Wäsche, Wirk- und Strickwaren | 1958 | . | 35 000 | 37 500 | 44 800 | 49 100 | 47 800 | - | 43 100 |
| | | 1959 | . | 35 500 | 37 000 | 45 300 | 50 100 | 46 400 | - | 43 400 |
| | | 1960 | - | 33 200 | 42 200 | 48 500 | 51 900 | 46 600 | . | 46 200 |
| 10 | Haus- und Bettwäsche, Bettwaren | 1958 | - | . | . | 41 100 | 45 000 | 43 600 | - | 42 700 |
| | | 1959 | - | - | 45 100 | 42 900 | 44 500 | 43 200 | - | 43 700 |
| | | 1960 | - | . | 45 100 | 45 700 | 49 500 | 46 200 | . | 46 900 |
| 11 | gemischtem Sortiment | 1958 | . | 31 800 | 37 800 | 39 400 | 40 900 | 38 400 | 41 000 | 38 900 |
| | | 1959 | . | 31 300 | 38 800 | 41 000 | 39 500 | 38 500 | 41 200 | 39 200 |
| | | 1960 | . | 35 000 | 38 500 | 42 700 | 41 700 | 40 800 | 43 100 | 41 000 |
| 12 | Schuheinzelhandel | 1958 | 24 600 | 35 900 | 41 100 | 46 300 | 48 100 | 47 100 | . | 43 600 |
| | | 1959 | . | 37 400 | 41 700 | 47 200 | 49 100 | 47 600 | 44 000 | 44 700 |
| | | 1960 | . | 37 400 | 41 800 | 50 200 | 51 500 | 51 600 | 44 400 | 46 000 |
| 13 | Möbeleinzelhandel | 1958 | - | . | 49 900 | 61 200 | 70 500 | 75 700 | 74 700 | 69 800 |
| | | 1959 | - | . | 48 200 | 67 500 | 72 400 | 75 300 | 70 600 | 71 300 |
| | | 1960 | - | . | 58 300 | 70 300 | 73 700 | 78 700 | 72 400 | 74 300 |
| 14 | Glas-, Porzellan- und Keramikeinzelhandel | 1958 | . | . | 35 500 | 36 500 | 39 700 | 41 200 | - | 37 000 |
| | | 1959 | - | . | 33 800 | 35 100 | 41 100 | 41 800 | - | 37 200 |
| | | 1960 | - | 30 100 | 34 800 | 38 700 | 40 100 | 48 900 | - | 39 300 |
| 15 | Eisenwaren- und Hausrat- handel | 1958 | . | 27 300 | 38 000 | 42 600 | 47 000 | 57 900 | 53 600 | 47 400 |
| | | 1959 | . | 31 500 | 37 000 | 44 500 | 48 800 | 59 100 | 77 500 | 49 800 |
| | davon mit vorwiegend | 1960 | . | 27 500 | 43 500 | 48 200 | 53 400 | 65 500 | 80 500 | 55 400 |
| 16 | Haus- und Küchengeräten | 1958 | - | 26 900 | 34 400 | 37 300 | 33 600 | 37 900 | . | 34 300 |
| | | 1959 | - | 32 100 | 34 300 | 38 100 | 35 000 | 38 700 | . | 36 100 |
| | | 1960 | - | 27 000 | 36 300 | 42 800 | 38 600 | 39 200 | - | 38 400 |
| 17 | Kleineisenwaren, Werk- zeugen | 1958 | - | - | 49 300 | 43 500 | 47 100 | 58 200 | . | 49 800 |
| | | 1959 | - | - | 48 100 | 44 900 | 53 200 | 58 200 | . | 51 700 |
| | | 1960 | - | - | 61 800 | 48 200 | 54 000 | 63 700 | . | 58 200 |
| 18 | gemischtem Sortiment | 1958 | . | . | 34 800 | 43 600 | 48 600 | 59 000 | 57 200 | 49 700 |
| | | 1959 | . | . | 33 000 | 46 500 | 49 600 | 61 000 | 76 300 | 52 600 |
| | | 1960 | . | . | 41 500 | 49 300 | 54 300 | 69 900 | 77 900 | 58 700 |
| 19 | Tapeten- und Linoleum- handel | 1958 | - | . | 28 900 | 38 500 | 44 000 | 52 500 | - | 44 000 |
| | | 1959 | - | . | . | 39 900 | 43 900 | 52 600 | . | 45 400 |
| | | 1960 | - | . | 30 100 | 42 800 | 45 200 | 51 900 | . | 46 500 |
| 20 | Papier-, Bürobedarf- und Schreibwareneinzelhandel | 1958 | . | 30 500 | 28 400 | 33 900 | 37 600 | 43 400 | - | 33 900 |
| | | 1959 | . | 29 200 | 30 800 | 34 900 | 38 500 | 45 600 | - | 35 100 |
| | | 1960 | 21 200 | 31 800 | 32 900 | 36 300 | 45 300 | 50 800 | . | 38 200 |
| 21 | Büromaschinen-, -möbel- und Organisationsmittelhandel | 1958 | - | - | . | 44 800 | 39 700 | 55 800 | . | 50 600 |
| | | 1959 | - | - | . | 50 500 | 46 700 | 57 500 | . | 54 500 |
| | | 1960 | - | - | . | 49 200 | 44 800 | 62 200 | 90 900 | 56 800 |
| 22 | Radio- und Fernseheinzel- handel | 1958 | - | 38 300 | 38 300 | 44 900 | 45 800 | 50 500 | - | 44 700 |
| | | 1959 | - | . | 47 000 | 46 700 | 48 700 | 53 200 | - | 48 000 |
| | | 1960 | - | 38 900 | 40 300 | 43 600 | 47 700 | 50 000 | . | 45 500 |
| 23 | Photoeinzelhandel | 1958 | . | 24 300 | 23 300 | 33 000 | 33 400 | 39 400 | . | 32 800 |
| | | 1959 | . | 30 100 | 26 500 | 32 400 | 32 100 | 39 900 | . | 33 000 |
| | | 1960 | . | . | 30 200 | 39 000 | 39 000 | 46 600 | . | 39 400 |
| 24 | Uhren-, Juwelen-, Gold- und Silberwareneinzelhandel | 1958 | 20 200 | 27 900 | 32 800 | 40 300 | 59 200 | . | - | 38 900 |
| | | 1959 | 25 700 | 26 700 | 31 200 | 40 100 | 55 900 | 75 000 | - | 38 300 |
| | | 1960 | . | 30 300 | 35 300 | 43 900 | 57 400 | 65 400 | - | 42 100 |
| 25 | Leder- und Galanteriewaren- einzelhandel | 1958 | . | 39 700 | 39 800 | 45 100 | 49 100 | 38 600 | - | 43 500 |
| | | 1959 | . | 36 500 | 38 700 | 46 800 | 49 400 | 50 300 | - | 44 800 |
| | | 1960 | . | . | 44 900 | 53 400 | 56 100 | 58 900 | - | 52 200 |
| 26 | Sportartikeleinzelhandel | 1958 | . | . | 41 600 | 45 500 | 52 300 | 55 400 | . | 46 800 |
| | | 1959 | . | . | 37 800 | 46 900 | 53 400 | 54 800 | . | 47 700 |
| | | 1960 | . | . | 46 400 | 47 900 | 57 900 | 58 300 | . | 51 400 |
| 27 | Sortimentsbuchhandel | 1958 | - | 29 600 | 37 500 | 42 200 | 48 100 | 47 900 | - | 41 800 |
| | | 1959 | . | . | 37 200 | 43 600 | 45 400 | 50 100 | - | 43 000 |
| | | 1960 | . | . | 41 400 | 47 500 | 49 400 | 50 500 | - | 47 100 |
| 28 | Blumenbindereien | 1958 | 14 200 | 16 800 | 23 100 | 28 200 | . | - | - | 20 700 |
| | | 1959 | 11 600 | 20 900 | 25 400 | 29 500 | . | - | - | 23 400 |
| | | 1960 | 15 900 | 23 700 | 25 400 | 27 500 | 30 000 | . | - | 25 300 |
| 29 | Gemischtwarengeschäfte | 1958 | . | . | 45 600 | 51 200 | . | . | - | 49 000 |
| | | 1959 | - | . | 53 800 | 58 100 | . | . | - | 54 900 |
| | | 1960 | . | 46 800 | 54 400 | 64 100 | . | . | - | 57 600 |

Tabelle 26

Der Absatz je Quadratmeter Geschäftsraum in DM
im Durchschnitt der Branchen und Personengrößenklassen in den Jahren 1958, 1959 und 1960

| Lf. Nr. | Branche | Jahr | \multicolumn{7}{c}{Größenklasse nach Zahl der beschäftigten Personen} | insgesamt |
|---|---|---|---|---|---|---|---|---|---|---|
| | | | 1 | 2-3 | 4-5 | 6-10 | 11-20 | 21-50 | 51 und mehr | |
| 1 | Lebensmitteleinzelhandel | 1958 | 2 180 | 2 440 | 2 640 | 2 630 | 3 270 | 3 260 | . | 2 650 |
| | | 1959 | 2 640 | 2 440 | 2 950 | 2 750 | 3 060 | 3 780 | - | 2 790 |
| | | 1960 | 2 790 | 2 550 | 3 120 | 2 970 | 3 340 | 3 000 | . | 2 910 |
| 2 | Drogerien | 1958 | . | 1 210 | 1 370 | 1 460 | 1 830 | 1 400 | - | 1 380 |
| | | 1959 | 1 420 | 1 310 | 1 310 | 1 640 | 1 570 | 1 630 | - | 1 440 |
| | | 1960 | . | 1 330 | 1 600 | 1 730 | 1 830 | 1 490 | - | 1 570 |
| 3 | Reformhäuser | 1958 | . | 2 400 | 2 570 | 2 840 | - | - | - | 2 570 |
| | | 1959 | . | 1 990 | 2 970 | 2 830 | . | - | - | 2 460 |
| | | 1960 | . | 1 950 | 2 810 | 2 540 | . | . | - | 2 360 |
| 4 | Tabakwareneinzelhandel | 1958 | 3 300 | 5 180 | 6 520 | 8 340 | - | . | - | 5 450 |
| | | 1959 | 3 660 | 5 390 | 6 700 | 6 930 | . | - | - | 5 600 |
| | | 1960 | 3 940 | 6 140 | 6 860 | 5 650 | - | - | - | 5 870 |
| 5 | Textileinzelhandel | 1958 | . | 1 740 | 2 100 | 2 090 | 2 240 | 2 310 | 2 470 | 2 190 |
| | | 1959 | . | 1 620 | 2 050 | 2 110 | 2 170 | 2 220 | 2 410 | 2 140 |
| | | 1960 | . | 1 720 | 2 210 | 2 220 | 2 360 | 2 360 | 2 520 | 2 270 |
| 6 | davon mit vorwiegend Herren- und Knabenoberbekleidung | 1958 | . | 1 380 | 2 330 | 2 110 | 2 340 | 2 860 | 3 520 | 2 440 |
| | | 1959 | . | 1 400 | 2 100 | 1 930 | 2 330 | 2 660 | 3 190 | 2 270 |
| | | 1960 | . | 1 320 | 2 370 | 2 180 | 2 490 | 2 740 | 3 300 | 2 440 |
| 7 | Damen-, Mädchen- und Kinderoberbekleidung | 1958 | - | 1 980 | 1 680 | 2 200 | 2 380 | 2 360 | 2 290 | 2 250 |
| | | 1959 | - | 1 820 | 1 790 | 2 160 | 2 530 | 2 240 | 2 450 | 2 270 |
| | | 1960 | - | 1 920 | 1 730 | 2 370 | 2 400 | 2 390 | 2 540 | 2 310 |
| 8 | Herren-, Damen- und Kinderoberbekleidung | 1958 | - | . | . | 1 590 | 2 000 | 1 800 | 2 290 | 1 980 |
| | | 1959 | - | . | . | 1 910 | 1 960 | 1 760 | 2 120 | 1 920 |
| | | 1960 | - | . | 1 950 | 1 720 | 2 540 | 2 090 | 2 410 | 2 170 |
| 9 | Wäsche, Wirk- und Strickwaren | 1958 | . | 1 870 | 2 550 | 2 570 | 3 270 | 2 900 | . | 2 620 |
| | | 1959 | - | 1 860 | 2 700 | 2 650 | 3 110 | 2 990 | . | 2 670 |
| | | 1960 | - | 2 040 | 2 730 | 2 910 | 3 280 | 3 600 | . | 2 830 |
| 10 | Haus- und Bettwäsche, Bettwaren | 1958 | - | . | . | 1 620 | 1 560 | 1 280 | . | 1 480 |
| | | 1959 | - | . | 1 500 | 1 520 | 1 460 | 1 400 | . | 1 460 |
| | | 1960 | - | . | 1 420 | 1 440 | 1 660 | 1 520 | . | 1 470 |
| 11 | gemischtem Sortiment | 1958 | . | 1 600 | 1 800 | 1 700 | 1 910 | 2 180 | 2 440 | 1 990 |
| | | 1959 | . | 1 480 | 1 710 | 1 700 | 1 750 | 2 090 | 2 350 | 1 900 |
| | | 1960 | . | 1 550 | 1 830 | 1 820 | 1 870 | 2 170 | 2 410 | 1 990 |
| 12 | Schuheinzelhandel | 1958 | 1 240 | 1 520 | 1 940 | 2 390 | 2 540 | 3 130 | 4 000 | 2 270 |
| | | 1959 | . | 1 540 | 1 920 | 2 450 | 2 570 | 3 050 | 3 350 | 2 270 |
| | | 1960 | . | 1 590 | 1 880 | 2 370 | 2 960 | 3 060 | 2 980 | 2 240 |
| 13 | Möbeleinzelhandel | 1958 | - | 500 | 620 | 640 | 720 | 850 | 1 040 | 730 |
| | | 1959 | - | 700 | 660 | 590 | 740 | 780 | 1 020 | 710 |
| | | 1960 | . | 580 | 670 | 620 | 700 | 830 | 980 | 720 |
| 14 | Glas-, Porzellan- und Keramikeinzelhandel | 1958 | . | 720 | 1 020 | 1 030 | 1 370 | 1 230 | . | 1 140 |
| | | 1959 | - | 750 | 990 | 1 040 | 1 280 | 1 310 | 1 000 | 1 130 |
| | | 1960 | - | 790 | 920 | 1 150 | 1 440 | 1 400 | . | 1 190 |
| 15 | Eisenwaren- und Hausrathandel | 1958 | - | 1 020 | 890 | 1 000 | 1 320 | 1 280 | 1 800 | 1 200 |
| | | 1959 | . | 790 | 910 | 1 200 | 1 390 | 1 380 | 2 100 | 1 300 |
| | | 1960 | - | 850 | 880 | 1 200 | 1 590 | 1 480 | 2 170 | 1 390 |
| 16 | davon mit vorwiegend Haus- und Küchengeräten | 1958 | - | 1 030 | 950 | 960 | 1 640 | 1 110 | . | 1 130 |
| | | 1959 | . | 840 | 1 160 | 890 | 1 190 | 1 090 | . | 1 020 |
| | | 1960 | - | 830 | 770 | 970 | 1 370 | 1 050 | . | 1 020 |
| 17 | Kleineisenwaren, Werkzeugen | 1958 | - | . | . | 1 870 | 1 680 | 1 630 | . | 1 620 |
| | | 1959 | - | . | . | 1 520 | 1 970 | 2 220 | . | 1 800 |
| | | 1960 | - | . | . | 1 980 | 2 270 | 2 230 | . | 2 080 |
| 18 | gemischtem Sortiment | 1958 | - | . | 860 | 810 | 1 170 | 1 190 | 1 740 | 1 100 |
| | | 1959 | - | . | 680 | 1 180 | 1 260 | 1 200 | 2 130 | 1 230 |
| | | 1960 | - | 760 | 840 | 1 010 | 1 400 | 1 330 | 2 180 | 1 290 |
| 19 | Tapeten- und Linoleumhandel | 1958 | - | . | . | 1 360 | 1 600 | 2 380 | 2 200 | 1 800 |
| | | 1959 | - | . | . | 1 200 | 1 680 | 2 560 | 3 130 | 1 920 |
| | | 1960 | - | . | 920 | 1 350 | 1 620 | 2 400 | 2 250 | 1 770 |
| 20 | Papier-, Bürobedarf- und Schreibwareneinzelhandel | 1958 | . | 1 580 | 1 520 | 1 580 | 1 850 | 2 190 | . | 1 760 |
| | | 1959 | . | 1 530 | 1 470 | 1 540 | 1 800 | 2 230 | . | 1 740 |
| | | 1960 | . | 1 530 | 1 790 | 1 750 | 2 040 | 2 300 | . | 1 910 |
| 21 | Büromaschinen-, -möbel- und Organisationsmittelhandel | 1958 | - | . | . | 2 300 | 2 570 | 2 820 | 2 660 | 2 660 |
| | | 1959 | - | . | . | 2 400 | 3 180 | 3 150 | 2 460 | 2 970 |
| | | 1960 | - | . | . | 2 600 | 3 160 | 4 260 | 3 200 | 3 560 |
| 22 | Radio- und Fernseheinzelhandel | 1958 | - | 1 910 | 1 950 | 2 130 | 2 650 | 2 780 | . | 2 390 |
| | | 1959 | . | 2 060 | 1 730 | 2 720 | 2 550 | 2 460 | . | 2 440 |
| | | 1960 | . | 1 790 | 2 180 | 2 460 | 2 600 | 2 470 | . | 2 440 |
| 23 | Photoeinzelhandel | 1958 | - | . | . | 2 220 | 2 830 | 3 070 | 3 500 | 2 680 |
| | | 1959 | - | . | 1 310 | 2 510 | 2 630 | 3 010 | 3 750 | 2 640 |
| | | 1960 | - | . | . | 2 400 | 3 000 | 3 120 | 3 510 | 2 900 |
| 24 | Uhren-, Juwelen-, Gold- und Silberwareneinzelhandel | 1958 | . | 2 120 | 2 280 | 3 570 | 4 030 | . | . | 3 130 |
| | | 1959 | . | 1 780 | 2 360 | 3 370 | 3 970 | . | . | 3 010 |
| | | 1960 | . | 1 880 | 2 820 | 3 170 | 4 540 | 5 370 | . | 3 210 |
| 25 | Leder- und Galanteriewareneinzelhandel | 1958 | . | 1 620 | 1 710 | 1 960 | 2 080 | . | - | 1 860 |
| | | 1959 | . | 1 670 | 1 580 | 1 960 | 2 140 | 2 490 | - | 1 860 |
| | | 1960 | . | 1 720 | 1 910 | 2 090 | 2 200 | 3 180 | - | 2 100 |
| 26 | Sportartikeleinzelhandel | 1958 | - | 1 910 | . | 2 180 | 1 630 | 2 420 | . | 2 060 |
| | | 1959 | - | 1 950 | 1 020 | 1 930 | 2 120 | 2 390 | . | 1 980 |
| | | 1960 | - | 2 040 | 1 260 | 1 700 | 2 200 | 2 620 | . | 2 100 |
| 27 | Sortimentsbuchhandel | 1958 | - | 2 160 | 2 120 | 2 880 | 3 040 | 3 820 | . | 2 750 |
| | | 1959 | - | 2 740 | 2 350 | 2 810 | 3 100 | 4 170 | . | 2 950 |
| | | 1960 | - | 2 880 | 2 530 | 2 920 | 3 420 | 4 220 | . | 3 100 |
| 28 | Blumenbindereien | 1958 | - | 700 | 1 300 | 1 350 | 3 040 | . | - | 1 550 |
| | | 1959 | - | 770 | 1 830 | 1 490 | 3 240 | . | - | 1 850 |
| | | 1960 | - | 1 020 | 1 660 | 1 590 | 2 970 | . | - | 1 900 |
| 29 | Gemischtwarengeschäfte | 1958 | . | 1 550 | 1 530 | 1 290 | 1 690 | . | - | 1 490 |
| | | 1959 | . | 1 760 | 1 670 | 1 620 | 1 580 | . | - | 1 660 |
| | | 1960 | . | 1 960 | 2 060 | 1 460 | . | 1 790 | - | 1 890 |

Tabelle 26a

Der Absatz je Quadratmeter Geschäftsraum in DM
im Durchschnitt der Branchen und Absatzgrößenklassen in den Jahren 1958, 1959 und 1960

| Lf. Nr. | Branche | Jahr | Größenklasse nach Jahresabsatz in DM | | | | | | | insgesamt |
|---|---|---|---|---|---|---|---|---|---|---|
| | | | 20 000– 50 000 | 50 000– 100 000 | 100 000– 200 000 | 200 000– 500 000 | 500 000– 1 Mill. | 1 Mill.– 5 Mill. | über 5 Mill. | |
| 1 | Lebensmitteleinzelhandel | 1958 | . | 2 140 | 2 360 | 2 810 | 3 230 | 3 270 | . | 2 650 |
| | | 1959 | | 2 250 | 2 440 | 2 980 | 3 110 | 3 670 | – | 2 790 |
| | | 1960 | . | 2 200 | 2 480 | 3 150 | 3 200 | 3 620 | – | 2 910 |
| 2 | Drogerien | 1958 | . | 1 070 | 1 420 | 1 700 | 1 280 | . | – | 1 380 |
| | | 1959 | | 1 150 | 1 440 | 1 690 | 1 380 | . | – | 1 440 |
| | | 1960 | – | 1 120 | 1 560 | 1 780 | 1 650 | . | – | 1 570 |
| 3 | Reformhäuser | 1958 | – | . | 2 790 | 2 420 | . | – | – | 2 570 |
| | | 1959 | – | 1 460 | 2 580 | 2 630 | . | – | – | 2 460 |
| | | 1960 | | 1 630 | 2 310 | 2 470 | . | . | – | 2 360 |
| 4 | Tabakwareneinzelhandel | 1958 | . | 3 620 | 4 520 | 6 760 | . | . | – | 5 450 |
| | | 1959 | – | 3 800 | 4 480 | 6 440 | 9 620 | . | – | 5 600 |
| | | 1960 | – | 3 780 | 4 990 | 6 240 | 10 300 | – | – | 5 870 |
| 5 | Textileinzelhandel | 1958 | 990 | 1 550 | 1 840 | 2 040 | 2 340 | 2 490 | 2 620 | 2 190 |
| | | 1959 | . | 1 540 | 1 700 | 2 040 | 2 220 | 2 450 | 2 640 | 2 140 |
| | davon mit vorwiegend | 1960 | . | 1 450 | 1 850 | 2 250 | 2 330 | 2 530 | 2 750 | 2 270 |
| 6 | Herren- und Knabenoberbekleidung | 1958 | . | . | . | 1 940 | 2 360 | 2 860 | 3 890 | 2 440 |
| | | 1959 | – | . | 1 570 | 1 970 | 2 190 | 2 670 | 3 700 | 2 270 |
| | | 1960 | . | . | 1 620 | 2 300 | 2 290 | 2 780 | 3 660 | 2 440 |
| 7 | Damen-, Mädchen- und Kinderoberbekleidung | 1958 | – | . | 2 000 | 2 060 | 2 540 | 2 340 | . | 2 250 |
| | | 1959 | – | 1 690 | 1 730 | 2 030 | 2 280 | 2 710 | 2 750 | 2 270 |
| | | 1960 | – | . | 1 990 | 2 120 | 2 490 | 2 450 | . | 2 310 |
| 8 | Herren-, Damen- und Kinderoberbekleidung | 1958 | – | . | . | 1 730 | 1 850 | 2 220 | 2 190 | 1 980 |
| | | 1959 | – | . | . | 1 660 | 1 860 | 2 120 | 2 260 | 1 920 |
| | | 1960 | – | . | 1 680 | 1 800 | 1 920 | 2 500 | 2 300 | 2 170 |
| 9 | Wäsche, Wirk- und Strickwaren | 1958 | . | 1 720 | 1 980 | 2 640 | 3 530 | 3 640 | – | 2 620 |
| | | 1959 | . | 1 740 | 2 000 | 2 660 | 3 710 | 3 560 | – | 2 670 |
| | | 1960 | . | 1 760 | 2 140 | 2 920 | 3 740 | 3 270 | – | 2 830 |
| 10 | Haus- und Bettwäsche, Bettwaren | 1958 | – | . | . | 1 530 | 1 520 | 1 420 | – | 1 480 |
| | | 1959 | – | – | 1 040 | 1 520 | 1 560 | 1 400 | – | 1 460 |
| | | 1960 | – | . | 1 140 | 1 480 | 1 770 | 1 340 | – | 1 470 |
| 11 | gemischtem Sortiment | 1958 | . | 1 490 | 1 700 | 1 690 | 2 030 | 2 360 | 2 540 | 1 990 |
| | | 1959 | . | 1 420 | 1 630 | 1 680 | 1 860 | 2 240 | 2 540 | 1 900 |
| | | 1960 | . | 1 340 | 1 690 | 1 890 | 1 850 | 2 340 | 2 580 | 1 990 |
| 12 | Schuheinzelhandel | 1958 | 1 050 | 1 300 | 1 730 | 2 380 | 2 840 | 3 180 | . | 2 270 |
| | | 1959 | . | 1 370 | 1 710 | 2 350 | 2 740 | 3 060 | 3 860 | 2 270 |
| | | 1960 | . | 1 330 | 1 770 | 2 350 | 3 000 | 3 100 | 3 010 | 2 240 |
| 13 | Möbeleinzelhandel | 1958 | – | . | 430 | 640 | 620 | 860 | 1 070 | 730 |
| | | 1959 | – | . | 630 | 610 | 620 | 830 | 1 000 | 710 |
| | | 1960 | . | . | 510 | 620 | 650 | 810 | 1 030 | 720 |
| 14 | Glas-, Porzellan- und Keramikeinzelhandel | 1958 | . | . | 1 000 | 1 040 | 1 530 | 1 220 | – | 1 140 |
| | | 1959 | – | . | 890 | 1 020 | 1 550 | 1 190 | – | 1 130 |
| | | 1960 | – | 670 | 940 | 1 070 | 1 550 | 1 530 | – | 1 190 |
| 15 | Eisenwaren- und Hausrathandel | 1958 | . | 760 | 900 | 970 | 1 280 | 1 530 | 1 710 | 1 200 |
| | | 1959 | . | 680 | 810 | 1 080 | 1 430 | 1 600 | 2 170 | 1 300 |
| | davon mit vorwiegend | 1960 | . | 840 | 880 | 1 010 | 1 520 | 1 700 | 2 610 | 1 390 |
| 16 | Haus- und Küchengeräten | 1958 | – | 800 | 1 000 | 1 080 | 1 560 | 1 280 | . | 1 130 |
| | | 1959 | – | 790 | 970 | 1 030 | 1 090 | 1 210 | . | 1 020 |
| | | 1960 | – | 610 | 840 | 1 040 | 1 220 | 1 280 | – | 1 020 |
| 17 | Kleineisenwaren, Werkzeugen | 1958 | – | – | 980 | 1 320 | 1 930 | 1 820 | – | 1 620 |
| | | 1959 | – | – | 860 | 1 100 | 2 610 | 2 340 | – | 1 800 |
| | | 1960 | – | – | 1 170 | 1 170 | 2 610 | 2 420 | . | 2 080 |
| 18 | gemischtem Sortiment | 1958 | . | . | 680 | 850 | 1 030 | 1 440 | 1 630 | 1 100 |
| | | 1959 | . | . | 600 | 1 100 | 1 130 | 1 470 | 2 150 | 1 230 |
| | | 1960 | – | . | 790 | 950 | 1 200 | 1 530 | 2 620 | 1 290 |
| 19 | Tapeten- und Linoleumhandel | 1958 | – | . | 1 160 | 1 360 | 1 560 | 2 560 | – | 1 800 |
| | | 1959 | – | . | . | 1 310 | 1 760 | 2 820 | – | 1 920 |
| | | 1960 | – | . | 660 | 1 370 | 1 770 | 2 430 | . | 1 770 |
| 20 | Papier-, Bürobedarf- und Schreibwareneinzelhandel | 1958 | . | 1 100 | 1 750 | 1 720 | 1 870 | 2 450 | – | 1 760 |
| | | 1959 | . | 1 120 | 1 680 | 1 560 | 1 980 | 2 450 | – | 1 740 |
| | | 1960 | . | 1 670 | 1 840 | 1 770 | 1 960 | 2 610 | – | 1 910 |
| 21 | Büromaschinen-, -möbel- und Organisationsmittelhandel | 1958 | – | – | . | 2 130 | 2 040 | 3 130 | . | 2 660 |
| | | 1959 | – | – | . | 2 360 | 2 700 | 3 290 | . | 2 970 |
| | | 1960 | – | – | . | 2 560 | 2 540 | 4 500 | 3 680 | 3 560 |
| 22 | Radio- und Fernseheinzelhandel | 1958 | . | 1 250 | 1 720 | 2 330 | 2 640 | 3 070 | . | 2 390 |
| | | 1959 | – | . | 2 060 | 2 420 | 2 540 | 2 930 | . | 2 440 |
| | | 1960 | . | 1 490 | 1 740 | 2 590 | 2 490 | 2 780 | . | 2 440 |
| 23 | Photoeinzelhandel | 1958 | . | 1 180 | 1 570 | 2 730 | 2 580 | 3 810 | . | 2 680 |
| | | 1959 | . | 1 310 | 1 420 | 2 650 | 2 520 | 3 940 | . | 2 640 |
| | | 1960 | . | . | . | 2 830 | 2 720 | 3 920 | . | 2 900 |
| 24 | Uhren-, Juwelen-, Gold- und Silberwareneinzelhandel | 1958 | 1 670 | 1 810 | 2 350 | 3 410 | 5 390 | . | – | 3 130 |
| | | 1959 | 1 630 | 1 730 | 2 310 | 3 250 | 5 170 | 5 020 | – | 3 010 |
| | | 1960 | . | 2 020 | 2 510 | 3 350 | 4 720 | 5 770 | – | 3 210 |
| 25 | Leder- und Galanteriewareneinzelhandel | 1958 | . | 1 300 | 1 730 | 1 870 | 2 160 | . | – | 1 860 |
| | | 1959 | . | 1 300 | 1 670 | 1 860 | 2 110 | 2 560 | – | 1 860 |
| | | 1960 | . | . | 1 870 | 2 000 | 2 430 | 2 950 | – | 2 100 |
| 26 | Sportartikeleinzelhandel | 1958 | . | . | 1 290 | 2 190 | 1 950 | 2 540 | . | 2 060 |
| | | 1959 | . | . | 1 040 | 2 210 | 1 970 | 2 650 | . | 1 980 |
| | | 1960 | . | . | 1 190 | 2 050 | 2 220 | 2 730 | . | 2 100 |
| 27 | Sortimentsbuchhandel | 1958 | . | 1 730 | 2 050 | 2 820 | 3 340 | 4 120 | – | 2 750 |
| | | 1959 | – | . | 2 170 | 2 910 | 3 340 | 4 280 | – | 2 950 |
| | | 1960 | . | . | 2 260 | 2 930 | 3 410 | 4 480 | – | 3 100 |
| 28 | Blumenbindereien | 1958 | 630 | 900 | 1 600 | 3 140 | . | – | – | 1 550 |
| | | 1959 | 670 | 1 020 | 1 770 | 2 570 | . | – | – | 1 850 |
| | | 1960 | 860 | 1 140 | 1 700 | 1 990 | 3 730 | . | – | 1 900 |
| 29 | Gemischtwarengeschäfte | 1958 | – | . | 1 530 | 1 480 | . | – | – | 1 490 |
| | | 1959 | – | . | 1 690 | 1 640 | . | – | – | 1 660 |
| | | 1960 | . | 1 500 | 1 860 | 2 000 | . | . | – | 1 890 |

Tabelle 27

Der Absatz je Quadratmeter Verkaufsraum in DM
im Durchschnitt der Branchen und Personengrößenklassen in den Jahren 1958, 1959 und 1960

| Lf. Nr. | Branche | Jahr | 1 | 2-3 | 4-5 | 6-10 | 11-20 | 21-50 | 51 und mehr | insgesamt |
|---|---|---|---|---|---|---|---|---|---|---|
| 1 | Lebensmitteleinzelhandel | 1958 | 3 090 | 4 130 | 4 740 | 5 580 | 7 020 | 7 260 | . | 5 040 |
| | | 1959 | 3 420 | 4 050 | 5 400 | 5 780 | 6 200 | 8 500 | . | 5 230 |
| | | 1960 | 4 000 | 4 180 | 5 570 | 5 830 | 8 470 | 6 710 | . | 5 430 |
| 2 | Drogerien | 1958 | . | 2 450 | 3 250 | 3 860 | 5 480 | 4 220 | - | 3 350 |
| | | 1959 | 2 150 | 2 680 | 3 180 | 3 910 | 5 160 | 4 970 | - | 3 430 |
| | | 1960 | . | 2 730 | 3 630 | 4 180 | 4 590 | 4 600 | - | 3 610 |
| 3 | Reformhäuser | 1958 | . | 3 790 | 4 630 | 5 660 | - | - | - | 4 710 |
| | | 1959 | . | 3 080 | 5 230 | 5 650 | . | . | - | 4 480 |
| | | 1960 | . | 3 380 | 5 310 | 4 670 | . | . | - | 4 440 |
| 4 | Tabakwareneinzelhandel | 1958 | 4 790 | 6 810 | 10 510 | 9 760 | - | - | - | 7 330 |
| | | 1959 | 4 980 | 7 560 | 10 660 | . | - | - | - | 7 820 |
| | | 1960 | 4 980 | 8 860 | 11 920 | 8 790 | - | - | - | 8 730 |
| 5 | Textileinzelhandel | 1958 | . | 2 200 | 2 820 | 3 030 | 3 280 | 3 410 | 3 650 | 3 150 |
| | | 1959 | . | 2 210 | 2 780 | 2 980 | 3 180 | 3 270 | 3 540 | 3 080 |
| | | 1960 | . | 2 330 | 2 960 | 3 160 | 3 280 | 3 480 | 3 690 | 3 230 |
| 6 | davon mit vorwiegend Herren- und Knabenoberbekleidung | 1958 | - | . | . | 2 480 | 3 460 | 4 300 | 5 340 | 3 480 |
| | | 1959 | - | . | 2 670 | 2 570 | 3 100 | 4 160 | 4 890 | 3 210 |
| | | 1960 | . | 1 740 | 2 950 | 2 980 | 3 230 | 4 170 | 5 120 | 3 400 |
| 7 | Damen-, Mädchen- und Kinderoberbekleidung | 1958 | - | 2 360 | 2 340 | 3 530 | 3 160 | 3 480 | 3 580 | 3 200 |
| | | 1959 | - | 2 550 | 2 380 | 3 070 | 3 520 | 3 160 | 3 720 | 3 220 |
| | | 1960 | - | 3 010 | 2 330 | 3 330 | 3 260 | 3 380 | 3 600 | 3 250 |
| 8 | Herren-, Damen- und Kinderoberbekleidung | 1958 | - | . | . | 2 100 | 2 730 | 2 380 | 3 470 | 2 800 |
| | | 1959 | - | . | . | 2 430 | 2 800 | 2 310 | 3 200 | 2 680 |
| | | 1960 | - | . | 2 450 | 2 350 | 3 540 | 2 630 | 3 550 | 2 980 |
| 9 | Wäsche, Wirk- und Strickwaren | 1958 | . | 2 230 | 3 380 | 3 760 | 5 320 | 5 570 | . | 3 880 |
| | | 1959 | - | 2 670 | 3 530 | 3 820 | 4 900 | 5 520 | . | 3 920 |
| | | 1960 | . | 2 680 | 3 650 | 4 240 | 4 940 | 5 740 | . | 4 110 |
| 10 | Haus- und Bettwäsche, Bettwaren | 1958 | - | . | . | 2 530 | 2 330 | 2 100 | . | 2 390 |
| | | 1959 | - | . | 2 690 | 2 640 | 2 920 | 2 410 | . | 2 710 |
| | | 1960 | - | . | 2 570 | 2 230 | 2 310 | 2 620 | . | 2 460 |
| 11 | gemischtem Sortiment | 1958 | . | 1 890 | 2 420 | 2 360 | 2 540 | 2 930 | 3 430 | 2 710 |
| | | 1959 | . | 1 930 | 2 360 | 2 160 | 2 370 | 2 860 | 3 300 | 2 590 |
| | | 1960 | . | 1 830 | 2 520 | 2 370 | 2 430 | 3 050 | 3 300 | 2 700 |
| 12 | Schuheinzelhandel | 1958 | 1 820 | 2 440 | 2 990 | 3 710 | 4 060 | 5 400 | 7 020 | 3 560 |
| | | 1959 | . | 2 410 | 3 060 | 4 050 | 4 230 | 5 190 | 5 910 | 3 690 |
| | | 1960 | . | 2 480 | 2 970 | 3 800 | 4 610 | 4 970 | 5 550 | 3 580 |
| 13 | Möbeleinzelhandel | 1958 | - | 840 | 920 | 1 020 | 1 050 | 1 440 | 2 170 | 1 180 |
| | | 1959 | - | 840 | 950 | 850 | 1 010 | 1 250 | 2 260 | 1 080 |
| | | 1960 | . | 870 | 1 060 | 830 | 980 | 1 290 | 2 110 | 1 100 |
| 14 | Glas-, Porzellan- und Keramikeinzelhandel | 1958 | - | 1 320 | 1 990 | 1 860 | 3 220 | 2 940 | . | 2 410 |
| | | 1959 | - | 1 210 | 1 910 | 1 860 | 2 630 | 3 040 | 1 930 | 2 250 |
| | | 1960 | - | 1 150 | 1 810 | 2 020 | 2 870 | 3 000 | . | 2 290 |
| 15 | Eisenwaren- und Hausrathandel | 1958 | - | 1 670 | 2 270 | 2 600 | 3 910 | 4 940 | 4 440 | 3 600 |
| | | 1959 | . | 1 850 | 2 500 | 2 710 | 3 650 | 5 110 | 8 960 | 3 880 |
| | | 1960 | - | 1 910 | 2 330 | 3 220 | 4 010 | 5 540 | 6 300 | 4 020 |
| 16 | davon mit vorwiegend Haus- und Küchengeräten | 1958 | - | 1 490 | 1 910 | 1 910 | 3 410 | 2 210 | . | 2 160 |
| | | 1959 | - | 1 350 | 2 220 | 1 540 | 2 220 | 1 960 | . | 1 840 |
| | | 1960 | - | 1 320 | 1 590 | 2 070 | 2 400 | 2 220 | . | 2 000 |
| 17 | Kleineisenwaren, Werkzeugen | 1958 | - | . | . | 5 980 | 5 450 | 7 250 | . | 5 770 |
| | | 1959 | - | . | . | 5 190 | 5 260 | 8 460 | . | 5 860 |
| | | 1960 | - | . | . | 5 880 | 7 290 | 7 540 | . | 6 680 |
| 18 | gemischtem Sortiment | 1958 | - | . | 2 520 | 2 230 | 3 710 | 4 690 | 4 610 | 3 510 |
| | | 1959 | - | . | 2 290 | 2 200 | 3 520 | 5 030 | 9 600 | 4 000 |
| | | 1960 | - | 2 320 | 1 980 | 2 630 | 3 300 | 5 660 | 6 350 | 3 850 |
| 19 | Tapeten- und Linoleumhandel | 1958 | - | . | . | 2 480 | 4 430 | 6 750 | . | 4 680 |
| | | 1959 | - | . | . | 2 920 | 4 340 | 6 380 | 9 280 | 4 830 |
| | | 1960 | - | . | 2 440 | 3 590 | 4 620 | 5 730 | 7 500 | 4 580 |
| 20 | Papier-, Bürobedarf- und Schreibwareneinzelhandel | 1958 | . | 1 820 | 2 340 | 2 880 | 4 310 | 6 200 | . | 3 610 |
| | | 1959 | . | 1 770 | 2 830 | 2 990 | 4 300 | 7 030 | . | 3 520 |
| | | 1960 | . | 2 080 | 2 920 | 3 490 | 4 730 | 6 820 | . | 4 120 |
| 21 | Büromaschinen-, -möbel- und Organisationsmittelhandel | 1958 | - | . | . | 5 080 | 5 310 | 8 620 | 11 440 | 7 540 |
| | | 1959 | - | . | . | 4 570 | 6 590 | 10 390 | 10 880 | 8 760 |
| | | 1960 | - | . | . | 6 080 | 6 020 | 11 400 | 10 820 | 9 000 |
| 22 | Radio- und Fernseheinzelhandel | 1958 | - | 2 750 | 3 590 | 3 900 | 4 250 | 4 480 | . | 4 010 |
| | | 1959 | - | 3 670 | 3 500 | 4 480 | 4 250 | 4 320 | - | 4 180 |
| | | 1960 | - | 2 410 | 4 500 | 4 040 | 4 340 | 3 750 | . | 4 070 |
| 23 | Photoeinzelhandel | 1958 | - | . | . | 5 510 | 6 260 | 8 610 | 9 350 | 6 830 |
| | | 1959 | - | . | 2 740 | 6 230 | 6 350 | 7 880 | 10 220 | 6 560 |
| | | 1960 | - | . | . | 4 910 | 7 060 | 8 560 | 9 400 | 6 980 |
| 24 | Uhren-, Juwelen-, Gold- und Silberwareneinzelhandel | 1958 | . | 3 240 | 4 280 | 6 360 | 6 730 | . | - | 5 390 |
| | | 1959 | . | 2 920 | 4 190 | 5 800 | 7 640 | . | - | 5 380 |
| | | 1960 | . | 3 170 | 4 880 | 5 920 | 8 400 | 10 210 | - | 5 860 |
| 25 | Leder- und Galanteriewareneinzelhandel | 1958 | . | 2 120 | 2 720 | 3 300 | 3 880 | . | - | 3 040 |
| | | 1959 | . | 1 930 | 2 510 | 3 570 | 3 870 | 3 470 | - | 3 170 |
| | | 1960 | . | 2 420 | 3 230 | 3 610 | 4 000 | 5 770 | - . | 3 590 |
| 26 | Sportartikeleinzelhandel | 1958 | - | 2 290 | . | 3 880 | 2 270 | 3 490 | . | 3 090 |
| | | 1959 | . | 2 210 | 1 800 | 3 140 | 2 980 | 3 540 | . | 2 850 |
| | | 1960 | . | 1 870 | 2 520 | 2 480 | 3 360 | 3 790 | . | 3 150 |
| 27 | Sortimentsbuchhandel | 1958 | - | 2 670 | 3 170 | 4 420 | 5 140 | 7 530 | . | 4 430 |
| | | 1959 | - | . | 3 660 | 4 840 | 5 180 | 7 890 | . | 5 110 |
| | | 1960 | - | 3 420 | 3 770 | 4 670 | 6 060 | 7 640 | . | 5 270 |
| 28 | Blumenbindereien | 1958 | . | 750 | 2 320 | 2 950 | 4 190 | . | . | 2 800 |
| | | 1959 | . | 1 300 | 2 490 | 3 410 | 4 970 | . | . | 3 190 |
| | | 1960 | . | 1 990 | 3 000 | 3 200 | 4 470 | . | . | 3 610 |
| 29 | Gemischtwarengeschäfte | 1958 | . | 2 720 | 2 460 | 2 930 | . | . | - | 2 630 |
| | | 1959 | . | 2 980 | 3 090 | 3 090 | . | . | - | 2 920 |
| | | 1960 | . | 2 930 | 3 500 | 2 620 | . | . | - | 2 960 |

Tabelle 27a

Der Absatz je Quadratmeter Verkaufsraum in DM
im Durchschnitt der Branchen und Absatzgrößenklassen in den Jahren 1958, 1959 und 1960

| Lf. Nr. | Branche | Jahr | 20 000–50 000 | 50 000–100 000 | 100 000–200 000 | 200 000–500 000 | 500 000–1 Mill. | 1 Mill.–5 Mill. | über 5 Mill. | insgesamt |
|---|---|---|---|---|---|---|---|---|---|---|
| 1 | Lebensmitteleinzelhandel | 1958 | . | 3 320 | 4 100 | 5 460 | 6 800 | 7 420 | . | 5 040 |
|  |  | 1959 | . | 3 150 | 4 150 | 5 670 | 6 720 | 8 000 | - | 5 230 |
|  |  | 1960 | . | 3 350 | 4 080 | 5 780 | 6 730 | 9 360 | - | 5 430 |
| 2 | Drogerien | 1958 | . | 2 250 | 3 200 | 4 370 | 4 820 | . | - | 3 350 |
|  |  | 1959 | . | 2 260 | 3 270 | 4 180 | 5 180 | . | - | 3 430 |
|  |  | 1960 | - | 2 190 | 3 390 | 4 250 | 4 730 | . | - | 3 610 |
| 3 | Reformhäuser | 1958 | - | . | 4 720 | 5 250 | . |  | - | 4 710 |
|  |  | 1959 | - | 2 420 | 4 470 | 5 250 | . |  | - | 4 480 |
|  |  | 1960 | . | 2 790 | 4 270 | 5 110 | . | . | - | 4 440 |
| 4 | Tabakwareneinzelhandel | 1958 | . | 4 110 | 5 710 | 9 710 | . |  | - | 7 330 |
|  |  | 1959 | - | 4 190 | 5 990 | 9 440 | 16 160 |  | - | 7 820 |
|  |  | 1960 | - | 4 100 | 6 600 | 10 070 | 15 290 | - | - | 8 730 |
| 5 | Textileinzelhandel | 1958 | 1 500 | 1 900 | 2 490 | 2 890 | 3 450 | 3 670 | 4 070 | 3 150 |
|  |  | 1959 | . | 2 060 | 2 330 | 2 850 | 3 210 | 3 620 | 4 000 | 3 080 |
|  |  | 1960 | . | 2 050 | 2 570 | 3 080 | 3 290 | 3 690 | 4 110 | 3 230 |
| 6 | davon mit vorwiegend Herren- und Knabenoberbekleidung | 1958 | . | . | . | 2 350 | 3 170 | 4 300 | 6 350 | 3 480 |
|  |  | 1959 | - | . | 2 160 | 2 460 | 2 780 | 3 980 | 6 090 | 3 210 |
|  |  | 1960 | - | . | 2 220 | 2 800 | 3 060 | 3 980 | 5 980 | 3 400 |
| 7 | Damen-, Mädchen- und Kinderoberbekleidung | 1958 | - | . | 2 510 | 3 080 | 3 490 | 3 460 | . | 3 200 |
|  |  | 1959 | - | . | 2 390 | 2 860 | 3 090 | 3 930 | 4 250 | 3 220 |
|  |  | 1960 | - | . | - | 2 760 | 3 040 | 3 250 | 3 560 | 3 250 |
| 8 | Herren-, Damen- und Kinderoberbekleidung | 1958 | - |  | . | 2 430 | 2 500 | 2 960 | 3 750 | 2 800 |
|  |  | 1959 | - |  | . | 2 300 | 2 520 | 2 930 | 3 610 | 2 680 |
|  |  | 1960 | - |  | 2 450 | 2 410 | 2 560 | 3 320 | 3 630 | 2 980 |
| 9 | Wäsche, Wirk- und Strickwaren | 1958 | . | 2 160 | 2 630 | 3 610 | 6 290 | 6 260 | - | 3 880 |
|  |  | 1959 | . | 2 400 | 2 730 | 3 710 | 5 800 | 6 000 | - | 3 920 |
|  |  | 1960 | - | 2 300 | 2 960 | 3 910 | 6 100 | 5 160 | - | 4 110 |
| 10 | Haus- und Bettwäsche, Bettwaren | 1958 | - | . | . | 2 400 | 2 130 | 2 750 | - | 2 390 |
|  |  | 1959 | - | - | 2 230 | 2 640 | 2 960 | 2 710 |  | 2 710 |
|  |  | 1960 | - | . | 2 110 | 2 450 | 2 390 | 2 730 | - | 2 460 |
| 11 | gemischtem Sortiment | 1958 | . | 1 670 | 2 220 | 2 390 | 2 720 | 3 180 | 3 700 | 2 710 |
|  |  | 1959 | . | 1 890 | 2 170 | 2 250 | 3 040 | 3 630 | . | 2 590 |
|  |  | 1960 | . | 1 770 | 2 250 | 2 450 | 2 440 | 3 230 | 3 610 | 2 700 |
| 12 | Schuheinzelhandel | 1958 | 1 490 | 2 060 | 2 820 | 3 670 | 4 690 | 5 400 | . | 3 560 |
|  |  | 1959 | . | 2 060 | 2 740 | 3 790 | 4 770 | 5 370 | . | 3 690 |
|  |  | 1960 | . | 2 070 | 2 840 | 3 710 | 4 880 | 4 950 | 5 800 | 3 580 |
| 13 | Möbeleinzelhandel | 1958 | - | . | 840 | 960 | 990 | 1 370 | 2 140 | 1 180 |
|  |  | 1959 | - | . | 890 | 880 | 870 | 1 280 | 2 270 | 1 080 |
|  |  | 1960 | - | . | 860 | 950 | 860 | 1 220 | 2 290 | 1 100 |
| 14 | Glas-, Porzellan- und Keramikeinzelhandel | 1958 | . | . | 1 980 | 1 960 | 3 860 | 2 590 | - | 2 410 |
|  |  | 1959 | - | . | 1 750 | 1 890 | 3 310 | 2 620 | - | 2 250 |
|  |  | 1960 | - | 1 020 | 1 750 | 1 910 | 3 300 | 3 100 | - | 2 290 |
| 15 | Eisenwaren- und Hausrathandel | 1958 | . | 1 240 | 2 060 | 2 280 | 3 800 | 5 490 | 5 520 | 3 600 |
|  |  | 1959 | . | 1 460 | 1 980 | 2 370 | 3 650 | 6 400 | 6 790 | 3 880 |
|  |  | 1960 | . | . | 2 150 | 2 360 | 4 190 | 5 660 | 8 060 | 4 020 |
| 16 | davon mit vorwiegend Haus- und Küchengeräten | 1958 | . | 1 280 | 2 170 | 1 910 | 3 400 | 2 260 | . | 2 160 |
|  |  | 1959 | . | 1 460 | 1 980 | 1 680 | 2 090 | 2 550 | . | 1 840 |
|  |  | 1960 | . | . | 1 810 | 1 920 | 2 380 | 2 580 | - | 2 000 |
| 17 | Kleineisenwaren, Werkzeugen | 1958 | - | - | . | 3 750 | 6 500 | 7 870 | - | 5 770 |
|  |  | 1959 | - | - | 2 960 | 3 500 | 8 760 | 8 190 | . | 5 860 |
|  |  | 1960 | - | - | 3 090 | 3 610 | 9 050 | 7 700 | . | 6 080 |
| 18 | gemischtem Sortiment | 1958 | . | . | 1 710 | 2 130 | 3 450 | 5 190 | . | 3 510 |
|  |  | 1959 | - | . | 1 360 | 2 300 | 2 840 | 6 770 | 6 420 | 4 000 |
|  |  | 1960 | - | . | 1 940 | 2 130 | 3 220 | 5 650 | 7 560 | 3 850 |
| 19 | Tapeten- und Linoleumhandel | 1958 | . | . | 2 610 | 2 940 | 4 160 | 7 170 | - | 4 680 |
|  |  | 1959 | - | . | . | 3 050 | 4 530 | 7 500 | - | 4 830 |
|  |  | 1960 | - | . | 1 560 | 3 230 | 4 870 | 6 540 | . | 4 580 |
| 20 | Papier-, Bürobedarf- und Schreibwareneinzelhandel | 1958 | . | 1 460 | 2 690 | 3 300 | 4 700 | 6 910 | - | 3 610 |
|  |  | 1959 | . | 1 690 | 2 370 | 3 360 | 6 400 | 8 080 | . | 3 520 |
|  |  | 1960 | . | 2 260 | 2 980 | 3 560 | 4 710 | 7 540 | . | 4 120 |
| 21 | Büromaschinen-, -möbel- und Organisationsmittelhandel | 1958 | - | - | . | 4 650 | 5 370 | 9 240 | . | 7 540 |
|  |  | 1959 | - | - | - | 4 850 | 5 890 | 10 620 | . | 8 760 |
|  |  | 1960 | - | - | - | 5 540 | 5 890 | 11 290 | . | 9 000 |
| 22 | Radio- und Fernseheinzelhandel | 1958 | - | 1 800 | 2 970 | 4 140 | 4 250 | 5 000 | - | 4 010 |
|  |  | 1959 | . | . | 3 990 | 4 190 | 4 740 | . | - | 4 180 |
|  |  | 1960 | - | 1 810 | 3 510 | 4 330 | 4 080 | 4 530 | - | 4 070 |
| 23 | Photoeinzelhandel | 1958 | . | 2 910 | 3 700 | 6 640 | 6 780 | 9 860 | . | 6 830 |
|  |  | 1959 | . | 2 600 | 3 120 | 6 110 | 6 810 | 10 400 | . | 6 560 |
|  |  | 1960 | . | . | . | 6 190 | 6 810 | 10 090 | . | 6 980 |
| 24 | Uhren-, Juwelen-, Gold- und Silberwareneinzelhandel | 1958 | 2 160 | 3 380 | 4 170 | 6 130 | 8 600 | . | - | 5 390 |
|  |  | 1959 | 2 210 | 2 950 | 3 990 | 6 080 | 9 130 | 10 790 | - | 5 380 |
|  |  | 1960 | . | 3 030 | 4 490 | 6 230 | 9 080 | 11 550 | - | 5 860 |
| 25 | Leder- und Galanteriewareneinzelhandel | 1958 | . | 1 520 | 2 510 | 3 240 | 3 790 | . | - | 3 040 |
|  |  | 1959 | . | 1 770 | 2 400 | 3 360 | 3 720 | 4 130 | - | 3 170 |
|  |  | 1960 | . | . | 2 860 | 3 570 | 4 230 | 5 320 | - | 3 590 |
| 26 | Sportartikeleinzelhandel | 1958 | . | . | 1 950 | 3 500 | 3 200 | 3 530 | . | 3 090 |
|  |  | 1959 | . | . | 1 730 | 3 680 | 2 690 | 3 720 | . | 2 850 |
|  |  | 1960 | . | . | 1 620 | 3 020 | 3 240 | 3 820 | . | 3 150 |
| 27 | Sortimentsbuchhandel | 1958 | - | 2 150 | 2 970 | 4 430 | 5 880 | 7 930 | - | 4 430 |
|  |  | 1959 | - | . | 3 270 | 4 880 | 5 830 | 8 700 | - | 5 110 |
|  |  | 1960 | - | . | 3 010 | 4 560 | 6 370 | 8 490 | - | 5 270 |
| 28 | Blumenbindereien | 1958 | 730 | 1 380 | 3 040 | 5 500 | . | . | - | 2 800 |
|  |  | 1959 | 970 | 2 130 | 3 330 | 4 840 | . | . | - | 3 190 |
|  |  | 1960 | . | 2 360 | 3 230 | 3 830 | . | . | - | 3 610 |
| 29 | Gemischtwarengeschäfte | 1958 | - | . | 2 360 | 2 620 | . | . | - | 2 630 |
|  |  | 1959 | - | - | 2 990 | 3 040 | . | . | - | 2 920 |
|  |  | 1960 | . | 2 110 | 3 020 | 3 220 | . | . | - | 2 960 |

Tabelle 28

Der Anteil des Einzelhandelsabsatzes, des Großhandelsabsatzes[1] und des Werkstattabsatzes in Prozenten des Gesamtabsatzes im Durchschnitt der Branchen in den Jahren 1958, 1959 und 1960

| Lf. Nr. | Branche | Jahr | Warenabsatz | | Werkstatt-absatz |
|---|---|---|---|---|---|
| | | | Einzelhandels-absatz | Großhandels-absatz[1] | |
| 1 | Lebensmitteleinzelhandel | 1958 | 99,0 | 1,0 | - |
| | | 1959 | 98,5 | 1,5 | - |
| | | 1960 | 98,1 | 1,9 | - |
| 2 | Drogerien | 1958 | 93,2 | 2,9 | 3,9 |
| | | 1959 | 92,3 | 4,2 | 3,5 |
| | | 1960 | 92,4 | 4,4 | 3,2 |
| 3 | Reformhäuser | 1958 | 100,0 | - | - |
| | | 1959 | 100,0 | - | - |
| | | 1960 | 99,2 | 0,8 | - |
| 4 | Tabakwareneinzelhandel | 1958 | 94,6 | 5,4 | - |
| | | 1959 | 93,6 | 6,4 | - |
| | | 1960 | 92,9 | 7,1 | - |
| 5 | Textileinzelhandel | 1958 | 98,0 | 1,0 | 1,0 |
| | | 1959 | 97,6 | 1,4 | 1,0 |
| | | 1960 | 97,6 | 1,4 | 1,0 |
| 6 | davon mit vorwiegend Herren- und Knabenoberbekleidung | 1958 | 98,9 | 0,4 | 0,7 |
| | | 1959 | 98,3 | 0,6 | 1,1 |
| | | 1960 | 98,1 | 0,6 | 1,3 |
| 7 | Damen-, Mädchen- und Kinderoberbekleidung | 1958 | 98,2 | 0,3 | 1,5 |
| | | 1959 | 98,3 | 0,1 | 1,6 |
| | | 1960 | 98,2 | 0,1 | 1,7 |
| 8 | Herren-, Damen- und Kinderoberbekleidung | 1958 | 97,8 | 1,0 | 1,2 |
| | | 1959 | 98,4 | 0,2 | 1,4 |
| | | 1960 | 98,3 | 0,2 | 1,5 |
| 9 | Meterwaren | 1958 | 94,8 | 4,0 | 1,2 |
| | | 1959 | 91,9 | 8,1 | - |
| | | 1960 | 88,9 | 11,0 | 0,1 |
| 10 | Wäsche, Wirk- und Strickwaren | 1958 | 99,4 | 0,3 | 0,3 |
| | | 1959 | 99,4 | 0,3 | 0,3 |
| | | 1960 | 99,0 | 0,7 | 0,3 |
| 11 | Haus- und Bettwäsche, Bettwaren | 1958 | 96,8 | 1,5 | 1,7 |
| | | 1959 | 95,1 | 2,3 | 2,6 |
| | | 1960 | 95,4 | 2,6 | 2,0 |
| 12 | Herrenausstattung | 1958 | 99,0 | - | 1,0 |
| | | 1959 | 99,2 | - | 0,8 |
| | | 1960 | 99,4 | - | 0,6 |
| 13 | Teppichen, Möbelstoffen und Gardinen | 1958 | 87,0 | 6,5 | 6,5 |
| | | 1959 | 85,2 | 9,3 | 5,5 |
| | | 1960 | 87,6 | 8,1 | 4,3 |
| 14 | gemischtem Sortiment | 1958 | 98,3 | 1,1 | 0,6 |
| | | 1959 | 97,8 | 1,6 | 0,6 |
| | | 1960 | 98,0 | 1,4 | 0,6 |
| 15 | Schuheinzelhandel | 1958 | 97,1 | - | 2,9 |
| | | 1959 | 97,2 | 0,3 | 2,5 |
| | | 1960 | 95,9 | 0,5 | 3,6 |
| 16 | Möbeleinzelhandel | 1958 | 97,7 | 1,0 | 1,3 |
| | | 1959 | 96,4 | 2,2 | 1,4 |
| | | 1960 | 96,9 | 2,3 | 0,8 |
| 17 | Beleuchtungs- und Elektroeinzelhandel | 1958 | 69,0 | 13,2 | 17,8 |
| | | 1959 | 69,2 | 8,8 | 22,0 |
| | | 1960 | 70,8 | 8,9 | 20,3 |

[1] An Wiederverkäufer und Großverwender

Tabelle 28 (Fortsetzung)

Der Anteil des Einzelhandelsabsatzes, des Großhandelsabsatzes[1] und des Werkstattabsatzes
in Prozenten des Gesamtabsatzes im Durchschnitt der Branchen in den Jahren 1958, 1959 und 1960

| Lf. Nr. | Branche | Jahr | Warenabsatz | | Werkstattabsatz |
|---|---|---|---|---|---|
| | | | Einzelhandelsabsatz | Großhandelsabsatz[1] | |
| 18 | Glas-, Porzellan- und Keramikeinzelhandel | 1958<br>1959<br>1960 | 97,7<br>95,4<br>96,2 | 2,3<br>4,6<br>3,8 | -<br>-<br>- |
| 19 | Eisenwaren- und Hausrathandel | 1958<br>1959<br>1960 | 56,6<br>57,5<br>57,0 | 42,7<br>41,8<br>42,4 | 0,7<br>0,7<br>0,6 |
| | davon mit vorwiegend | | | | |
| 20 | Haus- und Küchengeräten | 1958<br>1959<br>1960 | 92,6<br>93,8<br>92,3 | 5,8<br>5,5<br>7,4 | 1,6<br>0,7<br>0,3 |
| 21 | Kleineisenwaren, Werkzeugen | 1958<br>1959<br>1960 | 29,1<br>28,5<br>28,2 | 70,2<br>71,1<br>71,5 | 0,7<br>0,4<br>0,3 |
| 22 | Öfen und Herden | 1958<br>1959<br>1960 | 75,4<br>84,8<br>85,4 | 22,2<br>13,9<br>11,4 | 2,4<br>1,3<br>3,2 |
| 23 | gemischtem Sortiment | 1958<br>1959<br>1960 | 51,7<br>53,3<br>51,8 | 48,0<br>45,9<br>47,7 | 0,3<br>0,8<br>0,5 |
| 24 | Tapeten- und Linoleumhandel | 1958<br>1959<br>1960 | 49,4<br>45,9<br>44,4 | 35,3<br>35,8<br>39,0 | 15,3<br>18,3<br>16,6 |
| 25 | Papier-, Bürobedarf- und Schreibwareneinzelhandel | 1958<br>1959<br>1960 | 49,3<br>50,5<br>49,1 | 50,2<br>48,7<br>50,0 | 0,5<br>0,8<br>0,9 |
| 26 | Büromaschinen-, -möbel- und Organisationsmittelhandel | 1958<br>1959<br>1960 | 15,0<br>13,5<br>10,9 | 80,7<br>82,1<br>84,4 | 4,3<br>4,4<br>4,7 |
| 27 | Fahrradeinzelhandel | 1958<br>1959<br>1960 | 86,5<br>87,6<br>90,5 | 2,0<br>3,0<br>0,5 | 11,5<br>9,4<br>9,0 |
| 28 | Radio- und Fernseheinzelhandel | 1958<br>1959<br>1960 | 90,0<br>88,9<br>88,3 | 0,5<br>1,8<br>1,0 | 9,5<br>9,3<br>10,7 |
| 29 | Photoeinzelhandel | 1958<br>1959<br>1960 | 61,4<br>62,7<br>60,1 | 17,8<br>16,0<br>20,2 | 20,8<br>21,3<br>19,7 |
| 30 | Uhren-, Juwelen-, Gold- und Silberwareneinzelhandel | 1958<br>1959<br>1960 | 88,7<br>87,6<br>88,5 | 1,5<br>1,5<br>1,3 | 9,8<br>10,9<br>10,2 |
| 31 | Leder- und Galanteriewareneinzelhandel | 1958<br>1959<br>1960 | 97,9<br>97,1<br>97,9 | 1,2<br>1,6<br>0,9 | 0,9<br>1,3<br>1,2 |
| 32 | Sportartikeleinzelhandel | 1958<br>1959<br>1960 | 97,1<br>96,0<br>94,6 | 1,4<br>2,3<br>2,9 | 1,5<br>1,7<br>2,5 |
| 33 | Sortimentsbuchhandel | 1958<br>1959<br>1960 | 70,6<br>68,8<br>68,0 | 29,4<br>31,2<br>32,0 | -<br>-<br>- |
| 34 | Blumenbindereien | 1958<br>1959<br>1960 | 99,3<br>98,6<br>97,0 | 0,7<br>1,4<br>3,0 | -<br>-<br>- |
| 35 | Gemischtwarengeschäfte | 1958<br>1959<br>1960 | 95,2<br>96,5<br>96,8 | 4,8<br>3,5<br>3,2 | -<br>-<br>- |
| | Einzelhandel insgesamt | 1958<br>1959<br>1960 | 92,4<br>92,0<br>91,7 | 6,0<br>6,4<br>6,7 | 1,6<br>1,6<br>1,6 |

[1] An Wiederverkäufer und Großverwender

Tabelle 29

Der Anteil des Großhandelsabsatzes[1] in Prozenten des Gesamtabsatzes
im Durchschnitt der Branchen und Personengrößenklassen im Jahre 1960

| Lf. Nr. | Branche | Größenklasse nach Zahl der beschäftigten Personen | | | | | | | ins- ge- samt |
|---|---|---|---|---|---|---|---|---|---|
| | | 1 | 2-3 | 4-5 | 6-10 | 11-20 | 21-50 | 51 und mehr | |
| 1 | Lebensmitteleinzelhandel | - | 0,9 | 1,8 | 2,1 | 5,0 | 6,7 | . | 1,9 |
| 2 | Drogerien | . | 1,9 | 4,2 | 3,7 | 8,9 | 19,7 | - | 4,4 |
| 3 | Reformhäuser | - | 1,7 | 0,4 | - | . | . | - | 0,8 |
| 4 | Tabakwareneinzelhandel | 2,7 | 6,9 | 16,0 | 3,9 | - | - | - | 7,1 |
| 5 | Textileinzelhandel | - | 1,3 | 1,5 | 1,3 | 0,9 | 1,7 | 1,8 | 1,4 |
| | davon mit vorwiegend | | | | | | | | |
| 6 | Herren- und Knabenoberbekleidung | - | 0,3 | 0,8 | 1,9 | - | 0,2 | 0,3 | 0,6 |
| 7 | Damen-, Mädchen- und Kinderoberbekleidung | - | - | - | 0,2 | - | 0,2 | 0,1 | 0,1 |
| 8 | Herren-, Damen- und Kinderoberbekleidung | - | - | 1,0 | - | 0,6 | 0,1 | 0,2 | 0,2 |
| 9 | Wäsche, Wirk- und Strickwaren | - | 1,3 | 0,6 | 0,1 | 1,4 | 1,4 | 1,5 | 0,7 |
| 10 | Haus- und Bettwäsche, Bettwaren | - | . | 0,5 | 0,6 | 1,9 | 0,3 | . | 2,6 |
| 11 | gemischtem Sortiment | - | 0,6 | 1,2 | 1,9 | 1,3 | 1,7 | 0,8 | 1,4 |
| 12 | Schuheinzelhandel | - | 0,9 | 0,3 | 0,7 | 0,6 | 0,1 | 0,1 | 0,5 |
| 13 | Möbeleinzelhandel | - | 1,4 | 1,2 | 1,7 | 2,4 | 2,8 | 5,7 | 2,3 |
| 14 | Glas-, Porzellan- und Keramikeinzelhandel | - | 1,3 | 1,6 | 3,2 | 3,5 | 8,7 | . | 3,8 |
| 15 | Eisenwaren- und Hausrathandel | - | 22,2 | 25,8 | 34,1 | 44,0 | 58,1 | 54,4 | 42,4 |
| | davon mit vorwiegend | | | | | | | | |
| 16 | Haus- und Küchengeräten | - | 9,0 | 4,4 | 8,5 | 4,9 | 8,4 | . | 7,4 |
| 17 | Kleineisenwaren, Werkzeugen | - | . | . | 66,2 | 78,0 | 71,4 | . | 71,5 |
| 18 | gemischtem Sortiment | - | 25,8 | 33,2 | 36,5 | 45,6 | 62,6 | 62,0 | 47,7 |
| 19 | Tapeten- und Linoleumhandel | - | . | 38,5 | 32,7 | 37,9 | 41,4 | 60,7 | 39,0 |
| 20 | Papier-, Bürobedarf- und Schreibwareneinzelhandel | - | 20,6 | 38,1 | 53,1 | 62,7 | 70,1 | 79,7 | 50,0 |
| 21 | Büromaschinen-, -möbel- und Organisationsmittelhandel | - | . | . | 80,4 | 82,8 | 84,7 | 90,5 | 84,4 |
| 22 | Radio- und Fernseheinzelhandel | - | 0,1 | - | 0,6 | 1,6 | 1,5 | . | 1,0 |
| 23 | Photoeinzelhandel | - | . | . | 15,1 | 18,1 | 27,7 | 28,3 | 20,2 |
| 24 | Uhren-, Juwelen-, Gold- und Silberwareneinzelhandel | - | 1,6 | 1,0 | 1,2 | 0,8 | 5,8 | - | 1,3 |
| 25 | Leder- und Galanteriewareneinzelhandel | - | - | 1,9 | 0,8 | 0,7 | . | - | 0,9 |
| 26 | Sportartikeleinzelhandel | - | 5,6 | - | 3,4 | 1,2 | 3,4 | . | 2,9 |
| 27 | Sortimentsbuchhandel | - | 30,6 | 31,4 | 31,1 | 33,4 | 36,2 | . | 32,0 |
| 28 | Blumenbindereien | - | 2,2 | 3,8 | 3,3 | 3,4 | . | - | 3,0 |
| 29 | Gemischtwarengeschäfte | . | 3,3 | 1,0 | 5,0 | . | 2,6 | - | 3,2 |

Tabelle 30

Der Anteil des Großhandelsabsatzes[1] in Prozenten des Gesamtabsatzes
im Durchschnitt der Branchen und Absatzgrößenklassen im Jahre 1960

| Lf. Nr. | Branche | Größenklasse nach Jahresabsatz in DM | | | | | | | ins- ge- samt |
|---|---|---|---|---|---|---|---|---|---|
| | | 20 000- 50 000 | 50 000- 100 000 | 100 000- 200 000 | 200 000- 500 000 | 500 000- 1 Mill. | 1 Mill.- 5 Mill. | über 5 Mill. | |
| 1 | Lebensmitteleinzelhandel | - | - | 1,2 | 1,7 | 3,8 | 5,8 | - | 1,9 |
| 2 | Drogerien | - | 2,2 | 3,4 | 3,5 | 10,2 | . | - | 4,4 |
| 3 | Reformhäuser | . | 3,6 | 0,3 | - | - | . | - | 0,8 |
| 4 | Tabakwareneinzelhandel | . | 0,6 | 2,3 | 10,6 | 17,6 | - | - | 7,1 |
| 5 | Textileinzelhandel | - | 2,0 | 1,3 | 1,2 | 1,2 | 1,6 | 1,4 | 1,4 |
| | davon mit vorwiegend | | | | | | | | |
| 6 | Herren- und Knabenoberbekleidung | - | - | 0,6 | 0,8 | 1,1 | 0,1 | 0,5 | 0,6 |
| 7 | Damen-, Mädchen- und Kinderoberbekleidung | - | - | - | 0,1 | 0,2 | . | - | 0,1 |
| 8 | Herren-, Damen- und Kinderoberbekleidung | - | - | 1,2 | . | 0,6 | 0,1 | - | 0,2 |
| 9 | Wäsche, Wirk- und Strickwaren | - | 0,2 | 1,4 | 0,1 | 1,3 | 1,0 | . | 0,7 |
| 10 | Haus- und Bettwäsche, Bettwaren | - | . | 0,6 | 0,5 | 1,1 | 4,5 | . | 2,6 |
| 11 | gemischtem Sortiment | - | 1,4 | 1,1 | 1,7 | 1,5 | 1,0 | 1,4 | 1,4 |
| 12 | Schuheinzelhandel | . | 1,2 | 0,4 | 0,8 | 0,2 | 0,1 | - | 0,5 |
| 13 | Möbeleinzelhandel | - | - | 1,0 | 1,2 | 1,9 | 3,2 | 3,5 | 2,3 |
| 14 | Glas-, Porzellan- und Keramikeinzelhandel | - | 2,0 | 1,4 | 4,0 | 6,8 | 3,8 | . | 3,8 |
| 15 | Eisenwaren- und Hausrathandel | . | 5,5 | 25,1 | 27,9 | 44,9 | 56,9 | 78,4 | 42,4 |
| | davon mit vorwiegend | | | | | | | | |
| 16 | Haus- und Küchengeräten | . | 6,6 | 6,1 | 6,0 | 7,4 | 10,4 | - | 7,4 |
| 17 | Kleineisenwaren, Werkzeugen | - | - | 53,2 | 59,7 | 74,7 | 78,4 | . | 71,5 |
| 18 | gemischtem Sortiment | . | - | 27,5 | 32,6 | 46,1 | 62,9 | 76,9 | 47,7 |
| 19 | Tapeten- und Linoleumhandel | - | . | 38,4 | 30,8 | 36,9 | 46,7 | . | 39,0 |
| 20 | Papier-, Bürobedarf- und Schreibwareneinzelhandel | 13,2 | 27,8 | 36,5 | 50,4 | 67,2 | 75,1 | - | 50,0 |
| 21 | Büromaschinen-, -möbel- und Organisationsmittelhandel | - | - | . | 81,0 | 79,7 | 87,0 | 92,0 | 84,4 |
| 22 | Radio- und Fernseheinzelhandel | - | 0,2 | - | 0,9 | 1,5 | 1,2 | . | 1,0 |
| 23 | Photoeinzelhandel | - | . | . | 11,1 | 23,7 | 32,9 | . | 20,2 |
| 24 | Uhren-, Juwelen-, Gold- und Silberwareneinzelhandel | - | 2,3 | 0,4 | 1,5 | 2,3 | . | - | 1,3 |
| 25 | Leder- und Galanteriewareneinzelhandel | - | - | 1,3 | 1,1 | 0,5 | 0,3 | - | 0,9 |
| 26 | Sportartikeleinzelhandel | - | . | 5,2 | 1,9 | 1,1 | 3,7 | . | 2,9 |
| 27 | Sortimentsbuchhandel | - | . | 29,4 | 31,1 | 32,1 | 38,9 | - | 32,0 |
| 28 | Blumenbindereien | 2,6 | 0,8 | 3,1 | 6,0 | - | . | - | 3,0 |
| 29 | Gemischtwarengeschäfte | - | 7,0 | 2,5 | 2,3 | - | . | - | 3,2 |

[1] An Wiederverkäufer und Großverwender

Tabelle 31

Der Anteil des Werkstattabsatzes in Prozenten des Gesamtabsatzes
im Durchschnitt der Branchen und Personengrößenklassen im Jahre 1960

| Lf. Nr. | Branche | Größenklasse nach Zahl der beschäftigten Personen | | | | | | | insgesamt |
|---|---|---|---|---|---|---|---|---|---|
| | | 1 | 2-3 | 4-5 | 6-10 | 11-20 | 21-50 | 51 und mehr | |
| 1 | Lebensmitteleinzelhandel | - | - | - | - | - | - | - | - |
| 2 | Drogerien | - | 2,7 | 2,9 | 3,2 | 4,4 | 8,0 | - | 3,2 |
| 3 | Reformhäuser | - | - | - | - | - | - | - | - |
| 4 | Tabakwareneinzelhandel | - | - | - | - | - | - | - | - |
| 5 | Textileinzelhandel | . | 0,5 | 0,7 | 0,7 | 1,2 | 1,3 | 1,4 | 1,0 |
| | davon mit vorwiegend | | | | | | | | |
| 6 | Herren- und Knabenoberbekleidung | . | 0,7 | 0,4 | 0,7 | 1,9 | 1,2 | 2,7 | 1,3 |
| 7 | Damen-, Mädchen- und Kinderoberbekleidung | - | 0,3 | 0,1 | 1,3 | 1,9 | 2,6 | 1,9 | 1,7 |
| 8 | Herren-, Damen- und Kinderoberbekleidung | - | . | 1,2 | 0,7 | 1,5 | 1,3 | 1,8 | 1,5 |
| 9 | Wäsche, Wirk- und Strickwaren | - | 0,2 | 0,2 | 0,3 | 0,3 | 0,4 | - | 0,3 |
| 10 | Haus- und Bettwäsche, Bettwaren | - | . | 3,7 | 2,1 | 1,6 | 0,8 | . | 2,0 |
| 11 | gemischtem Sortiment | - | 0,2 | 0,5 | 0,5 | 0,7 | 0,6 | 1,1 | 0,6 |
| 12 | Schuheinzelhandel | . | 5,7 | 5,1 | 2,9 | 1,2 | 1,0 | 0,8 | 3,6 |
| 13 | Möbeleinzelhandel | - | 0,1 | 2,4 | 0,6 | 1,2 | 0,3 | 0,1 | 0,8 |
| 14 | Glas-, Porzellan- und Keramikeinzelhandel | - | - | - | - | - | - | - | - |
| 15 | Eisenwaren- und Hausrathandel | - | - | 1,3 | 0,6 | 0,5 | 0,4 | 0,5 | 0,6 |
| | davon mit vorwiegend | | | | | | | | |
| 16 | Haus- und Küchengeräten | - | - | 0,3 | - | 0,5 | 0,4 | . | 0,3 |
| 17 | Kleineisenwaren, Werkzeugen | - | - | - | 1,1 | 0,1 | 0,1 | . | 0,3 |
| 18 | gemischtem Sortiment | - | - | 0,9 | 0,5 | 0,5 | 0,4 | 0,4 | 0,5 |
| 19 | Tapeten- und Linoleumhandel | - | . | 6,4 | 6,8 | 18,1 | 24,4 | 18,0 | 16,6 |
| 20 | Papier-, Bürobedarf- und Schreibwareneinzelhandel | - | 0,1 | 0,3 | 1,5 | 0,8 | 1,4 | . | 0,9 |
| 21 | Büromaschinen-, -möbel- und Organisationsmittelhandel | - | - | . | 5,4 | 3,6 | 5,8 | 2,2 | 4,7 |
| 22 | Radio- und Fernseheinzelhandel | . | 8,3 | 10,5 | 12,3 | 9,1 | 12,1 | . | 10,7 |
| 23 | Photoeinzelhandel | - | . | . | 26,1 | 17,9 | 17,0 | 14,3 | 19,7 |
| 24 | Uhren-, Juwelen-, Gold- und Silberwareneinzelhandel | . | 12,6 | 12,0 | 9,3 | 8,3 | 6,4 | . | 10,2 |
| 25 | Leder- und Galanteriewareneinzelhandel | - | 2,0 | 0,7 | 1,8 | 1,0 | 0,6 | - | 1,2 |
| 26 | Sportartikeleinzelhandel | - | 3,0 | 1,0 | 2,1 | 3,3 | 2,8 | - | 2,5 |
| 27 | Sortimentsbuchhandel | - | - | - | - | .- | - | - | - |
| 28 | Blumenbindereien | - | - | - | - | - | - | - | - |
| 29 | Gemischtwarengeschäfte | - | - | - | - | - | - | - | - |

Tabelle 32

Der Anteil des Werkstattabsatzes in Prozenten des Gesamtabsatzes
im Durchschnitt der Branchen und Absatzgrößenklassen im Jahre 1960

| Lf. Nr. | Branche | Größenklasse nach Jahresabsatz in DM | | | | | | | insgesamt |
|---|---|---|---|---|---|---|---|---|---|
| | | 20 000-50 000 | 50 000-100 000 | 100 000-200 000 | 200 000-500 000 | 500 000-1 Mill. | 1 Mill.-5 Mill. | über 5 Mill. | |
| 1 | Lebensmitteleinzelhandel | - | - | - | - | - | - | - | - |
| 2 | Drogerien | - | 2,8 | 2,9 | 3,3 | 5,0 | . | - | 3,2 |
| 3 | Reformhäuser | - | - | - | - | - | - | - | - |
| 4 | Tabakwareneinzelhandel | - | - | - | - | - | - | - | - |
| 5 | Textileinzelhandel | - | 0,6 | 1,0 | 0,8 | 1,1 | 1,3 | 1,5 | 1,0 |
| | davon mit vorwiegend | | | | | | | | |
| 6 | Herren- und Knabenoberbekleidung | - | . | 0,3 | 0,9 | 1,1 | 1,6 | 3,7 | 1,3 |
| 7 | Damen-, Mädchen- und Kinderoberbekleidung | - | . | 0,3 | 1,5 | 2,6 | 1,9 | . | 1,7 |
| 8 | Herren-, Damen- und Kinderoberbekleidung | - | - | 3,0 | 0,7 | 1,2 | 1,7 | 1,2 | 1,5 |
| 9 | Wäsche, Wirk- und Strickwaren | - | 0,4 | 0,4 | 0,2 | 0,2 | 0,1 | - | 0,3 |
| 10 | Haus- und Bettwäsche, Bettwaren | - | - | 6,0 | 1,7 | 2,0 | 0,7 | . | 2,0 |
| 11 | gemischtem Sortiment | - | - | 0,8 | 0,5 | 0,6 | 0,9 | 1,0 | 0,6 |
| 12 | Schuheinzelhandel | . | 6,9 | 5,8 | 2,4 | 0,6 | 0,8 | 1,6 | 3,6 |
| 13 | Möbeleinzelhandel | - | - | 4,6 | 1,0 | 0,8 | 0,5 | 0,1 | 0,8 |
| 14 | Glas-, Porzellan- und Keramikeinzelhandel | - | - | - | - | - | - | - | - |
| 15 | Eisenwaren- und Hausrathandel | - | - | 0,6 | 0,8 | 0,7 | 0,4 | 0,2 | 0,6 |
| | davon mit vorwiegend | | | | | | | | |
| 16 | Haus- und Küchengeräten | - | - | 0,3 | - | 0,7 | 0,5 | - | 0,3 |
| 17 | Kleineisenwaren, Werkzeugen | - | - | - | - | 0,8 | 0,1 | . | 0,3 |
| 18 | gemischtem Sortiment | - | - | 1,0 | 0,5 | 0,6 | 0,4 | 0,1 | 0,5 |
| 19 | Tapeten- und Linoleumhandel | - | . | - | 7,9 | 23,0 | 22,9 | . | 16,6 |
| 20 | Papier-, Bürobedarf- und Schreibwareneinzelhandel | - | . | 0,7 | 1,1 | 0,6 | 1,8 | - | 0,9 |
| 21 | Büromaschinen-, -möbel- und Organisationsmittelhandel | - | - | - | 3,6 | 5,5 | 5,3 | 1,0 | 4,7 |
| 22 | Radio- und Fernseheinzelhandel | - | 8,4 | 11,7 | 11,6 | 10,8 | 9,5 | . | 10,7 |
| 23 | Photoeinzelhandel | . | . | . | 25,6 | 15,8 | 14,7 | . | 19,7 |
| 24 | Uhren-, Juwelen-, Gold- und Silberwareneinzelhandel | . | 14,4 | 11,1 | 9,1 | 6,1 | 6,5 | . | 10,2 |
| 25 | Leder- und Galanteriewareneinzelhandel | - | - | 0,8 | 1,8 | 0,9 | 0,4 | - | 1,2 |
| 26 | Sportartikeleinzelhandel | - | . | 2,1 | 2,5 | 2,0 | 2,7 | - | 2,5 |
| 27 | Sortimentsbuchhandel | - | - | - | - | - | - | - | - |
| 28 | Blumenbindereien | - | - | - | - | - | - | - | - |
| 29 | Gemischtwarengeschäfte | - | - | - | - | - | - | - | - |

Tabelle 33

Der Anteil der Kreditverkäufe und die Höhe der Außenstände in Prozenten des Absatzes
sowie die Aufgliederung der Kreditverkäufe nach Kreditarten in Prozenten
im Durchschnitt der Branchen in den Jahren 1958, 1959 und 1960

| Lf. Nr. | Branche | Jahr | Kreditverkäufe in % des Jahresabsatzes | Anteil der Kreditarten in % der gesamten Kreditverkäufe | | | Außenstände am 31.12. in % des Jahresabsatzes |
|---|---|---|---|---|---|---|---|
| | | | | In Verbindung mit Teilzahlungsfinanzierungsinstituten gewährte Kredite | Sonstige Teilzahlungsverkäufe auf Grund von besonderen Teilzahlungsverträgen | Alle sonstigen Kreditverkäufe (Offene Buchkredite, Anschreiben) | |
| 1 | Lebensmitteleinzelhandel | 1958 | 4,0 | - | - | 100,0 | 0,7 |
| | | 1959 | 5,2 | - | - | 100,0 | 0,7 |
| | | 1960 | 4,9 | - | - | 100,0 | 0,7 |
| 2 | Drogerien | 1958 | 5,1 | - | 8,0 | 92,0 | 0,9 |
| | | 1959 | 5,3 | - | 10,9 | 89,1 | 0,9 |
| | | 1960 | 5,5 | - | 7,5 | 92,5 | 0,9 |
| 3 | Reformhäuser | 1958 | 0,5 | - | - | 100,0 | - |
| | | 1959 | 0,3 | - | - | 100,0 | - |
| | | 1960 | 0,4 | - | - | 100,0 | 0,1 |
| 4 | Tabakwareneinzelhandel | 1958 | 1,7 | - | - | 100,0 | 0,2 |
| | | 1959 | 2,0 | - | - | 100,0 | 0,3 |
| | | 1960 | 2,2 | - | - | 100,0 | 0,3 |
| 5 | Textileinzelhandel | 1958 | 11,1 | 9,3 | 22,2 | 68,5 | 2,2 |
| | | 1959 | 12,2 | 9,2 | 23,3 | 67,5 | 2,5 |
| | | 1960 | 10,9 | 6,7 | 24,8 | 68,5 | 2,2 |
| 6 | davon mit vorwiegend Herren- und Knabenoberbekleidung | 1958 | 11,0 | 16,2 | 15,2 | 68,6 | 1,9 |
| | | 1959 | 11,4 | 15,9 | 20,6 | 63,5 | 2,1 |
| | | 1960 | 10,3 | 11,1 | 24,2 | 64,7 | 2,0 |
| 7 | Damen-, Mädchen- und Kinderoberbekleidung | 1958 | 10,2 | 11,1 | 19,2 | 69,7 | 1,5 |
| | | 1959 | 10,6 | 11,7 | 21,6 | 66,7 | 1,4 |
| | | 1960 | 9,8 | 10,4 | 22,9 | 66,7 | 1,3 |
| 8 | Herren-, Damen- und Kinderoberbekleidung | 1958 | 18,5 | 16,0 | 40,9 | 43,1 | 4,5 |
| | | 1959 | 17,1 | 18,6 | 44,2 | 37,2 | 4,4 |
| | | 1960 | 16,7 | 11,0 | 54,3 | 34,7 | 4,7 |
| 9 | Meterwaren | 1958 | 10,0 | 3,2 | - | 96,8 | 1,1 |
| | | 1959 | 10,3 | 4,3 | 8,5 | 87,2 | 1,0 |
| | | 1960 | 10,2 | 1,0 | - | 99,0 | 1,1 |
| 10 | Wäsche, Wirk- und Strickwaren | 1958 | 3,6 | 11,1 | 19,5 | 69,4 | 0,9 |
| | | 1959 | 3,4 | 11,4 | 28,6 | 60,0 | 0,9 |
| | | 1960 | 3,1 | 6,4 | 22,6 | 71,0 | 0,7 |
| 11 | Haus- und Bettwäsche, Bettwaren | 1958 | 19,5 | 7,0 | 7,0 | 86,0 | 2,3 |
| | | 1959 | 19,4 | 5,5 | 8,1 | 86,4 | 2,2 |
| | | 1960 | 17,0 | 7,4 | 10,4 | 82,2 | 2,3 |
| 12 | Herrenausstattung | 1958 | 2,1 | 22,2 | 11,1 | 66,7 | 0,5 |
| | | 1959 | 2,2 | 13,0 | - | 87,0 | 0,5 |
| | | 1960 | 1,6 | 12,5 | 6,2 | 81,3 | 0,3 |
| 13 | Teppichen, Möbelstoffen und Gardinen | 1958 | 53,0 | 1,5 | 14,2 | 84,3 | 6,4 |
| | | 1959 | 53,1 | 0,9 | 11,1 | 88,0 | 7,1 |
| | | 1960 | 53,6 | 1,0 | 13,5 | 85,5 | 6,9 |
| 14 | gemischtem Sortiment | 1958 | 10,8 | 6,4 | 22,9 | 70,7 | 2,6 |
| | | 1959 | 12,1 | 7,4 | 23,8 | 68,8 | 3,0 |
| | | 1960 | 10,7 | 4,7 | 22,4 | 72,9 | 2,5 |
| 15 | Schuheinzelhandel | 1958 | 5,6 | 12,0 | 42,0 | 46,0 | 1,4 |
| | | 1959 | 4,9 | 10,0 | 46,0 | 44,0 | 1,3 |
| | | 1960 | 4,9 | 6,4 | 42,5 | 51,1 | 1,4 |
| 16 | Möbeleinzelhandel | 1958 | 49,1 | 38,7 | 32,7 | 28,6 | 11,4 |
| | | 1959 | 45,8 | 34,9 | 33,1 | 32,0 | 12,0 |
| | | 1960 | 46,1 | 29,3 | 43,4 | 27,3 | 12,6 |
| 17 | Beleuchtungs- und Elektroeinzelhandel | 1958 | 43,3 | 9,8 | 14,0 | 76,2 | 9,0 |
| | | 1959 | 52,0 | 5,6 | 17,8 | 76,6 | 10,8 |
| | | 1960 | 45,6 | 11,1 | 21,3 | 67,6 | 7,9 |
| 18 | Glas-, Porzellan- und Keramikeinzelhandel | 1958 | 7,4 | 4,3 | 1,5 | 94,2 | 1,1 |
| | | 1959 | 9,3 | 3,4 | 3,5 | 93,1 | 1,3 |
| | | 1960 | 9,2 | 3,6 | 3,6 | 92,8 | 1,4 |

Tabelle 33 (Fortsetzung)

Der Anteil der Kreditverkäufe und die Höhe der Außenstände in Prozenten des Absatzes
sowie die Aufgliederung der Kreditverkäufe nach Kreditarten in Prozenten
im Durchschnitt der Branchen in den Jahren 1958, 1959 und 1960

| Lf. Nr. | Branche | Jahr | Kreditverkäufe in % des Jahresabsatzes | Anteil der Kreditarten in % der gesamten Kreditverkäufe | | | Außenstände am 31.12. in % des Jahresabsatzes |
|---|---|---|---|---|---|---|---|
| | | | | In Verbindung mit Teilzahlungsfinanzierungsinstituten gewährte Kredite | Sonstige Teilzahlungsverkäufe auf Grund von besonderen Teilzahlungsverträgen | Alle sonstigen Kreditverkäufe (Offene Buchkredite, Anschreiben) | |
| 19 | Eisenwaren- und Hausrathandel | 1958 | 50,0 | 5,3 | 7,9 | 86,8 | 10,5 |
| | | 1959 | 49,3 | 6,0 | 9,1 | 84,9 | 9,9 |
| | | 1960 | 49,0 | 5,6 | 8,9 | 85,5 | 9,6 |
| | davon mit vorwiegend | | | | | | |
| 20 | Haus- und Küchengeräten | 1958 | 14,0 | 7,2 | 7,2 | 85,6 | 2,3 |
| | | 1959 | 11,5 | 10,5 | 9,5 | 80,0 | 2,9 |
| | | 1960 | 13,3 | 3,2 | 13,6 | 83,2 | 2,6 |
| 21 | Kleineisenwaren, Werkzeugen | 1958 | 68,1 | 0,3 | 0,3 | 99,4 | 13,4 |
| | | 1959 | 68,2 | 0,9 | 0,7 | 98,4 | 14,2 |
| | | 1960 | 68,9 | 0,4 | 0,8 | 98,8 | 13,5 |
| 22 | Öfen und Herden | 1958 | 55,2 | 24,1 | 31,5 | 44,4 | 16,1 |
| | | 1959 | 50,3 | 29,6 | 41,0 | 29,4 | 12,0 |
| | | 1960 | 47,9 | 24,2 | 36,2 | 39,6 | 9,8 |
| 23 | gemischtem Sortiment | 1958 | 54,5 | 4,4 | 7,4 | 88,2 | 11,5 |
| | | 1959 | 53,0 | 6,2 | 9,9 | 83,9 | 10,5 |
| | | 1960 | 53,3 | 5,8 | 9,0 | 85,2 | 10,4 |
| 24 | Tapeten- und Linoleumhandel | 1958 | 61,2 | 0,5 | 0,5 | 99,0 | 11,8 |
| | | 1959 | 64,4 | 0,3 | 0,8 | 98,9 | 11,1 |
| | | 1960 | 64,2 | 0,1 | 1,9 | 98,0 | 10,5 |
| 25 | Papier-, Bürobedarf- und Schreibwareneinzelhandel | 1958 | 46,8 | 0,2 | 0,2 | 99,6 | 5,0 |
| | | 1959 | 44,5 | 0,5 | 0,4 | 99,1 | 3,8 |
| | | 1960 | 46,0 | 0,2 | 0,2 | 99,6 | 4,7 |
| 26 | Büromaschinen-, -möbel- und Organisationsmittelhandel | 1958 | 88,1 | 0,4 | 1,6 | 98,0 | 9,6 |
| | | 1959 | 91,2 | 1,1 | 4,2 | 94,7 | 10,0 |
| | | 1960 | 89,5 | 0,5 | 3,2 | 96,3 | 9,2 |
| 27 | Fahrradeinzelhandel | 1958 | 36,0 | 16,8 | 82,2 | 1,0 | 7,6 |
| | | 1959 | 40,2 | 44,5 | 43,5 | 12,0 | 8,8 |
| | | 1960 | 34,8 | 32,9 | 64,6 | 2,5 | 5,8 |
| 28 | Radio- und Fernseheinzelhandel | 1958 | 54,3 | 27,6 | 55,7 | 16,7 | 15,5 |
| | | 1959 | 56,7 | 29,9 | 52,3 | 17,8 | 15,9 |
| | | 1960 | 53,9 | 27,5 | 55,1 | 17,4 | 15,9 |
| 29 | Photoeinzelhandel | 1958 | 31,2 | 5,1 | 29,0 | 65,9 | 5,1 |
| | | 1959 | 30,1 | 5,8 | 23,3 | 70,9 | 4,9 |
| | | 1960 | 32,5 | 2,0 | 28,0 | 70,0 | 5,0 |
| 30 | Uhren-, Juwelen-, Gold- und Silberwareneinzelhandel | 1958 | 7,1 | 2,8 | 9,9 | 87,3 | 1,7 |
| | | 1959 | 7,8 | 2,6 | 14,1 | 83,3 | 1,7 |
| | | 1960 | 7,7 | - | 14,1 | 85,9 | 1,5 |
| 31 | Leder- und Galanteriewareneinzelhandel | 1958 | 4,3 | 17,1 | 9,7 | 73,2 | 0,7 |
| | | 1959 | 3,8 | 15,0 | 7,5 | 77,5 | 0,7 |
| | | 1960 | 3,1 | 19,3 | 9,7 | 71,0 | 0,6 |
| 32 | Sportartikeleinzelhandel | 1958 | 9,9 | 5,8 | 17,3 | 76,9 | 1,7 |
| | | 1959 | 10,2 | 4,7 | 28,6 | 66,7 | 1,5 |
| | | 1960 | 11,3 | 4,5 | 29,1 | 66,4 | 1,7 |
| 33 | Sortimentsbuchhandel | 1958 | 44,6 | 0,9 | 2,5 | 96,6 | 6,8 |
| | | 1959 | 45,0 | - | 1,1 | 98,9 | 6,4 |
| | | 1960 | 46,4 | - | 0,7 | 99,3 | 6,6 |
| 34 | Blumenbindereien | 1958 | 19,7 | - | - | 100,0 | 3,1 |
| | | 1959 | 19,9 | - | - | 100,0 | 3,1 |
| | | 1960 | 18,8 | - | - | 100,0 | 3,0 |
| 35 | Gemischtwarengeschäfte | 1958 | 9,6 | - | 6,4 | 93,6 | 1,8 |
| | | 1959 | 9,1 | - | 3,3 | 96,7 | 1,8 |
| | | 1960 | 7,7 | 1,4 | 2,9 | 95,7 | 1,6 |
| | Einzelhandel insgesamt | 1958 | 14,2 | 10,0 | 17,1 | 72,9 | 2,7 |
| | | 1959 | 14,9 | 9,9 | 15,7 | 74,4 | 2,7 |
| | | 1960 | 14,4 | 8,5 | 17,6 | 73,9 | 2,6 |

Tabelle 34

Der Anteil der Kreditverkäufe und die Höhe der Außenstände in Prozenten des Absatzes
im Durchschnitt der Branchen und Personengrößenklassen im Jahre 1960

| Lf. Nr. | Branche | K = Kreditverkäufe; A = Außenstände am 31. 12. 1960 ||||||||||||||
|||Größenklasse nach Zahl der beschäftigten Personen |||||||||||||insgesamt||
|||1||2-3||4-5||6-10||11-20||21-50||51 und mehr|||
|||K|A|K|A|K|A|K|A|K|A|K|A|K|A|K|A|
| 1 | Lebensmitteleinzelhandel | 1,7 | 0,4 | 3,8 | 0,5 | 4,7 | 0,6 | 4,8 | 0,8 | 9,1 | 1,2 | 8,4 | 0,9 | . | . | 4,9 | 0,7 |
| 2 | Drogerien | . | . | 1,8 | 0,4 | 4,5 | 0,7 | 5,7 | 0,8 | 14,0 | 2,5 | 24,1 | 2,6 | - | - | 5,5 | 0,9 |
| 3 | Reformhäuser | - | - | 0,1 | - | 0,6 | - | 0,3 | 0,3 | . | . | . | . | - | - | 0,4 | 0,1 |
| 4 | Tabakwareneinzelhandel | 2,0 | 0,2 | 1,6 | 0,2 | 4,9 | 0,7 | 2,7 | 0,3 | - | - | - | - | - | - | 2,2 | 0,3 |
| 5 | Textileinzelhandel | . | . | 8,0 | 2,4 | 6,5 | 2,0 | 10,1 | 2,3 | 10,4 | 1,8 | 14,8 | 2,5 | 13,2 | 2,2 | 10,9 | 2,2 |
|  | davon mit vorwiegend |  |  |  |  |  |  |  |  |  |  |  |  |  |  |  |  |
| 6 |   Herren- und Knabenoberbekleidung | . | . | 12,2 | 4,8 | 11,4 | 3,1 | 9,3 | 1,6 | 11,4 | 1,6 | 7,7 | 1,2 | 11,0 | 1,2 | 10,3 | 2,0 |
| 7 |   Damen-, Mädchen- und Kinderoberbekleidung | - | - | 15,4 | 2,8 | 5,1 | 1,1 | 5,4 | 1,5 | 8,3 | 1,1 | 14,1 | 1,1 | 5,3 | 0,6 | 9,8 | 1,3 |
| 8 |   Herren-, Damen- und Kinderoberbekleidung | - | - | . | . | 30,1 | 12,3 | 25,8 | 9,2 | 16,0 | 3,8 | 13,6 | 3,0 | 11,7 | 1,8 | 16,7 | 4,7 |
| 9 |   Wäsche, Wirk- und Strickwaren | - | - | 5,7 | 1,7 | 2,0 | 0,5 | 2,2 | 0,5 | 4,8 | 0,7 | 1,1 | 0,3 | 5,3 | 0,4 | 3,1 | 0,7 |
| 10 |   Haus- und Bettwäsche, Bettwaren | - | - | . | . | 12,9 | 3,0 | 19,4 | 2,6 | 16,6 | 1,9 | 16,6 | 1,9 | . | . | 17,0 | 2,3 |
| 11 |   gemischtem Sortiment | . | . | 9,6 | 3,0 | 4,9 | 1,5 | 11,1 | 2,8 | 9,0 | 2,0 | 12,7 | 2,9 | 13,2 | 2,7 | 10,7 | 2,5 |
| 12 | Schuheinzelhandel | . | . | 5,5 | 1,7 | 6,7 | 2,0 | 5,7 | 1,6 | 4,2 | 0,8 | 1,5 | 0,3 | 1,8 | 0,3 | 4,9 | 1,4 |
| 13 | Möbeleinzelhandel | . | . | 42,0 | 14,7 | 43,7 | 14,6 | 45,0 | 14,0 | 49,3 | 12,9 | 44,6 | 11,0 | 53,4 | 8,4 | 46,1 | 12,6 |
| 14 | Glas-, Porzellan- und Keramikeinzelhandel | - | - | 5,5 | 1,9 | 4,8 | 1,2 | 5,9 | 0,9 | 9,8 | 1,3 | 15,0 | 1,7 | . | . | 9,2 | 1,4 |
| 15 | Eisenwaren- und Hausrathandel | - | - | 26,0 | 6,3 | 32,2 | 6,5 | 38,7 | 7,5 | 52,7 | 10,4 | 61,5 | 12,0 | 65,9 | 11,7 | 49,0 | 9,6 |
|  | davon mit vorwiegend |  |  |  |  |  |  |  |  |  |  |  |  |  |  |  |  |
| 16 |   Haus- und Küchengeräten | - | - | 12,3 | . | 9,5 | 2,5 | 15,1 | 2,7 | 12,9 | 1,5 | 13,1 | 3,4 | . | . | 13,3 | 2,6 |
| 17 |   Kleineisenwaren, Werkzeugen | - | - | . | . | . | . | 63,5 | 11,9 | 75,4 | 14,7 | 70,2 | 14,0 | . | . | 68,9 | 13,5 |
| 18 |   gemischtem Sortiment | - | - | 30,8 | 6,0 | 35,8 | 7,4 | 37,8 | 7,2 | 53,1 | 11,0 | 66,5 | 12,7 | 76,4 | 14,2 | 53,3 | 10,4 |
| 19 | Tapeten- und Linoleumhandel | - | - | . | . | 44,3 | 9,3 | 50,0 | 8,2 | 65,6 | 11,0 | 76,3 | 11,6 | 83,4 | 14,8 | 64,2 | 10,5 |
| 20 | Papier-, Bürobedarf- und Schreibwareneinzelhandel | - | - | 14,5 | 1,6 | 33,4 | 3,5 | 43,4 | 5,0 | 61,5 | 5,8 | 68,4 | 7,4 | . | . | 46,0 | 4,7 |
| 21 | Büromaschinen-, -möbel- und Organisationsmittelhandel | - | - | - | - | . | . | 85,6 | 9,2 | 83,3 | 9,7 | 92,8 | 9,2 | 93,5 | 9,3 | 89,5 | 9,2 |
| 22 | Radio- und Fernseheinzelhandel | . | . | 44,6 | 14,1 | 51,5 | 7,1 | 48,3 | 15,8 | 57,1 | 15,5 | 58,6 | 19,2 | . | . | 53,9 | 15,9 |
| 23 | Photoeinzelhandel | - | - | . | . | . | . | 23,5 | 4,3 | 32,5 | 4,8 | 37,1 | 5,4 | 48,0 | 7,0 | 32,5 | 5,0 |
| 24 | Uhren-, Juwelen-, Gold- und Silberwareneinzelhandel | . | . | 7,7 | 1,5 | 5,9 | 1,1 | 6,7 | 1,4 | 10,1 | 1,7 | . | . | . | . | 7,7 | 1,5 |
| 25 | Leder- und Galanteriewareneinzelhandel | . | . | 1,3 | 0,5 | 2,2 | 0,4 | 2,8 | 0,5 | 5,1 | 1,0 | 3,2 | 0,3 | - | - | 3,1 | 0,6 |
| 26 | Sportartikeleinzelhandel | - | - | 5,9 | 1,9 | 11,9 | . | 10,0 | 1,1 | 9,5 | 2,1 | 15,1 | 1,4 | . | . | 11,3 | 1,7 |
| 27 | Sortimentsbuchhandel | . | . | 36,4 | 4,3 | 42,2 | 6,0 | 45,3 | 5,8 | 54,2 | 8,5 | 52,9 | 8,6 | . | . | 46,4 | 6,6 |
| 28 | Blumenbindereien | - | - | 9,8 | 1,4 | 8,5 | 2,1 | 19,4 | 3,0 | 32,5 | 5,1 | . | . | - | - | 18,8 | 3,0 |
| 29 | Gemischtwarengeschäfte | . | . | 7,8 | 1,7 | 3,5 | 0,9 | 13,9 | 2,5 | . | . | 6,2 | 2,0 | - | - | 7,7 | 1,6 |

Tabelle 35

Der Anteil der Kreditverkäufe und die Höhe der Außenstände in Prozenten des Absatzes
im Durchschnitt der Branchen und Absatzgrößenklassen im Jahre 1960

| Lf. Nr. | Branche | \multicolumn{14}{c|}{K = Kreditverkäufe; A = Außenstände am 31. 12. 1960} |
|---|---|---|---|---|---|---|---|---|---|---|---|---|---|---|---|

| Lf. Nr. | Branche | 20 000–50 000 K | A | 50 000–100 000 K | A | 100 000–200 000 K | A | 200 000–500 000 K | A | 500 000–1 Mill. K | A | 1 Mill.–5 Mill. K | A | über 5 Mill. K | A | insgesamt K | A |
|---|---|---|---|---|---|---|---|---|---|---|---|---|---|---|---|---|---|
| 1 | Lebensmitteleinzelhandel | – | – | 4,8 | 1,3 | 4,5 | 0,5 | 4,0 | 0,6 | 7,3 | 0,9 | 8,6 | 1,1 | – | – | 4,9 | 0,7 |
| 2 | Drogerien | – | – | 1,4 | 0,4 | 3,7 | 0,7 | 5,8 | 0,8 | 14,9 | 2,4 | . | . | – | – | 5,5 | 0,9 |
| 3 | Reformhäuser | – | – | – | – | 0,6 | – | 0,3 | – | . | . | . | . | – | – | 0,4 | 0,1 |
| 4 | Tabakwareneinzelhandel | – | – | 0,3 | 0,1 | 1,1 | 0,1 | 1,9 | 0,4 | 9,4 | 0,6 | – | – | – | – | 2,2 | 0,3 |
| 5 | Textileinzelhandel | . | . | 8,4 | 2,7 | 5,7 | 1,8 | 10,5 | 2,4 | 12,4 | 2,2 | 13,1 | 1,9 | 10,3 | 1,9 | 10,9 | 2,2 |
| | davon mit vorwiegend | | | | | | | | | | | | | | | | |
| 6 | Herren- und Knabenoberbekleidung | – | – | . | . | 14,1 | 5,3 | 10,7 | 2,2 | 11,2 | 1,5 | 8,6 | 1,2 | 7,1 | 0,8 | 10,3 | 2,0 |
| 7 | Damen-, Mädchen- und Kinderoberbekleidung | – | – | . | . | 7,0 | 1,5 | 5,5 | 0,9 | 12,9 | 1,4 | 9,2 | 0,8 | . | . | 9,8 | 1,3 |
| 8 | Herren-, Damen- und Kinderoberbekleidung | – | – | – | – | 4,3 | 2,3 | 34,0 | 13,9 | 17,9 | 5,3 | 11,4 | 1,7 | 11,2 | 1,7 | 16,7 | 4,7 |
| 9 | Wäsche, Wirk- und Strickwaren | – | – | 7,3 | 2,0 | 2,5 | 0,8 | 2,5 | 0,6 | 3,9 | 0,3 | 1,9 | 0,3 | . | . | 3,1 | 0,7 |
| 10 | Haus- und Bettwäsche, Bettwaren | – | – | – | – | 10,2 | 2,1 | 18,9 | 2,8 | 18,0 | 2,3 | 18,0 | 1,5 | . | . | 17,0 | 2,3 |
| 11 | gemischtem Sortiment | . | . | 6,0 | 2,8 | 6,9 | 2,0 | 10,4 | 2,5 | 10,8 | 2,6 | 13,0 | 2,5 | 11,1 | 2,3 | 10,7 | 2,5 |
| 12 | Schuheinzelhandel | . | . | 8,5 | 2,3 | 5,2 | 1,8 | 5,9 | 1,4 | 3,3 | 0,6 | 1,8 | 0,4 | . | . | 4,9 | 1,4 |
| 13 | Möbeleinzelhandel | – | – | . | . | 49,1 | 12,2 | 42,3 | 13,9 | 50,8 | 13,9 | 44,1 | 12,0 | 48,1 | 6,3 | 46,1 | 12,6 |
| 14 | Glas-, Porzellan- und Keramikeinzelhandel | – | – | 6,4 | 1,2 | 4,9 | 1,6 | 6,1 | 1,0 | 15,8 | 1,6 | 12,2 | 1,5 | – | – | 9,2 | 1,4 |
| 15 | Eisenwaren- und Hausrathandel | . | . | . | . | 26,6 | 5,4 | 34,9 | 6,9 | 49,5 | 10,0 | 64,4 | 12,2 | 84,0 | 14,7 | 49,0 | 9,6 |
| | davon mit vorwiegend | | | | | | | | | | | | | | | | |
| 16 | Haus- und Küchengeräten | . | . | . | . | 9,3 | 1,9 | 15,9 | 3,0 | 7,5 | 1,7 | 15,6 | 2,8 | – | – | 13,3 | 2,6 |
| 17 | Kleineisenwaren, Werkzeugen | – | – | – | – | 49,4 | 9,8 | 57,2 | 12,9 | 72,5 | 13,3 | 76,9 | 14,9 | . | . | 68,9 | 13,5 |
| 18 | gemischtem Sortiment | . | . | . | . | 28,7 | 6,2 | 35,1 | 6,7 | 49,7 | 10,9 | 69,9 | 13,1 | 82,9 | 15,0 | 53,3 | 10,4 |
| 19 | Tapeten- und Linoleumhandel | – | – | . | . | 31,6 | 7,2 | 50,6 | 7,9 | 68,3 | 11,4 | 79,9 | 12,9 | . | . | 64,2 | 10,5 |
| 20 | Papier-, Bürobedarf- und Schreibwareneinzelhandel | 5,4 | 0,8 | 28,9 | 2,8 | 28,4 | 2,9 | 43,0 | 5,2 | 67,1 | 6,1 | 73,9 | 7,6 | – | – | 46,0 | 4,7 |
| 21 | Büromaschinen-, -möbel- und Organisationsmittelhandel | – | – | – | – | . | . | 83,3 | 8,8 | 82,5 | 8,8 | 93,8 | 9,6 | . | . | 89,5 | 9,2 |
| 22 | Radio- und Fernseheinzelhandel | – | – | 37,9 | 9,2 | 51,6 | 10,9 | 52,5 | 15,1 | 59,4 | 15,7 | 52,9 | 21,6 | . | . | 53,9 | 15,9 |
| 23 | Photoeinzelhandel | – | – | . | . | 11,5 | 3,4 | 23,7 | 4,2 | 37,3 | 5,6 | 44,5 | 5,8 | . | . | 32,5 | 5,0 |
| 24 | Uhren-, Juwelen-, Gold- und Silberwareneinzelhandel | . | . | 6,3 | 1,3 | 5,7 | 1,4 | 6,4 | 1,2 | 13,0 | 1,8 | 12,8 | 2,9 | – | – | 7,7 | 1,5 |
| 25 | Leder- und Galanteriewareneinzelhandel | – | – | . | . | 1,2 | 0,4 | 3,2 | 0,5 | 4,3 | 0,9 | 3,4 | 0,4 | – | – | 3,1 | 0,6 |
| 26 | Sportartikeleinzelhandel | . | . | . | . | 9,4 | 1,9 | 11,5 | 2,3 | 7,7 | 1,3 | 15,5 | 1,4 | . | . | 11,3 | 1,7 |
| 27 | Sortimentsbuchhandel | . | . | . | . | 41,9 | 6,1 | 43,1 | 5,5 | 56,6 | 8,8 | 52,6 | 8,5 | – | – | 46,4 | 6,6 |
| 28 | Blumenbindereien | 4,2 | 0,6 | 14,3 | 2,3 | 12,3 | 2,6 | 30,0 | 4,7 | 26,1 | 4,1 | . | . | – | – | 18,8 | 3,0 |
| 29 | Gemischtwarengeschäfte | . | . | 5,6 | 2,3 | 6,6 | 1,2 | 8,1 | 1,6 | . | . | . | . | – | – | 7,7 | 1,6 |

Tabelle 36

Die Handlungskosten in Prozenten des Absatzes
im Durchschnitt der Branchen in den Jahren 1958, 1959 und 1960

| Lf. Nr. | Branche | Jahr | 1 Personalkosten ohne Unternehmerlohn | 2 Unternehmerlohn 1) | 3 Personalkosten einschl. Unternehmerlohn (Summe 1 + 2) | 4 Miete oder Mietwert | 5 Umsatzsteuer | 6 Gewerbesteuer | 7 Reklamekosten | 8 Abschreibungen | 9 Zinsen für Eigenkapital | 10 Zinsen für Fremdkapital | 11 Kosten des Fuhr- und Wagenparks 2) | 12 Sonstige Kosten | 13 Gesamtkosten (Summe 3-12) |
|---|---|---|---|---|---|---|---|---|---|---|---|---|---|---|---|
| 1 | Lebensmitteleinzelhandel | 1958 | 3,6 | 5,0 | 8,6 | 1,3 | 3,5 | 0,4 | 0,3 | 1,0 | 0,3 | 0,3 | | 2,9 | 18,6 |
| | | 1959 | 3,5 | 4,8 | 8,3 | 1,2 | 3,6 | 0,4 | 0,3 | 1,1 | 0,4 | 0,3 | 0,4 | 2,5 | 18,5 |
| | | 1960 | 3,4 | 4,9 | 8,3 | 1,2 | 3,6 | 0,4 | 0,3 | 1,1 | 0,3 | 0,4 | 0,4 | 2,7 | 18,7 |
| 2 | Drogerien | 1958 | 6,2 | 6,8 | 13,0 | 2,5 | 3,8 | 0,8 | 1,1 | 1,3 | 0,6 | 0,5 | | 5,1 | 28,7 |
| | | 1959 | 6,4 | 6,6 | 13,0 | 2,4 | 3,8 | 1,1 | 1,0 | 1,4 | 0,6 | 0,5 | 0,5 | 4,3 | 28,6 |
| | | 1960 | 6,6 | 6,5 | 13,1 | 2,4 | 3,8 | 1,2 | 1,0 | 1,3 | 0,7 | 0,5 | 0,5 | 4,2 | 28,7 |
| 3 | Reformhäuser | 1958 | 4,6 | 5,8 | 10,4 | 2,0 | 3,3 | 0,7 | 1,0 | 1,1 | 0,3 | 0,3 | | 3,8 | 22,9 |
| | | 1959 | 4,5 | 5,9 | 10,4 | 2,0 | 3,3 | 0,9 | 1,2 | 1,3 | 0,3 | 0,3 | 0,5 | 3,6 | 23,8 |
| | | 1960 | 5,4 | 6,0 | 11,4 | 2,3 | 3,4 | 0,9 | 1,3 | 1,2 | 0,4 | 0,3 | 0,4 | 3,4 | 25,0 |
| 4 | Tabakwareneinzelhandel | 1958 | 1,8 | 4,7 | 6,5 | 1,4 | 3,6 | 0,5 | 0,2 | 0,4 | 0,4 | 0,1 | | 2,1 | 15,2 |
| | | 1959 | 1,9 | 4,4 | 6,3 | 1,4 | 3,4 | 0,6 | 0,2 | 0,6 | 0,5 | 0,1 | 0,2 | 1,9 | 15,2 |
| | | 1960 | 2,2 | 4,1 | 6,3 | 1,4 | 3,2 | 0,6 | 0,2 | 0,7 | 0,4 | 0,1 | 0,2 | 2,2 | 15,3 |
| 5 | Textileinzelhandel | 1958 | 8,7 | 3,6 | 12,3 | 2,2 | 3,8 | 0,9 | 1,5 | 1,0 | 0,6 | 0,8 | | 4,5 | 27,6 |
| | | 1959 | 8,8 | 3,6 | 12,4 | 2,3 | 3,8 | 1,2 | 1,6 | 1,1 | 0,7 | 0,7 | 0,5 | 3,9 | 28,2 |
| | | 1960 | 8,7 | 3,7 | 12,4 | 2,3 | 3,8 | 1,0 | 1,5 | 1,0 | 0,7 | 0,8 | 0,5 | 3,7 | 27,7 |
| 6 | davon mit vorwiegend Herren- und Knabenoberbekleidung | 1958 | 8,1 | 2,6 | 10,7 | 2,2 | 3,9 | 1,1 | 2,1 | 0,8 | 0,6 | 0,8 | | 4,4 | 26,6 |
| | | 1959 | 8,4 | 2,8 | 11,2 | 2,4 | 3,9 | 1,4 | 2,1 | 1,0 | 0,7 | 0,7 | 0,4 | 3,9 | 27,7 |
| | | 1960 | 8,0 | 3,0 | 11,0 | 2,5 | 3,9 | 1,2 | 2,1 | 0,9 | 0,7 | 0,8 | 0,4 | 3,8 | 27,3 |
| 7 | Damen-, Mädchen- und Kinderoberbekleidung | 1958 | 10,1 | 3,2 | 13,3 | 2,6 | 3,4 | 0,8 | 1,6 | 1,1 | 0,4 | 0,8 | | 4,9 | 28,9 |
| | | 1959 | 10,2 | 3,4 | 13,6 | 2,7 | 3,4 | 1,0 | 1,6 | 1,2 | 0,5 | 0,7 | 0,4 | 4,1 | 29,2 |
| | | 1960 | 9,8 | 3,7 | 13,5 | 2,7 | 3,4 | 1,0 | 1,5 | 1,0 | 0,5 | 0,7 | 0,5 | 3,9 | 28,7 |
| 8 | Herren-, Damen- und Kinderoberbekleidung | 1958 | 9,6 | 2,4 | 12,0 | 2,0 | 3,8 | 1,0 | 2,2 | 1,1 | 0,6 | 0,9 | | 4,5 | 28,1 |
| | | 1959 | 9,8 | 2,5 | 12,3 | 2,2 | 3,8 | 1,3 | 2,3 | 1,3 | 0,7 | 0,8 | 0,5 | 3,9 | 29,1 |
| | | 1960 | 9,6 | 2,5 | 12,1 | 2,2 | 3,7 | 1,1 | 2,1 | 1,1 | 0,7 | 0,7 | 0,5 | 3,8 | 28,0 |
| 9 | Meterwaren | 1958 | 10,6 | 3,5 | 14,1 | 2,8 | 3,8 | 0,9 | 1,8 | 0,9 | 0,6 | 0,5 | | 5,4 | 30,8 |
| | | 1959 | 10,7 | 3,0 | 13,7 | 2,9 | 3,8 | 0,8 | 1,7 | 0,8 | 0,6 | 0,8 | 0,5 | 3,7 | 29,3 |
| | | 1960 | 10,2 | 3,3 | 13,5 | 3,2 | 3,7 | 0,9 | 1,5 | 0,7 | 0,5 | 0,8 | 0,6 | 3,8 | 29,2 |
| 10 | Wäsche, Wirk- und Strickwaren | 1958 | 7,0 | 4,9 | 11,9 | 2,4 | 3,9 | 0,8 | 1,3 | 0,9 | 0,6 | 0,7 | | 4,5 | 27,0 |
| | | 1959 | 7,0 | 4,8 | 11,8 | 2,4 | 3,9 | 1,1 | 1,2 | 1,0 | 0,7 | 0,7 | 0,4 | 4,0 | 27,2 |
| | | 1960 | 7,2 | 4,8 | 12,0 | 2,4 | 3,9 | 1,1 | 1,2 | 1,0 | 0,7 | 0,7 | 0,4 | 3,6 | 27,0 |
| 11 | Haus- und Bettwäsche, Bettwaren | 1958 | 9,0 | 3,5 | 12,5 | 2,4 | 3,9 | 0,8 | 1,9 | 1,5 | 0,8 | 0,7 | | 5,4 | 29,9 |
| | | 1959 | 9,0 | 3,9 | 12,9 | 2,6 | 3,9 | 1,3 | 2,1 | 1,6 | 0,6 | 0,7 | 0,9 | 4,2 | 30,8 |
| | | 1960 | 8,5 | 3,9 | 12,4 | 2,4 | 3,9 | 1,2 | 2,0 | 1,7 | 0,6 | 0,7 | 1,0 | 4,1 | 30,0 |
| 12 | Herrenausstattung | 1958 | 6,4 | 4,6 | 11,0 | 2,9 | 3,9 | 1,1 | 1,0 | 0,8 | 0,6 | 0,9 | | 4,5 | 26,7 |
| | | 1959 | 6,2 | 4,9 | 11,1 | 3,3 | 3,9 | 1,5 | 1,1 | 0,8 | 0,5 | 0,9 | 0,5 | 4,2 | 27,8 |
| | | 1960 | 5,7 | 5,3 | 11,0 | 3,1 | 3,7 | 1,3 | 0,9 | 0,9 | 0,7 | 0,7 | 0,6 | 4,1 | 27,0 |
| 13 | Teppichen, Möbelstoffen und Gardinen | 1958 | 13,5 | 2,5 | 16,0 | 2,4 | 3,8 | 1,0 | 2,3 | 1,1 | 0,6 | 0,5 | | 5,4 | 33,1 |
| | | 1959 | 13,0 | 2,8 | 15,8 | 1,9 | 3,9 | 1,0 | 2,6 | 1,1 | 0,6 | 0,5 | 1,2 | 4,1 | 32,7 |
| | | 1960 | 12,3 | 3,3 | 15,6 | 2,3 | 3,8 | 0,9 | 2,3 | 1,3 | 0,6 | 0,6 | 1,2 | 4,1 | 32,7 |
| 14 | gemischtem Sortiment | 1958 | 8,6 | 3,6 | 12,2 | 1,8 | 3,8 | 0,9 | 1,3 | 0,9 | 0,6 | 0,9 | | 4,2 | 26,6 |
| | | 1959 | 8,9 | 3,5 | 12,4 | 1,9 | 3,8 | 1,1 | 1,4 | 1,1 | 0,7 | 0,8 | 0,5 | 3,7 | 27,4 |
| | | 1960 | 8,9 | 3,5 | 12,4 | 2,0 | 3,8 | 1,0 | 1,3 | 1,0 | 0,7 | 0,9 | 0,5 | 3,6 | 27,2 |
| 15 | Schuheinzelhandel | 1958 | 5,6 | 4,8 | 10,4 | 1,9 | 3,9 | 0,8 | 1,1 | 0,9 | 0,7 | 0,7 | | 3,4 | 23,8 |
| | | 1959 | 6,1 | 4,6 | 10,7 | 2,0 | 3,9 | 1,0 | 1,2 | 0,9 | 0,7 | 0,6 | 0,4 | 3,0 | 24,4 |
| | | 1960 | 6,0 | 4,9 | 10,9 | 2,0 | 3,9 | 1,0 | 1,0 | 1,0 | 0,7 | 0,7 | 0,4 | 3,0 | 24,6 |
| 16 | Möbeleinzelhandel | 1958 | 8,4 | 2,4 | 10,8 | 2,6 | 4,0 | 1,0 | 1,9 | 1,3 | 0,7 | 0,7 | | 5,4 | 28,4 |
| | | 1959 | 8,2 | 2,6 | 10,8 | 2,8 | 3,9 | 1,4 | 1,8 | 1,3 | 0,8 | 0,7 | 1,3 | 4,0 | 28,8 |
| | | 1960 | 8,5 | 2,4 | 10,9 | 2,7 | 3,9 | 1,2 | 1,9 | 1,3 | 0,8 | 0,7 | 1,3 | 3,9 | 28,6 |
| 17 | Beleuchtungs- und Elektroeinzelhandel | 1958 | 14,0 | 4,1 | 18,1 | 2,3 | 3,6 | 1,0 | 1,2 | 1,0 | 0,8 | 0,3 | | 5,4 | 33,7 |
| | | 1959 | 15,6 | 4,0 | 19,6 | 2,5 | 3,7 | 1,0 | 1,5 | 1,2 | 0,7 | 0,5 | 1,1 | 3,9 | 35,7 |
| | | 1960 | 13,2 | 4,4 | 17,6 | 3,2 | 3,7 | 1,4 | 1,4 | 1,4 | 0,7 | 0,4 | 1,1 | 4,1 | 35,0 |
| 18 | Glas-, Porzellan- und Keramikeinzelhandel | 1958 | 9,0 | 4,5 | 13,5 | 2,8 | 3,9 | 1,1 | 1,1 | 1,0 | 0,8 | 0,6 | | 5,4 | 30,2 |
| | | 1959 | 9,6 | 4,0 | 13,6 | 3,0 | 3,8 | 1,4 | 1,2 | 1,1 | 1,0 | 0,6 | 0,6 | 5,0 | 31,3 |
| | | 1960 | 9,7 | 4,4 | 14,1 | 2,9 | 3,8 | 1,3 | 1,1 | 1,1 | 0,8 | 0,8 | 0,7 | 4,7 | 31,3 |

1) Entgelt für die nicht entlöhnte Tätigkeit des Inhabers und seiner Familie
2) Die Kosten des Fuhr- und Wagenparks sind im Jahre 1958 in der Position "Sonstige Kosten" miterfaßt

Tabelle 36 (Fortsetzung)

Die Handlungskosten in Prozenten des Absatzes
im Durchschnitt der Branchen in den Jahren 1958, 1959 und 1960

| Lf. Nr. | Branche | Jahr | 1 Personalkosten ohne Unternehmerlohn | 2 Unternehmerlohn 1) | 3 Personalkosten einschl. Unternehmerlohn (Summe 1 + 2) | 4 Miete oder Mietwert | 5 Umsatzsteuer | 6 Gewerbesteuer | 7 Reklamekosten | 8 Abschreibungen | 9 Zinsen für Eigenkapital | 10 Zinsen für Fremdkapital | 11 Kosten des Fuhr- und Wagenparks 2) | 12 Sonstige Kosten | 13 Gesamtkosten (Summe 3-12) |
|---|---|---|---|---|---|---|---|---|---|---|---|---|---|---|---|
| 19 | Eisenwaren- und Hausrathandel | 1958 | 8,5 | 3,2 | 11,7 | 1,7 | 2,6 | 0,8 | 0,8 | 1,1 | 0,7 | 0,7 | 4,7 | | 24,8 |
| | | 1959 | 8,5 | 3,3 | 11,8 | 1,7 | 2,6 | 1,0 | 0,8 | 1,1 | 0,7 | 0,7 | 1,0 | 3,4 | 24,8 |
| | | 1960 | 8,5 | 3,1 | 11,6 | 1,7 | 2,6 | 0,9 | 0,8 | 1,1 | 0,7 | 0,7 | 1,0 | 3,2 | 24,3 |
| 20 | davon mit vorwiegend Haus- und Küchengeräten | 1958 | 8,9 | 5,3 | 14,2 | 2,6 | 3,8 | 0,8 | 1,0 | 1,0 | 0,7 | 0,6 | 5,4 | | 30,1 |
| | | 1959 | 9,3 | 5,0 | 14,3 | 2,9 | 3,9 | 1,1 | 1,0 | 1,1 | 0,8 | 0,7 | 0,9 | 4,1 | 30,8 |
| | | 1960 | 9,5 | 4,5 | 14,0 | 3,0 | 3,7 | 1,1 | 1,0 | 0,9 | 0,8 | 0,6 | 0,8 | 4,0 | 29,9 |
| 21 | Kleineisenwaren, Werkzeugen | 1958 | 8,8 | 3,1 | 11,9 | 1,4 | 1,7 | 0,9 | 0,6 | 1,2 | 0,8 | 0,5 | 4,6 | | 23,6 |
| | | 1959 | 8,4 | 3,2 | 11,6 | 1,4 | 1,8 | 1,1 | 0,6 | 1,2 | 0,7 | 0,5 | 1,1 | 3,1 | 23,1 |
| | | 1960 | 8,8 | 2,7 | 11,5 | 1,3 | 1,8 | 1,0 | 0,6 | 1,1 | 0,7 | 0,5 | 1,0 | 3,2 | 22,7 |
| 22 | Öfen und Herden | 1958 | 9,1 | 2,2 | 11,3 | 2,2 | 3,1 | 0,9 | 1,1 | 1,7 | 0,8 | 0,6 | 5,7 | | 27,4 |
| | | 1959 | 9,5 | 2,5 | 12,0 | 2,2 | 3,6 | 0,9 | 1,1 | 1,3 | 0,7 | 0,4 | 1,4 | 3,1 | 26,7 |
| | | 1960 | 8,4 | 2,9 | 11,3 | 2,3 | 3,7 | 1,3 | 1,2 | 1,5 | 0,7 | 0,4 | 1,2 | 3,3 | 26,9 |
| 23 | gemischtem Sortiment | 1958 | 8,1 | 2,8 | 10,9 | 1,5 | 2,4 | 0,8 | 0,7 | 1,1 | 0,6 | 0,8 | 4,4 | | 23,2 |
| | | 1959 | 8,3 | 2,8 | 11,1 | 1,5 | 2,4 | 0,9 | 0,7 | 1,1 | 0,6 | 0,8 | 1,0 | 3,2 | 23,3 |
| | | 1960 | 8,1 | 2,8 | 10,9 | 1,5 | 2,4 | 0,8 | 0,7 | 1,1 | 0,6 | 0,8 | 1,0 | 3,0 | 22,8 |
| 24 | Tapeten- und Linoleumhandel | 1958 | 11,3 | 3,0 | 14,3 | 1,8 | 2,9 | 0,9 | 1,0 | 1,3 | 0,5 | 0,6 | 5,9 | | 29,2 |
| | | 1959 | 11,6 | 3,2 | 14,8 | 1,9 | 3,0 | 1,0 | 0,9 | 1,4 | 0,6 | 0,5 | 1,3 | 5,1 | 30,5 |
| | | 1960 | 11,7 | 3,6 | 15,3 | 2,1 | 2,9 | 1,2 | 0,9 | 1,3 | 0,6 | 0,7 | 1,3 | 4,6 | 30,9 |
| 25 | Papier-, Bürobedarf- und Schreibwareneinzelhandel | 1958 | 9,7 | 4,9 | 14,6 | 2,2 | 2,3 | 0,9 | 0,9 | 1,1 | 0,6 | 0,4 | 5,1 | | 28,1 |
| | | 1959 | 9,4 | 5,1 | 14,5 | 2,3 | 2,4 | 0,9 | 0,9 | 1,1 | 0,6 | 0,4 | 0,7 | 4,3 | 28,1 |
| | | 1960 | 9,6 | 4,9 | 14,5 | 2,2 | 2,4 | 1,0 | 0,8 | 0,9 | 0,6 | 0,4 | 0,8 | 4,1 | 27,7 |
| 26 | Büromaschinen-, -möbel- und Organisationsmittelhandel | 1958 | 11,9 | 2,3 | 14,2 | 1,4 | 1,3 | 0,8 | 1,3 | 1,2 | 0,3 | 0,5 | 6,3 | | 27,3 |
| | | 1959 | 11,7 | 2,2 | 13,9 | 1,4 | 1,4 | 0,8 | 1,3 | 1,1 | 0,4 | 0,4 | 1,6 | 4,4 | 26,7 |
| | | 1960 | 11,4 | 2,3 | 13,7 | 1,4 | 1,4 | 0,8 | 1,1 | 1,2 | 0,4 | 0,4 | 1,5 | 4,2 | 26,1 |
| 27 | Fahrradeinzelhandel | 1958 | 7,1 | 8,3 | 15,4 | 2,1 | 3,7 | 0,8 | 1,2 | 1,2 | 0,9 | 0,9 | 6,1 | | 32,3 |
| | | 1959 | 6,2 | 6,9 | 13,1 | 2,4 | 3,9 | 0,9 | 1,1 | 0,9 | 0,7 | 0,7 | 0,7 | 4,8 | 29,2 |
| | | 1960 | 7,0 | 6,0 | 13,0 | 2,6 | 3,9 | 1,1 | 1,0 | 0,9 | 0,8 | 0,6 | 0,7 | 4,3 | 28,9 |
| 28 | Radio- und Fernseheinzelhandel | 1958 | 8,4 | 3,8 | 12,2 | 2,0 | 3,9 | 0,8 | 1,4 | 2,0 | 0,4 | 0,6 | 5,9 | | 29,2 |
| | | 1959 | 8,3 | 3,9 | 12,2 | 2,0 | 3,8 | 1,2 | 1,5 | 1,9 | 0,6 | 0,6 | 1,5 | 4,2 | 29,5 |
| | | 1960 | 9,3 | 4,0 | 13,3 | 2,0 | 3,8 | 1,4 | 1,4 | 1,8 | 0,7 | 0,7 | 1,5 | 4,3 | 30,9 |
| 29 | Photoeinzelhandel | 1958 | 11,5 | 4,6 | 16,1 | 2,4 | 3,3 | 1,2 | 2,2 | 2,1 | 0,7 | 0,4 | 6,0 | | 34,4 |
| | | 1959 | 12,1 | 4,4 | 16,5 | 2,3 | 3,4 | 1,4 | 2,3 | 2,3 | 0,8 | 0,4 | 0,8 | 5,7 | 36,3 |
| | | 1960 | 12,3 | 4,2 | 16,5 | 2,5 | 3,3 | 1,7 | 2,3 | 2,0 | 0,7 | 0,4 | 0,7 | 5,5 | 35,6 |
| 30 | Uhren-, Juwelen-, Gold- und Silberwareneinzelhandel | 1958 | 8,6 | 6,9 | 15,5 | 2,7 | 3,8 | 1,4 | 1,7 | 1,2 | 1,0 | 0,7 | 6,7 | | 34,7 |
| | | 1959 | 9,2 | 7,0 | 16,2 | 2,7 | 3,8 | 1,6 | 1,8 | 1,4 | 1,2 | 0,7 | 0,6 | 6,8 | 36,9 |
| | | 1960 | 8,6 | 6,6 | 15,2 | 2,6 | 3,8 | 1,6 | 1,8 | 1,4 | 1,1 | 0,8 | 0,5 | 6,6 | 35,4 |
| 31 | Leder- und Galanteriewareneinzelhandel | 1958 | 6,7 | 5,0 | 11,7 | 3,1 | 3,9 | 1,0 | 1,3 | 1,2 | 0,7 | 0,6 | 5,2 | | 28,7 |
| | | 1959 | 6,7 | 4,9 | 11,6 | 3,3 | 3,9 | 1,2 | 1,3 | 1,2 | 0,7 | 0,6 | 0,7 | 4,2 | 28,7 |
| | | 1960 | 6,8 | 4,4 | 11,2 | 3,3 | 3,9 | 1,3 | 1,2 | 1,1 | 0,7 | 0,5 | 0,5 | 4,3 | 28,0 |
| 32 | Sportartikeleinzelhandel | 1958 | 6,4 | 4,7 | 11,1 | 2,2 | 3,8 | 0,7 | 1,7 | 0,7 | 0,5 | 0,9 | 5,0 | | 26,6 |
| | | 1959 | 6,2 | 4,8 | 11,0 | 2,3 | 4,0 | 1,0 | 1,6 | 0,9 | 0,7 | 0,7 | 0,6 | 4,3 | 26,9 |
| | | 1960 | 6,8 | 4,3 | 11,1 | 2,1 | 3,9 | 1,1 | 1,7 | 0,8 | 0,6 | 0,7 | 0,7 | 4,1 | 26,8 |
| 33 | Sortimentsbuchhandel | 1958 | 8,8 | 4,0 | 12,8 | 2,2 | 3,0 | 0,7 | 1,3 | 0,8 | 0,4 | 0,3 | 5,5 | | 27,0 |
| | | 1959 | 9,2 | 3,8 | 13,0 | 2,2 | 3,0 | 0,9 | 1,2 | 0,9 | 0,4 | 0,3 | 0,4 | 4,8 | 27,1 |
| | | 1960 | 9,0 | 3,7 | 12,7 | 2,3 | 3,0 | 0,9 | 1,2 | 1,0 | 0,4 | 0,3 | 0,4 | 4,8 | 27,0 |
| 34 | Blumenbindereien | 1958 | 10,9 | 9,2 | 20,1 | 4,5 | 3,5 | 1,0 | 0,7 | 1,9 | 0,4 | 0,5 | 7,8 | | 40,4 |
| | | 1959 | 10,7 | 8,1 | 18,8 | 4,7 | 3,6 | 1,0 | 0,7 | 1,7 | 0,4 | 0,3 | 2,1 | 6,6 | 39,9 |
| | | 1960 | 11,9 | 7,4 | 19,3 | 4,1 | 3,6 | 1,1 | 0,8 | 1,7 | 0,4 | 0,4 | 2,3 | 7,2 | 40,9 |
| 35 | Gemischtwarengeschäfte | 1958 | 3,4 | 5,4 | 8,8 | 1,5 | 3,6 | 0,6 | 0,5 | 1,3 | 0,6 | 0,4 | 3,7 | | 21,0 |
| | | 1959 | 3,4 | 5,3 | 8,7 | 1,3 | 3,6 | 0,7 | 0,4 | 1,1 | 0,6 | 0,5 | 0,6 | 2,6 | 20,1 |
| | | 1960 | 3,0 | 5,8 | 8,8 | 1,3 | 3,6 | 0,6 | 0,4 | 1,3 | 0,6 | 0,6 | 0,6 | 2,7 | 20,5 |
| | Einzelhandel insgesamt | 1958 | 6,3 | 4,5 | 10,8 | 1,9 | 3,6 | 0,7 | 0,9 | 1,0 | 0,5 | 0,5 | 4,0 | | 23,9 |
| | | 1959 | 6,4 | 4,3 | 10,7 | 1,9 | 3,6 | 0,8 | 1,0 | 1,1 | 0,6 | 0,5 | 0,5 | 3,4 | 24,1 |
| | | 1960 | 6,4 | 4,4 | 10,8 | 1,9 | 3,6 | 0,8 | 0,9 | 1,1 | 0,5 | 0,5 | 0,5 | 3,4 | 24,0 |

1) Entgelt für die nicht entlöhnte Tätigkeit des Inhabers und seiner Familie
2) Die Kosten des Fuhr- und Wagenparks sind im Jahre 1958 in der Position "Sonstige Kosten" miterfaßt

Tabelle 37

Die Handlungskosten in Prozenten der Gesamtkosten
im Durchschnitt der Branchen in den Jahren 1958, 1959 und 1960

| Lf. Nr. | Branche | Jahr | 1 Personalkosten ohne Unternehmerlohn | 2 Unternehmerlohn 1) | 3 Personalkosten einschl. Unternehmerlohn (Summe 1 + 2) | 4 Miete oder Mietwert | 5 Umsatzsteuer | 6 Gewerbesteuer | 7 Reklamekosten | 8 Abschreibungen | 9 Zinsen für Eigenkapital | 10 Zinsen für Fremdkapital | 11 Kosten des Fuhr- und Wagenparks 2) | 12 Sonstige Kosten | 13 Gesamtkosten (Summe 3-12) |
|---|---|---|---|---|---|---|---|---|---|---|---|---|---|---|---|
| 1 | Lebensmitteleinzelhandel | 1958 | 19 | 27 | 46 | 7 | 19 | 2 | 2 | 5 | 2 | 2 | | 15 | 100 |
| | | 1959 | 19 | 26 | 45 | 6 | 19 | 2 | 2 | 6 | 2 | 2 | 2 | 14 | 100 |
| | | 1960 | 18 | 26 | 44 | 7 | 19 | 2 | 2 | 6 | 2 | 2 | 2 | 14 | 100 |
| 2 | Drogerien | 1958 | 22 | 23 | 45 | 9 | 13 | 3 | 4 | 4 | 2 | 2 | | 18 | 100 |
| | | 1959 | 23 | 23 | 46 | 8 | 13 | 4 | 3 | 5 | 2 | 2 | 2 | 15 | 100 |
| | | 1960 | 23 | 23 | 46 | 8 | 13 | 4 | 3 | 5 | 2 | 2 | 2 | 15 | 100 |
| 3 | Reformhäuser | 1958 | 20 | 25 | 45 | 9 | 15 | 3 | 4 | 5 | 1 | 1 | | 17 | 100 |
| | | 1959 | 19 | 25 | 44 | 9 | 14 | 4 | 5 | 5 | 1 | 1 | 2 | 15 | 100 |
| | | 1960 | 22 | 24 | 46 | 9 | 14 | 3 | 5 | 4 | 2 | 1 | 2 | 14 | 100 |
| 4 | Tabakwareneinzelhandel | 1958 | 12 | 31 | 43 | 9 | 23 | 3 | 1 | 3 | 3 | 1 | | 14 | 100 |
| | | 1959 | 13 | 29 | 42 | 9 | 22 | 4 | 1 | 4 | 3 | 1 | 1 | 13 | 100 |
| | | 1960 | 15 | 26 | 41 | 9 | 21 | 4 | 1 | 5 | 3 | 1 | 1 | 14 | 100 |
| 5 | Textileinzelhandel | 1958 | 32 | 13 | 45 | 8 | 14 | 3 | 5 | 4 | 2 | 3 | | 16 | 100 |
| | | 1959 | 31 | 13 | 44 | 8 | 14 | 4 | 6 | 4 | 2 | 2 | 2 | 14 | 100 |
| | | 1960 | 32 | 13 | 45 | 8 | 14 | 4 | 5 | 4 | 2 | 3 | 2 | 13 | 100 |
| 6 | davon mit vorwiegend Herren- und Knabenoberbekleidung | 1958 | 30 | 10 | 40 | 8 | 15 | 4 | 8 | 3 | 2 | 3 | | 17 | 100 |
| | | 1959 | 30 | 10 | 40 | 9 | 14 | 5 | 7 | 4 | 3 | 3 | 1 | 14 | 100 |
| | | 1960 | 29 | 11 | 40 | 9 | 14 | 4 | 8 | 3 | 3 | 3 | 2 | 14 | 100 |
| 7 | Damen-, Mädchen- und Kinderoberbekleidung | 1958 | 35 | 11 | 46 | 9 | 12 | 3 | 5 | 4 | 1 | 3 | | 17 | 100 |
| | | 1959 | 35 | 12 | 47 | 9 | 12 | 3 | 6 | 4 | 2 | 2 | 1 | 14 | 100 |
| | | 1960 | 34 | 13 | 47 | 9 | 12 | 3 | 5 | 4 | 2 | 2 | 2 | 14 | 100 |
| 8 | Herren-, Damen- und Kinderoberbekleidung | 1958 | 34 | 9 | 43 | 7 | 14 | 3 | 8 | 4 | 2 | 3 | | 16 | 100 |
| | | 1959 | 34 | 8 | 42 | 8 | 13 | 4 | 8 | 4 | 2 | 3 | 2 | 14 | 100 |
| | | 1960 | 34 | 9 | 43 | 8 | 13 | 4 | 8 | 4 | 2 | 2 | 2 | 14 | 100 |
| 9 | Meterwaren | 1958 | 35 | 11 | 46 | 9 | 12 | 3 | 6 | 3 | 2 | 2 | | 17 | 100 |
| | | 1959 | 36 | 10 | 46 | 10 | 13 | 3 | 6 | 3 | 2 | 3 | 2 | 12 | 100 |
| | | 1960 | 35 | 11 | 46 | 11 | 13 | 3 | 5 | 2 | 2 | 3 | 2 | 13 | 100 |
| 10 | Wäsche, Wirk- und Strickwaren | 1958 | 26 | 18 | 44 | 9 | 14 | 3 | 5 | 3 | 2 | 3 | | 17 | 100 |
| | | 1959 | 26 | 17 | 43 | 9 | 14 | 4 | 4 | 4 | 3 | 3 | 1 | 15 | 100 |
| | | 1960 | 26 | 18 | 44 | 9 | 14 | 5 | 4 | 4 | 3 | 3 | 1 | 13 | 100 |
| 11 | Haus- und Bettwäsche, Bettwaren | 1958 | 30 | 12 | 42 | 8 | 13 | 3 | 6 | 5 | 3 | 2 | | 18 | 100 |
| | | 1959 | 29 | 13 | 42 | 8 | 13 | 4 | 7 | 5 | 2 | 2 | 3 | 14 | 100 |
| | | 1960 | 28 | 13 | 41 | 8 | 13 | 4 | 7 | 6 | 2 | 2 | 3 | 14 | 100 |
| 12 | Herrenausstattung | 1958 | 24 | 17 | 41 | 11 | 15 | 4 | 4 | 3 | 2 | 3 | | 17 | 100 |
| | | 1959 | 22 | 18 | 40 | 12 | 14 | 5 | 4 | 3 | 2 | 3 | 2 | 15 | 100 |
| | | 1960 | 21 | 20 | 41 | 11 | 14 | 5 | 3 | 3 | 3 | 3 | 2 | 15 | 100 |
| 13 | Teppichen, Möbelstoffen und Gardinen | 1958 | 41 | 7 | 48 | 7 | 12 | 3 | 7 | 3 | 2 | 2 | | 16 | 100 |
| | | 1959 | 40 | 9 | 49 | 5 | 12 | 3 | 8 | 3 | 2 | 1 | 4 | 13 | 100 |
| | | 1960 | 38 | 10 | 48 | 7 | 12 | 2 | 7 | 4 | 2 | 2 | 4 | 12 | 100 |
| 14 | gemischtem Sortiment | 1958 | 32 | 14 | 46 | 7 | 14 | 3 | 5 | 3 | 3 | 3 | | 16 | 100 |
| | | 1959 | 32 | 13 | 45 | 7 | 14 | 4 | 5 | 4 | 3 | 3 | 2 | 13 | 100 |
| | | 1960 | 32 | 13 | 45 | 7 | 14 | 4 | 5 | 4 | 3 | 3 | 2 | 13 | 100 |
| 15 | Schuheinzelhandel | 1958 | 24 | 20 | 44 | 8 | 16 | 3 | 5 | 4 | 3 | 3 | | 14 | 100 |
| | | 1959 | 25 | 19 | 44 | 8 | 16 | 4 | 5 | 4 | 3 | 2 | 2 | 12 | 100 |
| | | 1960 | 24 | 20 | 44 | 8 | 16 | 4 | 4 | 4 | 3 | 3 | 2 | 12 | 100 |
| 16 | Möbeleinzelhandel | 1958 | 29 | 9 | 38 | 9 | 14 | 4 | 7 | 4 | 3 | 2 | | 19 | 100 |
| | | 1959 | 28 | 9 | 37 | 10 | 13 | 5 | 6 | 5 | 3 | 2 | 5 | 14 | 100 |
| | | 1960 | 30 | 8 | 38 | 9 | 14 | 4 | 7 | 5 | 2 | 2 | 5 | 14 | 100 |
| 17 | Beleuchtungs- und Elektroeinzelhandel | 1958 | 42 | 12 | 54 | 7 | 11 | 3 | 3 | 3 | 2 | 1 | | 16 | 100 |
| | | 1959 | 44 | 11 | 55 | 7 | 11 | 3 | 4 | 3 | 2 | 1 | 3 | 11 | 100 |
| | | 1960 | 38 | 12 | 50 | 9 | 11 | 4 | 4 | 4 | 2 | 1 | 3 | 12 | 100 |
| 18 | Glas-, Porzellan- und Keramikeinzelhandel | 1958 | 30 | 15 | 45 | 9 | 13 | 4 | 4 | 4 | 2 | 2 | | 18 | 100 |
| | | 1959 | 31 | 13 | 44 | 10 | 12 | 4 | 4 | 3 | 3 | 2 | 2 | 16 | 100 |
| | | 1960 | 31 | 14 | 45 | 9 | 12 | 4 | 4 | 4 | 3 | 2 | 2 | 15 | 100 |

1) Entgelt für die nicht entlöhnte Tätigkeit des Inhabers und seiner Familie
2) Die Kosten des Fuhr- und Wagenparks sind im Jahre 1958 in der Position "Sonstige Kosten" miterfaßt

Tabelle 37 (Fortsetzung)

Die Handlungskosten in Prozenten der Gesamtkosten
im Durchschnitt der Branchen in den Jahren 1958, 1959 und 1960

| Lf. Nr. | Branche | Jahr | 1 Personalkosten ohne Unternehmerlohn | 2 Unternehmerlohn 1) | 3 Personalkosten einschl. Unternehmerlohn (Summe 1 + 2) | 4 Miete oder Mietwert | 5 Umsatzsteuer | 6 Gewerbesteuer | 7 Reklamekosten | 8 Abschreibungen | 9 Zinsen für Eigenkapital | 10 Zinsen für Fremdkapital | 11 Kosten des Fuhr- und Wagenparks 2) | 12 Sonstige Kosten | 13 Gesamtkosten (Summe 3-12) |
|---|---|---|---|---|---|---|---|---|---|---|---|---|---|---|---|
| 19 | Eisenwaren- und Hausrathandel | 1958 | 34 | 13 | 47 | 7 | 11 | 3 | 3 | 4 | 3 | 3 | | 19 | 100 |
| | | 1959 | 34 | 13 | 47 | 7 | 11 | 4 | 3 | 4 | 3 | 3 | 4 | 14 | 100 |
| | | 1960 | 35 | 13 | 48 | 7 | 11 | 3 | 3 | 5 | 3 | 3 | 4 | 13 | 100 |
| 20 | davon mit vorwiegend Haus-und Küchengeräten | 1958 | 29 | 18 | 47 | 9 | 13 | 3 | 3 | 3 | 2 | 2 | | 18 | 100 |
| | | 1959 | 30 | 16 | 46 | 10 | 13 | 4 | 3 | 3 | 3 | 2 | 3 | 13 | 100 |
| | | 1960 | 32 | 15 | 47 | 10 | 12 | 4 | 3 | 3 | 3 | 2 | 3 | 13 | 100 |
| 21 | Kleineisenwaren, Werkzeugen | 1958 | 37 | 13 | 50 | 6 | 7 | 4 | 3 | 5 | 3 | 2 | | 20 | 100 |
| | | 1959 | 36 | 14 | 50 | 6 | 8 | 5 | 3 | 5 | 3 | 2 | 5 | 13 | 100 |
| | | 1960 | 39 | 12 | 51 | 6 | 8 | 4 | 3 | 5 | 3 | 2 | 4 | 14 | 100 |
| 22 | Öfen und Herden | 1958 | 33 | 8 | 41 | 8 | 11 | 3 | 4 | 7 | 3 | 2 | | 21 | 100 |
| | | 1959 | 36 | 9 | 45 | 8 | 13 | 3 | 4 | 5 | 3 | 2 | 5 | 12 | 100 |
| | | 1960 | 31 | 11 | 42 | 9 | 14 | 5 | 4 | 6 | 2 | 2 | 4 | 12 | 100 |
| 23 | gemischtem Sortiment | 1958 | 35 | 12 | 47 | 7 | 10 | 3 | 3 | 5 | 3 | 3 | | 19 | 100 |
| | | 1959 | 36 | 12 | 48 | 6 | 10 | 4 | 3 | 5 | 3 | 3 | 4 | 14 | 100 |
| | | 1960 | 36 | 12 | 48 | 7 | 11 | 3 | 3 | 5 | 3 | 3 | 4 | 13 | 100 |
| 24 | Tapeten- und Linoleumhandel | 1958 | 39 | 10 | 49 | 6 | 10 | 3 | 3 | 4 | 2 | 2 | | 21 | 100 |
| | | 1959 | 38 | 10 | 48 | 6 | 10 | 3 | 3 | 5 | 2 | 2 | 4 | 17 | 100 |
| | | 1960 | 38 | 12 | 50 | 7 | 9 | 4 | 3 | 4 | 2 | 2 | 4 | 15 | 100 |
| 25 | Papier-, Bürobedarf- und Schreibwareneinzelhandel | 1958 | 35 | 17 | 52 | 8 | 8 | 3 | 3 | 4 | 2 | 2 | | 18 | 100 |
| | | 1959 | 34 | 18 | 52 | 8 | 9 | 3 | 3 | 4 | 2 | 2 | 2 | 15 | 100 |
| | | 1960 | 35 | 17 | 52 | 8 | 9 | 3 | 3 | 3 | 2 | 2 | 3 | 15 | 100 |
| 26 | Büromaschinen-, -möbel und Organisationsmittelhandel | 1958 | 44 | 8 | 52 | 6 | 5 | 3 | 5 | 4 | 1 | 1 | | 23 | 100 |
| | | 1959 | 44 | 8 | 52 | 5 | 5 | 3 | 5 | 4 | 2 | 2 | 6 | 16 | 100 |
| | | 1960 | 43 | 9 | 52 | 5 | 5 | 3 | 4 | 5 | 2 | 2 | 6 | 16 | 100 |
| 27 | Fahrradeinzelhandel | 1958 | 22 | 26 | 48 | 6 | 11 | 2 | 4 | 4 | 3 | 3 | | 19 | 100 |
| | | 1959 | 21 | 24 | 45 | 8 | 14 | 3 | 4 | 3 | 2 | 2 | 2 | 17 | 100 |
| | | 1960 | 24 | 21 | 45 | 9 | 14 | 3 | 4 | 3 | 3 | 2 | 2 | 15 | 100 |
| 28 | Radio- und Fernseheinzelhandel | 1958 | 29 | 13 | 42 | 7 | 13 | 3 | 5 | 7 | 1 | 2 | | 20 | 100 |
| | | 1959 | 28 | 13 | 41 | 7 | 13 | 4 | 5 | 7 | 2 | 2 | 5 | 14 | 100 |
| | | 1960 | 30 | 13 | 43 | 6 | 12 | 5 | 5 | 6 | 2 | 2 | 5 | 14 | 100 |
| 29 | Photoeinzelhandel | 1958 | 34 | 13 | 47 | 7 | 10 | 4 | 6 | 6 | 2 | 1 | | 17 | 100 |
| | | 1959 | 33 | 12 | 45 | 8 | 9 | 4 | 7 | 6 | 2 | 1 | 2 | 16 | 100 |
| | | 1960 | 34 | 12 | 46 | 7 | 9 | 5 | 6 | 6 | 2 | 1 | 2 | 16 | 100 |
| 30 | Uhren-, Juwelen-, Gold- und Silberwareneinzelhandel | 1958 | 25 | 20 | 45 | 8 | 11 | 4 | 5 | 3 | 3 | 2 | | 19 | 100 |
| | | 1959 | 25 | 19 | 44 | 7 | 10 | 4 | 5 | 4 | 3 | 2 | 2 | 19 | 100 |
| | | 1960 | 26 | 19 | 43 | 7 | 11 | 4 | 5 | 4 | 3 | 2 | 2 | 19 | 100 |
| 31 | Leder- und Galanteriewareneinzelhandel | 1958 | 23 | 18 | 41 | 11 | 14 | 3 | 5 | 4 | 2 | 2 | | 18 | 100 |
| | | 1959 | 24 | 17 | 41 | 12 | 14 | 4 | 4 | 4 | 2 | 2 | 2 | 15 | 100 |
| | | 1960 | 24 | 16 | 40 | 12 | 14 | 4 | 4 | 4 | 3 | 2 | 2 | 15 | 100 |
| 32 | Sportartikeleinzelhandel | 1958 | 24 | 18 | 42 | 8 | 14 | 3 | 6 | 3 | 2 | 3 | | 19 | 100 |
| | | 1959 | 23 | 18 | 41 | 8 | 14 | 4 | 6 | 3 | 3 | 2 | 2 | 16 | 100 |
| | | 1960 | 25 | 16 | 41 | 8 | 15 | 4 | 6 | 3 | 2 | 3 | 3 | 15 | 100 |
| 33 | Sortimentsbuchhandel | 1958 | 32 | 15 | 47 | 8 | 11 | 3 | 5 | 3 | 2 | 1 | | 20 | 100 |
| | | 1959 | 34 | 14 | 48 | 8 | 11 | 3 | 4 | 3 | 2 | 1 | 2 | 18 | 100 |
| | | 1960 | 33 | 14 | 47 | 9 | 11 | 3 | 5 | 4 | 1 | 1 | 1 | 18 | 100 |
| 34 | Blumenbindereien | 1958 | 27 | 23 | 50 | 11 | 9 | 2 | 2 | 5 | 1 | 1 | | 19 | 100 |
| | | 1959 | 27 | 20 | 47 | 12 | 9 | 3 | 2 | 4 | 1 | 1 | 5 | 16 | 100 |
| | | 1960 | 29 | 18 | 47 | 10 | 9 | 2 | 2 | 4 | 1 | 1 | 6 | 18 | 100 |
| 35 | Gemischtwarengeschäfte | 1958 | 16 | 26 | 42 | 7 | 17 | 3 | 2 | 6 | 3 | 2 | | 18 | 100 |
| | | 1959 | 17 | 26 | 43 | 7 | 18 | 4 | 2 | 5 | 3 | 2 | 3 | 13 | 100 |
| | | 1960 | 15 | 28 | 43 | 6 | 18 | 3 | 2 | 6 | 3 | 3 | 3 | 13 | 100 |
| | Einzelhandel insgesamt | 1958 | 26 | 19 | 45 | 8 | 15 | 3 | 4 | 4 | 2 | 2 | | 17 | 100 |
| | | 1959 | 27 | 18 | 45 | 8 | 15 | 3 | 4 | 4 | 3 | 2 | 2 | 14 | 100 |
| | | 1960 | 27 | 18 | 45 | 8 | 15 | 3 | 4 | 5 | 2 | 2 | 2 | 14 | 100 |

1) Entgelt für die nicht entlöhnte Tätigkeit des Inhabers und seiner Familie
2) Die Kosten des Fuhr- und Wagenparks sind im Jahre 1958 in der Position "Sonstige Kosten" miterfaßt

Tabelle 38

Die Handlungskosten in Prozenten des Absatzes
im Durchschnitt der Branchen und Personengrößenklassen im Jahre 1960

| Lf. Nr. | Branche | Größenklasse nach Zahl der beschäftigten Personen | 1 Personalkosten ohne Unternehmerlohn | 2 Unternehmerlohn 1) | 3 Personalkosten einschl. Unternehmerlohn (Summe 1 + 2) | 4 Miete oder Mietwert | 5 Umsatzsteuer | 6 Gewerbesteuer | 7 Reklamekosten | 8 Abschreibungen | 9 Zinsen für Eigenkapital | 10 Zinsen für Fremdkapital | 11 Kosten des Fuhr- und Wagenparks | 12 Sonstige Kosten | 13 Gesamtkosten (Summe 3-12) |
|---|---|---|---|---|---|---|---|---|---|---|---|---|---|---|---|
| 1 | Lebensmitteleinzelhandel | 1 | 2,5 | 7,3 | 9,8 | 1,3 | 3,2 | 0,3 | 0,3 | 0,9 | 0,4 | 0,1 | - | 3,0 | 19,3 |
| | | 2-3 | 1,9 | 6,5 | 8,4 | 1,3 | 3,6 | 0,4 | 0,3 | 1,1 | 0,3 | 0,3 | 0,4 | 2,5 | 18,6 |
| | | 4-5 | 3,3 | 5,0 | 8,3 | 1,2 | 3,6 | 0,4 | 0,3 | 1,0 | 0,3 | 0,3 | 0,5 | 2,7 | 18,6 |
| | | 6-10 | 4,3 | 3,6 | 7,9 | 1,2 | 3,6 | 0,5 | 0,3 | 1,3 | 0,3 | 0,4 | 0,4 | 2,6 | 18,6 |
| | | 11-20 | 6,3 | 2,2 | 8,5 | 1,3 | 3,5 | 0,5 | 0,3 | 1,3 | 0,3 | 0,4 | 0,5 | 2,6 | 19,2 |
| | | 21-50 | 7,2 | 1,7 | 8,9 | 1,1 | 3,6 | 0,4 | 0,5 | 1,3 | 0,4 | 0,6 | 0,4 | 3,6 | 20,8 |
| | | insgesamt | 3,4 | 4,9 | 8,3 | 1,2 | 3,6 | 0,4 | 0,3 | 1,1 | 0,3 | 0,4 | 0,4 | 2,7 | 18,7 |
| 2 | Drogerien | 2-3 | 3,8 | 8,7 | 12,5 | 2,7 | 3,8 | 1,1 | 0,9 | 1,3 | 0,7 | 0,4 | 0,3 | 4,6 | 28,3 |
| | | 4-5 | 5,9 | 7,0 | 12,9 | 2,3 | 3,9 | 1,3 | 1,0 | 1,3 | 0,8 | 0,5 | 0,5 | 4,0 | 28,5 |
| | | 6-10 | 8,5 | 5,1 | 13,6 | 2,3 | 3,9 | 1,2 | 1,1 | 1,2 | 0,7 | 0,5 | 0,6 | 4,1 | 29,2 |
| | | 11-20 | 11,2 | 3,0 | 14,2 | 2,3 | 3,6 | 1,2 | 1,3 | 1,6 | 0,5 | 0,8 | 0,5 | 4,0 | 30,0 |
| | | 21-50 | 11,6 | 2,3 | 13,9 | 1,3 | 3,5 | 1,6 | 1,7 | 1,4 | 0,8 | 0,4 | 0,5 | 3,9 | 29,0 |
| | | insgesamt | 6,6 | 6,5 | 13,1 | 2,4 | 3,8 | 1,2 | 1,0 | 1,3 | 0,7 | 0,5 | 0,5 | 4,2 | 28,7 |
| 3 | Reformhäuser | 2-3 | 4,1 | 7,7 | 11,8 | 2,5 | 3,3 | 1,0 | 1,6 | 1,1 | 0,4 | 0,2 | - | 3,4 | 25,3 |
| | | 4-5 | 4,9 | 5,8 | 10,7 | 2,2 | 3,5 | 1,0 | 1,1 | 0,9 | 0,5 | 0,2 | 0,5 | 3,5 | 24,1 |
| | | 6-10 | 7,3 | 4,4 | 11,7 | 2,0 | 3,4 | 0,9 | 1,0 | 1,6 | 0,3 | 0,4 | 0,6 | 3,2 | 25,1 |
| | | insgesamt | 5,4 | 6,0 | 11,4 | 2,3 | 3,4 | 0,9 | 1,3 | 1,2 | 0,4 | 0,3 | 0,4 | 3,4 | 25,0 |
| 4 | Tabakwareneinzelhandel | 1 | 1,7 | 3,8 | 5,5 | 1,9 | 3,3 | 0,6 | 0,2 | 0,2 | 0,5 | 0,1 | - | 2,1 | 14,4 |
| | | 2-3 | 1,0 | 4,9 | 5,9 | 1,4 | 3,2 | 0,7 | 0,2 | 0,5 | 0,5 | 0,1 | 0,1 | 2,0 | 14,6 |
| | | 4-5 | 3,5 | 3,6 | 7,1 | 1,1 | 2,8 | 0,5 | 0,3 | 1,3 | 0,3 | 0,2 | 0,4 | 2,2 | 16,2 |
| | | 6-10 | 5,8 | 2,1 | 7,9 | 1,4 | 3,3 | 0,5 | 0,2 | 1,0 | 0,5 | 0,1 | 0,4 | 2,6 | 17,9 |
| | | insgesamt | 2,2 | 4,1 | 6,3 | 1,4 | 3,2 | 0,6 | 0,2 | 0,7 | 0,4 | 0,1 | 0,2 | 2,2 | 15,3 |
| 5 | Textileinzelhandel | 2-3 | 3,3 | 8,0 | 11,3 | 2,6 | 3,8 | 0,8 | 1,2 | 1,1 | 0,7 | 1,0 | 0,7 | 3,8 | 27,0 |
| | | 4-5 | 5,6 | 6,0 | 11,6 | 2,6 | 3,8 | 1,1 | 1,3 | 1,2 | 0,7 | 0,7 | 0,6 | 3,8 | 27,4 |
| | | 6-10 | 7,7 | 4,4 | 12,1 | 2,3 | 3,8 | 1,2 | 1,4 | 1,1 | 0,7 | 0,8 | 0,6 | 3,9 | 27,9 |
| | | 11-20 | 9,3 | 2,9 | 12,2 | 2,2 | 3,8 | 1,1 | 1,6 | 1,0 | 0,7 | 0,8 | 0,4 | 3,8 | 27,6 |
| | | 21-50 | 11,4 | 2,0 | 13,4 | 2,2 | 3,8 | 1,0 | 1,7 | 1,0 | 0,6 | 0,7 | 0,5 | 3,6 | 28,5 |
| | | 51 und mehr | 12,2 | 0,8 | 13,0 | 2,0 | 3,8 | 0,9 | 2,0 | 0,9 | 0,5 | 0,6 | 0,3 | 3,6 | 27,6 |
| | | insgesamt | 8,7 | 3,7 | 12,4 | 2,3 | 3,8 | 1,0 | 1,5 | 1,0 | 0,7 | 0,8 | 0,5 | 3,7 | 27,7 |
| 6 | davon mit vorwiegend Herren- und Knabenoberbekleidung | 2-3 | 3,1 | 7,7 | 10,8 | 2,6 | 3,8 | 1,1 | 1,7 | 0,7 | 1,3 | 1,0 | 0,5 | 4,0 | 27,5 |
| | | 4-5 | 6,0 | 5,0 | 11,0 | 3,1 | 3,9 | 0,9 | 1,9 | 0,8 | 0,8 | 0,9 | 0,5 | 3,9 | 27,7 |
| | | 6-10 | 7,4 | 3,2 | 10,6 | 2,4 | 3,9 | 1,2 | 1,8 | 0,8 | 0,8 | 0,9 | 0,5 | 4,0 | 26,9 |
| | | 11-20 | 9,1 | 2,2 | 11,3 | 2,5 | 3,9 | 1,2 | 2,3 | 0,9 | 0,6 | 0,7 | 0,4 | 3,9 | 27,7 |
| | | 21-50 | 9,8 | 1,5 | 11,3 | 2,2 | 4,0 | 1,1 | 2,4 | 1,1 | 0,6 | 0,6 | 0,3 | 3,3 | 26,9 |
| | | 51 und mehr | 10,4 | 0,5 | 10,9 | 2,7 | 3,9 | 1,5 | 3,0 | 0,7 | 0,4 | 0,7 | 0,2 | 3,9 | 27,9 |
| | | insgesamt | 8,0 | 3,0 | 11,0 | 2,5 | 3,9 | 1,2 | 2,1 | 0,9 | 0,7 | 0,8 | 0,4 | 3,8 | 27,3 |
| 7 | Damen-, Mädchen- und Kinderoberbekleidung | 2-3 | 3,3 | 8,0 | 11,3 | 2,2 | 3,7 | 0,9 | 0,9 | 0,8 | 0,7 | 0,6 | 0,7 | 3,5 | 25,3 |
| | | 4-5 | 5,6 | 5,6 | 11,2 | 2,3 | 3,6 | 1,1 | 1,7 | 0,8 | 0,7 | 0,5 | 0,6 | 3,5 | 26,0 |
| | | 6-10 | 7,4 | 5,0 | 12,4 | 2,8 | 3,5 | 1,0 | 1,4 | 1,1 | 0,6 | 0,6 | 0,7 | 3,9 | 28,0 |
| | | 11-20 | 10,9 | 3,3 | 14,2 | 2,7 | 3,4 | 1,0 | 1,5 | 0,9 | 0,4 | 0,9 | 0,5 | 4,3 | 29,8 |
| | | 21-50 | 12,3 | 2,2 | 14,5 | 3,1 | 3,3 | 1,0 | 1,3 | 1,1 | 0,5 | 0,8 | 0,5 | 4,1 | 30,2 |
| | | 51 und mehr | 12,5 | 0,9 | 13,4 | 1,8 | 3,3 | 1,4 | 2,5 | 0,7 | 0,5 | 0,4 | 0,1 | 3,2 | 27,3 |
| | | insgesamt | 9,8 | 3,7 | 13,5 | 2,7 | 3,4 | 1,0 | 1,5 | 1,0 | 0,5 | 0,7 | 0,5 | 3,9 | 28,7 |
| 8 | Herren-, Damen- und Kinderoberbekleidung | 4-5 | 5,7 | 6,1 | 11,8 | 2,4 | 3,7 | 1,2 | 1,5 | 1,6 | 0,8 | 1,1 | 0,8 | 4,4 | 29,3 |
| | | 6-10 | 9,2 | 3,9 | 13,1 | 2,5 | 3,8 | 0,7 | 1,8 | 1,1 | 0,6 | 1,1 | 0,8 | 5,2 | 30,7 |
| | | 11-20 | 8,4 | 2,4 | 10,8 | 1,6 | 3,8 | 1,2 | 1,7 | 1,1 | 0,8 | 0,8 | 0,4 | 3,3 | 25,5 |
| | | 21-50 | 10,8 | 1,9 | 12,7 | 2,2 | 3,8 | 1,2 | 2,2 | 0,9 | 0,7 | 0,6 | 0,4 | 3,7 | 28,4 |
| | | 51 und mehr | 11,5 | 0,8 | 12,3 | 2,3 | 3,7 | 1,1 | 2,7 | 1,0 | 0,6 | 0,4 | 0,3 | 5,2 | 27,6 |
| | | insgesamt | 9,6 | 2,5 | 12,1 | 2,2 | 3,7 | 1,1 | 2,1 | 1,1 | 0,7 | 0,7 | 0,5 | 3,8 | 28,0 |

1) Entgelt für die nicht entlöhnte Tätigkeit des Inhabers und seiner Familie

Tabelle 38 (Fortsetzung)

Die Handlungskosten in Prozenten des Absatzes
im Durchschnitt der Branchen und Personengrößenklassen im Jahre 1960

| Lf. Nr. | Branche | Größenklasse nach Zahl der beschäftigten Personen | 1 Personalkosten ohne Unternehmerlohn | 2 Unternehmerlohn 1) | 3 Personalkosten einschl. Unternehmerlohn (Summe 1 + 2) | 4 Miete oder Mietwert | 5 Umsatzsteuer | 6 Gewerbesteuer | 7 Reklamekosten | 8 Abschreibungen | 9 Zinsen für Eigenkapital | 10 Zinsen für Fremdkapital | 11 Kosten des Fuhr- und Wagenparks | 12 Sonstige Kosten | 13 Gesamtkosten (Summe 3-12) |
|---|---|---|---|---|---|---|---|---|---|---|---|---|---|---|---|
| 9 | Textileinzelhandel davon mit vorwiegend Wäsche, Wirk- und Strickwaren | 2-3 | 2,8 | 8,3 | 11,1 | 2,6 | 3,8 | 0,9 | 1,4 | 1,0 | 0,6 | 1,0 | 0,5 | 4,1 | 27,0 |
|   |   | 4-5 | 6,1 | 5,9 | 12,0 | 2,5 | 3,9 | 1,0 | 1,2 | 1,3 | 0,7 | 0,6 | 0,4 | 3,4 | 27,0 |
|   |   | 6-10 | 7,8 | 4,4 | 12,2 | 2,4 | 3,9 | 1,3 | 1,2 | 1,0 | 0,8 | 0,7 | 0,4 | 3,5 | 27,4 |
|   |   | 11-20 | 9,0 | 2,9 | 11,9 | 2,1 | 3,9 | 1,2 | 1,2 | 1,0 | 0,7 | 0,7 | 0,4 | 3,6 | 26,6 |
|   |   | 21-50 | 9,6 | 2,0 | 11,6 | 2,0 | 3,9 | 1,2 | 1,3 | 0,8 | 0,5 | 0,5 | 0,2 | 3,0 | 25,0 |
|   |   | 51 und mehr | 13,4 | 1,0 | 14,4 | 2,2 | 3,9 | 0,7 | 1,1 | 1,1 | 0,4 | 0,5 | 0,4 | 4,0 | 28,7 |
|   |   | insgesamt | 7,2 | 4,8 | 12,0 | 2,4 | 3,9 | 1,1 | 1,2 | 1,0 | 0,7 | 0,7 | 0,4 | 3,6 | 27,0 |
| 10 | Haus- und Bettwäsche, Bettwaren | 4-5 | 4,1 | 7,4 | 11,5 | 2,9 | 4,0 | 1,1 | 1,5 | 2,3 | 0,4 | 1,0 | 1,4 | 5,3 | 31,4 |
|   |   | 6-10 | 8,8 | 4,3 | 13,1 | 2,4 | 3,9 | 1,4 | 1,9 | 1,7 | 0,6 | 0,8 | 1,2 | 4,0 | 31,0 |
|   |   | 11-20 | 9,5 | 2,8 | 12,3 | 2,3 | 4,0 | 1,2 | 2,1 | 1,3 | 0,7 | 0,7 | 0,7 | 3,6 | 28,9 |
|   |   | 21-50 | 10,7 | 2,1 | 12,8 | 1,8 | 3,9 | 1,2 | 2,4 | 1,3 | 0,6 | 0,2 | 0,7 | 3,5 | 28,4 |
|   |   | insgesamt | 8,5 | 3,9 | 12,4 | 2,4 | 3,9 | 1,2 | 2,0 | 1,7 | 0,6 | 0,7 | 1,0 | 4,1 | 30,0 |
| 11 | gemischtem Sortiment | 2-3 | 3,5 | 8,4 | 11,9 | 2,3 | 3,8 | 0,7 | 0,7 | 1,2 | 0,7 | 1,0 | 0,9 | 3,3 | 26,5 |
|   |   | 4-5 | 4,9 | 6,3 | 11,2 | 2,1 | 3,9 | 1,1 | 1,1 | 1,3 | 0,7 | 0,7 | 0,6 | 3,6 | 26,3 |
|   |   | 6-10 | 7,0 | 4,7 | 11,7 | 2,1 | 3,8 | 1,1 | 1,2 | 1,0 | 0,7 | 1,1 | 0,5 | 3,9 | 27,1 |
|   |   | 11-20 | 9,1 | 3,3 | 12,4 | 1,9 | 3,8 | 1,1 | 1,5 | 0,9 | 0,8 | 1,0 | 0,4 | 3,6 | 27,4 |
|   |   | 21-50 | 11,4 | 2,0 | 13,4 | 1,8 | 3,8 | 1,1 | 1,5 | 1,0 | 0,7 | 0,8 | 0,4 | 3,4 | 27,9 |
|   |   | 51 und mehr | 12,5 | 0,7 | 13,2 | 1,7 | 3,8 | 0,9 | 1,7 | 0,8 | 0,5 | 0,6 | 0,3 | 3,4 | 26,9 |
|   |   | insgesamt | 8,9 | 3,5 | 12,4 | 2,0 | 3,8 | 1,0 | 1,3 | 1,0 | 0,7 | 0,9 | 0,5 | 3,6 | 27,2 |
| 12 | Schuheinzelhandel | 2-3 | 3,1 | 8,1 | 11,2 | 2,2 | 3,8 | 0,9 | 0,7 | 0,9 | 0,8 | 0,8 | 0,5 | 3,0 | 24,8 |
|   |   | 4-5 | 4,9 | 5,8 | 10,7 | 2,1 | 3,9 | 0,9 | 1,0 | 1,0 | 0,6 | 0,7 | 0,5 | 3,1 | 24,5 |
|   |   | 6-10 | 6,8 | 4,3 | 11,1 | 1,8 | 3,9 | 1,1 | 1,1 | 1,0 | 0,7 | 0,6 | 0,4 | 2,9 | 24,6 |
|   |   | 11-20 | 7,6 | 2,8 | 10,4 | 1,8 | 3,9 | 1,1 | 1,1 | 1,0 | 0,5 | 0,6 | 0,3 | 3,1 | 23,8 |
|   |   | 21-50 | 9,1 | 1,7 | 10,8 | 2,1 | 3,9 | 1,4 | 1,5 | 1,1 | 0,6 | 0,6 | 0,3 | 3,1 | 25,4 |
|   |   | 51 und mehr | 11,1 | 1,0 | 12,1 | 2,5 | 4,0 | 1,0 | 1,4 | 1,0 | 0,5 | 0,6 | 0,2 | 2,7 | 26,0 |
|   |   | insgesamt | 6,0 | 4,9 | 10,9 | 2,0 | 3,9 | 1,0 | 1,0 | 1,0 | 0,7 | 0,7 | 0,4 | 3,0 | 24,6 |
| 13 | Möbeleinzelhandel | 2-3 | 2,9 | 5,9 | 8,8 | 3,4 | 4,0 | 0,8 | 0,7 | 1,6 | 1,0 | 0,5 | 1,2 | 4,2 | 26,2 |
|   |   | 4-5 | 6,1 | 4,8 | 10,9 | 2,5 | 4,0 | 1,2 | 1,2 | 1,5 | 1,0 | 0,9 | 1,4 | 3,9 | 28,5 |
|   |   | 6-10 | 7,6 | 3,0 | 10,6 | 3,1 | 3,9 | 1,1 | 1,6 | 1,2 | 0,8 | 0,8 | 1,6 | 4,1 | 28,8 |
|   |   | 11-20 | 8,7 | 2,0 | 10,7 | 2,7 | 3,9 | 1,3 | 2,1 | 1,2 | 0,9 | 0,6 | 1,2 | 3,5 | 28,1 |
|   |   | 21-50 | 10,3 | 1,2 | 11,5 | 2,6 | 3,9 | 1,3 | 2,3 | 1,3 | 0,6 | 0,7 | 1,2 | 3,8 | 29,2 |
|   |   | 51 und mehr | 12,2 | 0,3 | 12,5 | 2,4 | 3,8 | 0,8 | 3,2 | 1,0 | 0,4 | 0,6 | 1,0 | 4,1 | 29,8 |
|   |   | insgesamt | 8,5 | 2,4 | 10,9 | 2,7 | 3,9 | 1,2 | 1,9 | 1,3 | 0,8 | 0,7 | 1,3 | 3,9 | 28,6 |
| 14 | Glas-, Porzellan- und Keramikeinzelhandel | 2-3 | 5,3 | 7,5 | 12,8 | 3,3 | 3,8 | 1,1 | 0,7 | 1,0 | 1,0 | 0,6 | 0,9 | 4,3 | 29,5 |
|   |   | 4-5 | 6,8 | 7,1 | 13,9 | 3,6 | 4,0 | 1,3 | 0,8 | 1,1 | 1,0 | 0,5 | 0,7 | 4,0 | 30,9 |
|   |   | 6-10 | 9,0 | 5,0 | 14,0 | 2,7 | 3,9 | 1,3 | 1,1 | 0,9 | 0,9 | 1,0 | 0,5 | 5,2 | 31,5 |
|   |   | 11-20 | 11,0 | 3,1 | 14,1 | 3,7 | 4,1 | 1,3 | 1,1 | 1,1 | 0,9 | 0,9 | 0,7 | 5,1 | 32,1 |
|   |   | 21-50 | 12,8 | 2,0 | 14,8 | 2,5 | 3,8 | 1,4 | 1,4 | 1,1 | 0,6 | 0,5 | 0,7 | 4,2 | 31,0 |
|   |   | insgesamt | 9,7 | 4,4 | 14,1 | 2,9 | 3,8 | 1,3 | 1,1 | 1,1 | 0,8 | 0,8 | 0,7 | 4,7 | 31,3 |
| 15 | Eisenwaren- und Hausrathandel | 2-3 | 4,1 | 7,7 | 11,8 | 2,3 | 3,1 | 0,6 | 0,4 | 1,0 | 0,7 | 0,7 | 1,2 | 4,2 | 26,0 |
|   |   | 4-5 | 6,0 | 5,3 | 11,3 | 2,6 | 3,2 | 0,9 | 0,7 | 1,0 | 0,6 | 0,9 | 0,9 | 3,8 | 25,9 |
|   |   | 6-10 | 7,7 | 4,1 | 11,8 | 1,9 | 2,9 | 1,1 | 0,7 | 1,2 | 0,8 | 0,7 | 1,0 | 3,4 | 25,5 |
|   |   | 11-20 | 9,5 | 2,4 | 11,9 | 1,6 | 2,5 | 1,0 | 0,9 | 1,1 | 0,6 | 0,7 | 1,0 | 3,2 | 24,5 |
|   |   | 21-50 | 9,6 | 1,6 | 11,2 | 1,4 | 2,1 | 0,9 | 0,7 | 1,0 | 0,7 | 0,6 | 1,0 | 2,9 | 22,5 |
|   |   | 51 und mehr | 10,0 | 0,8 | 10,8 | 1,5 | 2,2 | 0,9 | 1,0 | 1,0 | 0,5 | 0,6 | 0,8 | 2,6 | 21,9 |
|   |   | insgesamt | 8,5 | 3,1 | 11,6 | 1,7 | 2,6 | 0,9 | 0,8 | 1,1 | 0,7 | 0,7 | 1,0 | 3,2 | 24,3 |

1) Entgelt für die nicht entlöhnte Tätigkeit des Inhabers und seiner Familie

Tabelle 38 (Fortsetzung)

Die Handlungskosten in Prozenten des Absatzes
im Durchschnitt der Branchen und Personengrößenklassen im Jahre 1960

| Lf. Nr. | Branche | Größenklasse nach Zahl der beschäftigten Personen | 1 Personalkosten ohne Unternehmerlohn | 2 Unternehmerlohn 1) | 3 Personalkosten einschl. Unternehmerlohn (Summe 1 + 2) | 4 Miete oder Mietwert | 5 Umsatzsteuer | 6 Gewerbesteuer | 7 Reklamekosten | 8 Abschreibungen | 9 Zinsen für Eigenkapital | 10 Zinsen für Fremdkapital | 11 Kosten des Fuhr- und Wagenparks | 12 Sonstige Kosten | 13 Gesamtkosten (Summe 3-12) |
|---|---|---|---|---|---|---|---|---|---|---|---|---|---|---|---|
| 16 | Eisenwaren- und Hausrathandel davon mit vorwiegend Haus- und Küchengeräten | 2-3 | 4,1 | 9,2 | 13,3 | 2,8 | 3,8 | 0,7 | 0,4 | 0,8 | 0,9 | 0,6 | 0,8 | 4,5 | 28,6 |
|  |  | 4-5 | 8,0 | 6,5 | 14,5 | 4,0 | 3,7 | 0,9 | 0,6 | 0,8 | 0,6 | 0,6 | 0,6 | 4,5 | 30,8 |
|  |  | 6-10 | 8,7 | 4,1 | 12,8 | 2,3 | 3,8 | 1,1 | 1,1 | 1,1 | 0,8 | 0,7 | 1,0 | 3,5 | 28,2 |
|  |  | 11-20 | 11,6 | 3,7 | 15,3 | 2,7 | 3,8 | 1,1 | 1,2 | 0,9 | 0,6 | 0,7 | 0,6 | 3,5 | 30,5 |
|  |  | 21-50 | 12,6 | 1,6 | 14,2 | 3,1 | 3,7 | 1,3 | 1,6 | 0,9 | 1,0 | 0,3 | 0,8 | 4,0 | 30,9 |
|  |  | insgesamt | 9,5 | 4,5 | 14,0 | 3,0 | 3,7 | 1,1 | 1,0 | 0,9 | 0,8 | 0,6 | 0,8 | 4,0 | 29,9 |
| 17 | Kleineisenwaren, Werkzeugen | 6-10 | 8,1 | 3,7 | 11,8 | 1,6 | 1,8 | 1,1 | 0,6 | 1,4 | 0,8 | 0,6 | 1,0 | 3,6 | 24,3 |
|  |  | 11-20 | 10,2 | 2,1 | 12,3 | 1,1 | 1,6 | 1,0 | 0,7 | 1,1 | 0,8 | 0,6 | 1,0 | 2,5 | 22,7 |
|  |  | 21-50 | 10,2 | 1,6 | 11,8 | 1,3 | 1,7 | 1,1 | 0,5 | 0,9 | 0,6 | 0,5 | 0,8 | 3,3 | 22,5 |
|  |  | insgesamt | 8,8 | 2,7 | 11,5 | 1,3 | 1,8 | 1,0 | 0,6 | 1,1 | 0,7 | 0,5 | 1,0 | 3,2 | 22,7 |
| 18 | gemischtem Sortiment | 2-3 | 4,8 | 6,8 | 11,6 | 1,9 | 2,6 | 0,4 | 0,4 | 1,2 | 0,5 | 1,3 | 1,1 | 3,2 | 24,2 |
|  |  | 4-5 | 5,1 | 4,8 | 9,9 | 1,9 | 2,9 | 1,0 | 0,6 | 1,2 | 0,6 | 1,1 | 1,0 | 3,6 | 23,8 |
|  |  | 6-10 | 7,3 | 4,2 | 11,5 | 1,9 | 2,9 | 1,0 | 0,6 | 1,1 | 0,8 | 0,8 | 0,9 | 3,4 | 24,9 |
|  |  | 11-20 | 8,9 | 2,4 | 11,3 | 1,5 | 2,4 | 0,9 | 0,8 | 1,1 | 0,6 | 0,8 | 1,0 | 3,2 | 23,6 |
|  |  | 21-50 | 8,9 | 1,6 | 10,5 | 1,1 | 1,9 | 0,8 | 0,9 | 1,1 | 0,6 | 0,7 | 1,0 | 2,5 | 20,9 |
|  |  | 51 und mehr | 9,2 | 0,7 | 9,9 | 0,9 | 2,0 | 0,8 | 0,9 | 1,0 | 0,5 | 0,7 | 0,8 | 2,3 | 19,8 |
|  |  | insgesamt | 8,1 | 2,8 | 10,9 | 1,5 | 2,4 | 0,8 | 0,7 | 1,1 | 0,6 | 0,8 | 1,0 | 3,0 | 22,8 |
| 19 | Tapeten- und Linoleumhandel | 4-5 | 9,2 | 7,1 | 16,3 | 3,5 | 2,9 | 1,1 | 0,9 | 1,2 | 0,7 | 1,0 | 1,3 | 5,7 | 34,6 |
|  |  | 6-10 | 10,1 | 4,9 | 15,0 | 2,2 | 3,1 | 1,3 | 0,9 | 1,5 | 0,8 | 0,5 | 1,3 | 4,7 | 31,3 |
|  |  | 11-20 | 12,6 | 2,6 | 15,2 | 2,0 | 3,0 | 1,2 | 0,8 | 1,4 | 0,7 | 0,6 | 1,2 | 4,6 | 30,7 |
|  |  | 21-50 | 13,6 | 2,1 | 15,7 | 1,7 | 2,8 | 1,1 | 0,9 | 1,1 | 0,5 | 0,6 | 1,3 | 4,1 | 29,8 |
|  |  | 51 und mehr | 14,0 | 0,7 | 14,7 | 1,5 | 2,4 | 0,9 | 1,2 | 1,7 | 0,4 | 0,9 | 1,2 | 4,7 | 29,6 |
|  |  | insgesamt | 11,7 | 3,6 | 15,3 | 2,1 | 2,9 | 1,2 | 0,9 | 1,3 | 0,6 | 0,7 | 1,3 | 4,6 | 30,9 |
| 20 | Papier-, Bürobedarf- und Schreibwareneinzelhandel | 2-3 | 5,0 | 8,5 | 13,5 | 2,9 | 3,1 | 1,1 | 0,5 | 0,6 | 0,6 | 0,7 | 0,4 | 4,4 | 27,8 |
|  |  | 4-5 | 8,6 | 6,8 | 15,4 | 1,9 | 2,9 | 0,7 | 0,6 | 0,9 | 0,4 | 0,4 | 0,7 | 3,9 | 27,8 |
|  |  | 6-10 | 9,4 | 5,2 | 14,6 | 2,5 | 2,3 | 1,0 | 1,0 | 1,0 | 0,7 | 0,4 | 1,1 | 4,2 | 28,8 |
|  |  | 11-20 | 11,4 | 2,8 | 14,2 | 2,3 | 2,1 | 1,0 | 1,0 | 1,0 | 0,7 | 0,3 | 0,9 | 3,9 | 27,4 |
|  |  | 21-50 | 12,5 | 1,9 | 14,4 | 1,7 | 1,8 | 0,9 | 1,0 | 1,0 | 0,5 | 0,4 | 1,0 | 3,9 | 26,6 |
|  |  | insgesamt | 9,6 | 4,9 | 14,5 | 2,2 | 2,4 | 1,0 | 0,8 | 0,9 | 0,6 | 0,4 | 0,8 | 4,1 | 27,7 |
| 21 | Büromaschinen-, -möbel- und Organisationsmittelhandel | 6-10 | 9,3 | 4,1 | 13,4 | 1,7 | 1,3 | 0,9 | 1,0 | 1,6 | 0,3 | 0,7 | 1,8 | 4,9 | 27,6 |
|  |  | 11-20 | 10,8 | 2,5 | 13,3 | 1,9 | 1,3 | 1,0 | 1,1 | 1,3 | 0,5 | 0,2 | 1,6 | 4,1 | 26,3 |
|  |  | 21-50 | 13,2 | 1,5 | 14,7 | 1,2 | 1,4 | 0,9 | 1,1 | 1,1 | 0,4 | 0,4 | 1,4 | 4,2 | 26,8 |
|  |  | 51 und mehr | 10,8 | 0,6 | 11,4 | 1,4 | 1,2 | 0,7 | 1,2 | 0,9 | 0,3 | 0,5 | 1,2 | 4,1 | 22,9 |
|  |  | insgesamt | 11,4 | 2,3 | 13,7 | 1,4 | 1,4 | 0,8 | 1,1 | 1,2 | 0,4 | 0,4 | 1,5 | 4,2 | 26,1 |
| 22 | Radio- und Fernseheinzelhandel | 2-3 | 3,8 | 9,0 | 12,8 | 2,2 | 3,5 | 1,3 | 0,5 | 2,0 | 1,0 | 0,4 | 1,8 | 4,0 | 29,5 |
|  |  | 4-5 | 6,2 | 6,1 | 12,3 | 1,9 | 3,7 | 1,2 | 1,3 | 1,8 | 0,4 | 0,5 | 1,5 | 3,9 | 28,5 |
|  |  | 6-10 | 8,6 | 4,7 | 13,3 | 2,1 | 3,9 | 1,4 | 1,2 | 1,5 | 0,6 | 0,9 | 1,7 | 4,4 | 31,0 |
|  |  | 11-20 | 10,3 | 2,8 | 13,1 | 1,9 | 3,9 | 1,2 | 1,6 | 1,9 | 0,7 | 0,6 | 1,3 | 4,3 | 30,5 |
|  |  | 21-50 | 11,3 | 2,0 | 13,3 | 2,3 | 3,7 | 1,6 | 1,9 | 1,8 | 0,6 | 0,9 | 1,2 | 4,4 | 31,7 |
|  |  | insgesamt | 9,3 | 4,0 | 13,3 | 2,0 | 3,8 | 1,4 | 1,4 | 1,8 | 0,7 | 0,7 | 1,5 | 4,3 | 30,9 |

1) Entgelt für die nicht entlöhnte Tätigkeit des Inhabers und seiner Familie

Tabelle 38 (Fortsetzung)

Die Handlungskosten in Prozenten des Absatzes
im Durchschnitt der Branchen und Personengrößenklassen im Jahre 1960

| Lf. Nr. | Branche | Größenklasse nach Zahl der beschäftigten Personen | 1 Personalkosten ohne Unternehmerlohn | 2 Unternehmerlohn 1) | 3 Personalkosten einschl. Unternehmerlohn (Summe 1+2) | 4 Miete oder Mietwert | 5 Umsatzsteuer | 6 Gewerbesteuer | 7 Reklamekosten | 8 Abschreibungen | 9 Zinsen für Eigenkapital | 10 Zinsen für Fremdkapital | 11 Kosten des Fuhr- und Wagenparks | 12 Sonstige Kosten | 13 Gesamtkosten (Summe 3-12) |
|---|---|---|---|---|---|---|---|---|---|---|---|---|---|---|---|
| 23 | Photoeinzelhandel | 6-10 | 10,7 | 6,6 | 17,3 | 2,9 | 3,6 | 1,7 | 2,2 | 2,3 | 0,7 | 0,6 | 0,9 | 5,9 | 38,1 |
|  |  | 11-20 | 13,8 | 3,5 | 17,3 | 2,5 | 3,3 | 1,7 | 2,0 | 1,6 | 0,7 | 0,5 | 0,6 | 5,0 | 35,2 |
|  |  | 21-50 | 13,5 | 2,3 | 15,8 | 2,2 | 3,2 | 1,5 | 2,9 | 1,8 | 0,7 | 0,3 | 0,6 | 5,2 | 34,2 |
|  |  | 51 und mehr | 15,3 | 1,1 | 16,4 | 1,9 | 3,0 | 1,4 | 2,8 | 2,0 | 0,6 | 0,5 | 0,6 | 4,6 | 33,8 |
|  |  | insgesamt | 12,3 | 4,2 | 16,5 | 2,5 | 3,3 | 1,7 | 2,3 | 2,0 | 0,7 | 0,4 | 0,7 | 5,5 | 35,6 |
| 24 | Uhren-, Juwelen-, Gold- und Silberwareneinzelhandel | 2-3 | 3,5 | 11,2 | 14,7 | 3,2 | 3,4 | 1,4 | 1,6 | 1,7 | 1,3 | 1,0 | 0,4 | 7,5 | 36,2 |
|  |  | 4-5 | 9,0 | 8,1 | 17,1 | 2,7 | 3,8 | 1,4 | 1,6 | 1,2 | 0,9 | 0,7 | 0,8 | 6,5 | 36,7 |
|  |  | 6-10 | 9,6 | 5,6 | 15,2 | 2,7 | 3,9 | 1,9 | 1,6 | 1,3 | 1,2 | 0,8 | 0,5 | 6,5 | 35,6 |
|  |  | 11-20 | 10,7 | 3,7 | 14,4 | 1,9 | 3,9 | 1,8 | 2,1 | 1,3 | 1,1 | 0,8 | 0,5 | 6,0 | 33,8 |
|  |  | insgesamt | 8,6 | 6,6 | 15,2 | 2,6 | 3,8 | 1,6 | 1,8 | 1,4 | 1,1 | 0,8 | 0,5 | 6,6 | 35,4 |
| 25 | Leder- und Galanteriewareneinzelhandel | 2-3 | 4,4 | 7,4 | 11,8 | 3,6 | 3,9 | 0,8 | 1,7 | 1,7 | 1,0 | 0,8 | 0,5 | 4,9 | 30,7 |
|  |  | 4-5 | 5,6 | 5,4 | 11,0 | 2,9 | 4,0 | 1,3 | 1,0 | 1,4 | 0,7 | 0,5 | 0,7 | 4,6 | 28,1 |
|  |  | 6-10 | 6,5 | 4,5 | 11,0 | 3,2 | 4,0 | 1,2 | 1,2 | 1,1 | 0,6 | 0,4 | 0,5 | 4,2 | 27,4 |
|  |  | 11-20 | 8,6 | 2,9 | 11,5 | 3,9 | 3,9 | 1,3 | 1,3 | 0,8 | 0,6 | 0,6 | 0,4 | 4,1 | 28,4 |
|  |  | 21-50 | 9,6 | 1,8 | 11,4 | 3,3 | 3,9 | 1,4 | 1,1 | 1,3 | 0,7 | 0,4 | 0,3 | 4,1 | 27,9 |
|  |  | insgesamt | 6,8 | 4,4 | 11,2 | 3,3 | 3,9 | 1,3 | 1,2 | 1,1 | 0,7 | 0,5 | 0,5 | 4,3 | 28,0 |
| 26 | Sportartikeleinzelhandel | 2-3 | 2,5 | 8,2 | 10,7 | 2,8 | 3,9 | 0,9 | 1,1 | 0,9 | 0,8 | 1,0 | 0,9 | 4,6 | 27,6 |
|  |  | 4-5 | 4,5 | 5,6 | 10,1 | 2,4 | 3,9 | 0,9 | 2,4 | 1,2 | 0,5 | 1,0 | 0,6 | 4,6 | 27,6 |
|  |  | 6-10 | 6,2 | 5,5 | 11,7 | 2,3 | 3,7 | 1,0 | 1,0 | 0,6 | 0,7 | 0,3 | 0,7 | 4,8 | 26,8 |
|  |  | 11-20 | 7,3 | 3,7 | 11,0 | 1,8 | 4,0 | 1,0 | 1,5 | 0,7 | 0,5 | 0,9 | 0,8 | 3,9 | 26,1 |
|  |  | 21-50 | 10,0 | 1,5 | 11,5 | 1,9 | 3,8 | 1,4 | 2,4 | 0,9 | 0,6 | 0,5 | 0,6 | 3,4 | 27,0 |
|  |  | insgesamt | 6,8 | 4,3 | 11,1 | 2,1 | 3,9 | 1,1 | 1,7 | 0,8 | 0,6 | 0,7 | 0,7 | 4,1 | 26,8 |
| 27 | Sortimentsbuchhandel | 2-3 | 3,8 | 6,9 | 10,7 | 3,3 | 3,3 | 0,9 | 1,6 | 1,1 | 0,4 | 0,3 | 0,5 | 4,5 | 26,6 |
|  |  | 4-5 | 6,5 | 5,2 | 11,7 | 2,6 | 3,1 | 0,9 | 1,0 | 0,9 | 0,4 | 0,4 | 0,5 | 4,6 | 26,1 |
|  |  | 6-10 | 9,1 | 4,0 | 13,1 | 2,2 | 3,0 | 0,9 | 1,2 | 1,0 | 0,5 | 0,2 | 0,3 | 4,8 | 27,2 |
|  |  | 11-20 | 11,3 | 2,1 | 13,4 | 1,9 | 2,9 | 0,8 | 1,3 | 0,8 | 0,3 | 0,4 | 0,4 | 4,7 | 26,9 |
|  |  | 21-50 | 11,9 | 1,6 | 13,5 | 1,7 | 2,7 | 1,0 | 1,5 | 1,0 | 0,3 | 0,2 | 0,4 | 5,4 | 27,7 |
|  |  | insgesamt | 9,0 | 3,7 | 12,7 | 2,3 | 3,0 | 0,9 | 1,2 | 1,0 | 0,4 | 0,3 | 0,4 | 4,8 | 27,0 |
| 28 | Blumenbindereien | 2-3 | 6,5 | 11,3 | 17,8 | 5,0 | 3,3 | 0,9 | 0,3 | 1,9 | 0,5 | 0,2 | 2,9 | 7,1 | 39,9 |
|  |  | 4-5 | 11,7 | 9,4 | 21,1 | 4,0 | 3,5 | 1,3 | 0,8 | 2,0 | 0,4 | 0,4 | 2,6 | 7,9 | 44,0 |
|  |  | 6-10 | 10,5 | 8,0 | 18,5 | 3,5 | 3,6 | 1,4 | 0,8 | 1,7 | 0,3 | 0,3 | 2,1 | 7,3 | 39,6 |
|  |  | 11-20 | 15,2 | 4,0 | 19,2 | 4,3 | 3,9 | 0,9 | 1,1 | 1,7 | 0,3 | 0,5 | 2,2 | 6,6 | 40,7 |
|  |  | insgesamt | 11,9 | 7,4 | 19,3 | 4,1 | 3,6 | 1,1 | 0,8 | 1,7 | 0,4 | 0,4 | 2,3 | 7,2 | 40,9 |
| 29 | Gemischtwarengeschäfte | 2-3 | 1,7 | 6,9 | 8,6 | 1,3 | 3,7 | 0,5 | 0,3 | 1,3 | 0,6 | 0,5 | 0,6 | 2,9 | 20,3 |
|  |  | 4-5 | 3,2 | 5,6 | 8,8 | 1,2 | 3,7 | 0,6 | 0,5 | 1,3 | 0,6 | 0,5 | 0,6 | 2,7 | 20,5 |
|  |  | 6-10 | 4,6 | 3,8 | 8,4 | 1,6 | 3,6 | 0,7 | 0,4 | 1,2 | 0,9 | 1,0 | 0,6 | 2,8 | 21,2 |
|  |  | insgesamt | 3,0 | 5,8 | 8,8 | 1,3 | 3,6 | 0,6 | 0,4 | 1,3 | 0,6 | 0,6 | 0,6 | 2,7 | 20,5 |

1) Entgelt für die nicht entlöhnte Tätigkeit des Inhabers und seiner Familie

Tabelle 39

Die Handlungskosten in Prozenten des Absatzes
im Durchschnitt der Branchen und Absatzgrößenklassen im Jahre 1960

| Lf. Nr. | Branche | Größenklasse nach Jahresabsatz in DM | 1 Personalkosten ohne Unternehmerlohn | 2 Unternehmerlohn 1) | 3 Personalkosten einschl. Unternehmerlohn (Summe 1 + 2) | 4 Miete oder Mietwert | 5 Umsatzsteuer | 6 Gewerbesteuer | 7 Reklamekosten | 8 Abschreibungen | 9 Zinsen für Eigenkapital | 10 Zinsen für Fremdkapital | 11 Kosten des Fuhr- und Wagenparks | 12 Sonstige Kosten | 13 Gesamtkosten (Summe 3-12) |
|---|---|---|---|---|---|---|---|---|---|---|---|---|---|---|---|
| 1 | Lebensmitteleinzelhandel | 50-100 000 | 1,9 | 8,0 | 9,9 | 1,4 | 3,5 | 0,3 | 0,3 | 1,1 | 0,3 | 0,2 | 0,5 | 2,8 | 20,3 |
| | | 100-200 000 | 2,4 | 6,2 | 8,6 | 1,3 | 3,6 | 0,4 | 0,3 | 1,0 | 0,3 | 0,4 | 0,3 | 2,6 | 18,8 |
| | | 200-500 000 | 3,4 | 4,5 | 7,9 | 1,1 | 3,6 | 0,5 | 0,3 | 1,1 | 0,3 | 0,3 | 0,5 | 2,7 | 18,3 |
| | | 500 000-1 Mill. | 5,3 | 2,6 | 7,9 | 1,3 | 3,6 | 0,5 | 0,3 | 1,3 | 0,3 | 0,4 | 0,4 | 2,6 | 18,6 |
| | | 1 - 5 Mill. | 6,6 | 1,9 | 8,5 | 1,1 | 3,6 | 0,4 | 0,5 | 1,4 | 0,3 | 0,6 | 0,4 | 2,9 | 19,7 |
| | | insgesamt | 3,4 | 4,9 | 8,3 | 1,2 | 3,6 | 0,4 | 0,3 | 1,1 | 0,3 | 0,4 | 0,4 | 2,7 | 18,7 |
| 2 | Drogerien | 50-100 000 | 3,3 | 9,3 | 12,6 | 2,7 | 3,7 | 0,8 | 0,8 | 1,5 | 0,7 | 0,4 | 0,4 | 4,8 | 28,4 |
| | | 100-200 000 | 5,7 | 7,2 | 12,9 | 2,4 | 3,9 | 1,3 | 1,0 | 1,2 | 0,8 | 0,3 | 0,5 | 4,2 | 28,5 |
| | | 200-500 000 | 8,3 | 5,2 | 13,5 | 2,4 | 3,9 | 1,3 | 1,1 | 1,3 | 0,6 | 0,6 | 0,6 | 3,9 | 29,2 |
| | | 500 000-1 Mill. | 10,5 | 2,7 | 13,2 | 1,8 | 3,6 | 1,3 | 1,3 | 1,3 | 0,7 | 0,6 | 0,4 | 3,8 | 28,0 |
| | | insgesamt | 6,6 | 6,5 | 13,1 | 2,4 | 3,8 | 1,2 | 1,0 | 1,3 | 0,7 | 0,5 | 0,5 | 4,2 | 28,7 |
| 3 | Reformhäuser | 50-100 000 | 3,9 | 7,6 | 11,5 | 2,8 | 3,2 | 0,7 | 2,0 | 1,6 | 0,2 | 0,3 | 0,3 | 3,9 | 26,5 |
| | | 100-200 000 | 4,1 | 6,8 | 10,9 | 2,3 | 3,5 | 1,1 | 1,0 | 0,8 | 0,4 | 0,1 | 0,2 | 4,0 | 24,3 |
| | | 200-500 000 | 6,4 | 4,7 | 11,1 | 2,2 | 3,5 | 0,9 | 1,2 | 1,4 | 0,3 | 0,3 | 0,7 | 3,0 | 24,6 |
| | | insgesamt | 5,4 | 6,0 | 11,4 | 2,3 | 3,4 | 0,9 | 1,3 | 1,2 | 0,4 | 0,3 | 0,4 | 3,4 | 25,0 |
| 4 | Tabakwareneinzelhandel | 50-100 000 | 0,1 | 6,1 | 6,2 | 1,7 | 3,3 | 0,5 | 0,2 | 0,3 | 0,5 | - | - | 2,0 | 14,7 |
| | | 100-200 000 | 1,3 | 4,7 | 6,0 | 1,4 | 3,4 | 0,6 | 0,2 | 0,5 | 0,5 | 0,1 | - | 1,9 | 14,6 |
| | | 200-500 000 | 3,1 | 3,4 | 6,5 | 1,3 | 3,1 | 0,7 | 0,2 | 0,9 | 0,4 | 0,2 | 0,4 | 2,3 | 16,0 |
| | | 500 000-1 Mill. | 4,3 | 2,1 | 6,4 | 1,1 | 2,8 | 0,6 | 0,3 | 1,1 | 0,4 | - | 0,6 | 2,5 | 15,8 |
| | | insgesamt | 2,2 | 4,1 | 6,3 | 1,4 | 3,2 | 0,6 | 0,2 | 0,7 | 0,4 | 0,1 | 0,2 | 2,2 | 15,3 |
| 5 | Textileinzelhandel | 50-100 000 | 4,0 | 8,7 | 12,7 | 3,0 | 3,6 | 0,7 | 1,2 | 1,3 | 0,8 | 0,8 | 0,9 | 3,9 | 28,9 |
| | | 100-200 000 | 5,4 | 6,8 | 12,2 | 2,7 | 3,8 | 0,9 | 1,2 | 1,2 | 0,7 | 0,9 | 0,6 | 4,0 | 28,2 |
| | | 200-500 000 | 7,6 | 4,5 | 12,1 | 2,3 | 3,8 | 1,1 | 1,3 | 1,1 | 0,7 | 0,9 | 0,6 | 3,9 | 27,8 |
| | | 500 000-1 Mill. | 9,5 | 2,7 | 12,2 | 2,2 | 3,8 | 1,2 | 1,6 | 1,0 | 0,7 | 0,8 | 0,5 | 3,7 | 27,7 |
| | | 1 - 5 Mill. | 11,1 | 1,6 | 12,7 | 2,1 | 3,8 | 1,1 | 1,8 | 0,9 | 0,6 | 0,6 | 0,4 | 3,5 | 27,5 |
| | | 5 Mill. u. mehr | 12,0 | 0,4 | 12,4 | 2,1 | 3,7 | 1,1 | 2,2 | 0,8 | 0,5 | 0,4 | 0,2 | 3,2 | 26,6 |
| | | insgesamt | 8,7 | 3,7 | 12,4 | 2,3 | 3,8 | 1,0 | 1,5 | 1,0 | 0,7 | 0,8 | 0,5 | 3,7 | 27,7 |
| 6 | davon mit vorwiegend Herren- und Knabenoberbekleidung | 100-200 000 | 5,3 | 6,8 | 12,1 | 3,2 | 3,9 | 1,0 | 1,6 | 0,9 | 0,9 | 0,7 | 0,4 | 4,1 | 28,8 |
| | | 200-500 000 | 7,1 | 4,3 | 11,4 | 2,5 | 3,9 | 1,0 | 1,8 | 0,7 | 0,9 | 0,9 | 0,5 | 4,0 | 27,6 |
| | | 500 000-1 Mill. | 8,2 | 2,5 | 10,7 | 2,7 | 3,9 | 1,3 | 2,1 | 1,0 | 0,7 | 0,7 | 0,4 | 3,8 | 27,3 |
| | | 1 - 5 Mill. | 9,1 | 1,5 | 10,6 | 2,2 | 4,0 | 1,2 | 2,4 | 1,0 | 0,6 | 0,7 | 0,3 | 3,6 | 26,6 |
| | | 5 Mill. u. mehr | 10,6 | 0,4 | 11,0 | 2,7 | 3,8 | 1,5 | 3,0 | 0,7 | 0,4 | 0,4 | 0,2 | 3,5 | 27,2 |
| | | insgesamt | 8,0 | 3,0 | 11,0 | 2,5 | 3,9 | 1,2 | 2,1 | 0,9 | 0,7 | 0,8 | 0,4 | 3,8 | 27,3 |
| 7 | Damen-, Mädchen- und Kinderoberbekleidung | 100-200 000 | 4,5 | 7,4 | 11,9 | 2,5 | 3,7 | 1,0 | 1,1 | 0,8 | 0,7 | 0,4 | 0,4 | 3,8 | 26,3 |
| | | 200-500 000 | 8,9 | 4,4 | 13,3 | 3,0 | 3,5 | 1,0 | 1,4 | 1,0 | 0,6 | 0,8 | 0,7 | 4,3 | 29,6 |
| | | 500 000-1 Mill. | 11,5 | 3,0 | 14,5 | 2,6 | 3,3 | 1,2 | 1,6 | 1,0 | 0,4 | 0,8 | 0,5 | 4,2 | 30,1 |
| | | 1 - 5 Mill. | 11,6 | 1,6 | 13,2 | 2,6 | 3,4 | 1,0 | 1,5 | 1,0 | 0,5 | 0,6 | 0,3 | 3,7 | 27,8 |
| | | insgesamt | 9,8 | 3,7 | 13,5 | 2,7 | 3,4 | 1,0 | 1,5 | 1,0 | 0,5 | 0,7 | 0,5 | 3,9 | 28,7 |

1) Entgelt für die nicht entlöhnte Tätigkeit des Inhabers und seiner Familie

Tabelle 39 (Fortsetzung)

Die Handlungskosten in Prozenten des Absatzes
im Durchschnitt der Branchen und Absatzgrößenklassen im Jahre 1960

| Lf. Nr. | Branche | Größenklasse nach Jahresabsatz in DM | 1 Personalkosten ohne Unternehmerlohn | 2 Unternehmerlohn 1) | 3 Personalkosten einschl. Unternehmerlohn (Summe 1 + 2) | 4 Miete oder Mietwert | 5 Umsatzsteuer | 6 Gewerbesteuer | 7 Reklamekosten | 8 Abschreibungen | 9 Zinsen für Eigenkapital | 10 Zinsen für Fremdkapital | 11 Kosten des Fuhr- und Wagenparks | 12 Sonstige Kosten | 13 Gesamtkosten (Summe 3-12) |
|---|---|---|---|---|---|---|---|---|---|---|---|---|---|---|---|
| 8 | Textileinzelhandel davon mit vorwiegend Herren-, Damen- u. Kinderoberbekleid. | 100-200 000 | 7,1 | 7,0 | 14,1 | 3,4 | 3,8 | 0,6 | 1,6 | 1,5 | 0,4 | 1,4 | 0,7 | 5,4 | 32,9 |
| | | 200-500 000 | 8,3 | 4,4 | 12,7 | 2,2 | 3,8 | 0,9 | 1,5 | 1,4 | 0,5 | 1,2 | 0,9 | 4,8 | 29,9 |
| | | 500 000-1 Mill. | 9,0 | 2,6 | 11,6 | 1,9 | 3,7 | 1,1 | 1,9 | 1,2 | 0,9 | 0,8 | 0,4 | 3,7 | 27,2 |
| | | 1 - 5 Mill. | 10,3 | 1,6 | 11,9 | 2,1 | 3,8 | 1,1 | 2,4 | 0,9 | 0,7 | 0,5 | 0,4 | 3,5 | 27,3 |
| | | 5 Mill. u. mehr | 11,6 | 0,5 | 12,1 | 2,3 | 3,7 | 1,0 | 2,4 | 1,0 | 0,6 | 0,3 | 0,2 | 2,8 | 26,4 |
| | | insgesamt | 9,6 | 2,5 | 12,1 | 2,2 | 3,7 | 1,1 | 2,1 | 1,1 | 0,7 | 0,7 | 0,5 | 3,8 | 28,0 |
| 9 | Wäsche, Wirk- und Strickwaren | 50-100 000 | 2,8 | 9,4 | 12,2 | 3,5 | 3,7 | 0,8 | 1,4 | 0,7 | 0,9 | 0,8 | 0,5 | 4,0 | 28,5 |
| | | 100-200 000 | 5,3 | 7,1 | 12,4 | 2,4 | 3,9 | 0,9 | 1,2 | 1,2 | 0,7 | 0,9 | 0,5 | 3,7 | 27,8 |
| | | 200-500 000 | 7,6 | 4,4 | 12,0 | 2,3 | 3,9 | 1,1 | 1,2 | 1,1 | 0,8 | 0,7 | 0,4 | 3,6 | 27,1 |
| | | 500 000-1 Mill. | 8,3 | 2,9 | 11,2 | 2,2 | 4,0 | 1,3 | 1,2 | 1,0 | 0,7 | 0,5 | 0,4 | 3,4 | 25,9 |
| | | 1 - 5 Mill. | 10,3 | 1,8 | 12,1 | 1,9 | 3,9 | 1,0 | 1,3 | 0,9 | 0,6 | 0,5 | 0,2 | 3,2 | 25,6 |
| | | insgesamt | 7,2 | 4,8 | 12,0 | 2,4 | 3,9 | 1,1 | 1,2 | 1,0 | 0,7 | 0,7 | 0,4 | 3,6 | 27,0 |
| 10 | Haus- und Bettwäsche, Bettwaren | 200-500 000 | 8,3 | 4,6 | 12,9 | 2,6 | 4,0 | 1,2 | 1,9 | 1,8 | 0,7 | 0,8 | 1,2 | 4,1 | 31,2 |
| | | 500 000-1 Mill. | 9,4 | 2,9 | 12,3 | 2,1 | 4,0 | 1,3 | 2,0 | 1,4 | 0,7 | 0,7 | 0,7 | 3,4 | 28,6 |
| | | 1 - 5 Mill. | 10,9 | 1,8 | 12,7 | 2,1 | 3,8 | 1,0 | 2,4 | 1,1 | 0,6 | 0,2 | 0,7 | 3,8 | 28,4 |
| | | insgesamt | 8,5 | 3,9 | 12,4 | 2,4 | 3,9 | 1,2 | 2,0 | 1,7 | 0,6 | 0,7 | 1,0 | 4,1 | 30,0 |
| 11 | gemischtem Sortiment | 50-100 000 | 3,1 | 8,8 | 11,9 | 2,7 | 3,7 | 0,7 | 0,5 | 1,5 | 0,8 | 0,6 | 1,1 | 3,0 | 26,5 |
| | | 100-200 000 | 5,2 | 6,7 | 11,9 | 2,2 | 3,9 | 0,8 | 1,1 | 1,2 | 0,7 | 1,0 | 0,6 | 3,9 | 27,3 |
| | | 200-500 000 | 7,3 | 4,6 | 11,9 | 2,0 | 3,8 | 1,1 | 1,2 | 1,0 | 0,8 | 1,1 | 0,5 | 3,8 | 27,2 |
| | | 500 000-1 Mill. | 9,6 | 2,7 | 12,3 | 1,8 | 3,8 | 1,1 | 1,5 | 1,0 | 0,8 | 0,9 | 0,5 | 3,5 | 27,2 |
| | | 1 - 5 Mill. | 11,8 | 1,5 | 13,3 | 1,8 | 3,8 | 1,0 | 1,5 | 0,9 | 0,6 | 0,7 | 0,4 | 3,4 | 27,4 |
| | | 5 Mill. u. mehr | 12,3 | 0,3 | 12,6 | 1,7 | 3,8 | 0,9 | 1,7 | 0,7 | 0,5 | 0,5 | 0,3 | 3,3 | 26,0 |
| | | insgesamt | 8,9 | 3,5 | 12,4 | 2,0 | 3,8 | 1,0 | 1,3 | 1,0 | 0,7 | 0,9 | 0,5 | 3,6 | 27,2 |
| 12 | Schuheinzelhandel | 50-100 000 | 2,7 | 8,8 | 11,5 | 2,3 | 3,7 | 0,7 | 0,8 | 1,0 | 0,7 | 0,9 | 0,5 | 3,0 | 25,1 |
| | | 100-200 000 | 4,7 | 6,8 | 11,5 | 1,9 | 3,9 | 0,9 | 0,8 | 0,9 | 0,8 | 0,7 | 0,5 | 3,2 | 25,1 |
| | | 200-500 000 | 6,0 | 4,3 | 10,3 | 1,9 | 3,9 | 1,1 | 1,1 | 1,0 | 0,7 | 0,6 | 0,4 | 2,9 | 23,9 |
| | | 500 000-1 Mill. | 7,7 | 2,6 | 10,3 | 2,0 | 3,9 | 1,1 | 1,3 | 1,1 | 0,5 | 0,6 | 0,3 | 2,9 | 24,0 |
| | | 1 - 5 Mill. | 8,8 | 1,7 | 10,5 | 2,0 | 3,9 | 1,4 | 1,3 | 1,0 | 0,6 | 0,6 | 0,3 | 3,0 | 24,6 |
| | | 5 Mill. u. mehr | 12,5 | 0,4 | 12,9 | 2,4 | 4,0 | 1,1 | 1,3 | 1,3 | 0,6 | 0,6 | 0,1 | 2,5 | 26,8 |
| | | insgesamt | 6,0 | 4,9 | 10,9 | 2,0 | 3,9 | 1,0 | 1,0 | 1,0 | 0,7 | 0,7 | 0,4 | 3,0 | 24,6 |
| 13 | Möbeleinzelhandel | 100-200 000 | 4,5 | 6,6 | 11,1 | 3,1 | 3,8 | 0,9 | 0,8 | 1,4 | 0,9 | 1,0 | 1,5 | 4,2 | 28,7 |
| | | 200-500 000 | 6,9 | 4,2 | 11,1 | 3,1 | 3,9 | 1,3 | 1,4 | 1,4 | 0,9 | 0,8 | 1,7 | 4,0 | 29,2 |
| | | 500 000-1 Mill. | 8,2 | 2,4 | 10,6 | 2,8 | 3,9 | 1,4 | 1,9 | 1,3 | 0,8 | 0,7 | 1,3 | 4,0 | 28,8 |
| | | 1 - 5 Mill. | 9,6 | 1,4 | 11,0 | 2,5 | 3,9 | 1,2 | 2,1 | 1,2 | 0,7 | 0,6 | 1,2 | 3,8 | 28,2 |
| | | 5 Mill. u. mehr | 11,6 | 0,4 | 12,0 | 2,3 | 3,9 | 0,9 | 3,4 | 1,1 | 0,4 | 0,7 | 1,0 | 4,0 | 29,7 |
| | | insgesamt | 8,5 | 2,4 | 10,9 | 2,7 | 3,9 | 1,2 | 1,9 | 1,3 | 0,8 | 0,7 | 1,3 | 3,9 | 28,6 |
| 14 | Glas-, Porzellan- und Keramikeinzelhandel | 50-100 000 | 6,1 | 8,2 | 14,3 | 3,5 | 3,7 | 1,2 | 0,6 | 0,7 | 1,1 | 0,6 | 0,6 | 4,1 | 30,4 |
| | | 100-200 000 | 7,2 | 6,9 | 14,1 | 3,0 | 3,8 | 1,3 | 0,8 | 1,1 | 1,0 | 0,6 | 0,7 | 4,1 | 31,3 |
| | | 200-500 000 | 9,1 | 4,7 | 13,8 | 2,9 | 3,8 | 1,4 | 1,2 | 1,0 | 1,0 | 0,9 | 0,6 | 5,0 | 31,6 |
| | | 500 000-1 Mill. | 11,9 | 2,5 | 14,4 | 2,7 | 3,8 | 1,3 | 1,2 | 1,2 | 0,6 | 0,9 | 0,8 | 4,9 | 31,8 |
| | | 1 - 5 Mill. | 12,8 | 1,6 | 14,4 | 2,5 | 3,6 | 1,3 | 1,4 | 0,9 | 0,5 | 0,6 | 0,5 | 4,6 | 30,3 |
| | | insgesamt | 9,7 | 4,4 | 14,1 | 2,9 | 3,8 | 1,3 | 1,1 | 1,1 | 0,8 | 0,8 | 0,7 | 4,7 | 31,3 |

1) Entgelt für die nicht entlöhnte Tätigkeit des Inhabers und seiner Familie

Tabelle 39 (Fortsetzung)

Die Handlungskosten in Prozenten des Absatzes
im Durchschnitt der Branchen und Absatzgrößenklassen im Jahre 1960

| Lf. Nr. | Branche | Größenklasse nach Jahresabsatz in DM | 1 Personalkosten ohne Unternehmerlohn | 2 Unternehmerlohn 1) | 3 Personalkosten einschl. Unternehmerlohn (Summe 1 + 2) | 4 Miete oder Mietwert | 5 Umsatzsteuer | 6 Gewerbesteuer | 7 Reklamekosten | 8 Abschreibungen | 9 Zinsen für Eigenkapital | 10 Zinsen für Fremdkapital | 11 Kosten des Fuhr- und Wagenparks | 12 Sonstige Kosten | 13 Gesamtkosten (Summe 3-12) |
|---|---|---|---|---|---|---|---|---|---|---|---|---|---|---|---|
| 15 | Eisenwaren- und Hausrathandel | 50-100 000 | 9,4 | 8,8 | 18,2 | 3,8 | 3,7 | 0,7 | 0,5 | 1,0 | 1,0 | 0,8 | 0,8 | 4,9 | 35,4 |
| | | 100-200 000 | 5,8 | 6,4 | 12,2 | 2,5 | 3,2 | 0,8 | 0,5 | 0,9 | 0,6 | 0,9 | 0,9 | 4,1 | 26,6 |
| | | 200-500 000 | 7,4 | 4,1 | 11,5 | 2,0 | 3,1 | 1,0 | 0,8 | 1,2 | 0,7 | 0,9 | 1,0 | 3,6 | 25,8 |
| | | 500 000-1 Mill. | 10,0 | 2,6 | 12,6 | 1,7 | 2,5 | 1,1 | 0,9 | 1,1 | 0,7 | 0,6 | 1,0 | 3,2 | 25,4 |
| | | 1 - 5 Mill. | 9,1 | 1,5 | 10,6 | 1,4 | 2,1 | 0,9 | 0,8 | 1,1 | 0,6 | 0,6 | 0,9 | 2,8 | 21,8 |
| | | 5 Mill. u. mehr | 8,2 | 0,6 | 8,8 | 0,6 | 1,5 | 0,7 | 0,7 | 0,8 | 0,5 | 0,6 | 0,8 | 1,9 | 16,9 |
| | | insgesamt | 8,5 | 3,1 | 11,6 | 1,7 | 2,6 | 0,9 | 0,8 | 1,1 | 0,7 | 0,7 | 1,0 | 3,2 | 24,3 |
| 16 | davon mit vorwiegend Haus- und Küchengeräten | 50-100 000 | 8,2 | 9,7 | 17,9 | 3,9 | 3,7 | 0,6 | 0,5 | 1,0 | 1,1 | 0,9 | 0,6 | 5,1 | 35,3 |
| | | 100-200 000 | 6,0 | 7,6 | 13,6 | 3,3 | 3,8 | 0,8 | 0,5 | 0,7 | 0,5 | 0,6 | 0,7 | 4,2 | 28,7 |
| | | 200-500 000 | 8,6 | 4,2 | 12,8 | 2,6 | 3,8 | 1,0 | 1,1 | 1,0 | 0,7 | 0,6 | 0,7 | 3,6 | 28,1 |
| | | 500 000-1 Mill. | 12,2 | 2,4 | 14,6 | 2,7 | 3,8 | 1,3 | 1,1 | 1,0 | 0,8 | 0,6 | 0,7 | 3,7 | 30,3 |
| | | 1 - 5 Mill. | 13,0 | 1,4 | 14,4 | 3,3 | 3,6 | 1,3 | 1,7 | 0,9 | 0,8 | 0,3 | 0,7 | 4,0 | 31,0 |
| | | insgesamt | 9,5 | 4,5 | 14,0 | 3,0 | 3,7 | 1,1 | 1,0 | 0,9 | 0,8 | 0,6 | 0,8 | 4,0 | 29,9 |
| 17 | Kleineisenwaren, Werkzeugen | 100-200 000 | 4,2 | 6,4 | 10,6 | 2,0 | 2,4 | 0,8 | 0,4 | 0,9 | 0,7 | 0,3 | 1,4 | 4,7 | 24,2 |
| | | 200-500 000 | 7,2 | 3,9 | 11,1 | 1,6 | 2,0 | 1,0 | 0,7 | 1,7 | 0,9 | 0,6 | 1,1 | 3,4 | 24,1 |
| | | 500 000-1 Mill. | 10,9 | 2,2 | 13,1 | 1,1 | 1,7 | 1,0 | 0,8 | 0,9 | 0,8 | 0,6 | 1,1 | 3,4 | 24,5 |
| | | 1 - 5 Mill. | 9,3 | 1,6 | 10,9 | 1,2 | 1,6 | 1,0 | 0,4 | 1,0 | 0,7 | 0,5 | 0,7 | 2,6 | 20,6 |
| | | insgesamt | 8,8 | 2,7 | 11,5 | 1,3 | 1,8 | 1,0 | 0,6 | 1,1 | 0,7 | 0,5 | 1,0 | 3,2 | 22,7 |
| 18 | gemischtem Sortiment | 100-200 000 | 6,3 | 5,6 | 11,9 | 2,2 | 3,0 | 0,9 | 0,5 | 1,0 | 0,5 | 1,2 | 1,0 | 3,7 | 25,9 |
| | | 200-500 000 | 7,0 | 4,1 | 11,1 | 1,9 | 3,0 | 0,9 | 0,7 | 1,2 | 0,7 | 1,0 | 0,9 | 3,6 | 25,0 |
| | | 500 000-1 Mill. | 9,4 | 2,8 | 12,2 | 1,6 | 2,4 | 1,1 | 0,8 | 1,1 | 0,7 | 0,7 | 1,0 | 3,1 | 24,7 |
| | | 1 - 5 Mill. | 8,4 | 1,4 | 9,8 | 1,1 | 1,9 | 0,7 | 0,7 | 1,0 | 0,5 | 0,7 | 1,0 | 2,6 | 20,0 |
| | | 5 Mill. u. mehr | 8,3 | 0,7 | 9,0 | 0,6 | 1,5 | 0,7 | 0,7 | 0,9 | 0,5 | 0,6 | 0,8 | 1,9 | 17,2 |
| | | insgesamt | 8,1 | 2,8 | 10,9 | 1,5 | 2,4 | 0,8 | 0,7 | 1,1 | 0,6 | 0,8 | 1,0 | 3,0 | 22,8 |
| 19 | Tapeten- und Linoleumhandel | 100-200 000 | 9,2 | 7,4 | 16,6 | 3,9 | 3,0 | 0,9 | 0,9 | 1,3 | 0,9 | 0,9 | 1,5 | 4,5 | 34,4 |
| | | 200-500 000 | 11,1 | 4,8 | 15,9 | 2,3 | 3,2 | 1,3 | 0,9 | 1,5 | 0,7 | 0,6 | 1,3 | 5,1 | 32,8 |
| | | 500 000-1 Mill. | 13,2 | 2,6 | 15,8 | 1,9 | 3,0 | 1,1 | 1,0 | 1,2 | 0,7 | 0,6 | 1,3 | 4,2 | 30,8 |
| | | 1 - 5 Mill. | 13,2 | 1,7 | 14,9 | 1,5 | 2,7 | 1,0 | 1,0 | 1,3 | 0,5 | 0,7 | 1,2 | 4,3 | 29,1 |
| | | insgesamt | 11,7 | 3,6 | 15,3 | 2,1 | 2,9 | 1,2 | 0,9 | 1,3 | 0,6 | 0,7 | 1,3 | 4,6 | 30,9 |
| 20 | Papier-, Bürobedarf- und Schreibwareneinzelhandel | 50-100 000 | 4,3 | 8,7 | 13,0 | 2,6 | 2,8 | 0,8 | 0,6 | 0,7 | 0,6 | 0,3 | 0,5 | 4,3 | 26,2 |
| | | 100-200 000 | 8,1 | 7,2 | 15,3 | 2,2 | 3,0 | 1,0 | 0,8 | 0,8 | 0,4 | 0,7 | 0,8 | 4,0 | 29,0 |
| | | 200-500 000 | 10,5 | 4,0 | 14,5 | 2,5 | 2,6 | 1,0 | 0,9 | 0,7 | 0,7 | 0,4 | 0,9 | 4,3 | 28,6 |
| | | 500 000-1 Mill. | 11,1 | 2,7 | 13,8 | 1,8 | 2,0 | 0,9 | 0,9 | 1,1 | 0,5 | 0,2 | 1,0 | 3,8 | 26,0 |
| | | 1 - 5 Mill. | 12,6 | 1,7 | 14,3 | 1,7 | 1,6 | 0,9 | 1,0 | 0,9 | 0,5 | 0,4 | 0,9 | 4,0 | 26,2 |
| | | insgesamt | 9,6 | 4,9 | 14,5 | 2,2 | 2,4 | 1,0 | 0,8 | 0,9 | 0,6 | 0,4 | 0,8 | 4,1 | 27,7 |
| 21 | Büromaschinen-, -möbel- und Organisationsmittelhandel | 200-500 000 | 8,5 | 4,1 | 12,6 | 1,9 | 1,5 | 0,7 | 0,9 | 1,4 | 0,4 | 0,6 | 1,6 | 4,4 | 26,0 |
| | | 500 000-1 Mill. | 11,3 | 2,9 | 14,2 | 1,8 | 1,3 | 1,1 | 1,1 | 1,5 | 0,5 | 0,4 | 1,8 | 4,2 | 27,9 |
| | | 1 - 5 Mill. | 12,8 | 1,3 | 14,1 | 1,2 | 1,3 | 0,9 | 1,1 | 1,0 | 0,3 | 0,4 | 1,4 | 4,4 | 26,1 |
| | | 5 Mill. u. mehr | 9,6 | 0,3 | 9,9 | 1,1 | 1,3 | 0,7 | 1,4 | 0,9 | 0,5 | 0,5 | 0,8 | 3,3 | 20,4 |
| | | insgesamt | 11,4 | 2,3 | 13,7 | 1,4 | 1,4 | 0,8 | 1,1 | 1,2 | 0,4 | 0,4 | 1,5 | 4,2 | 26,1 |

1) Entgelt für die nicht entlöhnte Tätigkeit des Inhabers und seiner Familie

Tabelle 39 (Fortsetzung)

Die Handlungskosten in Prozenten des Absatzes
im Durchschnitt der Branchen und Absatzgrößenklassen im Jahre 1960

| Lf. Nr. | Branche | Größenklasse nach Jahresabsatz in DM | 1 Personalkosten ohne Unternehmerlohn | 2 Unternehmerlohn [1] | 3 Personalkosten einschl. Unternehmerlohn (Summe 1 + 2) | 4 Miete oder Mietwert | 5 Umsatzsteuer | 6 Gewerbesteuer | 7 Reklamekosten | 8 Abschreibungen | 9 Zinsen für Eigenkapital | 10 Zinsen für Fremdkapital | 11 Kosten des Fuhr- und Wagenparks | 12 Sonstige Kosten | 13 Gesamtkosten (Summe 3-12) |
|---|---|---|---|---|---|---|---|---|---|---|---|---|---|---|---|
| 22 | Radio- und Fernseheinzelhandel | 50-100 000 | 2,4 | 10,9 | 13,3 | 2,7 | 3,6 | 1,5 | 0,6 | 2,2 | 1,0 | 0,2 | 2,3 | 4,5 | 31,9 |
|  |  | 100-200 000 | 7,6 | 6,7 | 14,3 | 2,0 | 3,7 | 1,3 | 0,8 | 1,8 | 0,5 | 0,3 | 1,5 | 5,0 | 31,2 |
|  |  | 200-500 000 | 8,4 | 4,6 | 13,0 | 1,9 | 3,8 | 1,3 | 1,2 | 1,7 | 0,7 | 0,8 | 1,6 | 4,1 | 30,1 |
|  |  | 500 000-1 Mill. | 10,5 | 2,4 | 12,9 | 2,1 | 3,8 | 1,3 | 1,7 | 1,6 | 0,6 | 0,7 | 1,3 | 4,6 | 30,6 |
|  |  | 1 - 5 Mill. | 12,0 | 1,8 | 13,8 | 2,3 | 3,9 | 1,5 | 2,1 | 2,1 | 0,7 | 0,8 | 1,2 | 3,8 | 32,2 |
|  |  | insgesamt | 9,3 | 4,0 | 13,3 | 2,0 | 3,8 | 1,4 | 1,4 | 1,8 | 0,7 | 0,7 | 1,5 | 4,3 | 30,9 |
| 23 | Photoeinzelhandel | 200-500 000 | 11,7 | 5,7 | 17,4 | 2,3 | 3,7 | 1,8 | 2,3 | 1,9 | 0,6 | 0,7 | 0,9 | 6,0 | 37,6 |
|  |  | 500 000-1 Mill. | 13,4 | 2,9 | 16,3 | 2,6 | 3,2 | 1,6 | 2,6 | 1,9 | 0,7 | 0,5 | 0,6 | 5,0 | 35,0 |
|  |  | 1 - 5 Mill. | 13,4 | 1,5 | 14,9 | 1,9 | 3,0 | 1,4 | 2,4 | 1,5 | 0,6 | 0,4 | 0,6 | 4,7 | 31,4 |
|  |  | insgesamt | 12,3 | 4,2 | 16,5 | 2,5 | 3,3 | 1,7 | 2,3 | 2,0 | 0,7 | 0,4 | 0,7 | 5,5 | 35,6 |
| 24 | Uhren-, Juwelen-, Gold- und Silberwareneinzelhandel | 50-100 000 | 5,9 | 10,2 | 16,1 | 3,5 | 3,4 | 1,0 | 1,8 | 1,9 | 1,0 | 1,1 | 0,8 | 7,7 | 38,3 |
|  |  | 100-200 000 | 8,6 | 8,2 | 16,8 | 2,5 | 3,8 | 1,8 | 1,7 | 1,2 | 1,0 | 0,7 | 0,6 | 7,0 | 37,1 |
|  |  | 200-500 000 | 9,9 | 5,1 | 15,0 | 2,5 | 3,9 | 2,0 | 1,7 | 1,4 | 1,3 | 0,7 | 0,5 | 6,3 | 35,3 |
|  |  | 500 000-1 Mill. | 9,2 | 3,4 | 12,6 | 2,3 | 3,9 | 1,7 | 1,7 | 1,2 | 1,3 | 0,7 | 0,5 | 5,7 | 31,6 |
|  |  | 1 - 5 Mill. | 10,1 | 1,5 | 11,6 | 1,9 | 3,8 | 1,6 | 2,6 | 0,6 | 1,0 | 1,3 | 0,4 | 5,0 | 29,8 |
|  |  | insgesamt | 8,6 | 6,6 | 15,2 | 2,6 | 3,8 | 1,6 | 1,8 | 1,4 | 1,1 | 0,8 | 0,5 | 6,6 | 35,4 |
| 25 | Leder- und Galanteriewareneinzelhandel | 100-200 000 | 5,8 | 5,9 | 11,7 | 3,4 | 3,9 | 1,2 | 1,0 | 1,6 | 0,7 | 0,5 | 0,5 | 5,1 | 29,6 |
|  |  | 200-500 000 | 6,2 | 4,7 | 10,9 | 3,1 | 4,0 | 1,2 | 1,2 | 1,1 | 0,7 | 0,4 | 0,6 | 4,1 | 27,3 |
|  |  | 500 000-1 Mill. | 8,3 | 2,7 | 11,0 | 3,5 | 3,9 | 1,4 | 1,3 | 0,8 | 0,6 | 0,5 | 0,5 | 4,3 | 27,8 |
|  |  | 1 - 5 Mill. | 8,8 | 2,4 | 11,2 | 3,3 | 3,9 | 1,5 | 1,1 | 1,0 | 0,7 | 0,4 | 0,4 | 3,7 | 27,2 |
|  |  | insgesamt | 6,8 | 4,4 | 11,2 | 3,3 | 3,9 | 1,3 | 1,2 | 1,1 | 0,7 | 0,5 | 0,5 | 4,3 | 28,0 |
| 26 | Sportartikeleinzelhandel | 100-200 000 | 4,6 | 7,1 | 11,7 | 2,6 | 3,9 | 1,0 | 1,5 | 0,9 | 0,8 | 0,9 | 0,8 | 5,2 | 29,3 |
|  |  | 200-500 000 | 6,5 | 5,2 | 11,7 | 2,3 | 3,7 | 0,8 | 1,3 | 0,8 | 0,5 | 0,6 | 0,8 | 4,5 | 27,0 |
|  |  | 500 000-1 Mill. | 6,3 | 3,0 | 9,3 | 1,6 | 4,0 | 1,3 | 1,6 | 0,6 | 0,6 | 0,7 | 0,6 | 3,4 | 23,7 |
|  |  | 1 - 5 Mill. | 10,0 | 1,5 | 11,5 | 1,9 | 3,8 | 1,4 | 2,4 | 0,9 | 0,6 | 0,5 | 0,6 | 3,4 | 27,0 |
|  |  | insgesamt | 6,8 | 4,3 | 11,1 | 2,1 | 3,9 | 1,1 | 1,7 | 0,8 | 0,6 | 0,7 | 0,7 | 4,1 | 26,8 |
| 27 | Sortimentsbuchhandel | 100-200 000 | 5,8 | 6,2 | 12,0 | 2,7 | 3,1 | 0,9 | 1,2 | 0,9 | 0,4 | 0,5 | 0,6 | 4,9 | 27,2 |
|  |  | 200-500 000 | 8,7 | 3,8 | 12,5 | 2,3 | 3,1 | 0,8 | 1,1 | 1,0 | 0,5 | 0,2 | 0,4 | 4,7 | 26,6 |
|  |  | 500 000-1 Mill. | 11,2 | 2,2 | 13,4 | 1,7 | 2,9 | 1,0 | 1,5 | 0,7 | 0,4 | 0,3 | 0,3 | 4,6 | 26,8 |
|  |  | 1 - 5 Mill. | 12,2 | 1,4 | 13,6 | 2,1 | 2,6 | 0,9 | 1,5 | 1,0 | 0,3 | 0,3 | 0,4 | 5,2 | 27,9 |
|  |  | insgesamt | 9,0 | 3,7 | 12,7 | 2,3 | 3,0 | 0,9 | 1,2 | 1,0 | 0,4 | 0,3 | 0,4 | 4,8 | 27,0 |
| 28 | Blumenbindereien | 100-200 000 | 10,9 | 9,1 | 20,0 | 3,3 | 3,7 | 1,0 | 0,8 | 2,2 | 0,4 | 0,4 | 2,7 | 8,1 | 42,6 |
|  |  | 200-500 000 | 13,7 | 6,0 | 19,7 | 4,1 | 3,7 | 1,5 | 0,7 | 1,3 | 0,3 | 0,4 | 2,1 | 6,6 | 40,4 |
|  |  | 500 000-1 Mill. | 15,9 | 3,5 | 19,4 | 4,1 | 4,0 | 1,3 | 1,1 | 1,4 | 0,5 | 0,1 | 1,8 | 5,6 | 39,3 |
|  |  | insgesamt | 11,9 | 7,4 | 19,3 | 4,1 | 3,6 | 1,1 | 0,8 | 1,7 | 0,4 | 0,4 | 2,3 | 7,2 | 40,9 |
| 29 | Gemischtwarengeschäfte | 50-100 000 | 1,3 | 7,4 | 8,7 | 1,0 | 3,2 | 0,2 | 0,2 | 0,8 | 0,4 | 0,7 | 0,4 | 3,9 | 19,5 |
|  |  | 100-200 000 | 2,0 | 7,2 | 9,2 | 1,3 | 3,7 | 0,4 | 0,4 | 1,3 | 0,6 | 0,5 | 0,6 | 2,6 | 20,6 |
|  |  | 200-500 000 | 3,1 | 5,1 | 8,2 | 1,4 | 3,7 | 0,7 | 0,4 | 1,3 | 0,6 | 0,7 | 0,6 | 2,7 | 20,3 |
|  |  | insgesamt | 3,0 | 5,8 | 8,8 | 1,3 | 3,6 | 0,6 | 0,4 | 1,3 | 0,6 | 0,6 | 0,6 | 2,7 | 20,5 |

[1]) Entgelt für die nicht entlöhnte Tätigkeit des Inhabers und seiner Familie

Tabelle 40
Betriebshandelsspanne, Betriebsergebnis und Lieferantenskonti in Prozenten
des Absatzes im Durchschnitt der Branchen in den Jahren 1958, 1959 und 1960

| Lf. Nr. | Branche | Jahr | Betriebshandelsspanne | Gesamtkosten einschl. Unternehmerlohn[1]) und Zinsen für Eigenkapital | Betriebswirtschaftliches Betriebsergebnis (1 minus 2) | Gesamtkosten ohne Unternehmerlohn[1]) und Zinsen für Eigenkapital | Steuerl. Betriebsergebnis (1 minus 4) | Lieferantenskonti[2]) | Betriebshandelsspanne nach Abzug der Lieferantenskonti[2]) (1 minus 6) |
|---|---|---|---|---|---|---|---|---|---|
| | | | 1 | 2 | 3 | 4 | 5 | 6 | 7 |
| 1 | Lebensmitteleinzelhandel | 1958 | 17,7 | 18,6 | - 0,9 | 13,3 | + 4,4 | . | . |
| | | 1959 | 18,1 | 18,5 | - 0,4 | 13,3 | + 4,8 | 0,8 | 17,3 |
| | | 1960 | 18,6 | 18,7 | - 0,1 | 13,5 | + 5,1 | 0,8 | 17,8 |
| 2 | Drogerien | 1958 | 31,8 | 28,7 | + 3,1 | 21,3 | + 10,5 | . | . |
| | | 1959 | 32,9 | 28,6 | + 4,3 | 21,4 | + 11,5 | 1,4 | 31,5 |
| | | 1960 | 33,0 | 28,7 | + 4,3 | 21,5 | + 11,5 | 1,4 | 31,6 |
| 3 | Reformhäuser | 1958 | 25,1 | 22,9 | + 2,2 | 16,8 | + 8,3 | . | . |
| | | 1959 | 25,5 | 23,8 | + 1,7 | 17,6 | + 7,9 | 0,6 | 24,9 |
| | | 1960 | 26,7 | 25,0 | + 1,7 | 18,6 | + 8,1 | 0,8 | 25,9 |
| 4 | Tabakwareneinzelhandel | 1958 | 15,2 | 15,2 | ± 0 | 10,1 | + 5,1 | . | . |
| | | 1959 | 17,4 | 15,2 | + 2,2 | 10,3 | + 7,1 | 2,4 | 15,0 |
| | | 1960 | 17,4 | 15,3 | + 2,1 | 10,8 | + 6,6 | 2,4 | 15,0 |
| 5 | Textileinzelhandel | 1958 | 29,8 | 27,6 | + 2,2 | 23,4 | + 6,4 | . | . |
| | | 1959 | 30,9 | 28,2 | + 2,7 | 23,9 | + 7,0 | 1,7 | 29,2 |
| | | 1960 | 31,3 | 27,7 | + 3,6 | 23,3 | + 8,0 | 1,7 | 29,6 |
| 6 | davon mit vorwiegend Herren- und Knabenoberbekleidung | 1958 | 30,7 | 26,6 | + 4,1 | 23,4 | + 7,3 | . | . |
| | | 1959 | 32,3 | 27,7 | + 4,6 | 24,2 | + 8,1 | 1,6 | 30,7 |
| | | 1960 | 32,0 | 27,3 | + 4,7 | 23,6 | + 8,4 | 1,7 | 30,3 |
| 7 | Damen-, Mädchen- und Kinderoberbekleidung | 1958 | 30,5 | 28,9 | + 1,6 | 25,3 | + 5,2 | . | . |
| | | 1959 | 31,5 | 29,2 | + 2,3 | 25,3 | + 6,2 | 1,8 | 29,7 |
| | | 1960 | 32,4 | 28,7 | + 3,7 | 24,5 | + 7,9 | 1,6 | 30,8 |
| 8 | Herren-, Damen- und Kinderoberbekleidung | 1958 | 29,9 | 28,1 | + 1,8 | 25,1 | + 4,8 | . | . |
| | | 1959 | 32,1 | 29,1 | + 3,0 | 25,9 | + 6,2 | 1,8 | 30,3 |
| | | 1960 | 32,4 | 28,0 | + 4,4 | 24,8 | + 7,6 | 1,8 | 30,6 |
| 9 | Meterwaren | 1958 | 32,1 | 30,8 | + 1,3 | 26,7 | + 5,4 | . | . |
| | | 1959 | 32,5 | 29,3 | + 3,2 | 25,7 | + 6,8 | 1,3 | 31,2 |
| | | 1960 | 31,3 | 29,2 | + 2,1 | 25,4 | + 5,9 | 1,3 | 30,0 |
| 10 | Wäsche, Wirk- und Strickwaren | 1958 | 28,9 | 27,0 | + 1,9 | 21,5 | + 7,4 | . | . |
| | | 1959 | 29,8 | 27,2 | + 2,6 | 21,7 | + 8,1 | 1,5 | 28,3 |
| | | 1960 | 30,3 | 27,0 | + 3,3 | 21,5 | + 8,8 | 1,7 | 28,6 |
| 11 | Haus- und Bettwäsche, Bettwaren | 1958 | 32,4 | 29,9 | + 2,5 | 25,6 | + 6,8 | . | . |
| | | 1959 | 33,7 | 30,8 | + 2,9 | 26,3 | + 7,4 | 1,6 | 32,1 |
| | | 1960 | 35,0 | 30,0 | + 5,0 | 25,5 | + 9,5 | 1,7 | 33,3 |
| 12 | Herrenausstattung | 1958 | 30,3 | 26,7 | + 3,6 | 21,5 | + 8,8 | . | . |
| | | 1959 | 32,1 | 27,8 | + 4,3 | 22,4 | + 9,7 | 1,4 | 30,7 |
| | | 1960 | 32,1 | 27,0 | + 5,1 | 21,0 | + 11,1 | 1,7 | 30,4 |
| 13 | Teppichen, Möbelstoffen und Gardinen | 1958 | 34,8 | 33,1 | + 1,7 | 30,0 | + 4,8 | . | . |
| | | 1959 | 37,1 | 32,7 | + 4,4 | 29,3 | + 7,8 | 1,3 | 35,8 |
| | | 1960 | 36,2 | 32,7 | + 3,5 | 28,8 | + 7,4 | 1,3 | 34,9 |
| 14 | gemischtem Sortiment | 1958 | 28,5 | 26,6 | + 1,9 | 22,4 | + 6,1 | . | . |
| | | 1959 | 29,3 | 27,4 | + 1,9 | 23,2 | + 6,1 | 1,8 | 27,5 |
| | | 1960 | 30,0 | 27,2 | + 2,8 | 23,0 | + 7,0 | 1,8 | 28,2 |
| 15 | Schuheinzelhandel | 1958 | 27,0 | 23,8 | + 3,2 | 18,3 | + 8,7 | . | . |
| | | 1959 | 28,7 | 24,4 | + 4,3 | 19,1 | + 9,6 | 1,8 | 26,9 |
| | | 1960 | 29,3 | 24,6 | + 4,7 | 19,0 | + 10,3 | 1,9 | 27,4 |
| 16 | Möbeleinzelhandel | 1958 | 31,7 | 28,4 | + 3,3 | 25,3 | + 6,4 | . | . |
| | | 1959 | 32,9 | 28,8 | + 4,1 | 25,4 | + 7,5 | 2,6 | 30,3 |
| | | 1960 | 33,3 | 28,6 | + 4,7 | 25,4 | + 7,9 | 2,7 | 30,6 |
| 17 | Beleuchtungs- und Elektroeinzelhandel | 1958 | 37,5 | 33,7 | + 3,8 | 28,8 | + 8,7 | . | . |
| | | 1959 | 39,9 | 35,7 | + 4,2 | 31,0 | + 8,9 | 1,2 | 38,7 |
| | | 1960 | 39,1 | 35,0 | + 4,1 | 29,9 | + 9,2 | 1,2 | 37,9 |
| 18 | Glas-, Porzellan- und Keramikeinzelhandel | 1958 | 34,2 | 30,2 | + 4,0 | 24,9 | + 9,3 | . | . |
| | | 1959 | 35,7 | 31,3 | + 4,4 | 26,3 | + 9,4 | 1,2 | 34,5 |
| | | 1960 | 35,6 | 31,3 | + 4,3 | 26,1 | + 9,5 | 1,3 | 34,3 |

1) Entgelt für die nicht entlöhnte Tätigkeit des Inhabers und seiner Familie
2) 1958 nicht ermittelt

Tabelle 40 (Fortsetzung)

Betriebshandelsspanne, Betriebsergebnis und Lieferantenskonti in Prozenten
des Absatzes im Durchschnitt der Branchen in den Jahren 1958, 1959 und 1960

| Lf. Nr. | Branche | Jahr | Betriebs-handels-spanne | Gesamt-kosten einschl. Unterneh-merlohn[1]) und Zinsen für Eigen-kapital | Betriebs-wirt-schaftli-ches Be-triebser-gebnis (1 minus 2) | Gesamtko-sten ohne Unterneh-merlohn[1]) und Zinsen für Eigen-kapital | Steuerl. Betriebs-ergebnis (1 minus 4) | Lieferan-tenskonti[2]) | Betriebs-handels-spanne nach Abzug der Lie-feranten-skonti[2]) (1 minus 6) |
|---|---|---|---|---|---|---|---|---|---|
| | | | 1 | 2 | 3 | 4 | 5 | 6 | 7 |
| 19 | Eisenwaren- und Hausrat-handel | 1958 | 27,2 | 24,8 | + 2,4 | 20,9 | + 6,3 | . | . |
| | | 1959 | 27,3 | 24,8 | + 2,5 | 20,8 | + 6,5 | 1,3 | 26,0 |
| | davon mit vorwiegend | 1960 | 26,8 | 24,3 | + 2,5 | 20,5 | + 6,3 | 1,3 | 25,5 |
| 20 | Haus- und Küchengeräten | 1958 | 31,6 | 30,1 | + 1,5 | 24,1 | + 7,5 | . | . |
| | | 1959 | 32,5 | 30,8 | + 1,7 | 25,0 | + 7,5 | 1,3 | 31,2 |
| | | 1960 | 31,8 | 29,9 | + 1,9 | 24,6 | + 7,2 | 1,3 | 30,5 |
| 21 | Kleineisenwaren, Werk-zeugen | 1958 | 26,6 | 23,6 | + 3,0 | 19,7 | + 6,9 | . | . |
| | | 1959 | 27,2 | 23,1 | + 4,1 | 19,2 | + 8,0 | 1,3 | 25,9 |
| | | 1960 | 26,8 | 22,7 | + 4,1 | 19,3 | + 7,5 | 1,4 | 25,4 |
| 22 | Öfen und Herden | 1958 | 31,1 | 27,4 | + 3,7 | 24,4 | + 6,7 | . | . |
| | | 1959 | 30,5 | 26,7 | + 3,8 | 23,5 | + 7,0 | 1,6 | 28,9 |
| | | 1960 | 30,2 | 26,9 | + 3,3 | 23,3 | + 6,9 | 1,7 | 28,5 |
| 23 | gemischtem Sortiment | 1958 | 25,7 | 23,2 | + 2,5 | 19,8 | + 5,9 | . | . |
| | | 1959 | 25,6 | 23,3 | + 2,3 | 19,9 | + 5,7 | 1,4 | 24,2 |
| | | 1960 | 25,0 | 22,8 | + 2,2 | 19,4 | + 5,6 | 1,2 | 23,8 |
| 24 | Tapeten- und Linoleumhandel | 1958 | 32,9 | 29,2 | + 3,7 | 25,7 | + 7,2 | . | . |
| | | 1959 | 34,7 | 30,5 | + 4,2 | 26,7 | + 8,0 | 1,5 | 33,2 |
| | | 1960 | 34,5 | 30,9 | + 3,6 | 26,7 | + 7,8 | 1,6 | 32,9 |
| 25 | Papier-, Bürobedarf- und Schreibwareneinzelhandel | 1958 | 31,2 | 28,1 | + 3,1 | 22,6 | + 8,6 | . | . |
| | | 1959 | 31,7 | 28,1 | + 3,6 | 22,4 | + 9,3 | 1,2 | 30,5 |
| | | 1960 | 31,9 | 27,7 | + 4,2 | 22,2 | + 9,7 | 1,2 | 30,7 |
| 26 | Büromaschinen-, -möbel- und Organisationsmittelhandel | 1958 | 30,6 | 27,3 | + 3,3 | 24,7 | + 5,9 | . | . |
| | | 1959 | 30,2 | 26,7 | + 3,5 | 24,1 | + 6,1 | 1,1 | 29,1 |
| | | 1960 | 31,3 | 26,1 | + 5,2 | 23,4 | + 7,9 | 1,3 | 30,0 |
| 27 | Fahrradeinzelhandel | 1958 | 34,6 | 32,3 | + 2,3 | 23,1 | + 11,5 | . | . |
| | | 1959 | 32,2 | 29,2 | + 3,0 | 21,6 | + 10,6 | 2,2 | 30,0 |
| | | 1960 | 31,9 | 28,9 | + 3,0 | 22,1 | + 9,8 | 2,0 | 29,9 |
| 28 | Radio- und Fernseheinzelhandel | 1958 | 33,0 | 29,2 | + 3,8 | 25,0 | + 8,0 | . | . |
| | | 1959 | 33,7 | 29,5 | + 4,2 | 25,0 | + 8,7 | 1,2 | 32,5 |
| | | 1960 | 33,3 | 30,9 | + 2,4 | 26,2 | + 7,1 | 1,3 | 32,0 |
| 29 | Photoeinzelhandel | 1958 | 41,6 | 34,4 | + 7,2 | 29,1 | + 12,5 | . | . |
| | | 1959 | 41,5 | 36,3 | + 5,2 | 31,1 | + 10,4 | 0,9 | 40,6 |
| | | 1960 | 41,0 | 35,6 | + 5,4 | 30,7 | + 10,3 | 1,0 | 40,0 |
| 30 | Uhren-, Juwelen-, Gold- und Silberwareneinzelhandel | 1958 | 40,9 | 34,7 | + 6,2 | 26,8 | + 14,1 | . | . |
| | | 1959 | 43,0 | 36,9 | + 6,1 | 28,7 | + 14,3 | 1,5 | 41,5 |
| | | 1960 | 43,1 | 35,4 | + 7,7 | 27,7 | + 15,4 | 1,6 | 41,5 |
| 31 | Leder- und Galanteriewaren-einzelhandel | 1958 | 32,3 | 28,7 | + 3,6 | 23,0 | + 9,3 | . | . |
| | | 1959 | 32,9 | 28,7 | + 4,2 | 23,1 | + 9,8 | 1,4 | 31,5 |
| | | 1960 | 34,3 | 28,0 | + 6,3 | 22,9 | + 11,4 | 1,6 | 32,7 |
| 32 | Sportartikeleinzelhandel | 1958 | 29,3 | 26,6 | + 2,7 | 21,4 | + 7,9 | . | . |
| | | 1959 | 29,8 | 26,9 | + 2,9 | 21,4 | + 8,4 | 1,5 | 28,3 |
| | | 1960 | 29,3 | 26,8 | + 2,5 | 21,9 | + 7,4 | 1,4 | 27,9 |
| 33 | Sortimentsbuchhandel | 1958 | 29,8 | 27,0 | + 2,8 | 22,6 | + 7,2 | . | . |
| | | 1959 | 30,1 | 27,1 | + 3,0 | 22,9 | + 7,2 | 0,4 | 29,7 |
| | | 1960 | 30,4 | 27,0 | + 3,4 | 22,9 | + 7,5 | 0,4 | 30,0 |
| 34 | Blumenbindereien | 1958 | 43,5 | 40,4 | + 3,1 | 30,8 | + 12,7 | . | . |
| | | 1959 | 43,9 | 39,9 | + 4,0 | 31,4 | + 12,5 | 0,1 | 43,8 |
| | | 1960 | 45,9 | 40,9 | + 5,0 | 33,1 | + 12,8 | 0,2 | 45,7 |
| 35 | Gemischtwarengeschäfte | 1958 | 20,5 | 21,0 | - 0,5 | 15,0 | + 5,5 | . | . |
| | | 1959 | 20,4 | 20,1 | + 0,3 | 14,2 | + 6,2 | 1,4 | 19,0 |
| | | 1960 | 20,2 | 20,5 | - 0,3 | 14,1 | + 6,1 | 1,4 | 18,8 |
| | Einzelhandel insgesamt | 1958 | 25,2 | 23,9 | + 1,3 | 18,9 | + 6,3 | . | . |
| | | 1959 | 26,0 | 24,1 | + 1,9 | 19,2 | + 6,8 | 1,3 | 24,7 |
| | | 1960 | 26,4 | 24,0 | + 2,4 | 19,1 | + 7,3 | 1,3 | 25,1 |

[1]) Entgelt für die nicht entlöhnte Tätigkeit des Inhabers und seiner Familie
[2]) 1958 nicht ermittelt

Tabelle 41

Absatz-, Lager-, Kosten- und Ertragszahlen
des Lebensmitteleinzelhandels
im Jahre 1960, geordnet nach Betriebsgruppen mit gleicher Höhe des Absatzes je beschäftigte Person

| Lebensmitteleinzelhandel | Betriebe mit einem Absatz je beschäftigte Person von ... DM | | | | | | | | |
|---|---|---|---|---|---|---|---|---|---|
| | bis 40 000 | 40 000-45 000 | 45 000-50 000 | 50 000-55 000 | 55 000-60 000 | 60 000-65 000 | 65 000-70 000 | 70 000-75 000 | über 75 000 |
| Zahl der Betriebe | 34 | 30 | 49 | 43 | 54 | 47 | 40 | 34 | 68 |
| Zahl der beschäftigten Personen je Betrieb | 3,4 | 5,3 | 6,4 | 6,6 | 7,1 | 6,2 | 6,7 | 5,9 | 4,6 |
| Absatz 1960 in % von 1959 | 99 | 105 | 104 | 104 | 107 | 107 | 106 | 108 | 110 |
| Absatz je beschäftigte Person in DM | 34 690 | 42 600 | 47 620 | 52 460 | 57 700 | 62 540 | 67 320 | 72 510 | 84 510 |
| Absatz je 1 000 DM Personalkosten[1] in DM | 9 200 | 10 500 | 11 000 | 11 600 | 12 300 | 12 800 | 13 000 | 13 300 | 14 300 |
| Absatz je Kunde in DM | 3,20 | 3,70 | 3,60 | 3,70 | 4,20 | 3,90 | 4,10 | 4,40 | 4,00 |
| Absatz je qm Geschäftsraum in DM | 1 770 | 2 440 | 2 420 | 2 810 | 2 860 | 2 890 | 2 930 | 3 780 | 3 710 |
| Absatz je qm Verkaufsraum in DM | 3 100 | 4 250 | 4 550 | 5 090 | 4 900 | 5 500 | 5 820 | 6 290 | 7 200 |
| Lagerbestand je beschäftigte Person in DM | 3 150 | 3 300 | 3 770 | 3 580 | 4 210 | 4 370 | 4 310 | 4 270 | 4 870 |
| Umschlagsgeschwindigkeit des Warenlagers ...mal[2] | 11,2 | 12,8 | 11,3 | 13,6 | 12,8 | 12,8 | 14,0 | 16,6 | 16,5 |
| Personalkosten[1] je beschäftigte Person in DM | 3 780 | 4 050 | 4 330 | 4 510 | 4 670 | 4 880 | 5 180 | 5 440 | 5 920 |
| Personalkosten[1] in % des Absatzes | 10,9 | 9,5 | 9,1 | 8,6 | 8,1 | 7,8 | 7,7 | 7,5 | 7,0 |
| Miete in % des Absatzes | 1,7 | 1,3 | 1,4 | 1,1 | 1,2 | 1,3 | 1,1 | 1,2 | 1,1 |
| Reklamekosten in % des Absatzes | 0,3 | 0,3 | 0,3 | 0,4 | 0,3 | 0,2 | 0,4 | 0,3 | 0,3 |
| Gesamtkosten in % des Absatzes | 22,4 | 19,4 | 19,9 | 18,8 | 18,5 | 18,3 | 18,4 | 17,5 | 17,1 |
| Durchschnittliche Betriebshandelsspanne in % des Absatzes | 18,8 | 19,7 | 18,7 | 18,6 | 18,5 | 18,6 | 18,2 | 18,9 | 17,9 |
| Betriebswirtschaftliches Betriebsergebnis in % des Absatzes | - 3,6 | + 0,3 | - 1,2 | - 0,2 | ± 0,0 | + 0,3 | - 0,2 | + 1,4 | + 0,8 |

Tabelle 42

Absatz-, Lager-, Kosten- und Ertragszahlen
der Drogerien
im Jahre 1960, geordnet nach Betriebsgruppen mit gleicher Höhe des Absatzes je beschäftigte Person

| Drogerien | Betriebe mit einem Absatz je beschäftigte Person von ... DM | | | | | |
|---|---|---|---|---|---|---|
| | bis 30 000 | 30 000-35 000 | 35 000-40 000 | 40 000-45 000 | 45 000-50 000 | über 50 000 |
| Zahl der Betriebe | 28 | 50 | 47 | 41 | 28 | 29 |
| Zahl der beschäftigten Personen je Betrieb | 6,6 | 7,2 | 6,8 | 5,4 | 5,7 | 5,6 |
| Absatz 1960 in % von 1959 | 105 | 105 | 107 | 109 | 110 | 110 |
| Absatz je beschäftigte Person in DM | 25 700 | 32 600 | 37 460 | 42 260 | 47 680 | 56 380 |
| Absatz je 1 000 DM Personalkosten[1] in DM | 6 800 | 7 000 | 7 500 | 8 100 | 8 200 | 8 800 |
| Absatz je Kunde in DM | 3,20 | 3,40 | 3,50 | 3,50 | 3,70 | 3,40 |
| Absatz je qm Geschäftsraum in DM | 1 290 | 1 340 | 1 680 | 1 520 | 1 670 | 2 030 |
| Absatz je qm Verkaufsraum in DM | 3 040 | 3 040 | 3 770 | 3 660 | 3 940 | 4 450 |
| Lagerbestand je beschäftigte Person in DM | 5 220 | 5 800 | 6 320 | 6 780 | 8 380 | 8 360 |
| Umschlagsgeschwindigkeit des Warenlagers ...mal[2] | 3,4 | 4,2 | 4,2 | 4,2 | 4,0 | 4,8 |
| Personalkosten[1] je beschäftigte Person in DM | 3 780 | 4 630 | 5 020 | 5 200 | 5 820 | 6 370 |
| Personalkosten[1] in % des Absatzes | 14,7 | 14,2 | 13,4 | 12,3 | 12,2 | 11,3 |
| Miete in % des Absatzes | 2,4 | 2,5 | 2,6 | 2,3 | 2,4 | 2,1 |
| Reklamekosten in % des Absatzes | 1,0 | 1,1 | 1,1 | 1,0 | 1,1 | 0,8 |
| Gesamtkosten in % des Absatzes | 30,2 | 29,9 | 29,7 | 27,7 | 28,1 | 25,8 |
| Durchschnittliche Betriebshandelsspanne in % des Absatzes | 32,5 | 33,1 | 33,1 | 33,8 | 33,0 | 31,8 |
| Betriebswirtschaftliches Betriebsergebnis in % des Absatzes | + 2,3 | + 3,2 | + 3,4 | + 6,1 | + 4,9 | + 6,0 |

1) Einschließlich des Entgelts für die nicht entlöhnte Tätigkeit des Inhabers und seiner Familie (Unternehmerlohn)
2) Jahresabsatz zu Einstandspreisen, geteilt durch den durchschnittlichen Lagerbestand zu Einstandspreisen

Tabelle 43

Absatz-, Lager-, Kosten- und Ertragszahlen
des Tabakwareneinzelhandels
im Jahre 1960, geordnet nach Betriebsgruppen mit gleicher Höhe des Absatzes je beschäftigte Person

| Tabakwareneinzelhandel | Betriebe mit einem Absatz je beschäftigte Person von ... DM | | | |
|---|---|---|---|---|
| | bis 50 000 | 50 000-75 000 | 75 000-100 000 | über 100 000 |
| Zahl der Betriebe | 8 | 23 | 18 | 19 |
| Zahl der beschäftigten Personen je Betrieb | 2,8 | 3,3 | 3,5 | 2,5 |
| Absatz 1960 in % von 1959 | 107 | 103 | 106 | 109 |
| Absatz je beschäftigte Person in DM | 41 190 | 62 980 | 87 150 | 129 860 |
| Absatz je 1 000 DM Personalkosten[1] in DM | 13 300 | 13 900 | 16 100 | 20 800 |
| Absatz je Kunde in DM | 2,70 | 3,20 | 3,10 | 3,90 |
| Absatz je qm Geschäftsraum in DM | 3 220 | 4 380 | 6 640 | 7 980 |
| Absatz je qm Verkaufsraum in DM | 4 470 | 6 100 | 9 380 | 12 660 |
| Lagerbestand je beschäftigte Person in DM | 5 720 | 7 560 | 9 820 | 12 440 |
| Umschlagsgeschwindigkeit des Warenlagers ... mal[2] | 8,7 | 7,4 | 8,1 | 9,6 |
| Personalkosten[1] je beschäftigte Person in DM | 3 090 | 4 530 | 5 400 | 6 230 |
| Personalkosten[1] in % des Absatzes | 7,5 | 7,2 | 6,2 | 4,8 |
| Miete in % des Absatzes | 2,0 | 1,3 | 1,4 | 1,2 |
| Reklamekosten in % des Absatzes | 0,2 | 0,1 | 0,3 | 0,2 |
| Gesamtkosten in % des Absatzes | 17,0 | 16,0 | 15,0 | 14,1 |
| Durchschnittliche Betriebshandelsspanne in % des Absatzes | 16,4 | 17,9 | 18,0 | 16,7 |
| Betriebswirtschaftliches Betriebsergebnis in % des Absatzes | - 0,6 | + 1,9 | + 3,0 | + 2,6 |

Tabelle 44

Absatz-, Lager-, Kosten- und Ertragszahlen
des Schuheinzelhandels
im Jahre 1960, geordnet nach Betriebsgruppen mit gleicher Höhe des Absatzes je beschäftigte Person

| Schuheinzelhandel | Betriebe mit einem Absatz je beschäftigte Person von ... DM | | | | | | | |
|---|---|---|---|---|---|---|---|---|
| | bis 30 000 | 30 000-35 000 | 35 000-40 000 | 40 000-45 000 | 45 000-50 000 | 50 000-55 000 | 55 000-60 000 | über 60 000 |
| Zahl der Betriebe | 36 | 36 | 45 | 60 | 53 | 48 | 40 | 48 |
| Zahl der beschäftigten Personen je Betrieb | 4,1 | 10,5 | 35,7 | 14,7 | 22,0 | 12,1 | 16,8 | 9,8 |
| Absatz 1960 in % von 1959 | 109 | 111 | 107 | 111 | 111 | 113 | 111 | 115 |
| Absatz je beschäftigte Person in DM | 25 070 | 32 380 | 37 520 | 42 560 | 47 400 | 52 330 | 57 560 | 66 550 |
| Absatz je 1 000 DM Personalkosten[1] in DM | 6 800 | 7 600 | 7 900 | 9 100 | 9 800 | 10 500 | 10 600 | 11 200 |
| Absatz je Kunde in DM | 15,10 | 18,10 | 21,70 | 20,60 | 22,40 | 21,80 | 23,60 | 21,40 |
| Absatz je qm Geschäftsraum in DM | 1 390 | 1 520 | 2 270 | 2 080 | 2 310 | 2 380 | 3 090 | 2 730 |
| Absatz je qm Verkaufsraum in DM | 2 180 | 2 460 | 3 660 | 3 310 | 3 770 | 4 050 | 4 950 | 4 130 |
| Lagerbestand je beschäftigte Person in DM | 9 180 | 10 310 | 10 390 | 11 800 | 12 630 | 13 120 | 12 460 | 14 940 |
| Umschlagsgeschwindigkeit des Warenlagers ... mal[2] | 1,7 | 2,0 | 2,3 | 2,4 | 2,7 | 2,7 | 3,1 | 2,8 |
| Personalkosten[1] je beschäftigte Person in DM | 3 660 | 4 270 | 4 730 | 4 680 | 4 830 | 4 970 | 5 410 | 5 920 |
| Personalkosten[1] in % des Absatzes | 14,6 | 13,2 | 12,6 | 11,0 | 10,2 | 9,5 | 9,4 | 8,9 |
| Miete in % des Absatzes | 2,4 | 2,5 | 2,2 | 1,8 | 2,0 | 1,9 | 2,0 | 2,0 |
| Reklamekosten in % des Absatzes | 1,0 | 0,9 | 1,2 | 1,0 | 1,0 | 1,0 | 1,2 | 1,0 |
| Gesamtkosten in % des Absatzes | 28,7 | 27,6 | 27,2 | 25,2 | 23,8 | 22,9 | 22,4 | 21,7 |
| Durchschnittliche Betriebshandelsspanne in % des Absatzes | 30,5 | 31,4 | 30,8 | 29,6 | 28,8 | 27,8 | 29,1 | 27,7 |
| Betriebswirtschaftliches Betriebsergebnis in % des Absatzes | + 1,8 | + 3,8 | + 3,6 | + 4,4 | + 5,0 | + 4,9 | + 6,7 | + 6,0 |

1) Einschließlich des Entgelts für die nicht entlöhnte Tätigkeit des Inhabers und seiner Familie (Unternehmerlohn)
2) Jahresabsatz zu Einstandspreisen, geteilt durch den durchschnittlichen Lagerbestand zu Einstandspreisen

Tabelle 45

Absatz-, Lager-, Kosten- und Ertragszahlen
des Möbeleinzelhandels
im Jahre 1960, geordnet nach Betriebsgruppen mit gleicher Höhe des Absatzes je beschäftigte Person

| Möbeleinzelhandel | Betriebe mit einem Absatz je beschäftigte Person von ... DM | | | | | |
|---|---|---|---|---|---|---|
| | bis 50 000 | 50 000- 60 000 | 60 000- 70 000 | 70 000- 80 000 | 80 000- 90 000 | über 90 000 |
| Zahl der Betriebe | 18 | 25 | 41 | 67 | 39 | 35 |
| Zahl der beschäftigten Personen je Betrieb | 9,9 | 29,9 | 22,6 | 21,7 | 20,6 | 15,5 |
| Absatz 1960 in % von 1959 | 106 | 106 | 105 | 107 | 108 | 109 |
| Absatz je beschäftigte Person in DM | 42 720 | 55 970 | 65 360 | 74 720 | 83 600 | 103 090 |
| Absatz je 1 000 DM Personalkosten[1] in DM | 7 400 | 7 800 | 8 700 | 9 300 | 9 300 | 12 300 |
| Absatz je Kunde in DM | 289,70 | 352,80 | 407,90 | 431,40 | 413,80 | 428,70 |
| Absatz je qm Geschäftsraum in DM | 500 | 670 | 710 | 750 | 770 | 780 |
| Absatz je qm Verkaufsraum in DM | 900 | 1 180 | 1 170 | 1 090 | 1 190 | 1 010 |
| Lagerbestand je beschäftigte Person in DM | 9 400 | 8 930 | 10 800 | 11 430 | 12 500 | 13 730 |
| Umschlagsgeschwindigkeit des Warenlagers ... mal[2] | 4,0 | 4,3 | 4,0 | 4,4 | 4,4 | 5,6 |
| Personalkosten[1] je beschäftigte Person in DM | 5 770 | 7 220 | 7 520 | 8 070 | 8 950 | 8 350 |
| Personalkosten[1] in % des Absatzes | 13,5 | 12,9 | 11,5 | 10,8 | 10,7 | 8,1 |
| Miete in % des Absatzes | 2,9 | 2,8 | 3,1 | 2,8 | 2,6 | 2,2 |
| Reklamekosten in % des Absatzes | 1,8 | 2,1 | 1,9 | 2,2 | 1,7 | 1,6 |
| Gesamtkosten in % des Absatzes | 32,0 | 30,5 | 30,1 | 28,8 | 28,2 | 24,2 |
| Durchschnittliche Betriebshandelsspanne in % des Absatzes | 32,2 | 32,8 | 33,6 | 33,0 | 34,9 | 32,6 |
| Betriebswirtschaftliches Betriebsergebnis in % des Absatzes | + 0,2 | + 2,3 | + 3,5 | + 4,2 | + 6,7 | + 8,4 |

Tabelle 46

Absatz-, Lager-, Kosten- und Ertragszahlen
des Glas-, Porzellan- und Keramikeinzelhandels
im Jahre 1960, geordnet nach Betriebsgruppen mit gleicher Höhe des Absatzes je beschäftigte Person

| Glas-, Porzellan- und Keramikeinzelhandel | Betriebe mit einem Absatz je beschäftigte Person von ... DM | | | |
|---|---|---|---|---|
| | bis 30 000 | 30 000- 35 000 | 35 000- 40 000 | über 40 000 |
| Zahl der Betriebe | 16 | 23 | 23 | 37 |
| Zahl der beschäftigten Personen je Betrieb | 12,7 | 14,6 | 17,5 | 14,1 |
| Absatz 1960 in % von 1959 | 103 | 105 | 110 | 110 |
| Absatz je beschäftigte Person in DM | 25 520 | 32 550 | 37 510 | 50 690 |
| Absatz je 1 000 DM Personalkosten[1] in DM | 6 000 | 6 800 | 7 000 | 7 900 |
| Absatz je Kunde in DM | 9,50 | 14,50 | 13,90 | 17,00 |
| Absatz je qm Geschäftsraum in DM | 870 | 990 | 1 170 | 1 480 |
| Absatz je qm Verkaufsraum in DM | 1 600 | 1 870 | 2 300 | 2 910 |
| Lagerbestand je beschäftigte Person in DM | 6 570 | 7 630 | 6 850 | 10 350 |
| Umschlagsgeschwindigkeit des Warenlagers ... mal[2] | 2,6 | 2,8 | 3,7 | 3,5 |
| Personalkosten[1] je beschäftigte Person in DM | 4 290 | 4 820 | 5 330 | 6 390 |
| Personalkosten[1] in % des Absatzes | 16,8 | 14,8 | 14,2 | 12,6 |
| Miete in % des Absatzes | 3,8 | 2,9 | 2,7 | 2,8 |
| Reklamekosten in % des Absatzes | 1,1 | 1,2 | 1,2 | 1,0 |
| Gesamtkosten in % des Absatzes | 34,8 | 32,4 | 31,0 | 29,4 |
| Durchschnittliche Betriebshandelsspanne in % des Absatzes | 35,8 | 35,0 | 35,7 | 35,8 |
| Betriebswirtschaftliches Betriebsergebnis in % des Absatzes | + 1,0 | + 2,6 | + 4,7 | + 6,4 |

[1] Einschließlich des Entgelts für die nicht entlöhnte Tätigkeit des Inhabers und seiner Familie (Unternehmerlohn)
[2] Jahresabsatz zu Einstandspreisen, geteilt durch den durchschnittlichen Lagerbestand zu Einstandspreisen

Tabelle 47

Absatz-, Lager-, Kosten- und Ertragszahlen
des Tapeten- und Linoleumhandels
im Jahre 1960, geordnet nach Betriebsgruppen mit gleicher Höhe des Absatzes je beschäftigte Person

| Tapeten- und Linoleumhandel | Betriebe mit einem Absatz je beschäftigte Person von ... DM | | | |
|---|---|---|---|---|
| | bis 30 000 | 30 000-40 000 | 40 000-50 000 | über 50 000 |
| Zahl der Betriebe | 12 | 27 | 25 | 31 |
| Zahl der beschäftigten Personen je Betrieb | 10,1 | 19,5 | 24,5 | 30,4 |
| Absatz 1960 in % von 1959 | 103 | 106 | 108 | 112 |
| Absatz je beschäftigte Person in DM | 26 300 | 35 870 | 45 280 | 64 630 |
| Absatz je 1 000 DM Personalkosten[1] in DM | 6 000 | 5 900 | 6 600 | 7 200 |
| Absatz je Kunde in DM | 18,60 | 47,40 | 45,90 | 70,60 |
| Absatz je qm Geschäftsraum in DM | 1 100 | 1 570 | 1 610 | 2 350 |
| Absatz je qm Verkaufsraum in DM | 1 870 | 3 120 | 4 340 | 6 860 |
| Großhandelsabsatz[3] in % des Absatzes | 34 | 29 | 39 | 51 |
| Lagerbestand je beschäftigte Person in DM | 6 700 | 5 610 | 5 910 | 6 510 |
| Umschlagsgeschwindigkeit des Warenlagers ... mal[2] | 3,0 | 4,4 | 5,1 | 6,9 |
| Personalkosten[1] je beschäftigte Person in DM | 4 370 | 6 060 | 6 840 | 8 920 |
| Personalkosten[1] in % des Absatzes | 16,6 | 16,9 | 15,1 | 13,8 |
| Miete in % des Absatzes | 3,5 | 2,3 | 2,0 | 1,4 |
| Reklamekosten in % des Absatzes | 1,0 | 0,9 | 0,9 | 0,9 |
| Gesamtkosten in % des Absatzes | 35,0 | 33,7 | 30,2 | 27,7 |
| Durchschnittliche Betriebshandelsspanne in % des Absatzes | 34,5 | 37,4 | 33,3 | 33,0 |
| Betriebswirtschaftliches Betriebsergebnis in % des Absatzes | - 0,5 | + 3,7 | + 3,1 | + 5,3 |

Tabelle 48

Absatz-, Lager-, Kosten- und Ertragszahlen
des Papier-, Bürobedarf- und Schreibwareneinzelhandels
im Jahre 1960, geordnet nach Betriebsgruppen mit gleicher Höhe des Absatzes je beschäftigte Person

| Papier-, Bürobedarf- und Schreibwareneinzelhandel | Betriebe mit einem Absatz je beschäftigte Person von ... DM | | | | | |
|---|---|---|---|---|---|---|
| | bis 30 000 | 30 000-35 000 | 35 000-40 000 | 40 000-45 000 | 45 000-50 000 | über 50 000 |
| Zahl der Betriebe | 31 | 21 | 21 | 13 | 13 | 17 |
| Zahl der beschäftigten Personen je Betrieb | 6,8 | 9,2 | 13,9 | 23,9 | 13,7 | 19,8 |
| Absatz 1960 in % von 1959 | 106 | 107 | 111 | 114 | 110 | 116 |
| Absatz je beschäftigte Person in DM | 25 010 | 32 720 | 37 390 | 41 440 | 47 190 | 60 780 |
| Absatz je 1 000 DM Personalkosten[1] in DM | 6 100 | 6 600 | 6 800 | 7 000 | 7 800 | 8 600 |
| Barabsatz je Barkunde in DM | 2,20 | 2,90 | 3,20 | 3,60 | 4,50 | 6,10 |
| Kreditabsatz je Kreditkunde in DM | 46,50 | 38,80 | 72,90 | 80,80 | 74,20 | 100,90 |
| Absatz je qm Geschäftsraum in DM | 1 540 | 1 840 | 1 980 | 2 150 | 1 720 | 2 570 |
| Absatz je qm Verkaufsraum in DM | 2 800 | 3 080 | 4 110 | 4 750 | 4 250 | 6 950 |
| Großhandelsabsatz[3] in % des Absatzes | 36 | 37 | 49 | 60 | 60 | 76 |
| Lagerbestand je beschäftigte Person in DM | 4 570 | 5 450 | 4 820 | 5 200 | 6 200 | 6 230 |
| Umschlagsgeschwindigkeit des Warenlagers ... mal[2] | 4,3 | 5,2 | 5,8 | 6,2 | 4,8 | 9,7 |
| Personalkosten[1] je beschäftigte Person in DM | 4 100 | 4 940 | 5 530 | 5 880 | 6 090 | 7 050 |
| Personalkosten[1] in % des Absatzes | 16,4 | 15,1 | 14,8 | 14,2 | 12,9 | 11,6 |
| Miete in % des Absatzes | 2,4 | 2,6 | 2,3 | 2,1 | 2,1 | 1,6 |
| Reklamekosten in % des Absatzes | 0,9 | 0,8 | 0,7 | 1,0 | 0,8 | 0,7 |
| Gesamtkosten in % des Absatzes | 30,1 | 29,1 | 27,5 | 27,2 | 27,0 | 22,7 |
| Durchschnittliche Betriebshandelsspanne in % des Absatzes | 33,3 | 30,5 | 32,9 | 33,1 | 32,5 | 28,0 |
| Betriebswirtschaftliches Betriebsergebnis in % des Absatzes | + 3,2 | + 1,4 | + 5,4 | + 5,9 | + 5,5 | + 5,3 |

1) Einschließlich des Entgelts für die nicht entlöhnte Tätigkeit des Inhabers und seiner Familie (Unternehmerlohn)
2) Jahresabsatz zu Einstandspreisen, geteilt durch den durchschnittlichen Lagerbestand zu Einstandspreisen
3) An Wiederverkäufer und Großverwender

Tabelle 49

Absatz-, Lager-, Kosten- und Ertragszahlen
des Büromaschinen-, Büromöbel- und Organisationsmittelhandels
im Jahre 1960, geordnet nach Betriebsgruppen mit gleicher Höhe des Absatzes je beschäftigte Person

| Büromaschinen-, Büromöbel- und Organisationsmittelhandel | Betriebe mit einem Absatz je beschäftigte Person von ... DM | | | |
|---|---|---|---|---|
| | bis 35 000 | 35 000- 50 000 | 50 000- 65 000 | über 65 000 |
| Zahl der Betriebe | 9 | 29 | 27 | 26 |
| Zahl der beschäftigten Personen je Betrieb | 15,3 | 24,3 | 25,2 | 42,0 |
| Absatz 1960 in % von 1959 | 110 | 112 | 117 | 116 |
| Absatz je beschäftigte Person in DM | 30 680 | 42 900 | 57 730 | 80 320 |
| Absatz je 1 000 DM Personalkosten[1] in DM | 6 300 | 6 700 | 7 200 | 8 800 |
| Barabsatz je Barkunde in DM | 27,00 | 26,60 | 17,90 | 42,40 |
| Kreditabsatz je Kreditkunde in DM | 208,10 | 144,80 | 215,10 | 251,60 |
| Absatz je qm Geschäftsraum in DM | 2 550 | 2 340 | 3 470 | 5 400 |
| Absatz je qm Verkaufsraum in DM | 6 460 | 7 270 | 9 430 | 11 720 |
| Großhandelsabsatz[3] in % des Absatzes | 66 | 79 | 89 | 92 |
| Lagerbestand je beschäftigte Person in DM | 3 760 | 4 840 | 5 390 | 6 910 |
| Umschlagsgeschwindigkeit des Warenlagers ... mal[2] | 4,2 | 5,8 | 8,4 | 8,9 |
| Personalkosten[1] je beschäftigte Person in DM | 4 910 | 6 440 | 8 020 | 9 030 |
| Personalkosten[1] in % des Absatzes | 16,0 | 15,0 | 13,9 | 11,3 |
| Miete in % des Absatzes | 2,3 | 1,7 | 1,2 | 1,1 |
| Reklamekosten in % des Absatzes | 1,1 | 1,1 | 1,1 | 1,0 |
| Gesamtkosten in % des Absatzes | 30,2 | 28,7 | 26,5 | 21,8 |
| Durchschnittliche Betriebshandelsspanne in % des Absatzes | 35,3 | 33,0 | 32,1 | 27,5 |
| Betriebswirtschaftliches Betriebsergebnis in % des Absatzes | + 5,1 | + 4,3 | + 5,6 | + 5,7 |

Tabelle 50

Absatz-, Lager-, Kosten- und Ertragszahlen
des Radio- und Fernseheinzelhandels
im Jahre 1960, geordnet nach Betriebsgruppen mit gleicher Höhe des Absatzes je beschäftigte Person

| Radio- und Fernseheinzelhandel | Betriebe mit einem Absatz je beschäftigte Person von ... DM | | | |
|---|---|---|---|---|
| | bis 30 000 | 30 000- 40 000 | 40 000- 50 000 | über 50 000 |
| Zahl der Betriebe | 13 | 30 | 33 | 36 |
| Zahl der beschäftigten Personen je Betrieb | 14,4 | 16,6 | 19,5 | 13,4 |
| Absatz 1960 in % von 1959 | 99 | 103 | 101 | 105 |
| Absatz je beschäftigte Person in DM | 25 020 | 35 770 | 45 510 | 60 870 |
| Absatz je 1 000 DM Personalkosten[1] in DM | 6 000 | 7 000 | 7 400 | 9 100 |
| Absatz je Kunde in DM | 59,80 | 43,40 | 45,10 | 40,60 |
| Absatz je qm Geschäftsraum in DM | 2 080 | 2 070 | 2 390 | 2 930 |
| Absatz je qm Verkaufsraum in DM | 4 420 | 3 740 | 3 750 | 4 550 |
| Lagerbestand je beschäftigte Person in DM | 4 800 | 6 550 | 7 020 | 9 380 |
| Umschlagsgeschwindigkeit des Warenlagers ... mal[2] | 4,0 | 3,9 | 4,4 | 4,7 |
| Personalkosten[1] je beschäftigte Person in DM | 4 200 | 5 030 | 6 190 | 6 700 |
| Personalkosten[1] in % des Absatzes | 16,8 | 14,2 | 13,6 | 11,0 |
| Miete in % des Absatzes | 1,8 | 2,3 | 2,0 | 2,0 |
| Reklamekosten in % des Absatzes | 0,7 | 1,3 | 1,6 | 1,6 |
| Gesamtkosten in % des Absatzes | 34,8 | 32,7 | 30,9 | 27,8 |
| Durchschnittliche Betriebshandelsspanne in % des Absatzes | 34,5 | 33,0 | 33,3 | 33,1 |
| Betriebswirtschaftliches Betriebsergebnis in % des Absatzes | - 0,3 | + 0,3 | + 2,4 | + 5,3 |

1) Einschließlich des Entgelts für die nicht entlöhnte Tätigkeit des Inhabers und seiner Familie (Unternehmerlohn)
2) Jahresabsatz zu Einstandspreisen, geteilt durch den durchschnittlichen Lagerbestand zu Einstandspreisen
3) An Wiederverkäufer und Großverwender

Tabelle 51

Absatz-, Lager-, Kosten- und Ertragszahlen
des Photoeinzelhandels
im Jahre 1960, geordnet nach Betriebsgruppen mit gleicher Höhe des Absatzes je beschäftigte Person

| Photoeinzelhandel | Betriebe mit einem Absatz je beschäftigte Person von ... DM | | |
|---|---|---|---|
| | bis 30 000 | 30 000- 40 000 | über 40 000 |
| Zahl der Betriebe | 20 | 23 | 19 |
| Zahl der beschäftigten Personen je Betrieb | 22,4 | 25,6 | 26,6 |
| Absatz 1960 in % von 1959 | 103 | 108 | 108 |
| Absatz je beschäftigte Person in DM | 24 950 | 35 160 | 59 730 |
| Absatz je 1 000 DM Personalkosten[1]) in DM | 5 000 | 5 700 | 8 600 |
| Absatz je Kunde in DM | 15,00 | 16,50 | 27,00 |
| Absatz je qm Geschäftsraum in DM | 1 850 | 2 750 | 4 170 |
| Absatz je qm Verkaufsraum in DM | 5 000 | 6 580 | 9 670 |
| Lagerbestand je beschäftigte Person in DM | 4 170 | 5 150 | 6 410 |
| Umschlagsgeschwindigkeit des Warenlagers ... mal[2]) | 3,4 | 4,0 | 6,1 |
| Personalkosten[1]) je beschäftigte Person in DM | 5 040 | 6 120 | 6 930 |
| Personalkosten[1]) in % des Absatzes | 20,2 | 17,4 | 11,6 |
| Miete in % des Absatzes | 3,0 | 2,4 | 2,0 |
| Reklamekosten in % des Absatzes | 2,4 | 2,5 | 2,1 |
| Gesamtkosten in % des Absatzes | 42,2 | 36,6 | 27,5 |
| Durchschnittliche Betriebshandelsspanne in % des Absatzes | 45,7 | 42,0 | 34,3 |
| Betriebswirtschaftliches Betriebsergebnis in % des Absatzes | + 3,5 | + 5,4 | + 6,8 |

Tabelle 52

Absatz-, Lager-, Kosten- und Ertragszahlen
des Uhren-, Juwelen-, Gold- und Silberwareneinzelhandels
im Jahre 1960, geordnet nach Betriebsgruppen mit gleicher Höhe des Absatzes je beschäftigte Person

| Uhren-, Juwelen-, Gold- und Silberwareneinzelhandel | Betriebe mit einem Absatz je beschäftigte Person von ... DM | | | | |
|---|---|---|---|---|---|
| | bis 25 000 | 25 000- 35 000 | 35 000- 45 000 | 45 000- 55 000 | über 55 000 |
| Zahl der Betriebe | 19 | 47 | 43 | 24 | 30 |
| Zahl der beschäftigten Personen je Betrieb | 4,0 | 7,7 | 8,0 | 9,1 | 10,8 |
| Absatz 1960 in % von 1959 | 104 | 109 | 111 | 116 | 124 |
| Absatz je beschäftigte Person in DM | 19 860 | 30 520 | 39 270 | 48 710 | 72 910 |
| Absatz je 1 000 DM Personalkosten[1]) in DM | 5 000 | 5 700 | 6 500 | 7 200 | 10 000 |
| Absatz je Kunde in DM | 17,50 | 27,20 | 29,40 | 39,60 | 77,40 |
| Absatz je qm Geschäftsraum in DM | 1 500 | 2 660 | 3 010 | 3 770 | 5 010 |
| Absatz je qm Verkaufsraum in DM | 2 590 | 4 770 | 5 660 | 7 170 | 9 260 |
| Lagerbestand je beschäftigte Person in DM | 10 640 | 10 970 | 13 900 | 18 450 | 32 040 |
| Umschlagsgeschwindigkeit des Warenlagers ... mal[2]) | 1,0 | 1,6 | 1,6 | 1,4 | 1,7 |
| Personalkosten[1]) je beschäftigte Person in DM | 3 950 | 5 310 | 6 010 | 6 720 | 7 290 |
| Personalkosten[1]) in % des Absatzes | 19,9 | 17,4 | 15,3 | 13,8 | 10,0 |
| Miete in % des Absatzes | 3,4 | 2,5 | 2,6 | 2,4 | 2,6 |
| Reklamekosten in % des Absatzes | 1,6 | 1,6 | 1,9 | 1,6 | 2,0 |
| Gesamtkosten in % des Absatzes | 40,4 | 37,8 | 35,9 | 34,0 | 28,8 |
| Durchschnittliche Betriebshandelsspanne in % des Absatzes | 44,6 | 43,6 | 44,8 | 43,3 | 38,6 |
| Betriebswirtschaftliches Betriebsergebnis in % des Absatzes | + 4,2 | + 5,8 | + 8,9 | + 9,3 | + 9,8 |

[1]) Einschließlich des Entgelts für die nicht entlöhnte Tätigkeit des Inhabers und seiner Familie (Unternehmerlohn)
[2]) Jahresabsatz zu Einstandspreisen, geteilt durch den durchschnittlichen Lagerbestand zu Einstandspreisen

Tabelle 53

Absatz-, Lager-, Kosten- und Ertragszahlen
des Leder- und Galanteriewareneinzelhandels
im Jahre 1960, geordnet nach Betriebsgruppen mit gleicher Höhe des Absatzes je beschäftigte Person

| Leder- und Galanteriewareneinzelhandel | Betriebe mit einem Absatz je beschäftigte Person von ... DM | | |
|---|---|---|---|
| | bis 40 000 | 40 000–50 000 | über 50 000 |
| Zahl der Betriebe | 9 | 37 | 40 |
| Zahl der beschäftigten Personen je Betrieb | 5,1 | 10,3 | 9,5 |
| Absatz 1960 in % von 1959 | 107 | 111 | 113 |
| Absatz je beschäftigte Person in DM | 29 450 | 46 080 | 62 940 |
| Absatz je 1 000 DM Personalkosten[1] in DM | 7 700 | 8 300 | 10 000 |
| Absatz je Kunde in DM | 14,00 | 19,80 | 23,90 |
| Absatz je qm Geschäftsraum in DM | 1 100 | 1 830 | 2 560 |
| Absatz je qm Verkaufsraum in DM | 1 870 | 3 270 | 4 220 |
| Lagerbestand je beschäftigte Person in DM | 8 320 | 9 190 | 10 310 |
| Umschlagsgeschwindigkeit des Warenlagers ... mal[2] | 2,2 | 3,2 | 4,0 |
| Personalkosten[1] je beschäftigte Person in DM | 3 830 | 5 530 | 6 290 |
| Personalkosten[1] in % des Absatzes | 13,0 | 12,0 | 10,0 |
| Miete in % des Absatzes | 3,8 | 3,4 | 3,1 |
| Reklamekosten in % des Absatzes | 1,4 | 1,2 | 1,2 |
| Gesamtkosten in % des Absatzes | 30,9 | 29,4 | 26,0 |
| Durchschnittliche Betriebshandelsspanne in % des Absatzes | 35,1 | 34,7 | 33,8 |
| Betriebswirtschaftliches Betriebsergebnis in % des Absatzes | + 4,2 | + 5,3 | + 7,8 |

Tabelle 54

Absatz-, Lager-, Kosten- und Ertragszahlen
des Sortimentsbuchhandels
im Jahre 1960, geordnet nach Betriebsgruppen mit gleicher Höhe des Absatzes je beschäftigte Person

| Sortimentsbuchhandel | Betriebe mit einem Absatz je beschäftigte Person von ... DM | | | | | |
|---|---|---|---|---|---|---|
| | bis 35 000 | 35 000–40 000 | 40 000–45 000 | 45 000–50 000 | 50 000–55 000 | über 55 000 |
| Zahl der Betriebe | 25 | 21 | 31 | 29 | 28 | 32 |
| Zahl der beschäftigten Personen je Betrieb | 9,4 | 13,9 | 14,5 | 10,0 | 12,4 | 11,3 |
| Absatz 1960 in % von 1959 | 108 | 111 | 110 | 111 | 113 | 112 |
| Absatz je beschäftigte Person in DM | 31 630 | 37 560 | 42 520 | 47 490 | 51 850 | 65 370 |
| Absatz je 1 000 DM Personalkosten[1] in DM | 7 200 | 7 400 | 7 300 | 7 900 | 7 900 | 9 300 |
| Barabsatz je Barkunde in DM | 5,30 | 6,90 | 7,40 | 6,30 | 10,10 | 9,20 |
| Absatz je qm Geschäftsraum in DM | 2 110 | 2 540 | 2 810 | 2 850 | 4 190 | 3 750 |
| Absatz je qm Verkaufsraum in DM | 3 870 | 4 030 | 4 670 | 4 630 | 7 120 | 6 340 |
| Lagerbestand je beschäftigte Person in DM | 4 470 | 4 490 | 5 620 | 5 480 | 4 910 | 6 580 |
| Umschlagsgeschwindigkeit des Warenlagers ...mal[2] | 3,1 | 4,0 | 3,9 | 4,6 | 4,9 | 4,9 |
| Personalkosten[1] je beschäftigte Person in DM | 4 400 | 5 070 | 5 830 | 6 030 | 6 580 | 6 990 |
| Personalkosten[1] in % des Absatzes | 13,9 | 13,5 | 13,7 | 12,7 | 12,7 | 10,7 |
| Miete in % des Absatzes | 2,9 | 2,1 | 2,5 | 2,4 | 2,0 | 1,9 |
| Reklamekosten in % des Absatzes | 1,3 | 1,2 | 1,2 | 1,0 | 1,4 | 1,4 |
| Gesamtkosten in % des Absatzes | 28,3 | 28,8 | 28,4 | 26,5 | 25,8 | 24,6 |
| Durchschnittliche Betriebshandelsspanne in % des Absatzes | 30,4 | 32,2 | 31,1 | 29,0 | 28,8 | 31,2 |
| Betriebswirtschaftliches Betriebsergebnis in % des Absatzes | + 1,6 | + 3,4 | + 2,7 | + 2,5 | + 3,0 | + 6,6 |

1) Einschließlich des Entgelts für die nicht entlöhnte Tätigkeit des Inhabers und seiner Familie (Unternehmerlohn)
2) Jahresabsatz zu Einstandspreisen, geteilt durch den durchschnittlichen Lagerbestand zu Einstandspreisen

Tabelle 55

Absatz-, Lager-, Kosten- und Ertragszahlen
der Gemischtwarengeschäfte
im Jahre 1960, geordnet nach Betriebsgruppen mit gleicher Höhe des Absatzes je beschäftigte Person

| Gemischtwarengeschäfte | Betriebe mit einem Absatz je beschäftigte Person von ... DM | | | |
|---|---|---|---|---|
| | bis 45 000 | 45 000- 55 000 | 55 000- 65 000 | über 65 000 |
| Zahl der Betriebe | 18 | 21 | 24 | 26 |
| Zahl der beschäftigten Personen je Betrieb | 6,9 | 6,9 | 4,6 | 3,4 |
| Absatz 1960 in % von 1959 | 103 | 104 | 109 | 109 |
| Absatz je beschäftigte Person in DM | 36 630 | 50 120 | 59 610 | 76 650 |
| Absatz je 1 000 DM Personalkosten[1] in DM | 9 100 | 11 400 | 11 600 | 13 000 |
| Absatz je Kunde in DM | 5,2 | 5,8 | 5,6 | 4,6 |
| Absatz je qm Geschäftsraum in DM | 1 460 | 1 520 | 2 010 | 2 420 |
| Absatz je qm Verkaufsraum in DM | 2 280 | 2 640 | 3 230 | 3 540 |
| Lagerbestand je beschäftigte Person in DM | 6 660 | 7 610 | 8 570 | 11 220 |
| Umschlagsgeschwindigkeit des Warenlagers ... mal[2] | 5,7 | 6,1 | 7,7 | 6,9 |
| Personalkosten[1] je beschäftigte Person in DM | 4 030 | 4 410 | 5 130 | 5 900 |
| Personalkosten[1] in % des Absatzes | 11,0 | 8,8 | 8,6 | 7,7 |
| Miete in % des Absatzes | 1,5 | 1,5 | 1,3 | 1,2 |
| Reklamekosten in % des Absatzes | 0,5 | 0,4 | 0,5 | 0,4 |
| Gesamtkosten in % des Absatzes | 22,1 | 21,3 | 20,0 | 19,5 |
| Durchschnittliche Betriebshandelsspanne in % des Absatzes | 21,3 | 20,7 | 19,9 | 19,3 |
| Betriebswirtschaftliches Betriebsergebnis in % des Absatzes | - 0,8 | - 0,6 | - 0,1 | - 0,2 |

Tabelle 56

Absatz-, Lager-, Kosten- und Ertragszahlen
des Textileinzelhandels mit vorwiegend
Herren- und Knabenoberbekleidung
im Jahre 1960, geordnet nach Betriebsgruppen mit gleicher Höhe des Absatzes je beschäftigte Person

| Textileinzelhandel mit vorwiegend Herren- und Knabenoberbekleidung | Betriebe mit einem Absatz je beschäftigte Person von ... DM | | | | |
|---|---|---|---|---|---|
| | bis 45 000 | 45 000- 55 000 | 55 000- 65 000 | 65 000- 75 000 | über 75 000 |
| Zahl der Betriebe | 14 | 27 | 25 | 21 | 35 |
| Zahl der beschäftigten Personen je Betrieb | 45,2 | 26,4 | 22,5 | 27,3 | 24,1 |
| Absatz 1960 in % von 1959 | 105 | 108 | 112 | 108 | 114 |
| Absatz je beschäftigte Person in DM | 36 720 | 50 000 | 59 950 | 68 730 | 88 190 |
| Absatz je 1 000 DM Personalkosten[1] in DM | 6 800 | 8 500 | 8 500 | 9 600 | 11 500 |
| Absatz je Kunde in DM | 42,60 | 58,30 | 57,40 | 60,00 | 54,70 |
| Absatz je qm Geschäftsraum in DM | 1 730 | 2 020 | 2 110 | 2 690 | 3 120 |
| Absatz je qm Verkaufsraum in DM | 2 570 | 3 010 | 2 730 | 3 690 | 4 260 |
| Lagerbestand je beschäftigte Person in DM | 11 140 | 11 290 | 13 150 | 14 660 | 14 670 |
| Umschlagsgeschwindigkeit des Warenlagers ... mal[2] | 2,3 | 2,8 | 2,9 | 3,4 | 4,3 |
| Personalkosten[1] je beschäftigte Person in DM | 5 430 | 5 900 | 7 010 | 7 150 | 7 670 |
| Personalkosten[1] in % des Absatzes | 14,8 | 11,8 | 11,7 | 10,4 | 8,7 |
| Miete in % des Absatzes | 3,1 | 3,0 | 2,3 | 2,7 | 1,9 |
| Reklamekosten in % des Absatzes | 2,1 | 2,0 | 2,3 | 2,7 | 1,9 |
| Gesamtkosten in % des Absatzes | 32,7 | 29,0 | 28,3 | 27,5 | 23,1 |
| Durchschnittliche Betriebshandelsspanne in % des Absatzes | 32,1 | 31,5 | 31,9 | 33,3 | 31,8 |
| Betriebswirtschaftliches Betriebsergebnis in % des Absatzes | - 0,6 | + 2,5 | + 3,6 | + 5,8 | + 8,7 |

1) Einschließlich des Entgelts für die nicht entlöhnte Tätigkeit des Inhabers und seiner Familie (Unternehmerlohn)
2) Jahresabsatz zu Einstandspreisen, geteilt durch den durchschnittlichen Lagerbestand zu Einstandspreisen

Tabelle 57

Absatz-, Lager-, Kosten- und Ertragszahlen
des Textileinzelhandels mit vorwiegend
**Damen-, Mädchen- und Kinderoberbekleidung**
im Jahre 1960, geordnet nach Betriebsgruppen mit gleicher Höhe des Absatzes je beschäftigte Person

| Textileinzelhandel mit vorwiegend Damen-, Mädchen- und Kinderoberbekleidung | Betriebe mit einem Absatz je beschäftigte Person von ... DM | | | | |
|---|---|---|---|---|---|
| | bis 30 000 | 30 000- 35 000 | 35 000- 40 000 | 40 000- 45 000 | über 45 000 |
| Zahl der Betriebe | 13 | 12 | 27 | 15 | 30 |
| Zahl der beschäftigten Personen je Betrieb | 17,2 | 20,0 | 27,2 | 23,2 | 22,6 |
| Absatz 1960 in % von 1959 | 105 | 107 | 107 | 112 | 113 |
| Absatz je beschäftigte Person in DM | 27 250 | 32 900 | 37 250 | 42 510 | 53 210 |
| Absatz je 1 000 DM Personalkosten[1] in DM | 5 900 | 6 700 | 7 000 | 8 100 | 8 900 |
| Absatz je Kunde in DM | 63,30 | 81,50 | 57,20 | 62,00 | 53,80 |
| Absatz je qm Geschäftsraum in DM | 1 860 | 2 220 | 2 200 | 2 480 | 2 540 |
| Absatz je qm Verkaufsraum in DM | 2 620 | 3 180 | 2 930 | 3 890 | 3 520 |
| Lagerbestand je beschäftigte Person in DM | 5 900 | 6 880 | 7 100 | 6 350 | 9 540 |
| Umschlagsgeschwindigkeit des Warenlagers ... mal[2] | 3,1 | 3,0 | 3,3 | 3,9 | 3,6 |
| Personalkosten[1] je beschäftigte Person in DM | 4 630 | 4 900 | 5 290 | 5 270 | 5 960 |
| Personalkosten[1] in % des Absatzes | 17,0 | 14,9 | 14,2 | 12,4 | 11,2 |
| Miete in % des Absatzes | 3,9 | 3,3 | 2,5 | 1,9 | 2,4 |
| Reklamekosten in % des Absatzes | 1,3 | 1,3 | 1,7 | 1,5 | 1,4 |
| Gesamtkosten in % des Absatzes | 34,3 | 30,6 | 29,3 | 26,8 | 25,9 |
| Durchschnittliche Betriebshandelsspanne in % des Absatzes | 33,7 | 32,3 | 32,9 | 33,8 | 30,7 |
| Betriebswirtschaftliches Betriebsergebnis in % des Absatzes | - 0,6 | + 1,7 | + 3,6 | + 7,0 | + 4,8 |

Tabelle 58

Absatz-, Lager-, Kosten- und Ertragszahlen
des Textileinzelhandels mit vorwiegend
**Wäsche, Wirk- und Strickwaren**
im Jahre 1960, geordnet nach Betriebsgruppen mit gleicher Höhe des Absatzes je beschäftigte Person

| Textileinzelhandel mit vorwiegend Wäsche, Wirk- und Strickwaren | Betriebe mit einem Absatz je beschäftigte Person von ... DM | | | | |
|---|---|---|---|---|---|
| | bis 35 000 | 35 000- 40 000 | 40 000- 45 000 | 45 000- 50 000 | über 50 000 |
| Zahl der Betriebe | 29 | 32 | 29 | 31 | 53 |
| Zahl der beschäftigten Personen je Betrieb | 19,6 | 9,3 | 12,6 | 11,8 | 7,9 |
| Absatz 1960 in % von 1959 | 105 | 106 | 105 | 107 | 110 |
| Absatz je beschäftigte Person in DM | 29 850 | 37 780 | 42 200 | 47 470 | 61 840 |
| Absatz je 1 000 DM Personalkosten[1] in DM | 6 900 | 7 900 | 8 100 | 8 500 | 9 700 |
| Absatz je Kunde in DM | 10,20 | 13,60 | 14,40 | 15,10 | 15,90 |
| Absatz je qm Geschäftsraum in DM | 1 970 | 2 280 | 2 660 | 2 840 | 3 670 |
| Absatz je qm Verkaufsraum in DM | 2 730 | 3 260 | 3 760 | 4 060 | 5 410 |
| Lagerbestand je beschäftigte Person in DM | 8 700 | 10 180 | 9 960 | 9 060 | 11 010 |
| Umschlagsgeschwindigkeit des Warenlagers ... mal[2] | 2,4 | 2,6 | 2,9 | 3,3 | 3,7 |
| Personalkosten[1] je beschäftigte Person in DM | 4 300 | 4 800 | 5 190 | 5 600 | 6 370 |
| Personalkosten[1] in % des Absatzes | 14,4 | 12,7 | 12,3 | 11,8 | 10,3 |
| Miete in % des Absatzes | 3,0 | 2,5 | 2,7 | 2,0 | 2,0 |
| Reklamekosten in % des Absatzes | 1,4 | 1,4 | 1,2 | 1,1 | 1,1 |
| Gesamtkosten in % des Absatzes | 30,6 | 28,8 | 27,6 | 25,7 | 24,7 |
| Durchschnittliche Betriebshandelsspanne in % des Absatzes | 30,7 | 30,7 | 30,1 | 30,1 | 30,0 |
| Betriebswirtschaftliches Betriebsergebnis in % des Absatzes | + 0,1 | + 1,9 | + 2,5 | + 4,4 | + 5,3 |

1) Einschließlich des Entgelts für die nicht entlöhnte Tätigkeit des Inhabers und seiner Familie (Unternehmerlohn)
2) Jahresabsatz zu Einstandspreisen, geteilt durch den durchschnittlichen Lagerbestand zu Einstandspreisen

Tabelle 59

Absatz-, Lager-, Kosten- und Ertragszahlen
**des Textileinzelhandels mit gemischtem Sortiment**
im Jahre 1960, geordnet nach Betriebsgruppen mit gleicher Höhe des Absatzes je beschäftigte Person

| Textileinzelhandel mit gemischtem Sortiment | Betriebe mit einem Absatz je beschäftigte Person von ... DM | | | | | | |
|---|---|---|---|---|---|---|---|
| | bis 30 000 | 30 000–35 000 | 35 000–40 000 | 40 000–45 000 | 45 000–50 000 | 50 000–55 000 | über 55 000 |
| Zahl der Betriebe | 44 | 68 | 84 | 79 | 59 | 34 | 30 |
| Zahl der beschäftigten Personen je Betrieb | 21,5 | 37,1 | 40,6 | 56,6 | 31,6 | 36,5 | 24,4 |
| Absatz 1960 in % von 1959 | 103 | 104 | 107 | 106 | 109 | 107 | 110 |
| Absatz je beschäftigte Person in DM | 26 010 | 32 920 | 37 490 | 42 600 | 47 110 | 52 370 | 62 720 |
| Absatz je 1 000 DM Personalkosten[1)] in DM | 6 500 | 7 100 | 7 800 | 8 300 | 8 800 | 9 500 | 11 100 |
| Absatz je Kunde in DM | 13,00 | 12,70 | 13,00 | 15,40 | 15,40 | 14,00 | 14,40 |
| Absatz je qm Geschäftsraum in DM | 1 260 | 1 970 | 1 780 | 2 170 | 2 290 | 2 380 | 2 140 |
| Absatz je qm Verkaufsraum in DM | 1 810 | 2 720 | 2 500 | 2 880 | 3 000 | 3 160 | 2 830 |
| Lagerbestand je beschäftigte Person in DM | 7 550 | 8 170 | 7 990 | 9 600 | 10 620 | 11 230 | 13 930 |
| Umschlagsgeschwindigkeit des Warenlagers ... mal[2)] | 2,5 | 2,8 | 3,3 | 3,1 | 3,0 | 3,4 | 3,6 |
| Personalkosten[1)] je beschäftigte Person in DM | 4 030 | 4 640 | 4 840 | 5 110 | 5 370 | 5 500 | 5 640 |
| Personalkosten[1)] in % des Absatzes | 15,5 | 14,1 | 12,9 | 12,0 | 11,4 | 10,5 | 9,0 |
| Miete in % des Absatzes | 2,6 | 2,1 | 2,0 | 1,8 | 1,9 | 1,7 | 1,6 |
| Reklamekosten in % des Absatzes | 1,2 | 1,4 | 1,5 | 1,4 | 1,3 | 1,2 | 1,1 |
| Gesamtkosten in % des Absatzes | 32,0 | 29,1 | 27,7 | 26,3 | 26,0 | 24,9 | 22,3 |
| Durchschnittliche Betriebshandelsspanne in % des Absatzes | 31,4 | 30,8 | 30,5 | 30,1 | 29,6 | 28,7 | 27,4 |
| Betriebswirtschaftliches Betriebsergebnis in % des Absatzes | − 0,6 | + 1,7 | + 2,8 | + 3,8 | + 3,6 | + 3,8 | + 5,1 |

Tabelle 60

Absatz-, Lager-, Kosten- und Ertragszahlen
des Eisenwaren- und Hausrathandels mit vorwiegend
**Haus- und Küchengeräten**
im Jahre 1960, geordnet nach Betriebsgruppen mit gleicher Höhe des Absatzes je beschäftigte Person

| Eisenwaren- und Hausrathandel mit vorwiegend Haus- und Küchengeräten | Betriebe mit einem Absatz je beschäftigte Person von ... DM | | |
|---|---|---|---|
| | bis 35 000 | 35 000–45 000 | über 45 000 |
| Zahl der Betriebe | 21 | 18 | 13 |
| Zahl der beschäftigten Personen je Betrieb | 12,1 | 27,3 | 8,6 |
| Absatz 1960 in % von 1959 | 112 | 109 | 114 |
| Absatz je beschäftigte Person in DM | 28 180 | 38 960 | 54 130 |
| Absatz je 1 000 DM Personalkosten[1)] in DM | 6 000 | 7 400 | 9 400 |
| Barabsatz je Barkunde in DM | 6,7 | 8,5 | 9,5 |
| Kreditabsatz je Kreditkunde in DM | 26,4 | 46,1 | 56,3 |
| Absatz je qm Geschäftsraum in DM | 770 | 1 180 | 1 230 |
| Absatz je qm Verkaufsraum in DM | 1 720 | 2 060 | 2 330 |
| Großhandelsabsatz[3)] in % des Absatzes | 5 | 10 | 7 |
| Lagerbestand je beschäftigte Person in DM | 7 190 | 7 560 | 10 950 |
| Umschlagsgeschwindigkeit des Warenlagers ... mal[2)] | 2,6 | 3,4 | 3,3 |
| Personalkosten[1)] je beschäftigte Person in DM | 4 710 | 5 260 | 5 740 |
| Personalkosten[1)] in % des Absatzes | 16,7 | 13,5 | 10,6 |
| Miete in % des Absatzes | 3,5 | 2,6 | 2,9 |
| Reklamekosten in % des Absatzes | 0,9 | 1,3 | 0,9 |
| Gesamtkosten in % des Absatzes | 33,1 | 29,2 | 25,8 |
| Durchschnittliche Betriebshandelsspanne in % des Absatzes | 32,5 | 32,8 | 29,6 |
| Betriebswirtschaftliches Betriebsergebnis in % des Absatzes | − 0,6 | + 3,6 | + 3,8 |

1) Einschließlich des Entgelts für die nicht entlöhnte Tätigkeit des Inhabers und seiner Familie (Unternehmerlohn)
2) Jahresabsatz zu Einstandspreisen, geteilt durch den durchschnittlichen Lagerbestand zu Einstandspreisen
3) An Wiederverkäufer und Großverwender

Tabelle 61

Absatz-, Lager-, Kosten- und Ertragszahlen
des Eisenwaren- und Hausrathandels mit vorwiegend
**Kleineisenwaren, Werkzeugen**
im Jahre 1960, geordnet nach Betriebsgruppen mit gleicher Höhe des Absatzes je beschäftigte Person

| Eisenwaren- und Hausrathandel mit vorwiegend Kleineisenwaren, Werkzeugen | Betriebe mit einem Absatz je beschäftigte Person von ... DM | | |
|---|---|---|---|
| | bis 45 000 | 45 000- 55 000 | über 55 000 |
| Zahl der Betriebe | 13 | 12 | 25 |
| Zahl der beschäftigten Personen je Betrieb | 13,8 | 23,6 | 19,3 |
| Absatz 1960 in % von 1959 | 111 | 110 | 112 |
| Absatz je beschäftigte Person in DM | 39 180 | 50 720 | 71 620 |
| Absatz je 1 000 DM Personalkosten[1] in DM | 6 800 | 8 400 | 10 200 |
| Barabsatz je Barkunde in DM | 4,20 | 5,10 | 5,20 |
| Kreditabsatz je Kreditkunde in DM | 35,70 | 34,10 | 72,90 |
| Absatz je qm Geschäftsraum in DM | 1 380 | 1 950 | 2 500 |
| Absatz je qm Verkaufsraum in DM | 4 060 | 4 770 | 8 950 |
| Großhandelsabsatz[3] in % des Absatzes | 56 | 69 | 81 |
| Lagerbestand je beschäftigte Person in DM | 6 980 | 9 360 | 11 840 |
| Umschlagsgeschwindigkeit des Warenlagers ... mal[2] | 3,3 | 3,6 | 4,7 |
| Personalkosten[1] je beschäftigte Person in DM | 5 720 | 6 040 | 7 020 |
| Personalkosten[1] in % des Absatzes | 14,6 | 11,9 | 9,8 |
| Miete in % des Absatzes | 1,6 | 1,6 | 1,1 |
| Reklamekosten in % des Absatzes | 0,8 | 0,8 | 0,4 |
| Gesamtkosten in % des Absatzes | 27,2 | 23,6 | 20,2 |
| Durchschnittliche Betriebshandelsspanne in % des Absatzes | 29,6 | 27,7 | 25,0 |
| Betriebswirtschaftliches Betriebsergebnis in % des Absatzes | + 2,4 | + 4,1 | + 4,8 |

Tabelle 62

Absatz-, Lager-, Kosten- und Ertragszahlen
des Eisenwaren- und Hausrathandels mit gemischtem Sortiment
im Jahre 1960, geordnet nach Betriebsgruppen mit gleicher Höhe des Absatzes je beschäftigte Person

| Eisenwaren- und Hausrathandel mit gemischtem Sortiment | Betriebe mit einem Absatz je beschäftigte Person von ... DM | | | | |
|---|---|---|---|---|---|
| | bis 35 000 | 35 000- 45 000 | 45 000- 55 000 | 55 000- 65 000 | über 65 000 |
| Zahl der Betriebe | 16 | 32 | 40 | 26 | 58 |
| Zahl der beschäftigten Personen je Betrieb | 10,9 | 17,8 | 21,5 | 18,9 | 30,5 |
| Absatz 1960 in % von 1959 | 99 | 107 | 107 | 111 | 115 |
| Absatz je beschäftigte Person in DM | 29 050 | 40 670 | 49 600 | 59 230 | 82 590 |
| Absatz je 1 000 DM Personalkosten[1] in DM | 6 600 | 7 700 | 8 500 | 10 100 | 11 900 |
| Barabsatz je Barkunde in DM | 16,80 | 6,20 | 7,70 | 12,20 | 8,10 |
| Kreditabsatz je Kreditkunde in DM | 142,80 | 43,30 | 96,20 | 91,60 | 123,80 |
| Absatz je qm Geschäftsraum in DM | 820 | 1 180 | 1 050 | 990 | 1 760 |
| Absatz je qm Verkaufsraum in DM | 1 830 | 2 420 | 2 850 | 3 650 | 5 970 |
| Großhandelsabsatz[3] in % des Absatzes | 22 | 34 | 38 | 48 | 69 |
| Lagerbestand je beschäftigte Person in DM | 7 310 | 9 290 | 9 350 | 11 000 | 11 020 |
| Umschlagsgeschwindigkeit des Warenlagers ... mal[2] | 2,9 | 3,2 | 4,0 | 4,3 | 5,9 |
| Personalkosten[1] je beschäftigte Person in DM | 4 420 | 5 290 | 5 800 | 5 860 | 6 940 |
| Personalkosten[1] in % des Absatzes | 15,2 | 13,0 | 11,7 | 9,9 | 8,4 |
| Miete in % des Absatzes | 2,1 | 1,8 | 1,7 | 1,3 | 1,0 |
| Reklamekosten in % des Absatzes | 0,7 | 0,8 | 0,9 | 0,7 | 0,6 |
| Gesamtkosten in % des Absatzes | 29,8 | 26,4 | 24,9 | 21,7 | 18,0 |
| Durchschnittliche Betriebshandelsspanne in % des Absatzes | 29,6 | 28,9 | 27,0 | 24,8 | 20,4 |
| Betriebswirtschaftliches Betriebsergebnis in % des Absatzes | - 0,2 | + 2,5 | + 2,1 | + 3,1 | + 2,4 |

1) Einschließlich des Entgelts für die nicht entlöhnte Tätigkeit des Inhabers und seiner Familie (Unternehmerlohn)
2) Jahresabsatz zu Einstandspreisen, geteilt durch den durchschnittlichen Lagerbestand zu Einstandspreisen
3) An Wiederverkäufer und Großverwender

Tabelle 63

Die Entwicklung von Beschaffung, Absatz und Handlungskosten bei 22 Einzelhandelsbranchen
im Durchschnitt der Länder in den Jahren 1958, 1959 und 1960
(1958 = 100)

| Lf. Nr. | Branche | Jahr | Baden-Württemberg | | | Bayern | | | Bremen Hamburg | | | Hessen Rheinland-Pfalz | | |
|---|---|---|---|---|---|---|---|---|---|---|---|---|---|---|
| | | | Beschaffung | Absatz | Handlungskosten | Beschaffung | Absatz | Handlungskosten | Beschaffung | Absatz | Handlungskosten | Beschaffung | Absatz | Handlungskosten |
| 1 | Lebensmitteleinzelhandel | 1958 | 100,0 | 100,0 | 100,0 | 100,0 | 100,0 | 100,0 | 100,0 | 100,0 | 100,0 | 100,0 | 100,0 | 100,0 |
| | | 1959 | 106,5 | 107,8 | 103,8 | 109,0 | 109,1 | 105,2 | 109,0 | 109,3 | 103,5 | 106,8 | 106,9 | 108,7 |
| | | 1960 | 110,9 | 113,7 | 111,3 | 115,0 | 116,7 | 110,8 | 111,6 | 113,7 | 107,7 | 113,3 | 114,2 | 116,8 |
| 2 | Drogerien | 1958 | 100,0 | 100,0 | 100,0 | 100,0 | 100,0 | 100,0 | 100,0 | 100,0 | 100,0 | 100,0 | 100,0 | 100,0 |
| | | 1959 | 103,5 | 106,1 | 106,5 | 104,4 | 107,9 | 112,6 | 107,9 | 108,7 | 106,0 | 106,9 | 107,8 | 103,4 |
| | | 1960 | 113,7 | 117,0 | 117,4 | 115,3 | 118,0 | 125,4 | 111,4 | 113,5 | 115,5 | 114,3 | 116,6 | 111,0 |
| 3 | Tabakwareneinzelhandel | 1958 | . | . | . | 100,0 | 100,0 | 100,0 | 100,0 | 100,0 | 100,0 | 100,0 | 100,0 | 100,0 |
| | | 1959 | . | . | . | 102,9 | 104,3 | 101,4 | 104,0 | 105,0 | 114,9 | 97,0 | 98,5 | 97,8 |
| | | 1960 | . | . | . | 111,5 | 115,0 | 107,1 | 106,5 | 109,8 | 120,9 | 98,8 | 101,4 | 106,9 |
| 4 | Textileinzelhandel mit vorwiegend Herren- und Knabenoberbekleidung | 1958 | 100,0 | 100,0 | 100,0 | 100,0 | 100,0 | 100,0 | 100,0 | 100,0 | 100,0 | 100,0 | 100,0 | 100,0 |
| | | 1959 | 96,5 | 100,4 | 102,0 | 98,3 | 101,8 | 114,4 | 96,3 | 96,5 | 96,2 | 99,5 | 98,5 | 104,9 |
| | | 1960 | 106,7 | 111,6 | 112,5 | 111,5 | 113,5 | 120,5 | 102,1 | 105,0 | 109,2 | 104,5 | 105,5 | 112,7 |
| 5 | Textileinzelhandel mit vorwiegend Damen-,Mädchen- und Kinderoberbekl. | 1958 | 100,0 | 100,0 | 100,0 | . | . | . | . | . | . | 100,0 | 100,0 | 100,0 |
| | | 1959 | 106,3 | 103,3 | 106,2 | . | . | . | . | . | . | 100,9 | 102,3 | 100,1 |
| | | 1960 | 112,4 | 114,2 | 113,4 | . | . | . | . | . | . | 103,8 | 106,6 | 108,5 |
| 6 | Textileinzelhandel mit vorwiegend Wäsche, Wirk- und Strickwaren | 1958 | 100,0 | 100,0 | 100,0 | 100,0 | 100,0 | 100,0 | 100,0 | 100,0 | 100,0 | 100,0 | 100,0 | 100,0 |
| | | 1959 | 98,7 | 103,5 | 104,6 | 112,4 | 109,5 | 121,1 | 103,7 | 103,0 | 104,2 | 100,9 | 102,2 | 104,1 |
| | | 1960 | 108,7 | 113,7 | 111,7 | 118,9 | 120,6 | 118,8 | 104,9 | 106,3 | 109,5 | 106,9 | 109,9 | 113,2 |
| 7 | Textileinzelhandel mit gemischtem Sortiment | 1958 | 100,0 | 100,0 | 100,0 | 100,0 | 100,0 | 100,0 | 100,0 | 100,0 | 100,0 | 100,0 | 100,0 | 100,0 |
| | | 1959 | 101,0 | 101,4 | 104,8 | 104,5 | 103,2 | 104,4 | 99,6 | 99,6 | 108,8 | 101,6 | 102,1 | 105,3 |
| | | 1960 | 109,6 | 109,9 | 110,7 | 109,7 | 109,9 | 107,7 | 105,1 | 106,5 | 114,7 | 107,6 | 108,9 | 108,5 |
| 8 | Schuheinzelhandel | 1958 | 100,0 | 100,0 | 100,0 | 100,0 | 100,0 | 100,0 | 100,0 | 100,0 | 100,0 | 100,0 | 100,0 | 100,0 |
| | | 1959 | 109,7 | 108,9 | 108,4 | 107,9 | 107,3 | 105,9 | 109,8 | 107,4 | 115,4 | 109,5 | 108,2 | 114,7 |
| | | 1960 | 120,8 | 123,1 | 126,3 | 113,3 | 117,7 | 121,2 | 111,2 | 116,5 | 119,9 | 113,3 | 121,7 | 129,0 |
| 9 | Möbeleinzelhandel | 1958 | 100,0 | 100,0 | 100,0 | 100,0 | 100,0 | 100,0 | 100,0 | 100,0 | 100,0 | 100,0 | 100,0 | 100,0 |
| | | 1959 | 99,6 | 101,6 | 101,3 | 96,1 | 100,9 | 101,6 | 98,8 | 100,8 | 101,5 | 98,8 | 101,6 | 98,0 |
| | | 1960 | 110,1 | 109,1 | 110,6 | 107,7 | 110,4 | 102,6 | 105,3 | 106,8 | 104,9 | 106,7 | 112,5 | 112,1 |
| 10 | Glas-, Porzellan- und Keramikeinzelhandel | 1958 | 100,0 | 100,0 | 100,0 | 100,0 | 100,0 | 100,0 | . | . | . | 100,0 | 100,0 | 100,0 |
| | | 1959 | 100,9 | 102,9 | 105,0 | 99,2 | 104,0 | 108,9 | . | . | . | 98,2 | 101,4 | 101,4 |
| | | 1960 | 110,7 | 110,0 | 110,8 | 110,3 | 110,9 | 116,5 | . | . | . | 112,7 | 114,1 | 114,9 |
| 11 | Eisenwaren- und Hausrathandel mit vorwiegend Haus- und Küchengeräten | 1958 | 100,0 | 100,0 | 100,0 | 100,0 | 100,0 | 100,0 | . | . | . | . | . | . |
| | | 1959 | 100,5 | 101,8 | 102,5 | 99,0 | 100,8 | 105,9 | . | . | . | . | . | . |
| | | 1960 | 120,2 | 114,8 | 113,2 | 103,9 | 108,8 | 115,1 | . | . | . | . | . | . |
| 12 | Eisenwaren- und Hausrathandel mit vorwiegend Kleineisenwaren, Werkzeugen | 1958 | 100,0 | 100,0 | 100,0 | 100,0 | 100,0 | 100,0 | . | . | . | . | . | . |
| | | 1959 | 108,0 | 105,8 | 99,2 | 117,8 | 114,7 | 104,8 | . | . | . | . | . | . |
| | | 1960 | 125,1 | 120,7 | 110,1 | 136,3 | 128,1 | 113,3 | . | . | . | . | . | . |
| 13 | Eisenwaren- und Hausrathandel mit gemischtem Sortiment | 1958 | 100,0 | 100,0 | 100,0 | 100,0 | 100,0 | 100,0 | . | . | . | 100,0 | 100,0 | 100,0 |
| | | 1959 | 106,7 | 106,3 | 117,6 | 116,5 | 115,6 | 112,5 | . | . | . | 111,7 | 111,4 | 108,4 |
| | | 1960 | 120,7 | 119,4 | 113,9 | 131,6 | 129,7 | 129,0 | . | . | . | 125,3 | 124,0 | 113,9 |
| 14 | Tapeten- und Linoleumhandel | 1958 | 100,0 | 100,0 | 100,0 | 100,0 | 100,0 | 100,0 | . | . | . | 100,0 | 100,0 | 100,0 |
| | | 1959 | 110,7 | 114,5 | 107,4 | 106,8 | 106,2 | 111,4 | . | . | . | 109,4 | 114,9 | 121,8 |
| | | 1960 | 130,3 | 128,8 | 117,2 | 123,7 | 124,8 | 141,9 | . | . | . | 125,5 | 127,0 | 134,6 |
| 15 | Papier-, Bürobedarf- und Schreibwareneinzelhandel | 1958 | 100,0 | 100,0 | 100,0 | 100,0 | 100,0 | 100,0 | 100,0 | 100,0 | 100,0 | 100,0 | 100,0 | 100,0 |
| | | 1959 | 105,9 | 106,0 | 100,6 | 103,9 | 105,5 | 107,1 | 105,2 | 107,3 | 100,8 | 102,7 | 102,7 | 106,7 |
| | | 1960 | 119,5 | 118,9 | 112,8 | 112,9 | 116,4 | 118,2 | 113,3 | 114,1 | 106,9 | 110,2 | 111,5 | 115,5 |
| 16 | Büromaschinen-, -möbel- und Organisationsmittelhandel | 1958 | 100,0 | 100,0 | 100,0 | 100,0 | 100,0 | 100,0 | 100,0 | 100,0 | 100,0 | 100,0 | 100,0 | 100,0 |
| | | 1959 | 111,8 | 117,8 | 121,8 | 105,4 | 104,9 | 107,0 | 117,8 | 111,7 | 93,8 | 107,9 | 106,8 | 108,0 |
| | | 1960 | 130,0 | 138,9 | 144,8 | 128,3 | 122,6 | 119,7 | 137,8 | 130,8 | 102,5 | 119,0 | 120,9 | 120,4 |
| 17 | Radio- und Fernseheinzelhandel | 1958 | 100,0 | 100,0 | 100,0 | 100,0 | 100,0 | 100,0 | 100,0 | 100,0 | 100,0 | 100,0 | 100,0 | 100,0 |
| | | 1959 | 108,6 | 112,3 | 102,8 | 96,3 | 108,2 | 104,2 | 105,5 | 104,3 | 113,9 | 107,9 | 106,3 | 100,3 |
| | | 1960 | 120,1 | 127,3 | 120,5 | 106,8 | 114,6 | 117,7 | 97,8 | 99,4 | 120,1 | 105,5 | 104,1 | 108,9 |
| 18 | Photoeinzelhandel | 1958 | 100,0 | 100,0 | 100,0 | 100,0 | 100,0 | 100,0 | 100,0 | 100,0 | 100,0 | 100,0 | 100,0 | 100,0 |
| | | 1959 | 99,7 | 104,6 | 112,3 | 112,4 | 119,0 | 128,5 | 104,6 | 102,3 | 101,2 | 113,7 | 108,5 | 119,0 |
| | | 1960 | 100,8 | 103,4 | 116,4 | 119,8 | 128,5 | 142,2 | 111,0 | 111,6 | 109,2 | 116,3 | 114,5 | 111,8 |
| 19 | Uhren-, Juwelen-,Gold-und Silberwareneinzelhandel | 1958 | 100,0 | 100,0 | 100,0 | 100,0 | 100,0 | 100,0 | 100,0 | 100,0 | 100,0 | 100,0 | 100,0 | 100,0 |
| | | 1959 | 105,5 | 105,0 | 111,4 | 109,8 | 108,6 | 111,7 | 92,7 | 98,9 | 116,1 | 106,1 | 104,4 | 104,1 |
| | | 1960 | 120,0 | 122,9 | 122,9 | 116,2 | 121,1 | 124,3 | 102,3 | 109,5 | 115,5 | 115,1 | 121,1 | 112,5 |
| 20 | Leder- und Galanteriewareneinzelhandel | 1958 | 100,0 | 100,0 | 100,0 | 100,0 | 100,0 | 100,0 | . | . | . | 100,0 | 100,0 | 100,0 |
| | | 1959 | 107,6 | 106,0 | 103,3 | 104,7 | 106,3 | 101,2 | . | . | . | 103,3 | 101,2 | 104,1 |
| | | 1960 | 113,4 | 118,7 | 115,6 | 107,1 | 114,2 | 110,5 | . | . | . | 99,8 | 109,6 | 103,7 |
| 21 | Sortimentsbuchhandel | 1958 | 100,0 | 100,0 | 100,0 | 100,0 | 100,0 | 100,0 | 100,0 | 100,0 | 100,0 | 100,0 | 100,0 | 100,0 |
| | | 1959 | 108,1 | 109,5 | 101,1 | 107,8 | 107,6 | 108,8 | 106,3 | 106,4 | 106,0 | 105,4 | 109,2 | 109,8 |
| | | 1960 | 120,9 | 121,0 | 110,4 | 116,4 | 120,7 | 125,7 | 120,6 | 119,4 | 117,6 | 113,8 | 116,1 | 117,4 |
| 22 | Gemischtwarengeschäfte | 1958 | 100,0 | 100,0 | 100,0 | . | . | . | - | - | - | . | . | . |
| | | 1959 | 106,8 | 106,8 | 110,4 | . | . | . | - | - | - | . | . | . |
| | | 1960 | 115,2 | 115,5 | 116,6 | . | . | . | - | - | - | . | . | . |

Tabelle 63 (Fortsetzung)

Die Entwicklung von Beschaffung, Absatz und Handlungskosten bei 22 Einzelhandelsbranchen
im Durchschnitt der Länder in den Jahren 1958, 1959 und 1960
(1958 = 100)

| Lf. Nr. | Branche | Jahr | Niedersachsen | | | Nordrhein-Westfalen | | | Schleswig-Holstein | | |
|---|---|---|---|---|---|---|---|---|---|---|---|
| | | | Beschaffung | Absatz | Handlungskosten | Beschaffung | Absatz | Handlungskosten | Beschaffung | Absatz | Handlungskosten |
| 1 | Lebensmitteleinzelhandel | 1958<br>1959<br>1960 | 100,0<br>104,1<br>109,2 | 100,0<br>105,4<br>111,6 | 100,0<br>106,5<br>117,0 | 100,0<br>102,9<br>107,2 | 100,0<br>104,2<br>109,4 | 100,0<br>104,8<br>112,4 | 100,0<br>104,0<br>108,1 | 100,0<br>104,9<br>109,6 | 100,0<br>106,6<br>113,2 |
| 2 | Drogerien | 1958<br>1959<br>1960 | 100,0<br>107,9<br>112,8 | 100,0<br>108,3<br>113,7 | 100,0<br>107,5<br>116,1 | 100,0<br>107,0<br>114,1 | 100,0<br>107,6<br>115,0 | 100,0<br>108,0<br>114,6 | 100,0<br>108,7<br>117,3 | 100,0<br>115,1<br>125,7 | 100,0<br>117,0<br>123,1 |
| 3 | Tabakwareneinzelhandel | 1958<br>1959<br>1960 | 100,0<br>98,3<br>. | 100,0<br>102,7<br>. | 100,0<br>108,9<br>. | 100,0<br>99,0<br>108,1 | 100,0<br>102,7<br>109,6 | 100,0<br>101,3<br>106,7 | 100,0<br>100,0<br>105,3 | 100,0<br>104,2<br>111,5 | 100,0<br>93,5<br>110,9 |
| 4 | Textileinzelhandel mit vorwiegend Herren- und Knabenoberbekleidung | 1958<br>1959<br>1960 | 100,0<br>94,0<br>103,8 | 100,0<br>95,9<br>103,4 | 100,0<br>98,7<br>107,6 | 100,0<br>95,6<br>106,1 | 100,0<br>96,8<br>108,4 | 100,0<br>100,4<br>111,6 | 100,0<br>88,6<br>101,7 | 100,0<br>94,9<br>107,3 | 100,0<br>97,7<br>102,2 |
| 5 | Textileinzelhandel mit vorwiegend Damen-,Mädchen-u.Kinderoberbekleidung | 1958<br>1959<br>1960 | 100,0<br>103,8<br>110,5 | 100,0<br>106,6<br>115,2 | 100,0<br>96,3<br>108,3 | 100,0<br>102,6<br>109,4 | 100,0<br>103,6<br>114,3 | 100,0<br>107,7<br>114,7 | .<br>.<br>. | .<br>.<br>. | .<br>.<br>. |
| 6 | Textileinzelhandel mit vorwiegend Wäsche, Wirk- und Strickwaren | 1958<br>1959<br>1960 | 100,0<br>100,7<br>104,5 | 100,0<br>98,5<br>102,0 | 100,0<br>100,2<br>96,0 | 100,0<br>104,0<br>113,9 | 100,0<br>102,5<br>110,1 | 100,0<br>101,7<br>111,8 | 100,0<br>101,2<br>97,4 | 100,0<br>102,3<br>105,2 | 100,0<br>96,7<br>107,0 |
| 7 | Textileinzelhandel mit gemischtem Sortiment | 1958<br>1959<br>1960 | 100,0<br>98,9<br>101,7 | 100,0<br>98,0<br>102,4 | 100,0<br>102,5<br>106,8 | 100,0<br>97,3<br>104,0 | 100,0<br>98,3<br>105,1 | 100,0<br>100,8<br>106,2 | 100,0<br>95,9<br>97,1 | 100,0<br>96,6<br>100,1 | 100,0<br>101,4<br>105,4 |
| 8 | Schuheinzelhandel | 1958<br>1959<br>1960 | 100,0<br>110,6<br>119,2 | 100,0<br>105,9<br>118,3 | 100,0<br>104,6<br>115,4 | 100,0<br>105,1<br>110,2 | 100,0<br>104,2<br>115,6 | 100,0<br>108,1<br>120,4 | 100,0<br>102,8<br>103,9 | 100,0<br>104,6<br>114,2 | 100,0<br>110,9<br>126,5 |
| 9 | Möbeleinzelhandel | 1958<br>1959<br>1960 | 100,0<br>99,6<br>106,1 | 100,0<br>102,0<br>108,3 | 100,0<br>103,5<br>109,1 | 100,0<br>94,8<br>101,6 | 100,0<br>96,7<br>102,1 | 100,0<br>99,8<br>104,6 | 100,0<br>98,1<br>103,2 | 100,0<br>101,9<br>110,0 | 100,0<br>106,5<br>109,6 |
| 10 | Glas-, Porzellan- und Keramikeinzelhandel | 1958<br>1959<br>1960 | 100,0<br>100,8<br>108,7 | 100,0<br>103,7<br>115,0 | 100,0<br>104,4<br>116,5 | 100,0<br>93,4<br>102,7 | 100,0<br>99,8<br>106,7 | 100,0<br>104,0<br>110,5 | 100,0<br>94,8<br>100,1 | 100,0<br>99,4<br>104,9 | 100,0<br>103,8<br>119,6 |
| 11 | Eisenwaren- und Hausrathandel mit vorwiegend Haus- und Küchengeräten | 1958<br>1959<br>1960 | 100,0<br>106,0<br>121,5 | 100,0<br>106,8<br>120,0 | 100,0<br>107,1<br>114,5 | 100,0<br>95,9<br>101,1 | 100,0<br>98,4<br>103,3 | 100,0<br>102,6<br>104,3 | -<br>-<br>- | -<br>-<br>- | -<br>-<br>- |
| 12 | Eisenwaren- und Hausrathandel mit vorwiegend Kleineisenwaren, Werkzeugen | 1958<br>1959<br>1960 | 100,0<br>107,8<br>. | 100,0<br>109,0<br>. | 100,0<br>112,5<br>. | 100,0<br>111,2<br>126,9 | 100,0<br>111,3<br>124,3 | 100,0<br>110,8<br>121,5 | .<br>.<br>. | .<br>.<br>. | .<br>.<br>. |
| 13 | Eisenwaren- und Hausrathandel mit gemischtem Sortiment | 1958<br>1959<br>1960 | 100,0<br>109,1<br>119,4 | 100,0<br>112,0<br>121,5 | 100,0<br>112,5<br>124,1 | 100,0<br>105,0<br>113,3 | 100,0<br>105,0<br>113,1 | 100,0<br>103,4<br>110,9 | 100,0<br>104,7<br>113,0 | 100,0<br>106,6<br>114,0 | 100,0<br>109,9<br>120,6 |
| 14 | Tapeten- und Linoleumhandel | 1958<br>1959<br>1960 | 100,0<br>109,4<br>121,3 | 100,0<br>117,6<br>120,4 | 100,0<br>122,3<br>136,9 | 100,0<br>102,2<br>107,7 | 100,0<br>104,8<br>110,8 | 100,0<br>111,1<br>118,2 | .<br>.<br>. | .<br>.<br>. | .<br>.<br>. |
| 15 | Papier-, Bürobedarf- und Schreibwareneinzelhandel | 1958<br>1959<br>1960 | 100,0<br>99,8<br>108,9 | 100,0<br>102,8<br>113,9 | 100,0<br>107,7<br>113,9 | 100,0<br>101,9<br>110,1 | 100,0<br>103,3<br>113,3 | 100,0<br>105,9<br>113,3 | 100,0<br>105,4<br>. | 100,0<br>108,2<br>. | 100,0<br>96,6<br>. |
| 16 | Büromaschinen-, -möbel- und Organisationsmittelhandel | 1958<br>1959<br>1960 | 100,0<br>114,0<br>132,0 | 100,0<br>113,8<br>127,1 | 100,0<br>107,3<br>117,9 | 100,0<br>104,2<br>114,7 | 100,0<br>106,7<br>119,6 | 100,0<br>102,5<br>118,8 | .<br>.<br>- | .<br>.<br>- | .<br>.<br>- |
| 17 | Radio- und Fernseheinzelhandel | 1958<br>1959<br>1960 | 100,0<br>98,6<br>104,2 | 100,0<br>101,4<br>112,0 | 100,0<br>109,6<br>115,5 | 100,0<br>99,1<br>107,0 | 100,0<br>104,2<br>103,5 | 100,0<br>109,2<br>112,5 | 100,0<br>109,7<br>107,3 | 100,0<br>114,3<br>111,3 | 100,0<br>104,2<br>114,5 |
| 18 | Photoeinzelhandel | 1958<br>1959<br>1960 | 100,0<br>104,5<br>109,3 | 100,0<br>107,2<br>114,0 | 100,0<br>100,8<br>108,5 | 100,0<br>105,3<br>117,6 | 100,0<br>104,6<br>113,4 | 100,0<br>110,1<br>118,6 | .<br>.<br>. | .<br>.<br>. | .<br>.<br>. |
| 19 | Uhren-, Juwelen-, Gold- und Silberwareneinzelhandel | 1958<br>1959<br>1960 | 100,0<br>100,4<br>100,9 | 100,0<br>101,1<br>107,3 | 100,0<br>101,1<br>107,9 | 100,0<br>97,2<br>105,3 | 100,0<br>102,7<br>116,2 | 100,0<br>111,2<br>120,9 | 100,0<br>97,9<br>107,8 | 100,0<br>103,3<br>113,4 | 100,0<br>110,8<br>123,0 |
| 20 | Leder- und Galanteriewareneinzelhandel | 1958<br>1959<br>1960 | 100,0<br>101,0<br>102,6 | 100,0<br>99,9<br>110,3 | 100,0<br>103,4<br>111,5 | 100,0<br>99,3<br>106,1 | 100,0<br>100,3<br>112,2 | 100,0<br>101,4<br>108,7 | 100,0<br>96,8<br>107,4 | 100,0<br>107,8<br>123,1 | 100,0<br>.<br>. |
| 21 | Sortimentsbuchhandel | 1958<br>1959<br>1960 | 100,0<br>106,4<br>116,1 | 100,0<br>106,2<br>119,2 | 100,0<br>113,3<br>127,2 | 100,0<br>105,9<br>114,3 | 100,0<br>108,6<br>120,4 | 100,0<br>109,4<br>120,9 | 100,0<br>100,0<br>. | 100,0<br>110,0<br>. | 100,0<br>103,7<br>. |
| 22 | Gemischtwarengeschäfte | 1958<br>1959<br>1960 | 100,0<br>104,2<br>107,4 | 100,0<(br>104,5<br>108,8 | 100,0<br>98,6<br>104,7 | 100,0<br>103,0<br>111,5 | 100,0<br>104,2<br>111,5 | 100,0<br>104,8<br>117,6 | .<br>.<br>. | .<br>.<br>. | .<br>.<br>. |

Tabelle 64

Die Handlungskosten in Prozenten des Absatzes bei 22 Einzelhandelsbranchen im Durchschnitt der Länder im Jahre 1960

| Lf. Nr. | Branche | Baden-Württemberg | Bayern | Bremen Hamburg | Hessen Rheinland-Pfalz | Niedersachsen | Nordrhein-Westfalen | Schleswig-Holstein |
|---|---|---|---|---|---|---|---|---|
| 1 | Lebensmitteleinzelhandel | 18,5 | 18,7 | 18,0 | 18,3 | 19,5 | 18,9 | 18,9 |
| 2 | Drogerien | 29,7 | 28,9 | 28,8 | 27,9 | 28,9 | 28,3 | 28,8 |
| 3 | Tabakwareneinzelhandel | . | 13,7 | 17,4 | 15,6 | 14,2 | 14,6 | 17,5 |
| 4 | Textileinzelhandel mit vorwiegend Herren- und Knabenoberbekleidung | 26,2 | 25,7 | 30,9 | 28,0 | 28,1 | 27,9 | 26,0 |
| 5 | Textileinzelhandel mit vorwiegend Damen-, Mädchen- und Kinderoberbekleidung | 28,9 | 29,2 | 34,9 | 28,8 | 28,2 | 28,0 | 27,4 |
| 6 | Textileinzelhandel mit vorwiegend Wäsche, Wirk- und Strickwaren | 27,3 | 26,1 | 27,3 | 27,7 | 27,0 | 26,4 | 29,5 |
| 7 | Textileinzelhandel mit gemischtem Sortiment | 26,9 | 24,3 | 28,1 | 25,8 | 27,0 | 28,1 | 27,8 |
| 8 | Schuheinzelhandel | 23,7 | 24,2 | 24,8 | 24,7 | 24,2 | 25,2 | 25,7 |
| 9 | Möbeleinzelhandel | 29,8 | 26,4 | 27,9 | 28,4 | 28,0 | 29,3 | 26,4 |
| 10 | Glas-, Porzellan- und Keramikeinzelhandel | 29,4 | 31,4 | 32,3 | 30,0 | 31,2 | 31,8 | 31,0 |
| 11 | Eisenwaren- und Hausrathandel mit vorwiegend Haus- und Küchengeräten | 28,7 | 29,1 | . | . | 29,4 | 30,8 | - |
| 12 | Eisenwaren- und Hausrathandel mit vorwiegend Kleineisenwaren, Werkzeugen | 21,9 | 20,6 | 28,6 | . | . | 21,8 | . |
| 13 | Eisenwaren- und Hausrathandel mit gemischtem Sortiment | 20,7 | 18,6 | 27,0 | 20,2 | 24,0 | 25,3 | 23,9 |
| 14 | Tapeten- und Linoleumhandel | 26,4 | 29,9 | . | 30,2 | 31,6 | 32,0 | 33,6 |
| 15 | Papier-, Bürobedarf- und Schreibwareneinzelhandel | 28,0 | 27,0 | 26,5 | 28,9 | 27,2 | 28,3 | 26,9 |
| 16 | Büromaschinen-, -möbel- und Organisationsmittelhandel | 24,6 | 24,5 | 26,4 | 27,0 | 25,8 | 27,9 | - |
| 17 | Radio- und Fernseheinzelhandel | 30,1 | 29,9 | 34,2 | 31,6 | 29,4 | 31,7 | 29,1 |
| 18 | Photoeinzelhandel | 42,8 | 37,5 | 36,6 | 33,3 | 33,5 | 34,1 | . |
| 19 | Uhren-, Juwelen-, Gold- und Silberwareneinzelhandel | 32,7 | 35,4 | 34,5 | 35,5 | 36,2 | 36,4 | 35,8 |
| 20 | Leder- und Galanteriewareneinzelhandel | 26,6 | 29,7 | 30,1 | 26,4 | 29,2 | 27,8 | 26,6 |
| 21 | Sortimentsbuchhandel | 26,0 | 27,4 | 26,5 | 27,7 | 27,1 | 26,8 | . |
| 22 | Gemischtwarengeschäfte | 21,0 | 22,2 | - | 20,2 | 20,5 | 19,4 | 19,3 |
|  | Gewogener Durchschnitt der erfaßten Branchen | 23,5 | 23,2 | 24,2 | 23,3 | 23,9 | 24,1 | 23,9 |

Tabelle 65

Personalkosten,[1]) Miete, Reklamekosten und Gesamtkosten in Prozenten des Absatzes bei 21 Einzelhandelsbranchen im Durchschnitt der Ortsgrößenklassen im Jahre 1960

| Lf. Nr. | Branche | Personalkosten[1]) Orte mit ... Einwohnern | | | Miete Orte mit ... Einwohnern | | | Reklamekosten Orte mit ... Einwohnern | | | Gesamtkosten Orte mit ... Einwohnern | | |
|---|---|---|---|---|---|---|---|---|---|---|---|---|---|
| | | bis 20000 | 20000-100000 | 100000 u.mehr | bis 20000 | 20000-100000 | 100000 u.mehr | bis 20000 | 20000-100000 | 100000 u.mehr | bis 20000 | 20000-100000 | 100000 u.mehr |
| 1 | Lebensmitteleinzelhandel | 8,1 | 8,4 | 8,4 | 1,2 | 1,4 | 1,2 | 0,3 | 0,3 | 0,3 | 18,8 | 18,9 | 18,6 |
| 2 | Drogerien | 12,7 | 13,2 | 13,4 | 2,1 | 2,5 | 2,6 | 1,0 | 1,1 | 1,0 | 28,3 | 29,0 | 28,9 |
| 3 | Tabakwareneinzelhandel | 5,3 | 6,1 | 6,7 | 1,1 | 1,3 | 1,5 | 0,2 | 0,2 | 0,2 | 14,3 | 15,0 | 15,8 |
| 4 | Textileinzelhandel mit vorwiegend Herren- und Knabenoberbekleidung | 9,3 | 10,8 | 11,8 | 2,1 | 2,3 | 2,9 | 2,0 | 2,2 | 2,1 | 25,0 | 26,9 | 28,6 |
| 5 | Textileinzelhandel mit vorwiegend Damen-,Mädchen-u.Kinderoberbekleidung | 12,1 | 13,5 | 13,9 | 1,8 | 2,5 | 3,1 | 1,6 | 1,7 | 1,3 | 26,5 | 29,0 | 29,1 |
| 6 | Textileinzelhandel mit vorwiegend Wäsche, Wirk- und Strickwaren | 12,2 | 11,8 | 12,1 | 1,8 | 2,5 | 2,5 | 1,4 | 1,3 | 1,1 | 27,2 | 27,2 | 26,9 |
| 7 | Textil-Eh. mit gemischtem Sortiment | 11,7 | 13,2 | 13,3 | 1,8 | 2,1 | 2,1 | 1,3 | 1,4 | 1,4 | 26,6 | 28,0 | 27,8 |
| 8 | Schuheinzelhandel | 11,2 | 10,5 | 10,8 | 1,9 | 1,9 | 2,4 | 0,9 | 1,2 | 1,2 | 24,5 | 24,1 | 25,4 |
| 9 | Möbeleinzelhandel | 10,1 | 11,0 | 11,4 | 2,4 | 2,7 | 3,0 | 1,3 | 1,6 | 2,5 | 27,4 | 28,3 | 29,5 |
| 10 | Glas-, Porzellan-u.Keramikeinzelhandel | 14,8 | 13,0 | 14,6 | 2,6 | 3,1 | 2,9 | 1,2 | 0,9 | 1,2 | 31,2 | 30,4 | 31,9 |
| 11 | Eisenwaren- und Hausrathandel mit vorwiegend Haus- und Küchengeräten | 13,2 | 12,7 | 14,8 | 3,2 | 2,7 | 3,1 | 0,5 | 1,4 | 1,2 | 29,3 | 28,7 | 30,5 |
| 12 | Eisenwaren- und Hausrathandel mit vorwiegend Kleineisenwaren, Werkzeugen | 10,6 | 10,0 | 12,6 | 1,6 | 1,1 | 1,4 | 0,4 | 0,5 | 0,7 | 23,4 | 20,5 | 23,9 |
| 13 | Eisenwaren- und Hausrathandel mit gemischtem Sortiment | 10,0 | 11,4 | 12,2 | 1,4 | 1,3 | 2,1 | 0,6 | 0,7 | 1,0 | 21,7 | 22,8 | 25,7 |
| 14 | Tapeten- und Linoleumhandel | 13,6 | 14,5 | 16,5 | 1,9 | 2,3 | 1,9 | 0,7 | 0,9 | 1,0 | 29,7 | 30,4 | 31,8 |
| 15 | Papier-, Bürobedarf- und Schreibwareneinzelhandel | 13,2 | 14,7 | 14,8 | 1,9 | 2,1 | 2,5 | 0,7 | 0,9 | 0,9 | 26,5 | 27,8 | 27,9 |
| 16 | Büromaschinen-, -möbel-und Organisationsmittelhandel | 12,7 | 14,7 | 13,3 | 2,0 | 1,8 | 1,3 | 1,2 | 1,2 | 1,0 | 28,4 | 28,2 | 25,4 |
| 17 | Radio- und Fernseheinzelhandel | 13,3 | 13,1 | 13,4 | 1,6 | 1,8 | 2,6 | 1,3 | 1,2 | 1,7 | 29,8 | 30,5 | 31,8 |
| 18 | Photoeinzelhandel | 19,7 | 18,6 | 15,8 | 3,2 | 2,2 | 2,4 | 1,7 | 2,5 | 2,3 | 43,3 | 38,1 | 34,3 |
| 19 | Uhren-, Juwelen-, Gold- und Silberwareneinzelhandel | 16,2 | 15,7 | 14,4 | 2,3 | 2,7 | 2,7 | 1,6 | 1,7 | 1,8 | 36,1 | 36,2 | 34,5 |
| 20 | Leder- und Galanteriewareneinzelhandel | 11,5 | 11,0 | 11,2 | 2,9 | 3,1 | 3,5 | 0,9 | 1,4 | 1,2 | 28,5 | 28,2 | 27,7 |
| 21 | Sortimentsbuchhandel | 13,5 | 12,8 | 12,6 | 1,9 | 2,1 | 2,4 | 1,7 | 1,3 | 1,2 | 28,5 | 27,0 | 26,6 |
| | Gewogener Durchschnitt der erfaßten Branchen | 10,2 | 10,6 | 10,9 | 1,6 | 1,9 | 2,0 | 0,8 | 0,9 | 1,0 | 23,4 | 23,8 | 24,1 |

[1]) Einschließlich des Entgelts für die nichtentlöhnte Tätigkeit des Inhabers und seiner Familie (Unternehmerlohn)

Tabelle 66

Absatz je beschäftigte Person, je Quadratmeter Geschäftsraum und Umschlagsgeschwindigkeit des Warenlagers[1]) im Durchschnitt der Ortsgrößenklassen im Jahre 1960

| Lf. Nr. | Branche | Absatz je besch. Person Orte mit ... Einwohnern | | | Absatz je qm Geschäftsraum Orte mit ... Einwohnern | | | Umschlagsgeschwindigkeit des Warenlagers[1])...mal Orte mit ... Einwohnern | | |
|---|---|---|---|---|---|---|---|---|---|---|
| | | bis 20 000 | 20 000-100 000 | 100 000 u. mehr | bis 20 000 | 20 000-100 000 | 100 000 u. mehr | bis 20 000 | 20 000-100 000 | 100 000 u. mehr |
| 1 | Lebensmitteleinzelhandel | 60 500 | 59 400 | 60 500 | 2 440 | 2 700 | 3 570 | 12,5 | 13,4 | 15,2 |
| 2 | Drogerien | 41 100 | 36 600 | 40 600 | 1 420 | 1 570 | 1 730 | 4,1 | 4,3 | 4,1 |
| 3 | Tabakwareneinzelhandel | 93 900 | 91 000 | 79 800 | 7 340 | 5 950 | 5 400 | 9,8 | 9,1 | 7,5 |
| 4 | Textileinzelhandel mit vorwiegend Herren-und Knabenoberbekleidung | 70 200 | 64 200 | 63 200 | 2 090 | 2 400 | 2 630 | 2,8 | 3,4 | 3,6 |
| 5 | Textileinzelhandel mit vorwiegend Damen-,Mädchen- und Kinderoberbekleidung | 41 100 | 40 400 | 41 800 | 1 900 | 2 400 | 2 350 | 2,7 | 3,3 | 3,8 |
| 6 | Textileinzelhandel mit vorwiegend Wäsche, Wirk- und Strickwaren | 42 300 | 45 500 | 48 200 | 2 060 | 2 650 | 3 210 | 2,5 | 2,8 | 3,6 |
| 7 | Textileinzelhandel mit gemischtem Sortiment | 42 200 | 39 600 | 40 000 | 1 780 | 2 040 | 2 450 | 2,6 | 3,2 | 3,7 |
| 8 | Schuheinzelhandel | 42 700 | 49 600 | 48 300 | 1 790 | 2 490 | 2 790 | 2,1 | 2,8 | 2,8 |
| 9 | Möbeleinzelhandel | 79 200 | 71 100 | 75 400 | 660 | 670 | 800 | 4,4 | 4,3 | 4,6 |
| 10 | Glas-, Porzellan- und Keramikeinzelhandel | 32 500 | 37 600 | 42 400 | 870 | 1 090 | 1 350 | 2,7 | 3,0 | 3,5 |
| 11 | Eisenwaren- und Hausrathandel mit vorwiegend Haus- und Küchengeräten | 36 800 | 43 200 | 37 300 | 720 | 1 070 | 1 150 | 2,6 | 3,9 | 3,0 |
| 12 | Eisenwaren- und Hausrathandel mit vorwiegend Kleineisenwaren, Werkzeugen | 56 200 | 67 500 | 53 600 | 1 100 | 2 570 | 2 090 | 3,2 | 4,2 | 4,4 |
| 13 | Eisenwaren- und Hausrathandel mit gemischtem Sortiment | 61 600 | 55 800 | 56 300 | 1 170 | 1 300 | 1 540 | 4,4 | 4,6 | 4,2 |
| 14 | Tapeten- und Linoleumhandel | 55 300 | 44 800 | 45 500 | 1 580 | 1 630 | 1 930 | 5,1 | 5,1 | 5,5 |
| 15 | Papier-, Bürobedarf- und Schreibwareneinzelhandel | 35 900 | 37 700 | 39 600 | 1 640 | 1 700 | 2 140 | 4,7 | 5,5 | 6,1 |
| 16 | Büromaschinen-, -möbel- und Organisationsmittelhandel | 32 700 | 45 400 | 61 900 | 2 000 | 2 300 | 4 070 | 3,0 | 6,1 | 8,2 |
| 17 | Radio- und Fernseheinzelhandel | 42 300 | 46 400 | 46 600 | 2 560 | 2 320 | 2 470 | 3,9 | 4,5 | 4,4 |
| 18 | Photoeinzelhandel | 25 300 | 37 300 | 41 300 | 1 500 | 2 620 | 3 130 | 3,0 | 3,9 | 4,6 |
| 19 | Uhren-,Juwelen-,Gold-u.Silberwareneinzelh. | 33 100 | 37 200 | 49 900 | 2 300 | 2 720 | 4 030 | 1,5 | 1,7 | 1,6 |
| 20 | Leder-u.Galanteriewareneinzelhandel | 43 200 | 49 900 | 55 300 | 1 440 | 2 120 | 2 230 | 2,8 | 3,3 | 3,8 |
| 21 | Sortimentsbuchhandel | 39 800 | 47 400 | 48 300 | 2 300 | 2 950 | 3 350 | 3,1 | 4,5 | 4,4 |
| | Gewogener Durchschnitt der erfaßten Branchen | 53 500 | 53 900 | 54 800 | 2 180 | 2 440 | 2 960 | 7,1 | 7,7 | 8,5 |

[1]) Jahresabsatz zu Einstandspreisen, geteilt durch den durchschnittlichen Lagerbestand zu Einstandspreisen

Tabelle 67

Einzelhandelsindex für Beschaffung, Lager[1]) und Absatz von Januar 1958 bis Dezember 1960
(Monatsdurchschnitt 1958 = 100)

| Jahr und Monat | Lebens- und Genußmittelbedarf | | | Bekleidungs- und Textilbedarf | | | Wohnungs- und Hausratbedarf | | | Sonstiger Bedarf | | | Einzelhandel insgesamt | | |
|---|---|---|---|---|---|---|---|---|---|---|---|---|---|---|---|
| | Beschaffung | Lager | Absatz | Beschaffung | Lager | Absatz | Beschaffung | Lager | Absatz | Beschaffung | Lager | Absatz | Beschaffung | Lager | Absatz |
| **1958** | | | | | | | | | | | | | | | |
| Januar | 90 | 100 | 90 | 88 | 92 | 89 | 74 | 94 | 76 | 82 | 95 | 84 | 86 | 94 | 86 |
| Februar | 89 | 101 | 90 | 99 | 97 | 71 | 84 | 96 | 75 | 89 | 97 | 78 | 91 | 97 | 81 |
| März | 99 | 98 | 102 | 126 | 103 | 91 | 102 | 98 | 91 | 105 | 99 | 101 | 108 | 101 | 97 |
| April | 99 | 96 | 101 | 105 | 105 | 94 | 97 | 100 | 91 | 98 | 99 | 99 | 100 | 101 | 98 |
| Mai | 94 | 93 | 98 | 90 | 102 | 111 | 95 | 100 | 97 | 94 | 99 | 96 | 93 | 100 | 101 |
| Juni | 92 | 93 | 91 | 64 | 99 | 83 | 89 | 100 | 85 | 82 | 98 | 87 | 81 | 98 | 87 |
| Juli | 102 | 97 | 100 | 73 | 94 | 103 | 98 | 99 | 99 | 87 | 97 | 97 | 90 | 96 | 100 |
| August | 95 | 93 | 100 | 97 | 97 | 80 | 97 | 99 | 99 | 88 | 97 | 91 | 96 | 97 | 92 |
| September | 99 | 99 | 94 | 132 | 106 | 77 | 115 | 103 | 101 | 112 | 102 | 91 | 113 | 103 | 90 |
| Oktober | 108 | 106 | 101 | 140 | 111 | 108 | 125 | 107 | 107 | 119 | 108 | 92 | 121 | 109 | 102 |
| November | 106 | 117 | 94 | 104 | 110 | 111 | 102 | 111 | 107 | 114 | 113 | 97 | 106 | 112 | 101 |
| Dezember | 127 | 107 | 139 | 82 | 92 | 182 | 122 | 99 | 172 | 130 | 102 | 187 | 115 | 98 | 165 |
| **1959** | | | | | | | | | | | | | | | |
| Januar | 89 | 101 | 94 | 86 | 91 | 90 | 75 | 99 | 81 | 88 | 102 | 88 | 86 | 95 | 91 |
| Februar | 95 | 103 | 93 | 95 | 95 | 68 | 84 | 100 | 76 | 92 | 105 | 83 | 93 | 99 | 82 |
| März | 100 | 99 | 106 | 119 | 98 | 99 | 100 | 102 | 91 | 112 | 106 | 107 | 108 | 100 | 102 |
| April | 107 | 103 | 103 | 112 | 101 | 94 | 110 | 103 | 99 | 112 | 107 | 107 | 109 | 103 | 100 |
| Mai | 94 | 99 | 100 | 89 | 99 | 105 | 92 | 102 | 97 | 94 | 107 | 94 | 93 | 101 | 100 |
| Juni | 105 | 102 | 101 | 80 | 97 | 90 | 102 | 104 | 92 | 94 | 107 | 97 | 96 | 100 | 96 |
| Juli | 108 | 102 | 108 | 81 | 92 | 105 | 100 | 104 | 102 | 97 | 107 | 101 | 98 | 98 | 105 |
| August | 103 | 101 | 106 | 102 | 97 | 77 | 101 | 104 | 101 | 98 | 107 | 96 | 102 | 100 | 95 |
| September | 108 | 109 | 99 | 138 | 105 | 78 | 120 | 107 | 101 | 121 | 113 | 96 | 121 | 107 | 93 |
| Oktober | 114 | 112 | 109 | 148 | 111 | 110 | 128 | 110 | 110 | 128 | 118 | 98 | 128 | 112 | 108 |
| November | 116 | 126 | 100 | 125 | 113 | 112 | 111 | 113 | 112 | 121 | 122 | 105 | 120 | 116 | 106 |
| Dezember | 138 | 114 | 150 | 96 | 97 | 181 | 135 | 103 | 176 | 139 | 110 | 200 | 127 | 103 | 172 |
| **1960** | | | | | | | | | | | | | | | |
| Januar | 90 | 107 | 96 | 91 | 96 | 87 | 80 | 103 | 80 | 87 | 110 | 89 | 89 | 101 | 91 |
| Februar | 105 | 109 | 102 | 110 | 102 | 71 | 97 | 105 | 81 | 103 | 113 | 89 | 105 | 105 | 87 |
| März | 114 | 112 | 111 | 131 | 108 | 90 | 115 | 108 | 95 | 124 | 115 | 110 | 121 | 110 | 102 |
| April | 108 | 104 | 117 | 119 | 109 | 113 | 116 | 109 | 104 | 119 | 116 | 123 | 114 | 109 | 115 |
| Mai | 109 | 107 | 106 | 114 | 110 | 111 | 113 | 111 | 106 | 119 | 117 | 109 | 113 | 110 | 107 |
| Juni | 110 | 109 | 108 | 82 | 107 | 101 | 104 | 111 | 96 | 101 | 117 | 104 | 100 | 109 | 103 |
| Juli | 105 | 104 | 112 | 81 | 100 | 110 | 110 | 112 | 109 | 104 | 116 | 110 | 99 | 105 | 111 |
| August | 113 | 108 | 110 | 120 | 105 | 87 | 119 | 113 | 113 | 115 | 118 | 105 | 116 | 109 | 103 |
| September | 114 | 114 | 106 | 159 | 114 | 94 | 136 | 117 | 111 | 131 | 122 | 106 | 133 | 116 | 104 |
| Oktober | 113 | 119 | 109 | 154 | 118 | 125 | 139 | 120 | 115 | 136 | 127 | 108 | 132 | 120 | 114 |
| November | 124 | 132 | 107 | 136 | 119 | 126 | 124 | 124 | 125 | 145 | 132 | 123 | 131 | 124 | 117 |
| Dezember | 145 | 119 | 159 | 104 | 100 | 198 | 147 | 113 | 192 | 161 | 118 | 224 | 137 | 108 | 186 |

1) Der Lagerindex bezieht sich auf den Monatsendbestand

Tabellen 68 - 85

Die Quartalsergebnisse der wichtigsten Betriebsvergleichszahlen bei 18 Einzelhandelsbranchen vom I. Quartal 1958 bis zum IV. Quartal 1960

### Tabelle 68  Lebensmitteleinzelhandel

| Berichts-zeitraum | Zahl der berich- tenden Be- triebe | Absatz je beschäf- tigte Person in DM | Absatz je Kunde in DM | Gesamt- kosten¹) in % des Ab- satzes | Entwicklung in % des ent- sprechenden Vorjahrszeit- raums ( = 100 ) | | |
|---|---|---|---|---|---|---|---|
| | | | | | Be- schaf- fung | Absatz | Gesamt- kosten¹) |
| 1958 | | | | | | | |
| I. Quartal | 148 | 13 270 | 3,80 | 17,6 | 108 | 109 | 109 |
| II. Quartal | 142 | 13 920 | 3,60 | 17,7 | 105 | 105 | 108 |
| III. Quartal | 148 | 13 770 | 3,50 | 17,6 | 103 | 103 | 107 |
| IV. Quartal | 146 | 15 320 | 4,10 | 17,1 | 102 | 103 | 105 |
| 1959 | | | | | | | |
| I. Quartal | 224 | 13 640 | 3,80 | 18,0 | 103 | 105 | 105 |
| II. Quartal | 214 | 14 050 | 3,80 | 17,7 | 107 | 104 | 104 |
| III. Quartal | 221 | 14 740 | 3,70 | 17,4 | 106 | 106 | 106 |
| IV. Quartal | 204 | 16 710 | 4,30 | 16,6 | 107 | 107 | 105 |
| 1960 | | | | | | | |
| I. Quartal | 220 | 14 910 | 4,00 | 17,8 | 108 | 106 | 106 |
| II. Quartal | 216 | 16 190 | 4,00 | 17,1 | 106 | 109 | 107 |
| III. Quartal | 219 | 16 310 | 3,80 | 17,2 | 102 | 104 | 104 |
| IV. Quartal | 204 | 18 140 | 4,10 | 16,8 | 102 | 103 | 105 |

### Tabelle 69  Tabakwareneinzelhandel

| Berichts-zeitraum | Zahl der berich- tenden Be- triebe | Absatz je beschäf- tigte Person in DM | Absatz je Kunde in DM | Gesamt- kosten¹) in % des Ab- satzes | Entwicklung in % des ent- sprechenden Vorjahrszeit- raums ( = 100 ) | | |
|---|---|---|---|---|---|---|---|
| | | | | | Be- schaf- fung | Absatz | Gesamt- kosten¹) |
| 1958 | | | | | | | |
| I. Quartal | 38 | 21 610 | 2,80 | 15,0 | 106 | 102 | 102 |
| II. Quartal | 38 | 21 300 | 3,10 | 14,4 | 101 | 103 | 102 |
| III. Quartal | 37 | 21 660 | 2,90 | 14,5 | 104 | 103 | 106 |
| IV. Quartal | 37 | 27 470 | 3,30 | 12,4 | 102 | 107 | 105 |
| 1959 | | | | | | | |
| I. Quartal | 39 | 21 990 | 3,00 | 15,1 | 100 | 104 | 104 |
| II. Quartal | 33 | 22 470 | 3,30 | 14,3 | 104 | 103 | 104 |
| III. Quartal | 40 | 23 580 | 3,10 | 14,2 | 100 | 103 | 102 |
| IV. Quartal | 37 | 28 260 | 3,20 | 12,6 | 103 | 103 | 103 |
| 1960 | | | | | | | |
| I. Quartal | 34 | 21 580 | 3,00 | 15,7 | 105 | 104 | 106 |
| II. Quartal | 36 | 24 080 | 3,50 | 14,6 | 110 | 108 | 109 |
| III. Quartal | 33 | 24 760 | 3,40 | 14,6 | 110 | 110 | 108 |
| IV. Quartal | 32 | 30 850 | 3,60 | 12,7 | 107 | 109 | 108 |

### Tabelle 70  Drogerien

| Berichts-zeitraum | Zahl der berich- tenden Be- triebe | Absatz je beschäf- tigte Person in DM | Absatz je Kunde in DM | Gesamt- kosten¹) in % des Ab- satzes | Entwicklung in % des ent- sprechenden Vorjahrszeit- raums ( = 100 ) | | |
|---|---|---|---|---|---|---|---|
| | | | | | Be- schaf- fung | Absatz | Gesamt- kosten¹) |
| 1958 | | | | | | | |
| I. Quartal | 151 | 8 220 | 2,80 | 28,3 | 111 | 111 | 108 |
| II. Quartal | 159 | 8 870 | 3,00 | 26,2 | 108 | 106 | 108 |
| III. Quartal | 167 | 9 320 | 2,90 | 25,4 | 106 | 110 | 108 |
| IV. Quartal | 160 | 10 770 | 3,20 | 24,6 | 107 | 107 | 108 |
| 1959 | | | | | | | |
| I. Quartal | 188 | 8 840 | 2,90 | 27,9 | 105 | 108 | 108 |
| II. Quartal | 183 | 9 480 | 3,00 | 26,1 | 108 | 109 | 108 |
| III. Quartal | 186 | 9 830 | 3,10 | 25,9 | 108 | 106 | 108 |
| IV. Quartal | 179 | 11 170 | 3,40 | 24,9 | 105 | 107 | 107 |
| 1960 | | | | | | | |
| I. Quartal | 187 | 9 080 | 3,00 | 28,8 | 109 | 104 | 107 |
| II. Quartal | 171 | 10 110 | 3,30 | 26,1 | 105 | 107 | 109 |
| III. Quartal | 181 | 10 320 | 3,40 | 26,2 | 105 | 105 | 108 |
| IV. Quartal | 164 | 12 270 | 3,80 | 24,3 | 110 | 110 | 110 |

### Tabelle 71  Textileinzelhandel

| Berichts-zeitraum | Zahl der berich- tenden Be- triebe | Absatz je beschäf- tigte Person in DM | Absatz je Kunde in DM | Gesamt- kosten¹) in % des Ab- satzes | Entwicklung in % des ent- sprechenden Vorjahrszeit- raums ( = 100 ) | | |
|---|---|---|---|---|---|---|---|
| | | | | | Be- schaf- fung | Absatz | Gesamt- kosten¹) |
| 1958 | | | | | | | |
| I. Quartal | 550 | 9 670 | 27,90 | 28,4 | 103 | 106 | 107 |
| II. Quartal | 545 | 10 440 | 28,70 | 26,6 | 92 | 95 | 104 |
| III. Quartal | 572 | 9 410 | 26,60 | 28,7 | 92 | 96 | 103 |
| IV. Quartal | 550 | 14 940 | 33,80 | 21,8 | 92 | 97 | 103 |
| 1959 | | | | | | | |
| I. Quartal | 650 | 9 980 | 30,20 | 28,6 | 91 | 101 | 103 |
| II. Quartal | 658 | 10 450 | 29,20 | 27,4 | 103 | 98 | 103 |
| III. Quartal | 617 | 9 500 | 27,00 | 29,7 | 103 | 99 | 104 |
| IV. Quartal | 601 | 15 210 | 34,40 | 22,3 | 107 | 101 | 104 |
| 1960 | | | | | | | |
| I. Quartal | 673 | 9 640 | 30,00 | 30,6 | 107 | 96 | 103 |
| II. Quartal | 662 | 11 690 | 30,30 | 26,2 | 111 | 112 | 107 |
| III. Quartal | 669 | 10 620 | 29,50 | 28,4 | 111 | 112 | 107 |
| IV. Quartal | 613 | 16 800 | 37,20 | 21,7 | 106 | 110 | 109 |

### Tabelle 72  Textileinzelhandel mit vorwiegend Herren- und Knabenoberbekleidung

| Berichts-zeitraum | Zahl der berich- tenden Be- triebe | Absatz je beschäf- tigte Person in DM | Absatz je Kunde in DM | Gesamt- kosten¹) in % des Ab- satzes | Entwicklung in % des ent- sprechenden Vorjahrszeit- raums ( = 100 ) | | |
|---|---|---|---|---|---|---|---|
| | | | | | Be- schaf- fung | Absatz | Gesamt- kosten¹) |
| 1958 | | | | | | | |
| I. Quartal | 59 | 13 490 | 59,20 | 27,3 | 104 | 105 | 108 |
| II. Quartal | 60 | 15 290 | 57,10 | 24,8 | 87 | 93 | 105 |
| III. Quartal | 62 | 12 350 | 49,00 | 28,9 | 87 | 94 | 103 |
| IV. Quartal | 59 | 20 730 | 63,30 | 22,1 | 90 | 97 | 104 |
| 1959 | | | | | | | |
| I. Quartal | 73 | 14 050 | 62,30 | 26,6 | 86 | 103 | 102 |
| II. Quartal | 74 | 14 770 | 56,30 | 25,8 | 100 | 94 | 103 |
| III. Quartal | 70 | 11 380 | 47,20 | 31,3 | 100 | 95 | 101 |
| IV. Quartal | 69 | 20 320 | 62,00 | 22,4 | 108 | 102 | 103 |
| 1960 | | | | | | | |
| I. Quartal | 71 | 13 030 | 56,50 | 29,9 | 109 | 93 | 102 |
| II. Quartal | 74 | 17 660 | 58,30 | 23,9 | 119 | 119 | 108 |
| III. Quartal | 75 | 13 670 | 52,70 | 29,6 | 111 | 118 | 111 |
| IV. Quartal | 65 | 22 600 | 67,00 | 21,3 | 118 | 115 | 111 |

### Tabelle 73  Textileinzelhandel mit vorwiegend Damen-, Mädchen- und Kinderoberbekleidung

| Berichts-zeitraum | Zahl der berich- tenden Be- triebe | Absatz je beschäf- tigte Person in DM | Absatz je Kunde in DM | Gesamt- kosten¹) in % des Ab- satzes | Entwicklung in % des ent- sprechenden Vorjahrszeit- raums ( = 100 ) | | |
|---|---|---|---|---|---|---|---|
| | | | | | Be- schaf- fung | Absatz | Gesamt- kosten¹) |
| 1958 | | | | | | | |
| I. Quartal | 52 | 8 290 | 53,60 | 29,2 | 106 | 103 | 104 |
| II. Quartal | 50 | 10 470 | 56,40 | 25,1 | 84 | 91 | 101 |
| III. Quartal | 56 | 7 630 | 49,40 | 32,7 | 85 | 92 | 102 |
| IV. Quartal | 48 | 12 320 | 71,30 | 24,4 | 87 | 95 | 102 |
| 1959 | | | | | | | |
| I. Quartal | 58 | 8 790 | 58,70 | 29,2 | 91 | 103 | 103 |
| II. Quartal | 58 | 10 320 | 59,00 | 26,8 | 108 | 99 | 105 |
| III. Quartal | 51 | 8 190 | 51,70 | 32,1 | 114 | 102 | 104 |
| IV. Quartal | 58 | 13 130 | 70,50 | 24,1 | 108 | 103 | 105 |
| 1960 | | | | | | | |
| I. Quartal | 60 | 8 780 | 57,00 | 30,2 | 104 | 99 | 102 |
| II. Quartal | 58 | 11 110 | 59,70 | 25,4 | 110 | 113 | 108 |
| III. Quartal | 60 | 9 030 | 57,30 | 29,8 | 111 | 116 | 110 |
| IV. Quartal | 56 | 13 960 | 75,40 | 24,5 | 100 | 108 | 109 |

1) Einschließlich des Entgelts für die nicht entlöhnte Tätigkeit des Inhabers und seiner Familie (Unternehmerlohn), jedoch ohne Abschreibungen und Zinsen für Eigenkapital

Tabellen 68 - 85

Die Quartalsergebnisse der wichtigsten Betriebsvergleichszahlen bei 18 Einzelhandelsbranchen vom I. Quartal 1958 bis zum IV. Quartal 1960

Tabelle 74  Textileinzelhandel mit vorwiegend Wäsche, Wirk- und Strickwaren

| Berichts-zeitraum | Zahl der berich-tenden Be-triebe | Absatz je beschäf-tigte Person in DM | Absatz je Kunde in DM | Gesamt-kosten[1] in % des Ab-satzes | Entwicklung in % des ent-sprechenden Vorjahrszeit-raums ( = 100 ) | | |
|---|---|---|---|---|---|---|---|
| | | | | | Be-schaf-fung | Absatz | Gesamt-kosten[1] |
| 1958 | | | | | | | |
| I. Quartal | 89 | 9 170 | 12,60 | 30,4 | 107 | 110 | 106 |
| II. Quartal | 93 | 9 890 | 12,70 | 27,5 | 97 | 97 | 104 |
| III. Quartal | 94 | 9 620 | 13,10 | 27,9 | 98 | 98 | 103 |
| IV. Quartal | 92 | 16 130 | 15,60 | 19,5 | 93 | 98 | 103 |
| 1959 | | | | | | | |
| I. Quartal | 105 | 9 480 | 13,50 | 30,4 | 93 | 104 | 104 |
| II. Quartal | 102 | 9 980 | 12,70 | 28,3 | 104 | 101 | 104 |
| III. Quartal | 104 | 9 770 | 13,50 | 28,7 | 101 | 100 | 104 |
| IV. Quartal | 98 | 16 490 | 16,00 | 20,0 | 107 | 101 | 104 |
| 1960 | | | | | | | |
| I. Quartal | 108 | 9 140 | 12,70 | 32,0 | 113 | 96 | 105 |
| II. Quartal | 113 | 11 210 | 14,00 | 26,7 | 114 | 112 | 107 |
| III. Quartal | 111 | 10 660 | 14,40 | 27,9 | 112 | 111 | 107 |
| IV. Quartal | 106 | 17 690 | 17,00 | 20,1 | 101 | 108 | 107 |

Tabelle 75  Textileinzelhandel mit gemischtem Sortiment

| Berichts-zeitraum | Zahl der berich-tenden Be-triebe | Absatz je beschäf-tigte Person in DM | Absatz je Kunde in DM | Gesamt-kosten[1] in % des Ab-satzes | Entwicklung in % des ent-sprechenden Vorjahrszeit-raums ( = 100 ) | | |
|---|---|---|---|---|---|---|---|
| | | | | | Be-schaf-fung | Absatz | Gesamt-kosten[1] |
| 1958 | | | | | | | |
| I. Quartal | 219 | 8 970 | 12,50 | 27,3 | 103 | 106 | 109 |
| II. Quartal | 205 | 9 410 | 13,40 | 25,7 | 94 | 95 | 105 |
| III. Quartal | 215 | 8 850 | 12,60 | 26,9 | 93 | 97 | 103 |
| IV. Quartal | 207 | 13 660 | 16,10 | 20,9 | 93 | 97 | 102 |
| 1959 | | | | | | | |
| I. Quartal | 251 | 9 100 | 12,90 | 27,7 | 92 | 100 | 103 |
| II. Quartal | 258 | 9 410 | 13,60 | 26,2 | 103 | 98 | 103 |
| III. Quartal | 229 | 8 920 | 12,40 | 27,8 | 103 | 100 | 105 |
| IV. Quartal | 225 | 13 890 | 15,90 | 21,4 | 107 | 100 | 105 |
| 1960 | | | | | | | |
| I. Quartal | 254 | 8 690 | 12,90 | 29,6 | 105 | 96 | 103 |
| II. Quartal | 258 | 10 200 | 14,40 | 25,8 | 109 | 110 | 106 |
| III. Quartal | 252 | 9 750 | 13,10 | 27,2 | 111 | 110 | 106 |
| IV. Quartal | 231 | 15 110 | 17,30 | 21,1 | 102 | 110 | 109 |

Tabelle 76  Möbeleinzelhandel

| Berichts-zeitraum | Zahl der berich-tenden Be-triebe | Absatz je beschäf-tigte Person in DM | Absatz je Kunde in DM | Gesamt-kosten[1] in % des Ab-satzes | Entwicklung in % des ent-sprechenden Vorjahrszeit-raums ( = 100 ) | | |
|---|---|---|---|---|---|---|---|
| | | | | | Be-schaf-fung | Absatz | Gesamt-kosten[1] |
| 1958 | | | | | | | |
| I. Quartal | 111 | 16 100 | 397,40 | 27,9 | 101 | 106 | 104 |
| II. Quartal | 108 | 16 390 | 438,60 | 28,1 | 99 | 95 | 106 |
| III. Quartal | 108 | 18 210 | 427,20 | 25,8 | 97 | 99 | 104 |
| IV. Quartal | 101 | 24 190 | 419,20 | 23,2 | 95 | 99 | 105 |
| 1959 | | | | | | | |
| I. Quartal | 153 | 14 760 | 382,70 | 30,2 | 91 | 96 | 100 |
| II. Quartal | 140 | 16 940 | 415,70 | 28,4 | 96 | 103 | 102 |
| III. Quartal | 144 | 18 740 | 414,20 | 26,0 | 102 | 101 | 104 |
| IV. Quartal | 122 | 24 270 | 397,00 | 24,3 | 106 | 101 | 104 |
| 1960 | | | | | | | |
| I. Quartal | 138 | 15 470 | 374,30 | 30,6 | 109 | 103 | 105 |
| II. Quartal | 137 | 18 250 | 425,20 | 27,6 | 111 | 108 | 106 |
| III. Quartal | 134 | 19 660 | 406,70 | 26,1 | 112 | 107 | 107 |
| IV. Quartal | 126 | 24 800 | 425,50 | 23,5 | 107 | 108 | 105 |

Tabelle 77  Schuheinzelhandel

| Berichts-zeitraum | Zahl der berich-tenden Be-triebe | Absatz je beschäf-tigte Person in DM | Absatz je Kunde in DM | Gesamt-kosten[1] in % des Ab-satzes | Entwicklung in % des ent-sprechenden Vorjahrszeit-raums ( = 100 ) | | |
|---|---|---|---|---|---|---|---|
| | | | | | Be-schaf-fung | Absatz | Gesamt-kosten[1] |
| 1958 | | | | | | | |
| I. Quartal | 187 | 9 200 | 21,00 | 26,8 | 109 | 106 | 109 |
| II. Quartal | 183 | 13 150 | 21,60 | 19,6 | 92 | 101 | 106 |
| III. Quartal | 178 | 10 760 | 19,60 | 23,7 | 104 | 102 | 105 |
| IV. Quartal | 175 | 14 550 | 23,10 | 19,7 | 84 | 106 | 107 |
| 1959 | | | | | | | |
| I. Quartal | 191 | 10 860 | 21,60 | 24,4 | 104 | 120 | 108 |
| II. Quartal | 198 | 13 690 | 20,70 | 20,2 | 110 | 107 | 110 |
| III. Quartal | 196 | 10 460 | 18,90 | 25,0 | 103 | 102 | 107 |
| IV. Quartal | 186 | 14 260 | 22,70 | 20,9 | 133 | 101 | 105 |
| 1960 | | | | | | | |
| I. Quartal | 186 | 9 870 | 21,70 | 27,0 | 115 | 94 | 104 |
| II. Quartal | 184 | 14 910 | 21,60 | 19,3 | 108 | 114 | 108 |
| III. Quartal | 176 | 11 440 | 20,20 | 24,9 | 106 | 111 | 109 |
| IV. Quartal | 197 | 16 170 | 24,00 | 19,8 | 106 | 119 | 112 |

Tabelle 78  Glas-, Porzellan- und Keramikeinzelhandel

| Berichts-zeitraum | Zahl der berich-tenden Be-triebe | Absatz je beschäf-tigte Person in DM | Absatz je Kunde in DM | Gesamt-kosten[1] in % des Ab-satzes | Entwicklung in % des ent-sprechenden Vorjahrszeit-raums ( = 100 ) | | |
|---|---|---|---|---|---|---|---|
| | | | | | Be-schaf-fung | Absatz | Gesamt-kosten[1] |
| 1958 | | | | | | | |
| I. Quartal | 72 | 7 840 | 11,80 | 31,8 | 115 | 110 | 110 |
| II. Quartal | 70 | 8 180 | 12,30 | 31,1 | 109 | 107 | 110 |
| III. Quartal | 72 | 9 360 | 13,10 | 27,9 | 111 | 109 | 109 |
| IV. Quartal | 62 | 13 460 | 15,80 | 22,2 | 105 | 107 | 107 |
| 1959 | | | | | | | |
| I. Quartal | 67 | 8 230 | 12,30 | 32,8 | 100 | 105 | 106 |
| II. Quartal | 69 | 7 860 | 13,60 | 33,3 | 97 | 100 | 106 |
| III. Quartal | 69 | 9 030 | 13,90 | 30,0 | 94 | 99 | 105 |
| IV. Quartal | 65 | 14 260 | 15,20 | 22,5 | 100 | 102 | 104 |
| 1960 | | | | | | | |
| I. Quartal | 64 | 7 790 | 13,10 | 35,4 | 103 | 97 | 105 |
| II. Quartal | 60 | 9 090 | 14,80 | 31,2 | 114 | 113 | 107 |
| III. Quartal | 62 | 10 170 | 16,10 | 28,5 | 119 | 108 | 108 |
| IV. Quartal | 54 | 15 380 | 16,70 | 22,3 | 114 | 112 | 112 |

Tabelle 79  Eisenwaren- und Hausrathandel

| Berichts-zeitraum | Zahl der berich-tenden Be-triebe | Absatz je beschäf-tigte Person in DM | Absatz je Kunde in DM | Gesamt-kosten[1] in % des Ab-satzes | Entwicklung in % des ent-sprechenden Vorjahrszeit-raums ( = 100 ) | | |
|---|---|---|---|---|---|---|---|
| | | | | | Be-triebe | Absatz | Gesamt-kosten[1] |
| 1958 | | | | | | | |
| I. Quartal | 155 | 9 780 | 14,70 | 26,4 | 108 | 105 | 110 |
| II. Quartal | 150 | 11 470 | 16,10 | 23,1 | 103 | 104 | 106 |
| III. Quartal | 146 | 12 440 | 14,60 | 21,1 | 105 | 109 | 107 |
| IV. Quartal | 144 | 14 880 | 16,30 | 21,3 | 109 | 108 | 110 |
| 1959 | | | | | | | |
| I. Quartal | 186 | 10 140 | 14,40 | 26,3 | 101 | 106 | 107 |
| II. Quartal | 183 | 12 510 | 15,80 | 22,7 | 115 | 111 | 108 |
| III. Quartal | 170 | 12 850 | 15,90 | 22,6 | 108 | 104 | 109 |
| IV. Quartal | 164 | 15 510 | 18,10 | 21,0 | 108 | 108 | 107 |
| 1960 | | | | | | | |
| I. Quartal | 174 | 11 060 | 16,10 | 26,6 | 117 | 108 | 110 |
| II. Quartal | 169 | 13 140 | 17,70 | 23,1 | 106 | 107 | 110 |
| III. Quartal | 179 | 14 330 | 17,90 | 21,3 | 113 | 112 | 109 |
| IV. Quartal | 155 | 16 950 | 18,40 | 20,9 | 111 | 110 | 108 |

1) Einschließlich des Entgelts für die nicht entlöhnte Tätigkeit des Inhabers und seiner Familie (Unternehmerlohn), jedoch ohne Abschreibungen und Zinsen für Eigenkapital

Tabellen 68 - 85

Die Quartalsergebnisse der wichtigsten Betriebsvergleichszahlen bei 18 Einzelhandelsbranchen vom I. Quartal 1958 bis zum IV. Quartal 1960

### Tabelle 80  Eisenwaren- und Hausrathandel mit gemischtem Sortiment

| Berichts-zeitraum | Zahl der berich-tenden Be-triebe | Absatz je beschäf-tigte Person in DM | Absatz je Kunde in DM | Gesamt-kosten in % des Ab-satzes | Entwicklung in % des ent-sprechenden Vorjahreszeit-raums ( = 100 ) | | |
|---|---|---|---|---|---|---|---|
| | | | | | Be-schaf-fung | Absatz | Gesamt-kosten[1] |
| **1958** | | | | | | | |
| I. Quartal | 95 | 10 370 | 16,20 | 25,0 | 105 | 104 | 109 |
| II. Quartal | 94 | 12 340 | 18,90 | 21,6 | 103 | 105 | 106 |
| III. Quartal | 91 | 13 570 | 16,10 | 19,4 | 103 | 107 | 106 |
| IV. Quartal | 88 | 15 990 | 18,50 | 20,3 | 109 | 108 | 107 |
| **1959** | | | | | | | |
| I. Quartal | 114 | 10 800 | 16,00 | 24,9 | 101 | 106 | 106 |
| II. Quartal | 115 | 13 720 | 19,30 | 20,7 | 117 | 112 | 107 |
| III. Quartal | 108 | 14 320 | 18,30 | 20,0 | 111 | 105 | 109 |
| IV. Quartal | 101 | 16 760 | 19,50 | 19,6 | 111 | 109 | 107 |
| **1960** | | | | | | | |
| I. Quartal | 111 | 11 940 | 18,50 | 24,8 | 118 | 110 | 109 |
| II. Quartal | 111 | 14 090 | 20,30 | 21,6 | 106 | 107 | 110 |
| III. Quartal | 117 | 15 490 | 20,70 | 19,6 | 112 | 111 | 111 |
| IV. Quartal | 102 | 17 910 | 20,90 | 20,1 | 110 | 109 | 108 |

### Tabelle 81  Papier-, Bürobedarf- und Schreibwareneinzelhandel

| Berichts-zeitraum | Zahl der berich-tenden Be-triebe | Absatz je beschäf-tigte Person in DM | Absatz je Kunde in DM | Gesamt-kosten in % des Ab-satzes | Entwicklung in % des ent-sprechenden Vorjahreszeit-raums ( = 100 ) | | |
|---|---|---|---|---|---|---|---|
| | | | | | Be-schaf-fung | Absatz | Gesamt-kosten[1] |
| **1958** | | | | | | | |
| I. Quartal | 76 | 9 660 | 10,10 | 25,4 | 111 | 112 | 108 |
| II. Quartal | 76 | 8 360 | 14,90 | 28,9 | 110 | 107 | 107 |
| III. Quartal | 77 | 8 190 | 13,40 | 28,3 | 111 | 107 | 105 |
| IV. Quartal | 73 | 12 340 | 11,50 | 22,2 | 104 | 105 | 108 |
| **1959** | | | | | | | |
| I. Quartal | 88 | 9 240 | 12,90 | 26,8 | 102 | 100 | 105 |
| II. Quartal | 90 | 8 610 | 14,90 | 29,5 | 101 | 103 | 102 |
| III. Quartal | 94 | 7 970 | 11,90 | 29,2 | 104 | 103 | 106 |
| IV. Quartal | 83 | 12 720 | 16,60 | 23,2 | 105 | 106 | 109 |
| **1960** | | | | | | | |
| I. Quartal | 83 | 9 720 | 16,10 | 26,6 | 107 | 106 | 105 |
| II. Quartal | 79 | 8 950 | 8,70 | 29,1 | 109 | 112 | 110 |
| III. Quartal | 82 | 8 930 | 11,80 | 29,1 | 114 | 111 | 113 |
| IV. Quartal | 72 | 14 260 | 18,90 | 21,8 | 111 | 114 | 109 |

### Tabelle 82  Büromaschinen-, -möbel- und Organisationsmittelhandel

| Berichts-zeitraum | Zahl der berich-tenden Be-triebe | Absatz je beschäf-tigte Person in DM | Absatz je Kunde in DM | Gesamt-kosten in % des Ab-satzes | Entwicklung in % des ent-sprechenden Vorjahreszeit-raums ( = 100 ) | | |
|---|---|---|---|---|---|---|---|
| | | | | | Be-schaf-fung | Absatz | Gesamt-kosten[1] |
| **1958** | | | | | | | |
| I. Quartal | 42 | 13 820 | 109,60 | 23,8 | 98 | 101 | 110 |
| II. Quartal | 44 | 11 130 | 117,20 | 28,1 | 109 | 109 | 109 |
| III. Quartal | 46 | 11 320 | 78,40 | 28,2 | 109 | 106 | 109 |
| IV. Quartal | 40 | 15 740 | 76,10 | 24,2 | 101 | 104 | 105 |
| **1959** | | | | | | | |
| I. Quartal | 50 | 13 450 | 139,60 | 25,4 | 101 | 105 | 108 |
| II. Quartal | 48 | 12 590 | 140,60 | 26,4 | 120 | 115 | 109 |
| III. Quartal | 49 | 11 660 | 116,00 | 28,2 | 114 | 113 | 111 |
| IV. Quartal | 38 | 18 190 | 167,60 | 22,0 | 119 | 118 | 113 |
| **1960** | | | | | | | |
| I. Quartal | 49 | 14 360 | 126,40 | 24,9 | 126 | 117 | 116 |
| II. Quartal | 49 | 13 820 | 137,60 | 26,5 | 115 | 115 | 114 |
| III. Quartal | 50 | 12 800 | 141,10 | 27,1 | 117 | 117 | 112 |
| IV. Quartal | 40 | 18 220 | 127,90 | 22,8 | 110 | 111 | 110 |

### Tabelle 83  Uhren-, Juwelen-, Gold- und Silberwareneinzelhandel

| Berichts-zeitraum | Zahl der berich-tenden Be-triebe | Absatz je beschäf-tigte Person in DM | Absatz je Kunde in DM | Gesamt-kosten in % des Ab-satzes | Entwicklung in % des ent-sprechenden Vorjahreszeit-raums ( = 100 ) | | |
|---|---|---|---|---|---|---|---|
| | | | | | Be-schaf-fung | Absatz | Gesamt-kosten[1] |
| **1958** | | | | | | | |
| I. Quartal | 60 | 8 720 | 24,10 | 38,0 | 111 | 117 | 109 |
| II. Quartal | 63 | 7 600 | 22,60 | 40,9 | 106 | 101 | 106 |
| III. Quartal | 63 | 8 610 | 23,20 | 37,3 | 109 | 108 | 106 |
| IV. Quartal | 57 | 17 880 | 32,60 | 23,4 | 103 | 108 | 108 |
| **1959** | | | | | | | |
| I. Quartal | 69 | 8 940 | 27,00 | 39,3 | 95 | 102 | 105 |
| II. Quartal | 64 | 8 090 | 25,80 | 40,0 | 99 | 100 | 103 |
| III. Quartal | 65 | 9 070 | 23,20 | 37,2 | 102 | 105 | 105 |
| IV. Quartal | 64 | 17 410 | 33,00 | 24,3 | 106 | 103 | 107 |
| **1960** | | | | | | | |
| I. Quartal | 66 | 8 650 | 26,20 | 42,0 | 99 | 96 | 103 |
| II. Quartal | 64 | 9 240 | 25,40 | 38,8 | 133 | 117 | 108 |
| III. Quartal | 63 | 9 800 | 25,30 | 36,8 | 125 | 113 | 112 |
| IV. Quartal | 59 | 20 430 | 37,70 | 22,6 | 114 | 115 | 111 |

### Tabelle 84  Leder- und Galanterie-wareneinzelhandel

| Berichts-zeitraum | Zahl der berich-tenden Be-triebe | Absatz je beschäf-tigte Person in DM | Absatz je Kunde in DM | Gesamt-kosten in % des Ab-satzes | Entwicklung in % des ent-sprechenden Vorjahreszeit-raums ( = 100 ) | | |
|---|---|---|---|---|---|---|---|
| | | | | | Be-schaf-fung | Absatz | Gesamt-kosten[1] |
| **1958** | | | | | | | |
| I. Quartal | 50 | 8 360 | 17,20 | 35,2 | 107 | 110 | 105 |
| II. Quartal | 48 | 9 990 | 17,90 | 27,9 | 98 | 101 | 104 |
| III. Quartal | 47 | 9 560 | 17,00 | 29,4 | 107 | 102 | 105 |
| IV. Quartal | 45 | 17 390 | 21,40 | 19,7 | 96 | 104 | 104 |
| **1959** | | | | | | | |
| I. Quartal | 49 | 9 230 | 17,80 | 32,0 | 108 | 109 | 101 |
| II. Quartal | 48 | 10 090 | 18,00 | 30,0 | 109 | 95 | 103 |
| III. Quartal | 50 | 9 730 | 17,50 | 30,8 | 101 | 98 | 105 |
| IV. Quartal | 48 | 17 040 | 23,50 | 20,2 | 94 | 100 | 99 |
| **1960** | | | | | | | |
| I. Quartal | 51 | 8 670 | 17,40 | 38,4 | 94 | 90 | 104 |
| II. Quartal | 51 | 12 040 | 19,70 | 26,5 | 95 | 116 | 105 |
| III. Quartal | 50 | 11 090 | 18,50 | 28,4 | 107 | 113 | 106 |
| IV. Quartal | 46 | 20 300 | 25,60 | 18,4 | 121 | 120 | 111 |

### Tabelle 85  Sortimentsbuchhandel

| Berichts-zeitraum | Zahl der berich-tenden Be-triebe | Absatz je beschäf-tigte Person in DM | Absatz je Kunde in DM | Gesamt-kosten in % des Ab-satzes | Entwicklung in % des ent-sprechenden Vorjahreszeit-raums ( = 100) | | |
|---|---|---|---|---|---|---|---|
| | | | | | Be-schaf-fung | Absatz | Gesamt-kosten[1] |
| **1958** | | | | | | | |
| I. Quartal | 103 | 10 900 | 6,80 | 26,2 | 116 | 114 | 109 |
| II. Quartal | 110 | 10 950 | 6,50 | 26,0 | 107 | 109 | 110 |
| III. Quartal | 112 | 9 070 | 6,10 | 29,4 | 109 | 107 | 109 |
| IV. Quartal | 97 | 15 970 | 8,30 | 21,4 | 110 | 112 | 109 |
| **1959** | | | | | | | |
| I. Quartal | 104 | 10 800 | 6,60 | 27,1 | 109 | 107 | 108 |
| II. Quartal | 108 | 11 390 | 6,70 | 26,9 | 107 | 110 | 113 |
| III. Quartal | 105 | 9 090 | 6,40 | 30,5 | 109 | 108 | 110 |
| IV. Quartal | 95 | 16 270 | 8,00 | 21,1 | 106 | 107 | 109 |
| **1960** | | | | | | | |
| I. Quartal | 102 | 11 260 | 7,00 | 27,2 | 102 | 107 | 108 |
| II. Quartal | 95 | 11 930 | 7,30 | 26,1 | 112 | 109 | 108 |
| III. Quartal | 104 | 9 890 | 6,50 | 29,8 | 109 | 112 | 109 |
| IV. Quartal | 88 | 18 190 | 8,90 | 19,8 | 114 | 115 | 108 |

1) Einschließlich des Entgelts für die nicht entlöhnte Tätigkeit des Inhabers und seiner Familie (Unternehmerlohn), jedoch ohne Abschreibungen und Zinsen für Eigenkapital

Tabelle 86

Index der Einzelhandelspreise in den Jahren 1958, 1959 und 1960[1]

| Gruppe und Branche | Jahresdurchschnitt 1938 = 100 | | | Jahresdurchschnitt 1949 = 100 | | |
|---|---|---|---|---|---|---|
| | 1958 | 1959 | 1960 | 1958 | 1959 | 1960 |
| Lebensmittelgeschäfte insgesamt | 192 | 196 | 196 | 103 | 105 | 105 |
| darunter Geschäfte für | | | | | | |
| Lebensmittel aller Art | 184 | 188 | 187 | 103 | 105 | 105 |
| Tabakwaren | 246 | 246 | 246 | 76 | 76 | 76 |
| Geschäfte für Textilien und Schuhwaren insgesamt | 184 | 183 | 185 | 86 | 85 | 87 |
| darunter Geschäfte für | | | | | | |
| Textilwaren aller Art | 180 | 177 | 178 | 84 | 83 | 84 |
| Schuhwaren | 215 | 221 | 233 | 97 | 100 | 105 |
| Geschäfte für Hausrat und Wohnbedarf insgesamt | 196 | 195 | 197 | 108 | 107 | 109 |
| darunter Geschäfte für | | | | | | |
| Eisenwaren | 240 | 240 | 245 | 137 | 137 | 140 |
| Porzellan- und Glaswaren | 206 | 207 | 210 | 91 | 91 | 93 |
| Elektrogeräte (ohne Radio) | 166 | 168 | 167 | 93 | 94 | 93 |
| Möbel | 180 | 178 | 180 | 106 | 105 | 106 |
| Sonstige Branchen insgesamt | 200 | 202 | 204 | 115 | 116 | 117 |
| darunter | | | | | | |
| Papierwarengeschäfte | 199 | 200 | 203 | 116 | 116 | 118 |
| Drogerien | 161 | 163 | 164 | 98 | 99 | 100 |
| Einzelhandel insgesamt | 192 | 193 | 194 | 100 | 101 | 102 |

1) "Wirtschaft und Statistik", 10. Jahrgang N.F., Stuttgart 1961, Heft 10, Seite 620*

# VERÖFFENTLICHUNGEN DES INSTITUTS FÜR HANDELSFORSCHUNG

## Mitteilungen des Instituts für Handelsforschung

Herausgegeben von Prof. Dr. Dr. h. c. Rudolf Seyffert

Die Mitteilungen des Instituts erscheinen seit November 1949; ab Januar 1956 monatlich. Sie gehen den Mitgliedern der Gesellschaft zur Förderung des Instituts für Handelsforschung an der Universität zu Köln e. V., Düsseldorf, Kaiserstraße 48, unberechnet zu. Für Nichtmitglieder Bezugspreis der Einzelnummer DM 2,—. Bisher erschienen 110 Nummern mit insgesamt 1244 Seiten. Auslieferungsstelle: Westdeutscher Verlag, Opladen, Ophovener Straße 1—3.

## Sonderhefte der Mitteilungen des Instituts für Handelsforschung

Herausgegeben von Prof. Dr. Dr. h. c. Rudolf Seyffert

1. Der Betriebsvergleich des Einzelhandels und seine Durchführung. 28 Seiten, 8. Auflage 1962, Preis DM 3,—.
2. Der Betriebsvergleich des Großhandels und seine Durchführung. 24 Seiten, 3. Auflage 1959, Preis DM 3,—.
3. Die Ergebnisse des Betriebsvergleichs des westdeutschen Einzelhandels im Jahre 1952. 56 Seiten, 1954, Preis DM 6,—.
4. Die Beschaffungswege der Konsumenten bei Großartikeln des Hausrats. 24 Seiten, 1954, Preis DM 5,—.
5. Die Bedeutung der Einzelhandelsbetriebsformen für den Lebensmitteleinkauf durch Kölner Haushaltungen. 20 Seiten, 1954 Preis DM 5,—.
6. Wege und Kosten der Distribution der Hausratwaren im Lande Nordrhein-Westfalen. 60 Seiten, 1955 (vergriffen).
7. Wege und Kosten der Distribution der Textil-, Schuh- und Lederwaren. 86 Seiten, 1956 (vergriffen).
8. Die Umstellung von Einzelläden des Lebensmittelhandels auf Selbstbedienung. Von Dipl.-Kfm. F. Schucht, 52 S., 1956 (vergriffen)
9. Der Textilwareneinkauf durch Haushaltungen in Nordrhein-Westfalen. 48 Seiten, 1957, Preis DM 6,—.
10. Methode und Ergebnis einer Gesamtbefragung der Kölner Studenten im Wintersemester 1946/47. Von Prof. Dr. Dr. h. c. Rudolf Seyffert, 136 Seiten, 1958. Preis DM 14,—.
11. Wege und Kosten der Distribution der Konsumwaren, ausgenommen Lebensmittel, Hausrat-, Textil-, Schuh- und Lederwaren. 104 Seiten, 1959, Preis DM 14,—.
12. Versuch eines Betriebsvergleichs der staatlichen und städtischen Theater. 52 Seiten, 1959. Preis DM 8,—.
13. Umfang und Struktur der preisvergünstigten Einkäufe der Haushaltungen bei Nichtlebensmitteln. 48 S., 1962, Preis DM 8,—.
14. Der Betriebsvergleich der staatlichen und städtischen Theater im Rechnungsjahr 1958 und Spieljahr 1958/59. 128 Seiten, 1962, Preis DM 16,—.
15. Sortimentspolitik. 36 Seiten, 1962, Preis DM 7,—.

Auslieferungsstelle für Mitteilungen und Sonderhefte: Westdeutscher Verlag, Opladen, Ophovener Straße 1—3.

## Schriften zur Handelsforschung

### 1. Folge: Schriften zur Einzelhandels- und Konsumtionsforschung (1929 bis 1940)

Herausgegeben von Prof. Dr. Dr. h. c. Rudolf Seyffert

1. Das Kölner Einzelhandelsinstitut. Von Prof. Dr. Dr. h. c. Rudolf Seyffert, VIII, 60 Seiten, 1929.
2. Die Probleme des gemeinschaftlichen Einkaufs der Einzelhändler in Haus- und Küchengeräten, Eisenwaren, Glas und Porzellan. Von Dipl.-Kfm. Dr. Albert Meier, XII, 264 Seiten, 1930.
3. Unterrichtsstoff und Lehrpläne für Einzelhandelsschulen. Von Prof. Dr. Paul Eckardt, VIII, 65 Seiten, 1930.
4. Die Modebildung in Damenstoffen. Von Dipl.-Kfm. Martha Fitch, VIII, 74 Seiten, 1930.
5. Der Einfluß der Mode auf den Schuheinzelhandel. Von Dipl.-Kfm. Dr. Fritz Samson, XI, 128 Seiten, 1930.
6. Das Entlohnungsproblem im Einzelhandel. Von Dipl.-Kfm. Dr. Karl Berets, VIII, 107 Seiten, 1930.
7. Die Werbung des Schuheinzelhändlers. Von Dipl.-Kfm. Dr. Karl Kahn, VIII, 208 Seiten, 1930.
8. Das Massenfilialsystem, die Voraussetzungen seiner Anwendbarkeit auf den Einzelhandelsbetrieb. Von Dipl.-Volksw. Dr. Harald Ehrlicher, XI, 200 Seiten, 1931.
9. Die kurzfristige Erfolgskontrolle im Einzelhandelsbetrieb. Von Prof. Dr. Carl Ruberg, VIII, 146 Seiten, 1931.
10. Der Markenartikel in der Kolonialwarenbranche. Von Dipl.-Kfm. Dr. Walter Herzberger, VIII, 120 Seiten, 1931.
11. Die Gemeinschaftsbeschaffung im Textileinzelhandel. Von Dr. Gerhard Schreiterer, IX, 194 Seiten, 1931.
12. Die betriebliche Ausbildung des Verkaufspersonals im Einzelhandel. Von Dipl.-Hdl. Dr. Hildegard Schröer, XVI, 201 Seiten, 1933.
13. Theorie der branchenmäßigen Gliederung des Warenhandels. Von Dr. Lorenz Nix, XII, 137 Seiten, 1932.
14. Die schulmäßigen Ausbildungsmöglichkeiten für den Einzelhandel (Arten, Aufgaben und Lehrpläne). Zusammenfassung der aus dem Preisausschreiben der Wirtschafts- und Sozialwissenschaftlichen Fakultät der Universität zu Köln hervorgegangenen Arbeit, von Prof. Dr. Paul Eckardt, Alfred Naupert, Hermann Prieß und Dr. Hans Stark, bearbeitet von Dipl.-Hdl. Dr. Hildegard Schröer, XII, 240 Seiten, 1932.
15. Das Etagengeschäft im Vergleich mit anderen Betriebsformen des Einzelhandels. Von Dipl.-Kfm., Dipl.-Volksw. Dr. Franz Tafelmayer, X, 127 Seiten, 1933.
16. Aufwands- und Kassenrechnung in der Buchführung des privaten Haushalts. Von Prof. Dr. Carl Ruberg, VIII, 86 Seiten, 1933.
17. Die Berufstätigkeit der Frau im Einzelhandel. Von Dipl.-Hdl. Dr. Ine Haug, XII, 114 Seiten, 1935.

18. Bibliographie des Einzelhandels 1883–1933. XLVIII, 375 Seiten, 1935.
19. Lehrmittel für die Einzelhandelsschulung, Lehrmittelgruppe: Das Verkaufsgespräch. 13 Seiten, 30 Tafeln. Sachbearbeiter der Tafeln Prof. Dr. Friedrich Schlieper, 1936.
20. Die Beziehungen zwischen Betrieb und Haushalt des mittelständischen Einzelhändlers. Von Dipl.-Kfm. Dr. Wolfgang Kienzerle, X, 91 Seiten, 1939.
21. Einzelhandel und Berufsschule. Von Prof. Dr. Friedrich Schlieper, VII, 102 Seiten, 1939.
22. Das Einzelhandelsinstitut an der Universität Köln 1928–1938. Von Prof. Dr. Dr. h. c. Rudolf Seÿffert, VIII, 131 Seiten, 1939.
23. Entwicklung und Struktur des deutschen Tabakwaren-Einzelhandels. Von Dipl.-Kfm. Dr. Franz Weyer, VIII, 208 Seiten, 1940.

Die Bestände der im C. E. Poeschel Verlag Stuttgart erschienenen 1. Folge wurden durch Kriegseinwirkung vernichtet.

## Neue Folge (ab 1951)

Herausgegeben von Dr. Dr. h. c. Rudolf Seÿffert, o. Professor an der Universität zu Köln, in Gemeinschaft mit Dr. Edmund Sundhoff, o. Professor an der Universität Göttingen, Dr. Hans Buddeberg, o. Professor an der Universität Saarbrücken, Dr. Robert Nieschlag, o. Professor an der Universität München.

Die im Institut bearbeiteten und von ihm herausgegebenen oder angeregten Bände sind durch ein * gekennzeichnet.

* 1. Beschaffung, Lagerung, Absatz und Kosten des Einzelhandels in der Bundesrepublik Deutschland in den Jahren 1949, 1950 und 1951. XIV, 114 Seiten, 1953, kartoniert, Preis DM 12,—.
* 2. Die Handelsspanne. Von Prof. Dr. Edmund Sundhoff, XI, 292 Seiten, 1953, kartoniert, Preis DM 30,—.
* 3. Die Betriebsvergleichszahlen im Einzelhandel, insbesondere die der Personenabsatzleistung. Von Dr. Hans Ritter und Dr. Fritz Klein, VI, 90 Seiten, 1954, kartoniert, Preis DM 16,—.
  4. Die Gewerbefreiheit im Handel. Von Prof. Dr. Robert Nieschlag, VII. 132 Seiten, 1953, kartoniert, Preis DM 16,—.
* 5. Über die Vergleichbarkeit der Handelsbetriebe. Von Prof. Dr. Hans Buddeberg, XI, 234 S., 1955, kartoniert, Preis DM 28,—.
* 6. Länderberichte über Struktur und Leistungen des Europäischen Binnenhandels, Niederlande, Österreich, Schweden, Schweiz. Von Prof. Dr. Hans Buddeberg und Prof. Dr. Robert Nieschlag, VIII, 112 Seiten, 1956, kartoniert, Preis DM 12,—.
* 7. Beschaffung, Lagerung, Absatz und Kosten des Einzelhandels in der Bundesrepublik Deutschland in den Jahren 1952, 1953 und 1954. XII, 112 Seiten, 1956, kartoniert, Preis DM 12,—.
* 8. Struktur und Leistungen des westdeutschen Eisenwaren- und Hausrathandels und des Einzelhandels mit Glas-, Porzellan- und Keramikwaren in den Jahren 1949 bis 1953. Von Dr. Hans Philippi, VIII, 180 Seiten, 1957, kartoniert, Preis DM 16,—.
* 9. Struktur und Leistungen des westdeutschen Schuheinzelhandels in den Jahren 1949 bis 1953. Von Dr. Franz Josef Stoffels, VIII, 172 Seiten, 1957, kartoniert, Preis DM 16,—.
*10. Struktur und Leistungen des westdeutschen Textileinzelhandels in den Jahren 1949 bis 1953. Von Dr. Robert Menge, VIII, 172 Seiten, 1957, kartoniert, Preis DM 16,—.
*11. Beschaffung, Lagerung, Absatz und Kosten des Einzelhandels in der Bundesrepublik Deutschland in den Jahren 1955, 1956 und 1957. XII, 120 Seiten, 1959, kartoniert, Preis DM 14,—.
 12. Probleme der Funktionseinengung im mittelständischen Handel unter besonderer Berücksichtigung des Einzelhandels (Funktionsausgliederung — Funktionsfortfall). Von Dr. Hans Georg Worpitz, X, 98 Seiten, 1960, kartoniert, Preis DM 14,—.
 13. Bildung und Verwendung von Typen in der Betriebswirtschaftslehre dargelegt am Beispiel der Typologie der Messen und Ausstellungen. Von Dr. Bruno Tietz, X, 306 Seiten, 1960, kartoniert, Preis DM 30,—.
 14. Die betriebliche Preispolitik im Einzelhandel. Von Dr. Paul Theisen, XII, 128 Seiten, 1960, kartoniert, Preis DM 15,—.
*15. Die Vertriebenenbetriebe im westdeutschen Handel. VIII, 94 Seiten, 1960, kartoniert, Preis DM 15,—.
 16. Funktionen und Leistungen des Handelsbetriebes. Von Dr. Heribert Marré, VIII, 104 Seiten, 1960, kartoniert, Preis DM 15,—.
*17. Methoden der Erfolgskontrolle in der Funkwerbung. Von Dr. Wolfgang Irle, VIII, 100 Seiten, 1960, kartoniert, Preis DM 15,—.
 18. Struktur und Leistungen des westdeutschen Möbeleinzelhandels in den Jahren 1949 bis 1957. Von Dr. Johannes Bernskötter, VIII, 80 Seiten, 1960, kartoniert, Preis DM 14,—.
 19. Handels- und Herstellermarken in der Lebensmittelbranche. Von Dr. Fritz Hartl, VIII, 76 Seiten, 1960, kartoniert, Preis DM 14,—.
*20. Die deutschen Großhandelsauktionen. Von Dr. Herbert Durach, X, 234 Seiten, 1961, kartoniert, Preis DM 21,—.
 21. Die Lokalisation des Einzelhandels in Köln und seinen Nachbarorten. Von Dr. A. Kremer, X, 134 S., 1961, kart., Preis DM 17,—.
*22. Umsatz, Kosten, Spannen und Gewinn des Einzelhandels in der Bundesrepublik Deutschland in dem Jahrzehnt 1949 bis 1958. XII, 112 Seiten, 1962, kartoniert, Preis DM 16,—.
*23. Die Absatzbewegungen im Einzelhandel. Von Dr. Horst Liedgens, VI, 146 Seiten, 1962, kartoniert, Preis DM 18,—.
*24. Umsatz, Kosten, Spannen und Gewinn des Einzelhandels in der Bundesrepublik Deutschland in den Jahren 1958, 1959 und 1960. XII, 120 Seiten, 1963, kartoniert, Preis DM 18,—.

Westdeutscher Verlag, Köln und Opladen

### Außerhalb der Institutsveröffentlichungen erschienen:

Handbuch des Einzelhandels. Herausgegeben unter Mitarbeit von 43 Fachleuten aus Wissenschaft und Praxis von Prof. Dr. Dr. h. c. Rudolf Seÿffert, XX, 933 Seiten, 1932.

Wirtschaftslehre des Handels. Von Prof. Dr. Dr. h. c. Rudolf Seÿffert, 4. Auflage, XII, 727 Seiten, Köln und Opladen (Westdeutscher Verlag) 1961, Ganzleinen, Preis DM 54,—.

Betriebsökonomisierung durch Kostenanalyse, Absatzrationalisierung und Nachwuchserziehung. Festschrift für Prof. Dr. Dr. h. c. Rudolf Seÿffert. Herausgegeben von Prof. Dr. Erich Kosiol und Prof. Dr. Friedrich Schlieper, 171 Seiten, Köln und Opladen (Westdeutscher Verlag) 1958, Ganzleinen, Preis DM 9,80.

MIX
Papier aus verantwortungsvollen Quellen
Paper from responsible sources
FSC® C105338

If you have any concerns about our products,
you can contact us on
**ProductSafety@springernature.com**

In case Publisher is established outside the EU,
the EU authorized representative is:
**Springer Nature Customer Service Center GmbH
Europaplatz 3, 69115 Heidelberg, Germany**

Printed by Libri Plureos GmbH
in Hamburg, Germany